教育部　财政部中等职业学校教师素质提高计划重大成果
机电设备安装与维修专业师资培训包开发项目(LBZD016)

机电设备组装测试与故障维修

ji dian she bei zu zhuang ce shi yu gu zhang wei xiu

教育部　财政部　组编

赵庆志　姜卫东　李　磊　主编

机械工业出版社

本书是教育部、财政部中等职业学校教师素质提高计划涉及的 70 个重点建设专业项目中"机电设备安装与维修专业师资培训包研究开发项目",本书是其中核心课程培训教材之一。

　　本书分七个模块,包括机械零部件的组装、测试与故障维修,CA6140 普通车床测试、拆装与故障维修;机电设备升级改造、测试与故障维修;机电设备的数显升级改造及其故障维修,机电设备液压及气动系统的组装测试与故障维修,基于再制造工程理念的 CA6140 普通车床的数控化改造、测试与故障维修;数控雕刻机的组装、运行测试、故障诊断与维修。本书的内容选择既体现了专业领域普遍应用的、成熟的核心技术和关键技能,又包括了本专业领域新兴的主流应用技术和相关技能。本书以行为导向教学理念为出发点,以职业岗位体系为核心,按照理实一体化的思路开发编写,图文并茂,通俗易懂,逻辑性强,所选机电设备具有较强的代表性,知识点和能力目标归纳梳理清晰,具有举一反三、触类旁通的学习效果。本书配套视频光盘,它集图片、视频、文字论述于一体,方便教学、自学。

　　本书适用于职业院校机电一体化专业、机电设备类专业教材,以及普通高等教育机械类专业卓越工程师、CDIO 培养模式加强实践教学的教材,还可供机电设备行业、装备制造业技能型人才、机械工程学科本科教育优质工程课程建设和工程技术人员参考。

图书在版编目(CIP)数据

机电设备组装测试与故障维修/赵庆志,姜卫东,李磊主编;教育部,财政部组编. —北京:机械工业出版社,2013.12(2025.1 重印)
　教育部、财政部中等职业学校教师素质提高计划重大成果
　ISBN 978-7-111-48039-6

　Ⅰ.①机… Ⅱ.①赵…②姜…③李…④教…⑤财… Ⅲ.①机电设备-组装-中等专业学校-教材②机电设备-调试方法-中等专业学校-教材③机电设备-维修-高等职业教育-教材　Ⅳ.①TH17②TH182

　中国版本图书馆 CIP 数据核字(2014)第 219130 号

机械工业出版社(北京市百万庄大街22号　邮政编码100037)
策划编辑:汪光灿　责任编辑:汪光灿　程足芬　张利萍
版式设计:赵颖喆　责任校对:陈延翔
封面设计:马精明　责任印制:单爱军
北京虎彩文化传播有限公司印刷
2025 年 1 月第 1 版第 2 次印刷
184mm×260mm·28.5 印张·688 千字
标准书号:ISBN 978-7-111-48039-6
定价:69.00 元

电话服务　　　　　　　　网络服务
客服电话:010-88361066　机 工 官 网:www.cmpbook.com
　　　　　010-88379833　机 工 官 博:weibo.com/cmp1952
　　　　　010-68326294　金 书 网:www.golden-book.com
封底无防伪标均为盗版　机工教育服务网:www.cmpedu.com

教育部 财政部中等职业学校教师素质提高计划重大成果系列丛书

机电设备安装与维修专业师资培训包开发项目（LBZD016）

项目牵头单位 山东理工大学

项目负责人 赵庆志

主　　编 赵庆志 姜卫东 李 磊

出版说明

根据 2005 年全国职业教育工作会议精神和《国务院关于大力发展职业教育的决定》（国发［2005］35 号），教育部、财政部 2006 年 12 月印发了《关于实施中等职业学校教师素质提高计划的意见》（教职成［2006］13 号），决定"十一五"期间中央财政投入 5 亿元用于实施中等职业学校师资队伍建设相关项目。其中，安排 4000 万元，支持 39 个培训工作基础好、相关学科优势明显的全国重点建设职教师资培养培训基地牵头，联合有关高等学校、职业学校、行业企业，共同开发中等职业学校重点专业师资培训方案、课程和教材（以下简称"培训包项目"）。

经过四年多的努力，培训包项目取得了丰富成果。一是开发了中等职业学校 70 个专业的教师培训包，内容包括专业教师的教学能力标准、培训方案、专业核心课程教材、专业教学法教材和培训质量评价指标体系 5 方面成果。二是开发了中等职业学校校长资格培训、提高培训和高级研修 3 个校长培训包，内容包括校长岗位职责和能力标准、培训方案、培训教材、培训质量评价指标体系 4 方面成果。三是取得了 7 项职教师资公共基础研究成果，内容包括中等职业学校德育课教师、职业指导和心理健康教育教师培训方案、培训教材，教师培训项目体系、教师资格制度、教师培训教育类公共课程、职业教育教学法和现代教育技术、教师培训网站建设等课程教材、政策研究、制度设计和信息平台等。上述成果，共整理汇编出 300 多本正式出版物。

培训包项目的实施具有如下特点：一是系统设计框架。项目成果涵盖了从标准、方案到教材、评价的一整套内容，成果之间紧密衔接。同时，针对职教师资队伍建设的基础性问题，设计了专门的公共基础研究课题。二是坚持调研先行。项目承担单位进行了 3000 多次调研，深度访谈 2000 多次，发放问卷 200 多万份，调研范围覆盖了 70 多个行业和全国所有省（区、市），收集了大量翔实的一手数据和材料，为提高成果的科学性奠定了坚实基础。三是多方广泛参与。在 39 个项目牵头单位组织下，另有 110 多所国内外高等学校和科研机构、260 多个行业企业、36 个政府管理部门、277 所职业院校参加了开发工作，参与研发人员 2100 多人，形成了政府、学校、行业、企业和科研机构共同参与的研发模式。四是突出职教特色。项目成果打破学科体系，根据职业学校教学特点，结合产业发展实际，将行动导向、工作过程系统化、任务驱动等理念应用到项目开发中，体现了职教师资培训内容和方式方法的特殊性。五是研究实践并进。几年来，项目承担单位在职业学校进行了 1000 多次成果试验。阶段性成果形成后，在中等职业学校专业骨干教师国家级培训、省级培训、企业实践等活动中先行试用，不断总结经验、修改完善，提高了项目成果的针对性、应用性。六是严格过程管理。两部成立了专家指导委员会和项目管理办公室，在项目实施过程中先后组织研讨、培训和推进会近 30 次，来自职业教育办学、研究和管理一线的数十位领导、专家和实践工作者对成果进行了严格把关，确保了项目开发的正确方向。

作为"十一五"期间教育部、财政部实施的中等职业学校教师素质提高计划的重要内容，培训包项目的实施及所取得的成果，对于进一步完善职业教育师资培养培训体系，推动职教师资培训工作的科学化、规范化具有基础性和开创性意义。这一系列成果，既是职教师资培养培训机构开展教师培训活动的专门教材，也是职业学校教师在职自学的重要读物，同时也将为各级职业教育管理部门加强和改进职教教师管理和培训工作提供有益借鉴。希望各级教育行政部门、职教师资培训机构和职业学校要充分利用好这些成果。

为了高质量完成项目开发任务，全体项目承担单位和项目开发人员付出了巨大努力，中等职业学校教师素质提高计划专家指导委员会、项目管理办公室及相关方面的专家和同志投入了大量心血，承担出版任务的 11 家出版社开展了富有成效的工作。在此，我们一并表示衷心的感谢！

编写委员会
2011 年 10 月

前　言

　　根据教育部、财政部《关于实施中等职业学校教师素质提高计划的意见》（教职成［2006］13 号），山东理工大学"数控技术"省级精品课程教学团队主持承担了教育部、财政部中等职业学校教师素质提高计划"机电设备安装与维修专业师资培训包研究开发"项目，教学团队联合装备制造业领导专家、工程技术人员、企业技师、全国中等职业学校和高职院校双师型教师、高等学校专业教师、政府管理部门、行业管理和科研等部门的专家学者成立了项目研究开发组，研究开发了教育部、财政部规划该核心课程培训教材之一。

　　本书是本着为中等职业学校机电设备安装与维修专业培养专业理论水平高、实践教学能力强，在教育教学工作中起骨干示范作用的"双师型"优秀教师这一目标，按照上岗、提高和骨干教师培训三个层次组织编写的，内容充分考虑中等职业学校机电设备安装与维修专业毕业生的就业背景和职业岗位，有典型代表性的机电设备及其发展趋势、岗位技能需求、专业教师理论知识、实践技能现状和涉及的国家职业标准等，也充分考虑了该专业中等职业学校专业教师的知识能力现状，将行为导向、工作过程系统化、项目引领、任务驱动等先进的教育教学理念与多门学科、多项技术和多种技能有机融合在一起，内容与实际工作系统化过程的正确步骤相吻合，既体现了专业领域普遍应用的、成熟的核心技术和关键技能，又包括了本专业领域具有前瞻性的主流应用技术和关键技能，以及行业、专业发展需要的"新理论、新知识、新技术、新方法"，既包括传统的"机械加电气化设备"，也包括涵盖"技术"和"产品"两个方面综合性方向发展的"机电一体化设备"，将机械、电气、数控技术、传感器应用、PLC 控制、液压与气动等知识点有机结合、互相渗透，撰写到了可操作的层面，每个任务、项目和模块后都有归纳总结，使得知识点和能力目标脉络清晰，逻辑性强，对形成职业岗位能力具有举一反三、触类旁通的学习效果，并有配套视频光盘，集图片、视频、文字论述于一体，通俗易懂，非常便于培训和自学。

　　全书共有七个模块，模块一机械零部件的组装、测试与故障维修，突出实践性和应用性，理实一体化地论述了机电设备典型零件和部件的工作原理、操作装配技能、测试、故障诊断与维修方法；模块二 CA6140 普通车床测试、拆装与故障维修，论述了 CA6140 普通车床结构组成、零部件工作原理、测试方法、拆装调整、机械与电气故障维修，对导轨等典型零部件论述了大修、中修和小修的实施工艺，逻辑性强；模块三机电设备升级改造、测试与故障维修，介绍了对传统机电设备进行机电一体化升级改造的原理、应用、测试、故障诊断与维修知识点和典型案例；模块四机电设备的数显升级改造及其故障维修，介绍了常用于机电设备数显升级改造的光栅、球栅的应用原理、参数选择、组装、调试和维护方法，并介绍了用光栅传感器和球栅传感器改造机床的典型案例；模块五机电设备液压及气动系统的组装测试与故障维修，介绍了液压、气动控制系统的组成、组装、测试、故障诊断与维修，理实一体化地论述了液压系统和气动系统的应用、日常维护及其故障诊断与维修，并以典型案例论述了将数控技术与液压气动技术相结合，对普通车床进行动力伺服系统数控化改造的应用；模块六基于再制造工程理念的 CA6140 普通车床的数控化改造、测试与故障维修，论述了再制造的概念和意义，以 CA6140 普通车床数控再制造为案例，论述了功能比较齐全的进给伺服系统、主轴电动机、冷却电动机、数控转位刀架等动力伺服系统、旋转脉冲编码器和数控系统的组装、测试、故障诊断与维修，为对传统机电设备进行数控化再制造打下了良好基础；模块七数控雕刻机的组装、运行测试、故障诊断与维修，介绍了数控雕刻机的结构组成、组装原理和过程、电气控制组成、数控编程、精度测试、调试调整和维修方法，使学习者掌握高速电主轴、精密直线轴承导轨、滚动导轨、高性能控制卡、变频器、液压冷却系统等技术，开阔学员知识面。

原则上模块一、二用于上岗培训，模块三、四用于提高培训，模块五、六用于骨干教师培训，模块七可做为选学培训模块。也可以根据学员的基础情况，选择各个模块中的不同项目组合起来培训，编写人员如下：

模块一项目一　任务1：合肥化工职业技术学校王光跃、掌庆梅，山东理工大学赵庆志；任务2：山东枣庄薛城职业中专王祥来、刘陵涛，山东五征集团段会忠；任务3：山东枣庄薛城职业中专孙会芳、张伦戟，日照市工业学校窦湘屏；任务4：山东理工职业学院车业军、侯玉叶，山东理工大学赵庆志；任务5：山东枣庄薛城职业中专孙卓新、李振华，山东潍坊工商职业学院王泌宝；任务6：山东理工大学赵庆志、研究生韩绍民，山东遨游汽车制动系统股份有限公司于学善。

模块一项目二　任务1：山东理工大学赵庆志、赵玉刚，山东五征集团王春俭；任务2：山东五征集团姜卫东，山东理工大学赵庆志、王士军；任务3：合肥化工职业技术学校掌庆梅、王光跃；任务4：济南历城职业中专信玉芬、江长爱，沂源县职教中心赵春礼；任务5：山东理工大学赵庆志，山东理工职业学院冯建雨，淄博新风股份有限公司韩冰；任务6：山东理工大学赵庆志，淄博新风股份有限公司韩荣杰。

模块一项目三　任务1：山东理工大学赵庆志，山东五征集团王春俭、秦泗峰，山东潍坊工商职业学院郑立峰；任务2：山东理工大学赵庆志，潍坊工程职业学院葛平新，山东潍坊工商职业学院陈纪亭。

模块二项目一　任务1：山东五征集团姜卫东，山东理工大学赵庆志，山东工业职业学院刘卓雷，五征集团山拖农机装备有限公司于保健、徐善忠；任务2：山东理工大学赵庆志，山东五征集团姜卫东，山东潍坊机床大修厂刘景华；任务3：山东理工大学赵庆志，山东交通学院侯贻蒙，山东日照市科技学校李春勤、刘世忠。

模块二项目二　任务1：山东工业职业学院刘卓雷、李磊，山东理工大学赵庆志，山东淄博职业学院张森；任务2：山东理工大学工程实训中心王好臣，山东理工大学赵庆志，山东五征集团张善建、苑忠亮；任务3：山东工业职业学院刘卓雷，山东理工大学魏修亭；任务4：山东理工大学赵庆志，山东日照市科技学校赵从礼、韩翠萍。

模块二项目三　任务1：山东五征集团姜卫东，山东理工大学赵庆志，山东工业职业学院李磊、刘卓雷。任务2：山东交通学院侯贻蒙，山东理工大学赵庆志，淄博工业学校武晖，山东丝绸纺织职业学院滕兆胜、孙芳。

模块三项目一　任务1：山东理工大学赵庆志、赵玉刚，山东国弘重工机械有限公司张伟；任务2：山东五征集团姜卫东、胡乃芹，山东理工大学研究生孙哲。

模块三项目二　任务1：山东五征集团姜卫东、段会忠、胡乃芹；任务2：山东理工大学赵庆志，中航工业北京航空制造工程研究所王海涛，山东五征集团李华东、陈常友；任务3：山东理工大学王辉林，山东滨化集团股份有限公司王艳霞。

模块三项目三　任务1：山东五征集团姜卫东、李明学；任务2：山东工业职业学院李磊，山东理工大学赵庆志；任务3：山东工业职业学院李磊，山东国弘重工机械有限公司杜晓。

模块四项目一　任务1：山东理工大学赵庆志，山东盟威数控机床销售有限公司张卫宏；任务2：山东盟威数控机床销售有限公司李鑫，山东理工大学赵庆志，山东菏泽华星油泵油嘴有限公司李晓民、辛瑞金。

模块四项目二　任务1：山东理工大学赵庆志，徐州生物工程高等职业学校魏建玮，山东菏泽华星油泵油嘴有限公司李晓民；任务2：山东盟威数控机床销售有限公司李鑫，山东理工大学工程实训中心王好臣，山东菏泽华星油泵油嘴有限公司辛瑞金。

模块五项目一　任务1：山东理工大学刘同义，山东药品食品职业学院李翠荣；任务2：山东理工大学刘同义，山东五征集团李瑞川；任务3：山东理工大学刘同义，五征集团山拖农机装备有限公司靳世成、李桂华。

模块五项目二　任务1：山东理工大学刘同义，山东五征集团陈常友、王军、段会忠；任务2：山东理工大学赵庆志，山东五征集团姜卫东、段会忠、张俊友。

模块六项目一　任务1：山东理工大学赵庆志，山东水利职业学院苑章义、郭勋德；任务2：山东理工大学赵庆志，日照市工业学校刘伟，山东水利职业学院李圣瑞、李宗玉。

模块六项目二　任务1：山东五征集团姜卫东，山东理工大学赵庆志，山东水利职业学院刘星、苑章义、张冰；任务2：山东理工大学赵庆志，山东五征集团李凤楼，江苏盐城技师学院宋玉明。

模块六项目三　任务1：山东理工大学赵庆志，山东五征集团姜卫东；任务2：山东五征集团姜卫东，山东理工大学赵庆志，山东工业职业学院李磊；任务3：山东理工大学赵庆志，泰山学院葛媛媛，山东蓝翔高级技工学校王继中。

模块七项目一　任务1：山东理工大学许云理，淄博质恒工贸有限公司张树伟；任务2：山东理工大学许云理，淄博质恒工贸有限公司宋金光；任务3：山东理工大学许云理、赵庆志。

模块七项目二　任务1：山东理工大学许云理、研究生席港港；任务2：山东理工大学许云理，淄博质恒工贸有限公司潘树江；任务3：山东理工大学许云理、侯荣国；任务4：山东理工大学魏修亭、赵庆志。

全书模块一、模块二和模块四的项目小结和模块归纳总结由山东五征集团姜卫东执笔完成；模块三、模块五、模块六和模块七的项目小结和模块归纳总结由山东理工大学赵庆志执笔完成。

本书开发撰写过程中得到了教育部职成教司、山东省教育厅、中国机械工程学会设备维修分会、《设备管理与维修》杂志社、山东理工大学及山东省职业技术教育师资培训中心、全国大型企业山东五征集团、五征集团山拖农机装备有限公司等单位的领导、专家教授、工程技术人员和企业技师的大力指导、支持和帮助，同时也得到了山东华源莱动内燃机有限公司、淄博柴油机总公司、山东潍坊盛瑞传动机械有限公司、河北保定标正机床有限责任公司、淄博格尔汽车齿轮有限公司、济南四机数控机床有限公司、山东菏泽华星油泵油嘴有限公司、山东潍坊机床大修厂、山东泰安海数机械制造有限公司、山东国弘重工机械有限公司、山东博特精工股份有限公司、山东华铁工矿机车有限公司、山东巨能机床有限公司、山东新风股份有限公司、淄博质恒工贸有限公司、中航工业北京航空制造工程研究所、山东大学、中国海洋大学、青岛大学、山东科技大学、济南大学、青岛理工大学、泰山学院、潍坊学院、山东水利职业学院、山东工业职业学院、山东理工职业学院、济南历城职业中专、广西巴马县职业教育中心、山东枣庄薛城职业中专、济南蓝翔高级技工学校、江苏盐城技师学院、潍坊工商职业学院、山东丝绸纺织职业学院、合肥化工职业技术学校、山东海阳职业中等专业学校、淄博职业学院、湖南省湘北中等职业学校、山东日照市工业学校、山东日照市科技学校、徐州生物工程高等职业学校、湖南汨罗职业中专、淄博工业学校、山东药品食品职业学院、淄博信息工程学校、广西第一工业学校、山东平度市职业教育中心等很多单位的领导、工程技术人员、专家教授、职业教育双师型教师和企业工程技术人员、技师们的大力支持指导和帮助，在此表示衷心感谢！

在研究组织本书内容的过程中，全国人大代表、全国劳动模范、全国五一劳动奖章获得者、山东五征集团董事长、总经理姜卫东高级工程师根据装备制造业发展现状和趋势、技能型人才知识结构和能力目标需要给予了具体策划，并付出了很大劳动，山东五征集团的大力支持，在此表示衷心感谢！

本培训包培训体系、培训教材及其视频光盘已在山东理工大学 2009、2010 年承担的全国中等职业学校机电设备安装与维修专业教师培训中进行了试用，学员普遍反映内容体系新颖，知识点和技能论述、归纳梳理的清晰、逻辑性强，撰写到了可操作的层面，培训后学员感觉到能够使"基础好的学员吃的更好，得到全面提高；基础中等的学员吃得饱并消化得更好；基础差的学员理解得了"的大面积提高培训质量的效果，得到了学员的普遍好评。

全书由山东理工大学赵庆志、山东五征集团姜卫东、山东工业职业学院李磊担任主编，赵庆志、姜卫东对全书进行了详细完善与统稿。教育部、财政部特聘专家广东省佛山市顺德梁銶琚职业技术学校韩亚兰副校长任主审，华中科技大学科技园华中数控公司陈吉红教授任副主审，在此表示衷心感谢！

由于很多图片需要到企业生产现场拍照，受条件限制和编者水平经验有限，书中难免有不当之处，敬请广大读者批评指正。

编　者

目 录

模块一　机械零部件的组装、测试与故障维修

本模块以实践性和应用性为出发点，理实一体化地论述了机电设备机械零部件的工作原理、装配技能、操作方法，以及测试、故障诊断与维修方法，内容涉及常见机械零件、齿轮传动与反向间隙消除、联轴器、离合器、制动器、滚珠丝杠传动原理与故障维修、传统机械设备的机电一体化改造等，并通过案例介绍了涉及的知识点和测试维修技能，注重测试与故障维修能力的培养，使学员达到晓原理、通实践、会测试、悉故障、能维修的学习效果，为更好地从事机电设备组装、测试与故障维修工作打下坚实的基础。

项目一　机电设备常见机械零件的装配工艺与维修

本项目介绍了机电设备常见机械零件的工作原理、应用场合、装配技能、操作方法、故障诊断与维修，内容涉及螺纹、键、销的联接装配、带传动和链传动的拆装工艺和应用、滚动轴承和滑动轴承原理与装配工艺，并通过案例介绍了这些零件的知识点和测试维修技能，为从事机电设备组装、测试与故障维修工作打下坚实基础。

学习目标：

1. 掌握常见螺栓、销、键联接的分类、工作原理、应用场合、组装与维修技能。
2. 掌握常见螺栓、销、键联接的性能参数、拆装工艺、在机器中的作用。
3. 掌握带传动和链传动的装配和功能测试方法，能够正确调整和维修。
4. 掌握滚动轴承和滑动轴承的装配、间隙调整与维修方法。
5. 了解机械零件新技术、新工艺、新产品及其应用。

任务1　固定联接的装配与维修（螺纹、键、销）

> **知识点：**
> ● 螺纹的分类，螺纹联接的规格、材质及其基本知识，掌握其应用场合、安装基本要求与方法。
> ● 键联接的基本知识，掌握键联接组装的基本方法。
> ● 销联接的基本知识，掌握销联接拆装的基本方法。
>
> **能力目标：**
> ● 掌握螺纹联接的分类，键、销联接的装配，并能对其装配质量进行测试，掌握螺纹联接和键、销联接的拆装与维修技能。
> ● 能完成键联接的安装，掌握键联接的修理技能，并会正确锉配键。

一、任务引入

机电设备零部件的装配质量对机电设备的正常运转、设计性能指标的实现以及机械设备的使用寿命有直接的影响。机械设备的性能和精度是在机械零件加工合格的基础上，通过良

好的装配来实现的。本任务主要介绍标准零部件中的固定联接件（螺纹、键、销）的装配、测试与维修。

二、相关知识

（一）螺纹联接

1. 螺纹的种类及基本参数简介

螺纹的分类方法有多种，按其功用可分为联接螺纹和传动螺纹；按其牙型可分为普通螺纹、梯形螺纹、矩形螺纹和锯齿形螺纹等；按其旋向可分为左旋螺纹和右旋螺纹；按其线数可分为单线螺纹、双线螺纹和多线螺纹；此外，还有内螺纹、外螺纹、平面螺纹及粗牙、细牙等分类方法。注意，相互配合的螺纹副其旋向必须相同。

螺纹的基本参数有大径、中径、小径、导程（螺距×线数）、牙型角（牙型半角）、螺纹升角及精度等。联接螺纹中，公称直径（大径）、螺距、螺杆长度、螺纹长度、旋向及材质等参数尤为重要。

螺纹联接分为普通螺纹联接和特殊螺纹联接，普通螺纹联接的基本类型有螺栓联接、双头螺柱联接和螺钉联接。螺纹联接的应用实例如图 1-1-1 所示，常见螺栓的种类如图 1-1-2 所示。螺纹材料常用低碳钢、中碳钢。

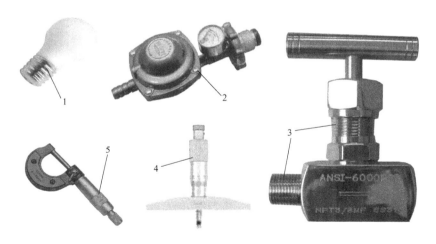

图 1-1-1 螺纹联接的应用实例
1—灯泡上的联接螺纹 2—压力表上的联接螺钉 3—水管上的联接螺纹
4—深度千分尺上的传动螺纹 5—外径千分尺上的传动螺纹

此外还有等强度螺栓（较少用）、高强度螺栓。这些特种螺栓主要是从制造选材、结构设计、加工和热处理工艺等方面来达到设计性能要求的。高强度螺栓如图 1-1-3 所示，主要用于对联接强度要求高的重要场合，如桥梁、高建筑铁塔地脚螺栓、大型柴油机、重型汽车等受力很大的场合。

2. 螺纹联接安装的基本要求

1）足够的拧紧力矩：为使联接牢固可靠，拧紧螺纹时必须有足够的拧紧力矩，对有预紧力要求的，其预紧力的大小应符合工艺文件的规定。

2）可靠的防松装置：为防止在冲击、振动、交变载荷作用下出现松动现象，螺纹联接

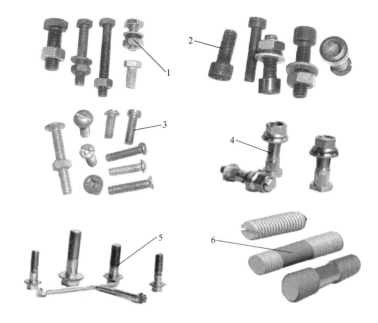

图 1-1-2　常见螺栓的种类

1—六角头螺栓　2—内六角圆柱头螺钉　3—圆柱头螺钉、半圆头螺钉、沉头螺钉
和十字槽圆头螺钉　4—车轮螺栓　5—六角头法兰螺栓　6—双头螺柱

图 1-1-3　高强度螺栓

必须有可靠的防松装置。

3）螺纹联接的精度应符合螺纹配合精度要求。

（二）键联接

键联接装配中的键常用中碳钢（如 45 钢）制成，它是用来联接轴上零件并对它们起轴向固定作用，以达到传递转矩的机械零件，其联接类别有松键联接、紧键联接和花键联接三类。

1. 松键联接

松键联接是指靠键的侧面传递转矩而不承受轴向力的键联接。松键联接的键主要有平键、半圆键、滑键及导向平键等，如图 1-1-4 所示。普通平键又分为 A、B、C 三种。松键联接能保证较高的同轴度，主要用于高速精密设备传动及变速系统中。

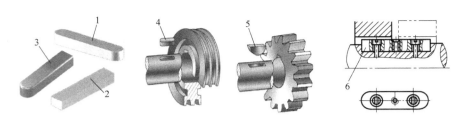

图 1-1-4 松键联接
1—A 型平键 2—B 型平键 3—C 型平键 4—普通平键联接 5—半圆键联接
6—导向平键联接，零件可以在轴上左右移动

2. 紧键联接

紧键联接除能传递转矩外，还可传递一定的轴向力。紧键联接的键主要有普通楔键、钩头楔键和切向键，如图 1-1-5 所示。紧键联接的对中性较差，常用于对中性要求不高、转速较低的场合。

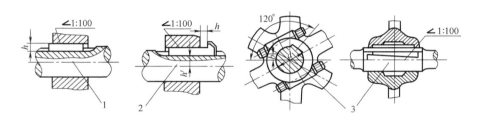

图 1-1-5 紧键联接型式
1—普通楔键联接 2—钩头楔键联接 3—切向键联接

3. 花键联接

花键联接由于齿数多，具有承载能力大、对中性好、导向性好等优点，广泛用于大载荷和同轴度要求高的场合。但其制造成本高，如图 1-1-6 所示，花键联接也多用于滑动配合中，如车床上滑移齿轮用花键联接。

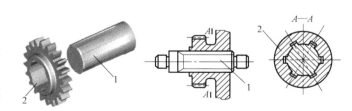

图 1-1-6 花键联接
1—外花键 2—内花键

（三）销联接

销联接用于定位、联接轴和轴上零件，还可作为安全销，如图 1-1-7 所示。销的形式很多，基本类型有圆柱销和圆锥销两种，它们均有带螺纹和不带螺纹两种形式。图 1-1-8 为各种销的应用图例，圆柱销是利用较小的过盈量固定在销孔中，多次拆装会降低定位精度和可靠性；圆锥销的定位精度和可靠性较高，且多次装拆一般不会影响定位精度。销用作定位时一般不承受载荷，并且使用的数目不少于两个。销常用 35 钢或 45 钢并经热处理制成，销孔一般需要钻铰加工。

带槽的圆柱销称为槽销，用弹簧钢滚压或模锻而成。销上有三条压制的纵向沟槽，槽销

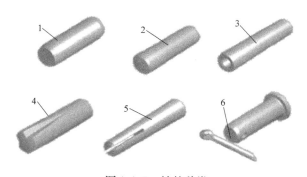

图 1-1-7　销的种类
1—圆柱销　2—圆锥销　3—螺纹锥销　4—槽销　5—开口锥销　6—销轴和开口销

压入销孔后，它的凹槽即产生收缩变形，借助材料的弹性而固定在销孔中，销孔无需铰光可多次拆装，适用于承受振动和变载荷的联接。

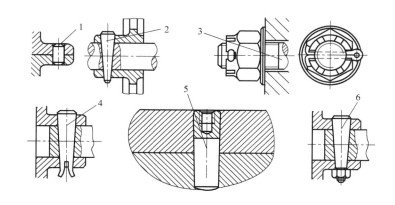

图 1-1-8　各种销的应用
1—圆柱销　2—圆锥销　3—销轴和开口销　4—开口锥销　5—内螺纹锥销　6—螺纹锥销

三、固定联接理实一体化论述

（一）螺纹联接的安装与维修

螺纹联接的安装与维修工艺比较简单，其工艺过程是使用旋具或扳手等工具通过螺纹联接，将被联接零件紧固在一起。

1. 螺纹联接控制预紧力的方法

（1）控制力矩法　用图 1-1-9a 所示的力矩扳手，可使螺栓拧紧力矩达到规定值。此法用在对预紧力大小有规定要求的场合，该力矩扳手的使用方法如图 1-1-10 所示，其读数范围为 0~350N·m，表盘上的每个格代表的转矩为 5N·m，表盘中的白色区域是寸制单位读数，带颜色的区域是我国使用的米制读数，操作说明如下：

1）在初始状态时，黄针与蓝针处于不重合状态并且不在力矩起始点 0N·m 处，如图 1-1-9b所示。

2）首先调整黄针，使黄针与指示盘外圈的 0N·m 处重合，零点对准后，正视表盘，表

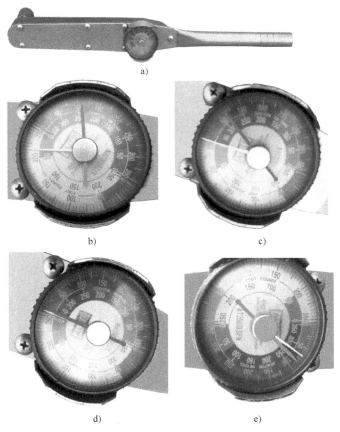

图 1-1-9　力矩扳手及其使用

a）力矩扳手外形　b）力矩扳手未使用时的初始状态，两根指针不重合并且不指在 0 处
c）黄色指针调 0　d）蓝色指针调 0　e）使用过程指针位置

盘读数沿顺时针方向增大，如图 1-1-9c 所示。

　　3）调整蓝针，使蓝针与黄针相互接触。保证在正视表盘时，蓝针在黄针的右侧，如图 1-1-9d 所示。

　　4）力矩扳手安装上套筒之后，顺时针方向拧紧待测的螺母，如图 1-1-10 所示，黄针推动蓝针一起沿顺时针方向旋转。在手感觉到螺母轻微转动时，去掉扭力，取下力矩扳手，黄针自动回到初始状态 0N·m 处，蓝针所在位置的读数就是该螺母的拧紧转矩，如图 1-1-9e 图所示，测量的转矩是 80N·m。

　　如图 1-1-11a 所示，力矩扳手拧紧力矩的精度较低，操作方法如下：在未施加力矩时，指针与刻度盘中的 0 刻度线重合，当顺时针方向施加力矩拧螺母时，指针向左侧偏移到一刻度处，如图 1-1-11b 所示，图示拧

图 1-1-10　力矩扳手的使用方法

紧螺母的扭矩为 $100N\cdot m$；当逆时针方向施加力矩拧紧螺母时，指针向右侧偏移到一刻度处，如图1-1-11c所示，图示施加到螺母的力矩为 $60N\cdot m$。

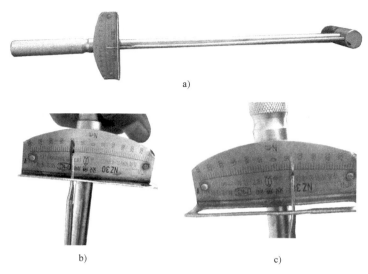

图1-1-11　力矩扳手

a）力矩扳手　b）顺时针方向施力矩 $100N\cdot m$　c）逆时针施力

这种力矩扳手撤消力矩时，指针自然回到0处。

（2）控制螺栓伸长法　通过控制螺栓伸长量来控制预紧力，此法很少用，但大型设备安装时多采用此方法。一般是先根据受力分析计算出螺栓的预紧力和伸长量，然后用加热法使螺栓伸长后安装，冷却后形成一定的预紧力。

（3）经验控制法　此法在生产中广泛采用，是根据经验判断所使用工具的受力程度，从而确定螺栓的预紧力是否合适。

2. 螺母、螺栓、螺钉的装配

这些零件装配要求如下：

1）螺栓、螺钉不能弯曲变形，螺栓、螺钉头部和螺母底面应与联接件保持良好的接触。

2）被联接件应受力均匀，互相贴合，联接牢固。

3）拧紧成组螺栓或螺母时，应根据被联接件的形状和螺栓的分布情况，按一定的顺序分几次（一般分为3~4次：先拧上，再预紧1/3，然后拧到2/3，最后完全拧紧）拧紧。在拧紧矩形、长条形布置的成组螺母时，如图1-1-12所示，应从中间开始，逐渐向两边对称地扩展，拧紧螺栓的顺序依次为1、2、3、4、5、6、7、8、9、10；在拧紧圆形或方形布置的成组螺母时，如图1-1-13所示，依次拧紧1、

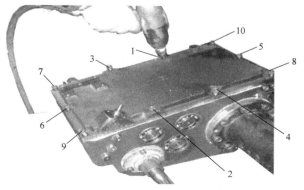

图1-1-12　车辆变速器方形底盖对称发布的10个螺栓的拧紧顺序

2、3、4、5、6、7、8号螺栓，9、10号螺栓为拆卸时用，必须对称地进行，这样操作容易使零件结合面贴合紧密无缝隙，并且防止螺栓受力不均匀，甚至变形，装配零件内部不产生内应力。

特别提示：在拧紧螺母时，如有定位销，应从靠近定位销的螺母开始拧紧。

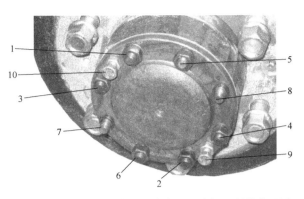

图 1-1-13　半轴端盖对称分布的 8 个螺栓的拧紧顺序

3. 双头螺柱的装配

双头螺柱的装配要点如下：

1）必须保证双头螺柱与机体螺纹配合有足够的紧固性，可采用图 1-1-14a 所示的过盈配合，或图 1-1-14b 所示的台阶形式。

2）双头螺柱的轴线必须垂直于机体表面，装配时可用直角尺检查。

3）双头螺柱的装配应使用润滑油，避免产生咬住现象，另外也便于拆卸。

4）双头螺柱的拧紧方法通常有两种。图 1-1-15a 所示为采用双螺母拧紧：先将两个螺母相互锁紧在双头螺柱上，再扳动上面一个螺母，将双头螺柱拧紧于螺孔中，拆掉双螺母；图 1-1-15b 所示为采用长螺母拧紧：用止动螺钉阻止长螺母与双头螺柱之间的相对转动，然后扳动长螺母，将双头螺柱拧紧于螺孔中，最后松开止动螺钉，拆掉长螺母。

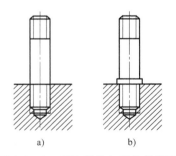

图 1-1-14　双头螺柱与基体的装配

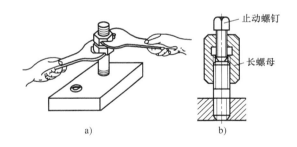

图 1-1-15　双头螺柱的拧紧方法

4. 螺母防松装置的装配

在有冲击载荷或振动的工作场合时，螺纹联接应装防松装置。常用的有双螺母防松、弹簧垫圈防松、止动垫圈防松、开口销与带槽螺母防松和串联钢丝防松，如图 1-1-16 所示。

螺纹联接应注意以下几点：

1）为便于拆装和防止螺纹锈死，联接的螺纹部分应加润滑油（脂）。

2）螺纹联接中，螺杆应伸出螺母外 2～5 个螺距。沉头螺栓不得凸出于联接件表面。

3）被联接件应均匀受压，互相紧密贴合，联接牢固。

4）成组螺栓联接的作用是防止产生松紧不一的情况，通常在拧紧后再重拧一遍，以达到全部紧固。

5）螺纹联接时，要特别注意粗牙细牙、米制寸制不能搞错。一般用手能拧动 2～3 圈就没有问题，不同牙距、制式的螺纹，不能用工具强行拧下，否则必然损坏螺纹。

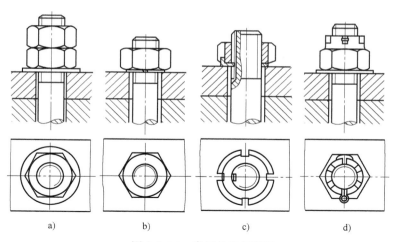

图 1-1-16　常用的防松装置

a）双螺母防松　b）弹簧垫圈防松　c）止动垫圈防松　d）开口销与带槽螺母防松

5. 螺纹联接的修理

螺纹联接的拆卸是螺纹联接安装的逆过程。

螺纹联接的失效型式主要有螺杆拧断、螺杆螺母滑牙、局部牙损坏、螺杆弯曲、螺杆螺母锈死、螺杆或螺钉断在联接件里等。主要修理方法如下：

1）螺杆拧断：更换，特殊情况可焊接。

2）螺杆螺母滑牙：更换。

3）局部牙损坏：损坏严重时，更换；损坏不严重时，可重新扳牙或攻螺纹，也可在机床上加工。

4）螺杆弯曲：拧上螺母校正。有些校正后需重新理加工。不可直接锤击螺杆丝牙部位，如图 1-1-17 所示。

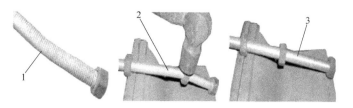

图 1-1-17　螺杆弯曲的校正

1—弯曲螺杆　2—拧上螺母用锤头校直　3—校直后的螺杆

5）螺杆螺母锈死：直接拧断，更换；加煤油、汽油或松动剂浸透后再拆；用气焊反复加热后再拆；用钢锯锯掉、切割机切掉或气割割掉后，更换。

6）螺杆或螺钉断在联接件里：若露出联接件有一定距离，可加焊螺母或横杆拆卸；若不露头，则用直径为螺纹小径的钻头把断在里面的螺杆钻掉，然后重新攻螺纹。

（二）键联接的装配与修理

1. 松键联接的装配注意事项

松键联接的装配如图 1-1-18 所示，其注意事项如下：

1）检查键与键槽，清理毛刺、锐边，测量各尺寸是否符合要求。

2）装配时，配合面应加润滑油，键与槽两侧配合应较紧，上下应留有间隙，以保证联接件（轴和轴上零件）的同轴度要求。

图 1-1-18　电动机轴平键联接的装配

3）锉配键长时，长度方向上键与键槽应有 0.1mm 左右的间隙。

4）将键轻轻敲入轴的键槽，然后装上轴上零件，一般键不露头（滑键、导向平键除外），盘动轴上零件应无间隙。

5）对滑键和导向平键装配后应滑移轻快无阻滞，且间隙在规定范围内。

2. 紧键联接的装配

1）检查键与键槽，清理毛刺、锐边，测量各尺寸是否符合要求。

2）键的斜度应与轮毂槽的斜度一致，一般是 1:100。

3）楔键上、下两个工作面应紧密贴合，两侧应留有间隙，切向键的两个斜面斜度应相同，其两侧面与键槽紧密贴合，顶面留有间隙。

4）钩头楔键安装后，其钩头与轮毂端面间应留有一定距离，以便于拆卸。

5）装配时，配合面应加润滑油，将轴和轮毂装配并组对好键槽后，再将楔键小头从键槽的大端开始打入键槽内，直至打紧合格为准。

3. 平键联接的修理

键联接的主要失效形式是受压工作面的压溃（包括键和键槽），如图 1-1-19 所示。除非严重过载，一般很少出现键被剪断的现象。滑键和导向平键存在少量磨损，对精度要求高的场合才需修配更换。

（1）松键联接的修理　拆下轴上零件，取下损坏的键或用平口起子（或扁錾子）轻轻剔掉坏键，检查和修锉键槽，并使轴和轮毂的键槽宽度相等（用游标卡尺测量），按尺寸重新配制键。重新配制键和键槽的公差按标准执行。

图 1-1-19　电动机轴键槽受压工作面压溃

（2）紧键联接的修理　对于普通楔键从小端用平头冲冲出楔键，对于钩头楔键利用杠杆原理把钩头往外打，退出楔键，对于切向键也是从任一切向键的小端用平头冲冲出楔键；然后按松键联接的修理方法进行修配，要特别注意楔键的斜度应与轮毂槽的斜度一致，对于切向键还应两键配锉且两个斜面斜度应相同。

4. 花键联接的装配

1）检查花键套与花键轴，清理毛刺、锐边，测量各尺寸是否符合要求。

2）彻底清洗花键套与花键轴。

3）装配时，在花键轴表面涂上润滑油，平稳地轻轻推入花键套孔。

4）转动花键轴检查啮合情况，对非滑动配合的花键联接应无明显间隙，对滑动配合的花键联接应滑移轻快无阻滞，且间隙在规定范围内。

（三）销联接的装配与修理

定位销联接的孔一般是两装配件在装配后再进行配钻配铰加工的，这样才能保证定位精度，且加工时对两装配件的相对位置也进行了固定。

1. 销联接的装配

1）检查销与销孔，清理毛刺、锐边，测量各尺寸是否符合要求。销联接装配后基本不拆，装配时不抹润滑油；对需要拆卸的销联接，装配时需抹润滑油；还有的定位销大端联接后紧固不拆，不抹润滑油，小端的联接件却需多次拆装，需抹润滑油。

2）圆柱销安装时一般对准后打入即可。带内螺纹的圆柱销适用于不通孔的场合，螺纹供拆卸用。

3）圆锥销安装时是小端从大端孔放入并适当打紧，大端带内螺纹或大端带外螺纹的圆锥销适用于不通孔的场合，螺纹供拆卸用；小端带外螺尾的圆锥销可用螺母锁紧，适用于有冲击、振动的场合。

2. 销联接的拆卸

对于不带螺纹的圆柱销或圆锥销，用直径略小于圆柱销直径或圆锥销小端直径的平头冲子冲出即可；对于带拆卸用内螺纹的圆柱销或圆锥销，则需旋入相应规格的螺栓（或螺钉）来拔出销子；对于大端带外螺尾的圆锥销，只需旋紧螺母即可退出销子。小端带外螺尾的圆锥销，可松开螺母至螺杆略凹，然后锤击螺母端部至销子松动，旋下螺母取出销子。

特别提示：安装销时不可用力过猛，以免损坏销孔和销端部；拆卸时不得直接锤击销端部，以免损坏销端部而拿不掉销。

3. 销联接的修理

销联接需要维修的工作不多，故障也较少，主要失效形式是销剪断及销变形和由于装拆不当至使端部损坏，对于传动销极少发生销及销孔工作面压溃的情况。极少数销孔会出现加工位置偏差、垂直度不符合要求的情况。

1）销剪断和销变形后一般需要更换；弯曲变形不严重的销也可校正修配后再用。

2）端部损坏的销，经修整后也可使用。

3）对于销及销孔工作面压溃，一般损坏轻微、偏差不大时，只需重新铰孔、配销；当损坏严重时，则要放大一个规格，重新扩孔、铰孔，配销。

4）对于销孔加工位置偏差、垂直度不符合要求的情况，偏差较大时，应重新设置加工销孔；偏差较小时，需钳工锉配、修整、校正，再铰孔至符合要求。

四、任务要点总结

本任务理实一体化地介绍了螺纹、键及销联接的分类、结构特点、应用场合、操作工具和操作技能，较详细地介绍了螺纹、键及销联接的安装拆卸步骤与过程，对它们的失效形式及其相应的修理方法与技能作了详细的介绍。图 1-1-9 和图 1-1-10 所示为定力矩扳手用手转动操作手柄，达到设定的力矩后即使操作者有继续转动手柄的趋势也不增大力矩，常用于大批量生产的场合，操作简单，生产效率高；而图 1-1-11 所示为力矩扳手用手转动操作手柄的同时操作者需要目视刻度，达到要求的力矩时立即停止转动手柄，否则力矩就会超过要求的数值，常用于单件小批量生产的场合，操作稍复杂，生产效率低。

五、思考与训练题

1. 对螺纹联接的安装有哪些基本要求？安装时应注意什么？

2. 举例说明螺纹联接产生松动的原因，用何种方法进行防松，并实训。

3. 什么是松键联接？什么是紧键联接？松键联接和紧键联接应注意什么？

4. 修理局部牙损坏和螺杆弯曲的长螺杆（如机床地脚螺栓），并检验修理质量。

5. 锉配并安装一个键联接（如泵、风机），并检验锉配安装质量。

6. 给泵或风机的端盖上加装圆锥定位销，按销的大端在端盖上过盈（不拆），端盖和机体可拆方式配制，要求配钻配铰达到规定的技术要求。

任务 2　带传动拆装工艺与应用

知识点：
- 带传动的分类、结构、原理和应用。
- 带传动的拆装工艺及其预紧原理。

能力目标：
- 重点掌握 V 带传动的组装、预紧、测试与故障维修操作。
- 能借助测量工具检查、检验、保证带传动的安装质量。

一、任务引入

带传动的主要作用是传递运动和动力，其结构简单，安装、拆卸、维修方便。带输送机虽然属于带传动系列，但它的主要作用是输送物料，其结构较为复杂，安装、拆卸较为繁琐，操作技能要求较高。本任务首先介绍一般带传动的拆装技术，然后了解带输送机的安装特殊要求。

二、带传动理实一体化论述

（一）常见带传动简介

带传动分为摩擦型带传动和啮合同步传动两大类。摩擦型带传动是靠带与带轮之间的摩擦力来传递动力的，当摩擦力小于动力或阻力时，就会出现打滑现象，因此传动比不准确，但却有过载保护作用。啮合同步带传动是利用带与轮上相啮合的齿传动的，传动比准确，保证从动轮与主动轮同步，但对过载的吸收能力稍差，高速转动时有噪声。摩擦型带传动根据传动带的截面形状的不同可分为平带、V 带、多楔带和圆带等多种，不论哪种带传动均具有结构简单、传动平稳、能缓冲吸振、可进行长轴距及多轴传动，可以改变速度、方向、力和转矩，且成本低，不需要润滑、安装拆卸维护容易等优点。图 1-1-20 所示为各种带传动，图 1-1-20a 为平带传动，其横截面为长方形，图 1-1-20b 为 V 带，其断面形状为梯形，图 1-1-20c 为多楔带传动，截面为多个 V 带排列为多个梯形，图 1-1-20d 为同步带，侧面为梯形排列的齿，图 1-1-20e 为圆带，其横截面为圆形。

（二）带传动的安装工艺过程及注意事项

1. 带传动的安装工艺过程

带传动的安装工艺过程如下：

1）安装主动轮、从动轴、包角轮和拉紧装置。

2）检查调整主动轮位置并固定主动轮。

3）选择传动带的种类型号、计算传动带长度。

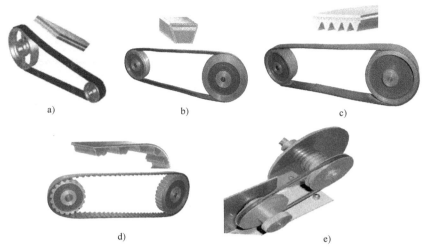

图 1-1-20　常见带传动及其截面图或局部放大图

a) 平带传动　b) V 带传动　c) 多楔带传动　d) 同步带传动　e) 绕线机上圆带传动

4) 调整拉紧装置处于松弛位置，安装传动带（包括平带的接口）。

5) 调整从动轮、包角轮、拉紧装置使传动带处于张紧状态。

6) 检查从动轮的位置，调整传动带的松紧程度。

7) 固定从动轮、包角轮和拉紧装置。

8) 空载试车。

2. 带传动的安装注意事项

1) 注意各轮的轴线与传动方向垂直并处于水平位置。

① 带轮与轴的周向和轴向固定如图 1-1-21 所示，有四种方案。

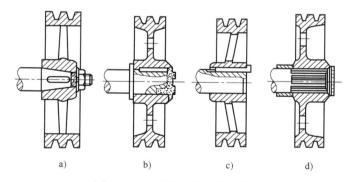

图 1-1-21　带轮与轴的固定形式

a) 圆锥轴颈轴向固定　b) 轴肩挡圈轴向固定　c) 楔键周向、轴向固定　d) 隔套挡圈轴向固定

② 轮的径向跳动和轴向圆跳动可用百分表检查，如图 1-1-22 所示。

径向跳动和轴向圆跳动量分别是两个百分表的最大读数与最小读数的差值。允许的跳动公差根据不同的机械或不同的适用场合，由设计人员根据规范而定，其实际跳动量不能超过设计要求。

径向跳动的调整，根据不同的情况有以下几种方法：

a. 修整轮的外缘圆柱面或其内孔的圆柱度，以及它们之间的同轴度。

b. 修整轴的圆柱度和轴线的直线度。

c. 减小轴与轮孔的间隙量。

轴向圆跳动的调整，根据不同的情况有以下几种方法：

a. 修整轮孔，保证孔的轴线与端面的设计垂直度。

b. 校正轴，保证它的圆度和圆柱度。

c. 当采用钩形楔键固定时，避免因键的安装造成轮相对轴的倾斜。

③ 轮与轴的配合性质是过渡配合，因此有可能是间隙状态，也可能是过盈状态。当处于过盈状态时，轮安装到轴上比较困难。具体安装方法有以下三种：

对过盈量较小且孔径不大的轴则可以垫木块或用铜棒，用锤子敲进，如图 1-1-23 所示；过盈量较小的中粗孔径轮可以用图 1-1-24 所示的顶拔器，当过盈量和孔径都大的情况下（如矿产机械的传动轮）可采用压力机安装。

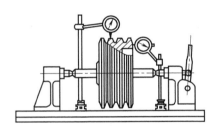

图 1-1-22　带轮径向和轴向圆跳动检查　　　图 1-1-23　带轮可以垫木块或用铜棒敲进

2）根据传动的性质和传动力的大小选择传动带的种类、型号以及数量，V 带有 O、A、B、C、D、E、F 七种型号，尺寸依次增大。V 带型号应与带轮的型号相一致，带与轮槽的结合如图 1-1-25 所示。

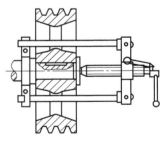
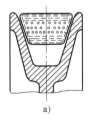

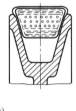

图 1-1-24　顶拔器　　　　　　　　图 1-1-25　带与轮槽的结合

a）正确　b）错误

V 带的计算长度应该是理论周长（不是外围周长也不是内圆周长），平带的计算长度应该是非工作面的长度。

3）拉紧装置应处于松弛状态，便于传动带的挂装和平带的接口。

4）调整拉紧装置时，应使从动轮的轴线平行移动，防止传动带扭曲或跑偏，传动带的张紧力大小应适中，拉力过大则会降低传动带的使用寿命，同时使轴及支承轴承径向受力不均；拉力过小则带与轮之间产生的摩擦力小，会发生打滑现象。

5）从动轮轴线应与主动轮轴线平行，且从动轮的端面与主动轮的端面应处于同一平面。若是短距离传动，可以用图1-1-26a所示的直尺侧靠法测试；若是长距离，可以用图1-1-26b所示的拉线法或用木工常用的闭一只眼的"吊线法"；若是远距离传动，则必须用经纬仪测量。

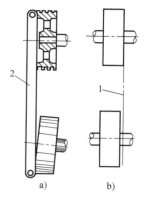

图1-1-26 从动轮相对主动轮端面位置测量
a）拉线法 b）直尺侧靠法
1—拉线 2—直尺

① 直尺侧靠法：用手把直尺的侧边压住两轮的端面，每个轮与直尺的侧边的透光率不超过10%为合格。

② 拉线法：两人把工程线拉紧并靠在一个轮的端面上，且不受挤压力，另一个轮的端面也能紧靠拉线，且不受挤压力为合格。

③ 采用木工闭一只眼的"吊线法"时，测量人员的技术经验和细心程度直接影响检查的质量。

一般情况下，当传动距离超过20m时，就需要用光学经纬仪进行测量。

6）包角轮的作用是增大传动带与主动轮的接触面。包角小，则接触面小，产生的摩擦力小，容易打滑；包角大或包角轮距主动轮太近，则传动带的折弯大，影响传动带的寿命。因此，包角的大小以及包角轮距主动轮的距离应适当。各种轮位置经过检查调整后，将固定螺钉预紧，防止试车时各部件移动，但螺钉不应拧得过紧，以便下一步调整。

带传动使用过程中如果出现传动带跑偏，即平传动带偏离带轮中心，甚至平传动带脱离带轮；其他带传动即使传动带不脱离带轮，也可能出现传动带在带轮沟槽中一边贴得紧，另一边贴合松弛的现象，用图1-1-26所示措施检测并纠正带轮位置，即可防止传动带跑偏现象发生。

7）空载试车，检查各件存在的问题，进一步调整，最后拧紧全部螺钉防止松动，交付使用。

3. 带传动的拆卸

带轮拆卸工艺与安装的顺序相反，轮与轴的配合过紧时，可用图1-1-27所示的顶拔器拆卸。

（三）平带输送机的组装要求

图1-1-28所示是用平带输送物料，它用于传动比要求不严格的传递动力的场合。

1. 输送机支架的安装

支架是支承其他零部件的装置，它的安装主要采用地脚螺栓固定在土建预埋件上的方法。安装时，应做到以下方面：

图1-1-27 用顶拔器拆卸带轮

1）4个立柱5均应竖直放置，未安装前，应估计其强度和刚度，然后用螺栓或焊接的方法固定。此项工作一定要保证联接牢固。

2）两个带轮轴1、4的轴线要水平并且平行，安装时应用水平尺或水准仪检验。

3）两个平带轮要按照图1-1-26所示方法找正，为防止传动带跑偏可以在传动带两侧各安装一个 HG-PWB-12-30 型传感器7，传感器立滚轴6距离传动带5～10cm，如图1-1-28所示。

该传感器有两组开关信号输出线，每一组都有常开和常闭触点，根据需要灵活应用常开常闭触点。如传动带跑偏时接触传感器立滚轴6，该轴旋转并受挤压而倾斜大于一级动作角度时，一组开关常开触点闭合，可用于报警提示；当该轴倾斜大于二级动作角度时，另一组开关常闭触点断开，可用于给控制电动机的交流接触器线圈断电使电动机停转，当传动带复位后立滚轴和传感器的两组开关也自动复位，这种传感器属于开关量传感器，在机电设备、轻工业等行业得到广泛应用。

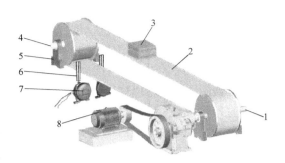

图 1-1-28　平带输送物料

1、4—传动带轮轴　2—传动带　3—物料　5—轮轴立柱
6—HG-PWB-12-30 型传动带跑偏传感器立滚轴　7—传动带跑偏传感器　8—带传动电动机

2. 平带的接口连接

平带由中间多层抗拉体和外部橡胶保护层组成，保护层又分与物料相接触的较厚的工作面和与轮摩擦的非工作面。平带是长条带状结构。为了保证循环使用，或因长度不足，带头需要接口，接口通常按图 1-1-29 所示的方式搭接。

1）接口连接应做到边缘对齐，工作面与非工作面不得弄反。

2）搭接是把要对接的带头，用专用传动带钳子和刀子剥成图 1-1-29a 所示的阶梯状，两个带接头上下对应；然后，抹上硫化胶、晾干、对接、压实；最后，垫钢板，用锤子将铁钉砸进传动带接头。如图 1-1-29b 所示，注意铁钉成行排列，行间距和钉间距为 4～5cm，钉头应打弯，钩进保护层。

图 1-1-29　平带搭接

a）剥成阶梯状　b）钻孔后砸入铁钉

该工序繁琐、耗时、技术要求高，但联接紧密、牢固，运行平稳。工矿企业中的平带输送机普遍采用这种接口方式（注意：每个接口应有 300mm 的搭接长度，两个接口的距离不得太近）。

（四）V 带传动的张紧与维护

1. 张紧方案的设计

V 带张紧有图 1-1-30 所示的三种张紧方案。图 1-1-30a 所示方案为拧动螺栓 1 使带轮左右移动实现 V 带张紧，该方案基本不改变带轮的包角，操作方便，应用比较广泛。图 1-1-30b 所示方案调整小带轮 2 的高度实现 V 带张紧适度，该方案因使带对边距离加宽，使得带轮包角增大，容易使传动带轮与带的摩擦力减小，小带轮 2 的槽数与传动带轮一样，加工复杂，该方案稍逊色于图 1-1-30a 所示的方案。图 1-1-30c 所示的方案向左移动圆柱带轮 3 使几条 V 带张紧，该方案因使带对边距离变窄，使得带轮包角变小，使传动带轮与带的摩擦力增大，张紧轮 3 做成圆柱形，加工比图 1-1-30b 所示的方案容易，该方案稍差于图 1-1-30b 所示的方案。

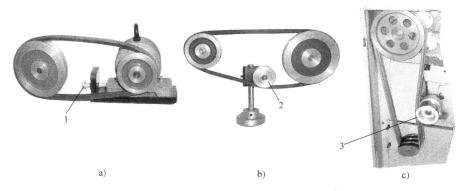

图 1-1-30 带张紧机构

a）移动带轮张紧 b）内胀三角带张紧 c）外压三角带张紧

2. 张紧力程度的测试

对图 1-1-30 所示 3 种预紧方案，V 带张紧合适程度的测试方法均如图 1-1-31 所示，两带轮与带切点距离 L，单位为 mm，用弹簧秤在带的中点且与带垂直的方向上拉紧一根 V 带，测量拉力 F，单位为 N，用游标卡尺测量带凹下高度 H，单位为 mm，在 $L = 100$ mm 长度上，$H = 1.6$ mm 时凹下高度 H 对应合适的张紧力 F，各种型号 V 带合适的张紧范围见表 1-1-1，在合适的张紧力范围下，凹下高度为

$$H = \frac{1.6}{100}L \tag{1-1-1}$$

例如，某 B 型 V 带传动，小带轮直径 $d = 200$ mm，带速 $v = 10 \sim 20$ m/s，带轮中心距 $L = 300$ mm，查表 1-1-1 知合适的张紧力时所需的垂直拉力 $F = 15 \sim 22$ N，在这一垂直拉力范围内图 1-1-31 所示带垂直凹下高度为

$$H = \frac{1.6}{100}L = \frac{1.6}{100} \times 300 \text{mm} = 4.8 \text{mm}$$

图 1-1-31 V 带张紧程度测试

1—游标卡尺测量凹下高度 2—直尺 3—V 带轮 4—V 带 5—弹簧秤测量拉力 F

用图 1-1-31 所示方法测试，使得弹簧秤的拉力在 15～22N 之间时，若 H 大于 4.8mm 说明带有些松，需要预紧；若 H 小于 4.8mm 说明带张紧过度，需要放松。

表 1-1-1 V 带传动测定张紧力所需的垂直拉力 F

V 带型号		小带轮直径 d/mm	带速 v/(m/s)		
			0～10	10～20	20～30
普通 V 带	Z	50～100	5～7	4.2～6	3.5～5.5
		>100	>7～10	>6～8.5	>5.5～7
	A	75～140	9.5～14	8～12	6.5～10
		>140	>14～21	>12～18	>10～15
	B	125～200	18.5～28	15～22	12.5～18
		>200	>28～42	>22～33	>18～27
	C	200～400	36～54	30～45	25～38
		>400	>54～85	>45～70	>38～56
	D	355～600	74～108	62～94	50～75
		>600	>108～162	>94～140	>75～108
	E	500～800	145～217	124～186	100～150
		>800	>217～325	>186～280	>150～225
窄 V 带	SPZ	67～95	9.5～14	8～13	6.5～11
		>95	>14～21	>13～19	>11～18
	SPA	100～140	18～26	15～21	12～18
		>140	>26～38	>21～32	>18～27
	SPB	160～265	30～45	26～40	22～34
		>265	>45～58	>40～52	>34～37
	SPC	224～355	58～82	48～72	40～64
		>355	>82～106	>72～96	>64～90

3. V 带传动的维护

V 带传动要经常检查传动带的张紧力，为了保证带传动的正常运转和延长传动带的寿命，在使用中应及时维护。维护内容包括：①保持清洁，防止油污染；②严禁出现过载打滑现象；③采用多根 V 带传动的，更换 V 带时，各条带要统一更换；④平带传动，若发现跑偏现象，应及时调正。

三、任务要点总结

通过该任务的学习，重点掌握 V 带传动的特点、拆装工艺，V 带张紧机构的形式及其特点、张紧测试方法。多楔带、同步带传动也有类似的张紧机构，以保证带传动的效率和带的寿命。对克服带传动跑偏介绍了传统方法和用传感器报警停机的自动化方法，使读者既掌握传统知识点和技能，又掌握现代新技术和新工艺。

四、思考与训练题

1. 采用顶拔器安装与拆卸带轮，操作上有何异同？
2. 分析 V 带轮三种预紧方案的优缺点，并实训。
3. 带传动为防止传动带跑偏，如何校验两个皮带轮的正确位置？
4. 简述传动带跑偏用传感器的工作原理、安装方法。

任务3 链传动拆装工艺与应用

知识点:
- 掌握链传动的基础知识。
- 链传动的装配技术要求。

能力目标:
- 正确选择链传动的类型,并进行链传动的拆装、预紧和使用。

一、任务引入

链传动是机械中常用的传动方式之一。与带传动相比,链传动具有平均传动比准确、传递功率大、传动效率高(可达 95% ~ 98%),在高温、多尘等恶劣环境中适应性强等特点。与齿轮传动相比,当两轴间中心距较大时,链传动结构简单。但链传动速度不宜过高,运动平稳性不如齿轮及带传动好,运转时链条容易磨损和脱落,且链传动对于安装精度及维护要求较高。链传动的传动比不能大于 8,中心距不大于 5m,传递功率不大于 100kW,圆周速率不大于 15m/s。链传动的应用如图 1-1-32 所示。按用途链可分为传动链、输送链和起重链;按结构的不同,传动链主要有滚子链和齿形链。链传动多用于轻工机械、农业机械、石油化工机械、运输起重机械和机床、汽车、摩托车和自行车等机械传动上。链传动机构常出现链条被拉长,链和链轮磨损,链环断裂等损坏现象,需要妥善安装、拆卸和修理。

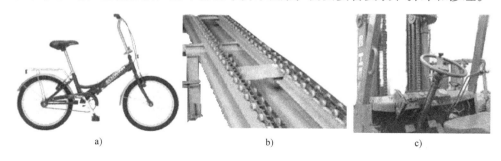

a)   b)   c)

图 1-1-32 链传动的应用

a) 自行车上的传动链 b) 产品输送机械上的输送链 c) 起重叉车上的起重链

二、相关知识

(一) 链传动的基础知识

1. 链传动的组成

图 1-1-33 所示为一较复杂的链传动机构,其组成由主动链轮 1、电动机 2、传动链 3、从动链轮 4、张紧链轮 5 和电动机平动螺栓 6 组成。在较简单的单链传动机构中,张紧链轮 5 和电动机平动螺栓 6 有一个即可。图 1-1-34 所示为小齿距滚子链的结构图,相邻销轴之间的距离 p 称为齿距。

2. 链传动的类型

(1) 滚子链 滚子链也称为套筒滚子链,由内链板、外链板、销轴、套筒和滚子组成。滚子与套筒是间隙配合,套筒与销轴是过盈配合,滚子链有单排或多排结构,排数越多,则

图 1-1-33　链传动的组成

1—主动链轮　2—电动机　3—传动链　4—从动链轮　5—张紧链轮　6—电动机平动螺栓

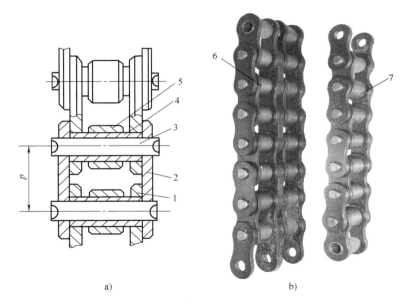

a)　　　　　　　　　　　　　b)

图 1-1-34　小齿距滚子链的结构图

1—内链板　2—外链板　3—销轴　4—套筒　5—滚子　6—双排滚子链　7—单排滚子链

承载能力越高，但制造、安装误差也越大，各排链受载不均匀现象越严重，图 1-1-34 所示件 6 和件 7 为双排和单排滚子链，最多不超过 4 排。链条的长度以节数来表示，链节数常取偶数，以便于连接，链节为奇数时须采用过渡链节，滚子链固定销轴和接头的三种形式如图 1-1-35 所示。

（2）齿形链　齿形链根据铰接的结构不同，可分为圆销铰链式、轴瓦铰链式和滚柱铰链式三种。

图 1-1-36 所示为圆销铰链式齿形链，圆销式的孔板与销轴之间为间隙配合，加工方便。这种铰链的承压面仅为宽度的一半，故比压大，易磨损，成本较高。但它比套筒滚子链传动平稳，传动速度高，且噪声小，因而齿形链又称无声链。

图 1-1-37 所示为轴瓦式齿形链，其链板两侧有长短扇形槽各一条，并且在同一条轴线

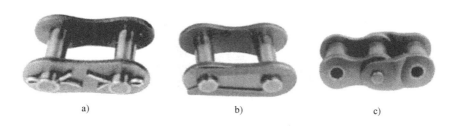

图 1-1-35　滚子链固定销轴和接头的三种形式
a）大齿距开口销　b）小齿距用弹簧夹　c）齿距为奇数时用过渡链

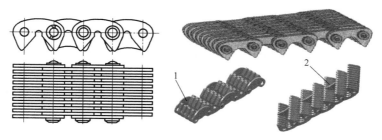

图 1-1-36　圆销铰链式齿形链
1—带外导板的齿形链　2—带内导板的齿形链

上，销孔装入销轴后，就在销轴两侧嵌入衬瓦，由于衬瓦与销轴为内接触，故压强低、磨损小；图 1-1-38 所示为滚柱式齿形链，由于没有销轴，孔中嵌入摇块，变滑动摩擦为滚动摩擦。

图 1-1-37　轴瓦式齿形链

图 1-1-38　滚柱式齿形链

（二）链传动机构的装配、张紧与维护

1. 滚子链轮结构及其装配

（1）滚子链轮及其结构　图 1-1-39 所示为常用的滚子链轮结构，小直径链轮一般做成整体式，中等直径链轮多做成焊接式或装配式，大直径的链轮为便于搬运、装卡和减重，须在腹板上开孔做成辐板式。

（2）链传动的使用　链传动最好紧边在上、松边在下，以防松边下垂量过大使链条与链轮的轮齿发生干涉或松边与紧边相碰。

2. 链传动机构的装配

当两轮中心距离可调且链轮在轴端时，可以将链条两端预先接好，再装到链轮上，先装小轮，再装大轮，如图 1-1-33 所示，然后调整张紧机构。如果受结构限制，只能先将链条套在链轮上再进行联接，此时可以采用专用的拉紧工具，其结构如图 1-1-40a 所示。齿形链条必须先套在链轮上，再用拉紧工具拉紧后，再进行联接，如图 1-1-40b 所示。

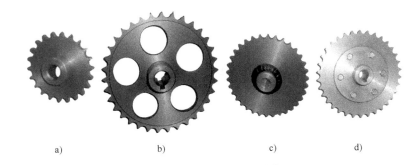

图 1-1-39　滚子链轮结构
a）整体式　b）辐板式　c）焊接式　d）装配式

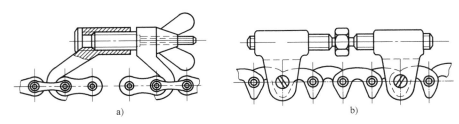

图 1-1-40　用专用工具张紧链后再进行接头联接
a）滚子链联接　b）齿形链联接

3. 链传动的张紧

为避免在链条的垂度过大时产生啮合不良和链条的振动脱落，链传动需要张紧。如图 1-1-33 所示，拧紧螺栓 6 使电动机右移，增大两个链轮的中心距，即可张紧链条；中心距不可调时，可设置张紧轮或在链条磨损变长后取掉 2 个链节（奇数时取掉 1 个链节），以恢复原来的长度。张紧轮一般紧压在松边外侧靠近小链轮处，如图 1-1-33 所示可调位置的小链轮 5，调正其位置张紧链条，也可以采用图 1-1-41 所示的张紧装置。图 1-1-41a 所示为弹簧无齿滚轮张紧，图 1-1-41b 所示为用吊重自动张紧，图 1-1-41c 所示为定期螺旋张紧。

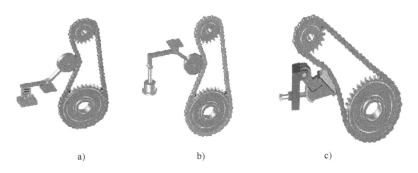

图 1-1-41　链轮张紧装置
a）弹簧无齿滚轮张紧　b）吊重自动张紧　c）定期螺旋张紧

4. 链传动的维护

链传动中销轴与套筒之间一旦产生磨损，链节就会伸长，这是影响链传动寿命的最主要因素。因而，链传动需要经常润滑，定期清洗链条，更换损坏链节。噪声过大的原因是链轮不共面，松边垂度不合适，润滑不好，链条、链轮磨损等，应立即检查修理。

三、任务要点总结

通过该任务的学习，重点掌握链传动的分类、组成、结构特点、组装、张紧方法和维护。链传动是啮合传动，比摩擦式带传动准确，传动效率高，能在低速、重载和恶劣的环境下工作，能用一根轴同时带动几根彼此平行的轴转动，且中心距可以比较大。但链传动过载时不打滑，对机件起不到过载保护作用，适用于载荷不太大或虽然载荷大但传动速度低的场合。

随着市场需求的变化，链条产品呈现了多元化趋势，在普通型、加重型的基础上，派生出一系列轻窄型产品，链条齿距除向大、小齿距两端延伸外，还在小齿距范围内插入了新的齿距，使小齿距分布更密，更适用于不同工况的传动。在尺寸相同的条件下，派生出一系列不同疲劳强度，不同拉伸强度，甚至不同磨损性能的变异产品。在啮合机制上，打破了非共轭传动一统天下，准共轭传动和共轭传动的新型链条啮合原理及其设计方法的研究已基本实现产业化需求。

四、思考与训练题

1. 自行车为什么不能用 V 带或平带传动？
2. 链传动张紧形式有哪些？自行车链轮应采用哪种张紧形式？
3. 对链传动进行组装、预紧实训。
4. 图 1-1-32c 所示的起重叉车载荷很大，为什么还能用链传动来传动重载荷？

任务 4　滚动轴承的拆装与应用

> **知识点：**
> - 熟悉滚动轴承的结构、类型及选用方法。
> - 熟悉滚动轴承的润滑、密封、配合，滚动轴承拆卸、安装及调整方法。
>
> **能力目标：**
> - 能够正确选配轴承。
> - 能够正确拆卸、装配滚动轴承并能进行滚动轴承的游隙调整和预紧。
> - 能够对滚动轴承的常见故障进行判断及排除。

一、任务引入

机电设备中大量应用了滚动轴承，正确认识滚动轴承的结构、类型及选用，熟悉滚动轴承的润滑、密封、配合；滚动轴承拆卸、安装及调整方法；在滚动轴承的拆装、维修中，合理地选择拆装方法和公差等级；正确地进行游隙的调整和滚动轴承的预紧；能够增强轴承在运转时的稳定性，减小发热和噪声，从而延长滚动轴承的使用寿命，提高轴的回转精度。

二、滚动轴承理实一体化论述

（一）滚动轴承的类型

按滚动体的形状来分，滚动轴承可分为球轴承和滚子轴承。它们可以制成单列、双列或多列形式，以及能自动调心和不能自动调心形式。按承载方向来分，滚动轴承可分为向心轴承、推力轴承和向心推力轴承。向心轴承主要承受径向载荷，推力轴承只能承受轴向载荷，向心推力轴承能可同时受径向载荷和轴向载荷。滚动轴承的类型很多，常用滚动轴承的类型、主要特性及应用见表1-1-2。

表1-1-2　常用滚动轴承的类型、主要特性及应用

名称及类型代号	实物图	结构简图及承载方向	特性和应用
调心球轴承 10000			主要承受径向载荷，同时也能承受少量的轴向载荷。由于外滚道表面是以轴承中点为中心的球面，所以能调心
调心滚子轴承 20000			能承受很大的径向载荷和少量的轴向载荷。承载能力大，具有调心性能
圆锥滚子轴承 30000			能同时承受较大的径向、轴向的联合载荷。由于滚子是线接触，所以承载能力大于"7"类轴承，内外圈可分离，装拆方便，成对使用
推力球轴承 50000	a) b)	a) b)	只能承受轴向载荷，而且载荷的作用线必须与轴线重合，不允许有角偏差，有两种类型 　图a为单列—承受单向推力 　图b为双列—承受双向推力 高速时，因滚动体的离心力大，故球与保持架摩擦后发热严重，使用寿命低。可用于轴向载荷大转速不高之处

（续）

名称及类型代号	实物图	结构简图及承载方向	特性和应用
深沟球轴承 60000			主要承受径向载荷,同时也可承受一定量的轴向载荷。当转速很高而轴向载荷不大时,可代替推力球轴承承受纯轴向载荷。 由于外滚道表面是以轴承中点为中心的球面,所以能调心
角接触球轴承 70000		α	能同时承受较大的径向载荷和轴向载荷,也可单独承受轴向载荷,能在较高转速下正常工作。 由于一个轴承只能承受单向的轴向力,所以一般成对使用。 承受轴向载荷的能力由接触角 α 决定,接触角 α 越大,轴向承载能力也越大
推力圆柱滚子轴承 80000			能承受很大的单向轴向载荷
圆柱滚子轴承 N0000		(N)　(NU) (NF)　(NJ)	外圈(或内圈)可以分离,所以不能承受轴向载荷,只能承受较大的径向载荷 因为是线接触,所以内外圈只允许有较小的角偏差 常见结构有: 外圈无挡边(N) 内圈无挡边(NU) 外圈单挡边(NF) 内圈单挡边(NJ)

（续）

名称及类型代号	实物图	结构简图及承载方向	特性和应用
滚针轴承 NA0000 （有内圈） RNA0000 （无内圈）	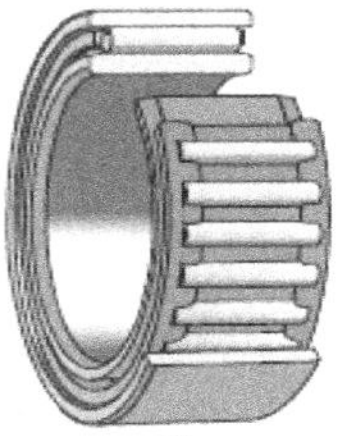 a)  b)	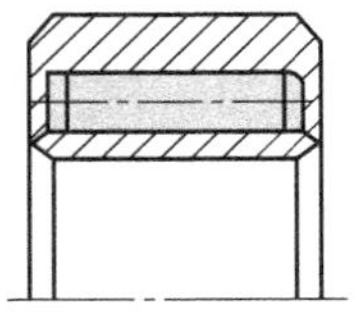 a) 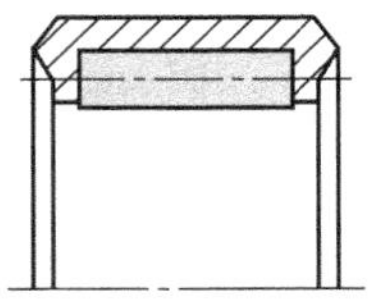 b)	只能承受径向载荷，承载能力大 径向尺寸特别小，一般无保持架， 所以滚针间摩擦大，极限转速低 图示结构特点是有保持架，图 a 带内圈，图 b 不带内圈

（二）滚动轴承的润滑和密封装置

1. 滚动轴承的润滑

滚动轴承除了滚动体与座圈之间的滚动摩擦外，元件之间仍然存在滑动摩擦，如滚动体与保持架之间的摩擦。滚动轴承润滑的主要目的是为了减轻元件之间的摩擦与磨损。此外，润滑还具有防止锈蚀、加强散热、吸收振动、减少噪声等重要作用。

（1）滚动轴承的润滑剂　润滑剂包括润滑油、润滑脂和固体润滑剂。

1）润滑油。在高速和高温条件下仍具有良好的润滑性能，一般采用滴油润滑、化雾润滑、油浴润滑等方法。

2）润滑脂。润滑脂不易渗漏，不需经常添加，密封装置简单，维护保养较方便，有防尘和防潮能力，但其稀稠程度受温度变化的影响较大。一般常用于转速和温度都不是很高的场合。

3）固体润滑剂。当一般润滑油和润滑脂不能满足使用要求时，采用固体润滑剂。常用固体润滑剂是二硫化钼，可以作为润滑脂的添加剂，也可以用粘结剂将其粘结在滚道、保持器和滚动体上，形成固体润滑膜。

（2）润滑剂类型的选择

1）润滑油的润滑不仅起到润滑作用，还能降低轴承的温度。一般闭式传动，若采用油润滑，传动件的线速度须大于 2m/s，这样才能实现飞溅润滑，润滑油才能到达各润滑点且润滑油能够循环使用。

2）对于开式传动和传动件的线速度低于 2m/s 而无法采用油润滑的闭式传动，或对润滑要求不严格，工作环境较差，压力较大的传动，一般采用脂润滑。选用脂润滑的场合比选用油润滑的场合要多。

2. 滚动轴承的密封装置

为防止轴承的润滑剂外流和水汽、灰尘、污物进入轴承，必须对轴承进行密封。按密封的零件表面之间有无相对运动，密封可以分为静密封和动密封两大类。静密封有密封垫、密封胶和直接接触三种密封方式；动密封可以分为接触式和非接触式密封两种。

（1）对密封的要求

1）密封性能好，无泄漏现象。

2）密封可以长时间可靠地工作。

3）摩擦小。

4）易加工。

（2）密封装置

1）接触式密封有毡圈密封和皮碗式密封。

2）非接触式密封有间隙式密封、迷宫式密封和垫圈式密封。

常用旋转动密封的种类、特性与应用见表1-1-3。

表1-1-3　常用旋转密封的种类、特性与应用

种类			速度/(m/s)	压力/MPa	温度/℃	特性及应用
接触型旋转动密封	毛毡密封		5	0.1	90	结构简单，成本低廉，尺寸紧凑，对偏心与窜动不敏感。适用于脂润滑。当与其他密封组合使用时也可用于油润滑
	O形密封圈		3	35	-60～200	利用安装沟槽使密封圈预压缩而密封，O形密封圈具有双向的密封能力
	J形密封圈		4	0.3	-60～150	这种密封橡胶圈与轴接触面宽度很窄（0.03～0.5mm），回弹力更大。带锁紧弹簧，使密封件对轴有较好的追随补偿性能。因此能以较小的径向力获得良好的密封效果 结构简单，尺寸紧凑，成本低廉，适用于批量生产
非接触型旋转动密封	沟槽密封					适用润滑脂密封，利用间隙的节流效用产生密封作用，沟槽一般取3个，沟槽内涂满润滑脂
	迷宫式密封		不限	20	600	适用润滑脂和润滑油，若与其他密封组合使用，则密封效果更好。间隙中充填润滑脂。轴的轴向窜动不应超出迷宫轴向间隙

（三）滚动轴承的配合

1. 滚动轴承的配合制度

滚动轴承是专业厂大量生产的标准部件，其内径和外径出厂时已按标准确定。

轴承的内圈与轴的配合为基孔制，并且轴承的内径尺寸只有负偏差，这与通用公差标准的基准孔尺寸只有正偏差不同。因此，在配合种类相同的条件下轴承内圈与轴颈的配合较紧。

轴承的外圈与轴承孔的配合为基轴制，轴承外径尺寸只有负偏差，这与通用公差标准的基准轴尺寸只有负偏差相同。因此，在配合种类相同的条件下两者基本上保持类似的配合性质。

2. 滚动轴承配合的选择

1）当负荷方向不变时，转动套圈应比固定套圈的配合紧一些。一般情况下是内圈随轴一起转动，而外圈固定不动。所以，内圈常采用过盈配合，外圈常采用较松的过渡配合。

2）轴承在负荷作用下，套圈容易变形，使配合面受力不均匀，引起配合松动，因此负荷越大，转速越高并有振动和冲击时，则配合应越紧。

3）当轴承旋转精度要求较高时，应采用较紧的配合，以期借助于过盈量来减小轴承的原始游隙。

4）当轴承作游动支承时，外圈与轴承座孔应采取较松的配合。

5）轴承与空心轴的配合应较紧，以避免轴的收缩使配合松动。

6）对于需要经常装拆或因使用寿命短而须经常更换的轴承，可以取较松的配合，以利于装拆和更换。

（四）滚动轴承的游隙调整和预紧

1. 滚动轴承的游隙

滚动轴承的游隙分为径向游隙和轴向游隙。两类游隙之间有密切的关系，一般径向游隙越大，轴向游隙也越大，反之亦同。

（1）轴承的径向游隙　径向游隙是轴承的滚动体与轴承外圈滚道的内表面在径向的间隙。根据轴承所取的状态不同分为原始游隙、配合游隙和工作游隙。

1）原始游隙：轴承在未安装前自由状态下的游隙。

2）配合游隙：轴承装配到轴上和外壳内的游隙。配合游隙的大小由过盈量来决定，它小于原始游隙。

3）工作游隙：轴承在工作时因内外圈的温度差使配合游隙减小，又因工作负荷的作用，使滚动体与套圈产生弹性变形而使游隙增大，但在一般情况下，工作游隙大于配合游隙。

（2）轴承的轴向游隙　轴向游隙是轴承的内外圈在轴线方向的间隙。由于结构上的特点，轴承轴向游隙可以在装配或使用过程中，通过调整轴承套圈的相互位置而确定，如角接触球轴承、圆锥滚子轴承、双向推力球轴承等，对不同类型的轴承、不同载荷对其轴向游隙大小国家机械行业都有标准，轴向游隙大小以 μm 为单位，要按标准调整轴承轴向游隙的大小。

2. 滚动轴承游隙的调整

对于各种角接触球轴承、圆锥滚子轴承，因其内外圈可以分离，故在组装过程中都要控制和调整游隙，其方法是通过使轴承的内、外圈作适当的轴向位移，得到适当的间隙。轴承游隙过大，将使同时承受负荷的滚动体减少，轴承使用寿命降低。同时，还将降低轴承的旋转精度，引起振动和噪声。负荷有冲击时，这种影响尤为显著。轴承游隙过小，则易发热和磨损，降低轴承使用寿命。

因此，选择合适的游隙，是保证轴承正常工作，延长使用寿命的重要措施。许多轴承都要在装配过程中控制和调整游隙。

轴承的轴向游隙通常有下列四种调整方法：

（1）垫片调整法 如图 1-1-42a 所示，垫片调整法是通过改变轴承压盖处垫片的厚度 k，查标准得调整轴向间隙为 c，把端盖 1 处原有的垫片撤出，然后慢慢拧紧端盖上的螺钉，用手缓慢转动轴 2，当手感觉转轴刚好吃力时（这时轴承无间隙）就停止拧端盖上的螺栓，用卡尺或塞尺测量端盖与箱体孔断面的间隙 K，则选取厚度为 $K + c$ 的垫片，拧紧螺钉后，轴承轴向游隙为 c。

尺寸 $K + c$ 的单位为 μm，可用在砂纸上磨削垫片的方法，保证轴向游隙的精度。

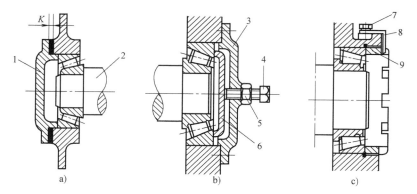

图 1-1-42 轴承轴向游隙调整方法
a）垫片调整法 b）螺钉调整法 c）止推环调整法
1—端盖 2—转轴 3—侧盖 4—调整螺钉 5—锁紧螺母 6—止推盘
7—螺钉 8—止动片 9—止推环

（2）螺钉调整法 如图 1-1-42b 所示，先把调整螺钉上的锁紧螺母松开，然后拧紧调整螺钉，使止推盘轴向移动，至轴转动发紧时为止，最后根据轴向游隙的大小将调整螺钉倒拧一定的角度，并把锁紧螺母拧紧，以防调整螺钉在机器运转时松动。

（3）止推环调整法 如图 1-1-42c 所示，把具有外螺纹的止推环 9 拧紧，至轴转动发紧时停止，然后根据轴向游隙大小，将止推环倒拧一定的角度，最后用止动片固定，以防止推环在机器运转时松动。

（4）感觉法调整 先将轴承适当预紧，用手转动轴，松紧感到合适；然后用手按轴向、径向摇动轴，感到似乎有微小间隙，但还感觉不到有间隙状态，此时确定调整垫厚度。这种方法需要具有相当的经验才能调整得准确。一般适用于精度要求较低的场合。在检修工作中，这种方法可判断出轴承的磨损程度及轴承滚道、珠粒是否存在磨损等缺陷。

3. 滚动轴承的预紧

在装配角接触球轴承或深沟球轴承时，如给轴承内、外圈以一定的轴向预负荷，这时内、外圈将发生相对位移，结果消除了内、外圈与滚动体的游隙，产生了初始的接触弹性变形，这种方法称为预紧。预紧后的轴承能提高轴承的旋转精度和使用寿命，减少机器工作时轴的振动。轴承预紧的方法有径向预紧和轴向预紧，常用的方法有以下几种：

1）用轴承内、外垫环厚度差实现预紧。成对安装的角接触球轴承，采用不同厚度的垫环可以得到不同的预紧力，如图1-1-43所示。

2）用弹簧实现预紧，靠弹簧力作用在外圈上使轴承得到自动锁紧，如图1-1-44所示。

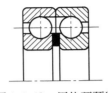

图1-1-43　用垫环预紧

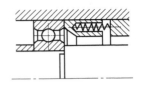

图1-1-44　用弹簧预紧

3）磨窄成对使用的轴承内圈或外圈实现预紧，如图1-1-45所示，当夹紧内外圈时即可实现预紧。

4）调节轴承锥形孔内圈的轴向位置实现预紧，拧紧时可以使锥形孔内圈往轴颈大端移动，结果内圈直径增加，形成预负荷，如图1-1-46所示。

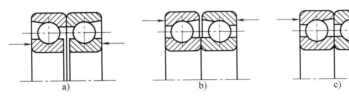

a)　　　　　　　　b)　　　　　　　　c)

图1-1-45　成对角接触球轴承的预紧方法
a）磨窄外圈　b）磨窄内圈　c）外圈宽窄相对安装

（五）滚动轴承的装配与拆卸

1. 装配前的准备工作

滚动轴承是一种精密的部件，其套圈和滚动体有较高的精度和较低的表面粗糙度，认真做好装配前的准备工作，是保证装配质量的重要环节，其准备工作的内容如下：

1）根据要装配的轴承，准备好需要用的工具和量具。

2）按图样的要求检查与轴承相配的零件。检查轴、外壳、端盖等表面是否有凹陷、毛刺、锈蚀和固体的微粒。

3）用汽油或煤油清洗与轴承相配合的零件，并用干净的布仔细擦净，然后涂上一层薄油。

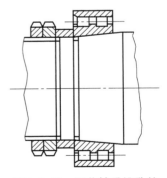

图1-1-46　调节轴承锥孔的
轴向位置预紧

4）检查轴承型号与图样要求是否一致。

5）清洗轴承，经过清洗的轴承不能直接放在工作台上，应垫干净的布或纸。对于两面带防尘盖、密封圈或涂有防锈润滑两用油脂的轴承不需进行清洗。

2. 滚动轴承的装配方法

滚动轴承的装配应根据轴承的结构、尺寸大小和轴承部件的配合性质而定。装配时的压力应直接加在待装的套圈端面上，不能通过滚动体传递压力。

（1）圆柱孔轴承的装配

1）如图 1-1-47a 所示的装配，轴承内圈与轴为紧配合，外圈与轴承座孔为较松的配合。可先将轴承装在轴上，然后把轴承与轴一起装入轴承座中，压装时，在轴承端面垫上铜或软钢做的装配套筒。

2）轴承外圈与轴承座孔为紧配合，内圈与轴为较松配合时的装配：可将轴承先压入轴承座中，再如图 1-1-47b 所示装轴。这时装配套筒的外径应略小于轴承座孔的直径。

3）轴承内圈与轴、轴承外圈与轴承座孔

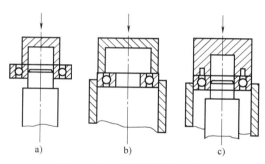

图 1-1-47　圆柱孔轴承的装配
a）压紧轴承内圈　b）装轴承外圈
c）同时压装轴承内外圈

都是紧配合时的装配：将装配套筒的端面做成能同时压紧轴承内外圈端面的圆环，使压力同时传到内外圈上，把轴承压入轴上和轴承座孔中，如图 1-1-47c 所示。

4）向心推力滚子轴承的装配：因其内、外圈可分离，采用分别把内圈装到轴上、外圈装在轴承座中，然后调整游隙的方法。

5）压入轴承时采用的方法和工具。当配合过盈量较小时用锤子敲击。

用锤子装配轴承时严禁直接敲打轴承，一般可采用以下几种方法：

a. 通过铜棒分别对称地在轴承的内环（或外环）均匀敲入，如图 1-1-48 所示。

b. 通过锤子敲击用软钢或铜管制成的各种专用套筒来装配轴承，如图 1-1-49 所示。

图 1-1-48　用铜棒敲击装配轴承

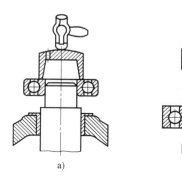
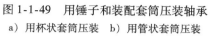

图 1-1-49　用锤子和装配套筒压装轴承
a）用杯状套筒压装　b）用管状套筒压装

c. 当配合过盈量较大时，用锤子敲打比较费力，可采用螺旋式压力机配合套筒来压装轴承，如图 1-1-50 所示。

d. 当配合过盈量及轴承尺寸较大，用螺旋式压力机所产生的压力不能满足需要时，可采用液压机压装轴承，图 1-1-51 所示利用手动液压泵产生的油压推动装在机架上的液压缸来压装轴承的简单压床。

6）液压套合法。液压套合法适用于轴承尺寸和过盈量较大而又需要经常装拆的场合。图 1-1-52 是采用这种方法安装轴承的基本结构，由手动泵产生的高压油经管路进入轴端，再由预先加工好的通路引入轴颈的环形槽中。由于轴承内环与轴颈贴合在一起，使环形槽形成一个密封空间，高压油进入后将孔胀大，与此同时利用轴端螺母或其他方法施以少量轴向

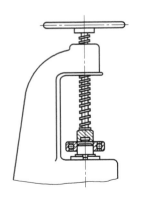

图 1-1-50　用螺旋式压力机压装轴承

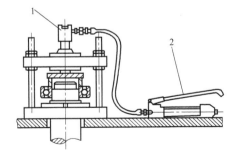

图 1-1-51　用简单液压机压装轴承

1—液压缸　2—手动液压泵

力，便能将轴承装入或卸出。

　　用液压套合法安装轴承时，必须严格遵守下列程序：每提高一次径向油压都应保压一段时间，待油膜压力分布均匀后，再增加轴向推力向前推进，不得靠轴向推力硬将轴承顶入。安装结束后，应先放掉径向压力，然后才能卸去轴向力，否则轴承会在径向油压的作用下自行退出，使配合发生松动。

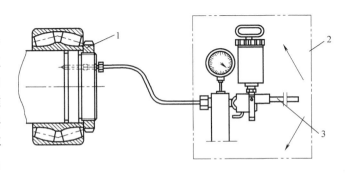

图 1-1-52　"液压套合法"的液压装置原理图

1—轴端螺母　2—手动液压装置　3—手动液压泵

　　7）当配合过盈量较大时还可采用温差法装配。温差法装配是将轴承放在简单的油浴中加热至 80～100℃，然后进行装配。轴承加热时放在油槽内的网格上，网格与箱底应有一定的距离，可避免轴承接触到比油温高得多的箱底，而形成局部过热，并且不使轴承与箱底沉淀的脏物接触，如图 1-1-53a 所示。对于有些小型轴承可以挂在吊钩上在油中加热，如图 1-1-53b 所示，内部充满润滑油脂带防尘盖或密封圈的轴承，不能采用温差法装配。轴承在油中加热时应注意机油的闪点温度。

　　（2）圆锥孔轴承的装配　圆锥孔轴承的装配有三种方法：

　　1）直接装在有锥度的轴上，如图 1-1-54a 所示，小直径的轴承装配通常采用锤子敲击或用机械压入；大直径的轴承装

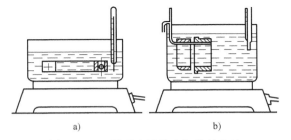

图 1-1-53　轴承在油箱中加热的方法

a）将轴承放在热油中的金属网上加热

b）将轴承放在热油浴中金属吊钩上加热

配通常采用机械压入或温差法。圆锥孔轴承的过盈量是由轴向位置关系决定的。

　　2）装在紧定套的锥面上，如图 1-1-54b 所示，调心球轴承和调心滚子轴承通常安装在紧定套或退卸套上，从而简化了滚动轴承的装配，如图 1-1-55 所示。具有这种套的滚动轴

承的内圈总是具有较大的过盈量，其程度由滚动轴承相对于套的移动量决定。

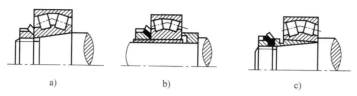

图 1-1-54　圆锥孔轴承的安装
a）有锥度的轴　b）紧定套有锥度　c）退卸套的锥面

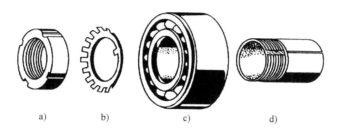

图 1-1-55　带紧定套的滚动轴承零件
a）锁紧螺母　b）止动垫圈　c）轴承　d）紧定套

　　圆锥孔轴承与紧定套的简易装配方法与直接装在有锥度的轴上的方法相同。需要注意的是，紧定套在与轴承装配时，应控制螺母拧紧时的角度，即控制过盈量。用锁紧螺母锁紧时，紧定套不能旋转。

　　3）如图 1-1-54c 所示，装在锥面上的退卸套与轴承装配时，将退卸套压装在轴承与轴的间隙之中，控制退卸套的轴向位置，就可以控制过盈量。其方法与直接装在有锥度的轴上的方法相同。如果需要拆卸轴承，先拆退卸套就能很方便地将轴承拆卸下来。

　　（3）推力球轴承的装配　如图 1-1-56 所示，推力球轴承在装配时，要注意区分紧环和松环。松环的内孔比紧环的内孔大，装配时一定要使紧环靠在转动零件的平面上，松环靠在静止零件的平面上，否则容易使滚动体失去作用，同时会加速配合零件间的磨损。紧环与转动零件之间的配合采用过盈配合，一般用压入法装配，其轴向间隙是靠增减垫片来调整的。

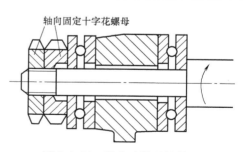

图 1-1-56　推力球轴承的装配

　　3. 滚动轴承的装配注意事项

　　1）滚动轴承上标有代号的端面应装在可见的部位，以便于将来更换。

　　2）轴颈或轴承座孔台肩处的圆弧半径应小于轴承的圆弧半径。

　　3）轴承装配在轴上和轴承座孔中后，不能出现歪斜和卡住现象。

　　4）为保证滚动轴承工作时有一定的热膨胀余地，在同轴的两个轴承中，必须有一个的外圈（或内圈）可以在热胀时能沿轴向移动，以免轴或轴承产生附加应力，或使轴承在工作时咬死。

　　5）在装配滚动轴承的过程中必须严格保持清洁，防止杂物进入轴承内。

装配后，轴承运转应灵活、无噪声，工作温度不超过50℃。

4. 滚动轴承的拆卸

（1）滚动轴承的拆卸方法　对于配合较松的小型轴承，可用锤子和铜棒从背面沿轴承内圈四周将轴承轻轻敲出，如图1-1-57所示。

对于配合紧密的轴承可用压力机（见图1-1-58）或顶拔器（俗称拉马）拆卸，它是靠3个拉爪钩住轴承内圈而拆下轴承的。

图1-1-59所示为利用顶拔器拆卸轴承时的三维效果图，图1-1-60所示为应用拉马拆卸电动机轴承。

对于轴承尺寸和过盈量较大而又需要经常装拆的场合，可用液压法拆卸轴承。如图1-1-61所示，拆卸时首先将高压油打入环形槽，形成油膜，然后沿轴向将轴承拉出。当轴承移动到油槽外露后，油压丧失，剩下的配合表面恢复紧配合状态，可将高压油接到另一个环形槽内，则可继续拉出，直到第二个油槽外露为止。

图1-1-57　用锤子、铜棒拆卸轴

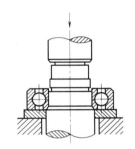

图1-1-58　用压力机拆卸轴承

图1-1-59　用顶拔器拆卸轴承效果

图1-1-60　用顶拔器拆卸电动机轴承

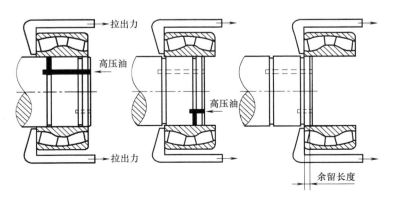

图1-1-61　液压法拆卸轴承

（2）滚动轴承的拆卸原则

1）拆卸轴颈上的轴承，应施力于内圈，拆卸轴承座内的轴承应施力于外圈。

2）分离的轴承，其内外圈通常都是紧密配合的，没有必要拆卸时尽量不拆。

3）拆卸轴承内、外圈时，用力应平衡均匀，不得歪斜，防止卡死。

4）拆卸轴承时，不得用易碎裂的物件敲击，应按上述拆卸方法采用压卸或采用专用的拆卸工具拆卸，个别情况下，可用铜锤或其他软金属衬垫敲击。

滚动轴承的拆卸可分为两种情况：一种是轴承损坏，将损坏的轴承拆下，更换新的轴承，这时以拆下轴承为目的，不用考虑保护轴承，而考虑保护轴上与轴承相关的零件不受损坏；另一种是因别的件损坏而需拆卸，修复或更换新的零件时，必须将轴承及相关件拆卸下来才能进行检修工作，这种情况下，拆卸轴承时要注意拆卸方法，以保证轴承完好无损。

（六）轴承的固定方式

轴工作时，不允许有径向移动，也不允许有较大的轴向移动，但又要保证不致因受热膨胀而卡死，所以要求轴承有合理的固定方式。轴承的径向固定是靠外圈与外壳孔的配合来解决的。轴承的轴向固定有两种基本方式，即两端单向固定方式和一端双向固定方式。

1. 两端单向固定方式

两端单向固定方式如图 1-1-62 所示。在轴两端的支承点，用轴承盖单向固定，分别限制两个方向的轴向移动。为避免轴受热伸长而使轴承卡住，在右端轴承外圈与端盖间留有不大的间隙（0.5～1mm），以便游动。

2. 一端双向固定方式

这种固定方式如图 1-1-63 所示，右端轴承双向轴向固定，左端轴承可随轴移动。这样，工作时不会发生轴向窜动，受热膨胀时又能自由地向另一端伸长，不致卡死。

为了防止轴承受到轴向载荷时产生轴向移动，在轴上和轴承安装孔内轴承都应有轴向紧固装置。作为固定支承的径向轴承，其内、外圈在轴向都要固定（见图 1-1-63 右支承）。而移动支承，如安装的是不可分离型轴承，只需固定其中的一个套圈（见图 1-1-63 左支承），移动的套圈不固定。

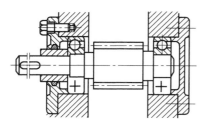

图 1-1-62　两端单向固定方式

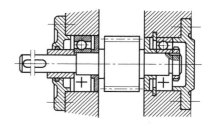

图 1-1-63　一端双向固定方式

轴承内圈在轴上安装时，一般都由轴肩在一面固定轴承位置；另一面用螺母、止动垫圈和开口轴用弹性挡圈等固定，如图 1-1-64 所示。

轴承外圈在箱体孔内安装时，箱体孔一般有凸肩固定轴承位置，另一端用端盖、螺纹环和孔用挡圈等紧固，如图 1-1-65 所示。

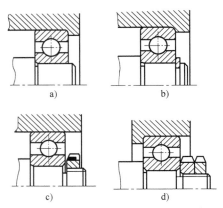

图 1-1-64　滚动轴承内圈的轴向固定
a）孔有凸肩，再用轴承盖轴向固定外环
b）外壳有凸肩，再用弹性挡圈固定外圈
c）用轴承盖、压盖和调节螺钉固定外圈
d）用两个弹性挡圈固定外圈

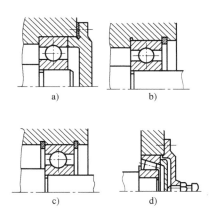

图 1-1-65　滚动轴承外圈的轴向固定
a）外壳有凸肩，用轴肩做内圈的单面支撑
b）外壳有凸肩，用轴肩和弹性挡圈固定内圈
c）用轴肩和圆螺母加止动垫圈固定内圈
d）用轴肩和双十字花螺母固定内圈

三、滚动轴承的检修

1. 滚动轴承运转时的常见故障及排除方法

1）滚动轴承工作时运转不平稳和运转噪声异常可能是内、外圈滚道、滚动体及支承架磨损或损伤，使径向游隙过大所致，应拆下更换新的轴承。

2）轴承运转沉重或发热时，应检查轴承是否装得太紧，润滑油是否合适，预加负荷的大小，轴承外圈是否松动，同轴度是否合乎要求，是否存在过载现象，根据查明的原因分别予以处理。

3）轴承振动时，应检查轴承与箱体孔配合间隙是否过大，主轴颈是否磨损，查明原因后进行修理，如主轴颈磨损，应修复尺寸或更换新轴。箱体孔间隙大时，将箱体孔镗大加套或镗大一个规格更换相应的新轴承。滚动轴承的常见故障及其排除方法见表 1-1-4。

表 1-1-4　滚动轴承的常见故障及其排除方法

故障形式	故障原因	造成的危险	排除方法
轴承转动困难	1）轴承与配合件间隙太小 2）轴承预加负荷过大 3）润滑油不纯 4）装配时混入异物或密封不好 5）过载 6）对中不良 7）轴肩高度不足	1）容易使轴承圈开裂,造成事故 2）使轴承过早地磨损 3）腐蚀性材料混入,使滚动体在滚道上打滑,磨损加快 4）细小及软的异物使滚动体、滚道磨损、变松,硬而粗的异物使滚道造成凹陷导致噪声加大 5）使轴承的滚道和滚动体破裂 6）使轴承发热,磨损加剧 7）装配时容易造成内圈歪斜	1）正常地调整间隙 2）合理地预加负荷 3）选用纯净合理的润滑脂,避免缺油 4）清洗轴承,更换润滑油,排除异物,仔细地安装和正确地调整间隙 5）正确地选用和安装轴承,避免过载现象的发生 6）认真地找正和安装轴承 7）采用合理的轴肩高度
轴承发热	1）轴承装配太紧 2）润滑油变质、沾污 3）密封摩擦太大 4）预加负荷太大 5）轴承外圈松动 6）同轴度较差 7）过载	1）加剧轴承体的磨损、剥离和损坏 2）使保持架氧化,轴承转动困难 3）使滚道、钢球退火软化 4）加剧轴承磨损和损坏 5）使箱体孔磨损 6）轴承损坏加剧 7）加剧磨损和损坏	1）采用合理的配合尺寸 2）选用优质的润滑油(脂) 3）放松毡圈或减少弹簧的张力 4）预加负荷应适当 5）镀铜套,或采用压紧弹簧和橡皮保持架 6）正确地安装轴承 7）改进载荷

（续）

故障形式	故障原因	造成的危险	排除方法
轴承振动	1）主轴、轴颈磨损 2）轴承与箱体孔配合间隙太大	1）轴承内圈发热、膨胀，使滚动体和滚道磨损加剧 2）轴承游隙增大致使轴承磨损和损坏	1）调整背帽或修复轴颈尺寸 2）将箱体孔镗大，配套至适当尺寸
内圈开裂	1）内圈与轴配合太紧 2）安装歪斜 3）轴颈不圆	轴承内、外圈任何一处开裂，继续使用后都会造成不应有的事故	1）将轴颈精磨至需要尺寸 2）精心安装 3）精磨轴颈
外圈开裂	额定负荷超载		额定负荷内运行

2. 滚动轴承拆卸后的检验

检验时应先将轴承彻底清洗干净，检验方法有外观检验、空转检验及测量内部游隙。

（1）外观检验 在检验中若发现轴承的内外圈滚道、滚动体因烧蚀变色，或有凹痕、擦伤、金属剥落及大量黑斑点；保持架有裂纹、折断及缺少铆钉或铆钉松动；保持架磨损严重，滚动体自行掉出等现象，应予更换。

（2）空转检验 手拿轴承内圈旋转外圈，试验其转动是否灵活，有无噪声、卡住及阻滞等现象。轴承旋转不均匀和晃动量过大，可通过手的感觉来判断。

（3）测量内部游隙 轴承的磨损情况，可通过测量其径向和轴向游隙来判定。径向游隙的检查方法如下：将轴承放在平台上，使百分表的测头抵住轴承外圈，一手压住轴承内圈，另一手往复推动轴承外圈，表针指示的最大与最小数值差，即为轴承的径向游隙，该值一般不应超过0.10mm。

检验后，轴承损坏无备件轴承时，可采用代用的方法解决。

1）直接代用。代用的轴承内径、外径、厚度尺寸与原轴承完全相同，不需任何加工即可使用。例如，307、2307、42307、1307、36307和66307等轴承，其外形尺寸均为35mm×80mm×21mm。在基本满足轴承代用的原则下，可直接选取代用。

2）加垫套代用。代用的轴承与原配轴承完全相同，仅宽度较小时，可加垫代用。

3）以宽代窄。在轴向位置不受安装限制时，可采用较宽的轴承代替较窄的轴承。

采用滚动轴承的改制代用法。如轴承的外径相同，内径较大时，可采用内径镶套法，反之，可采用外径镶套法。当代用轴承的内径大于原配轴承，而外径小于原轴承时，可采用内外镶套法。

四、任务要点总结

本任务从滚动轴承的类型入手，介绍了滚动轴承的选用，以及选用后滚动轴承的装配。装配是本任务的重点之一，主要讲述了以下内容：

1）装配前滚动轴承配合的选择、轴承固定方式的选择。

2）装配时各类轴承的装配方法、注意事项以及润滑和密封装置的选择。

3）装配后滚动轴承的游隙调整预紧方法。

滚动轴承的拆卸是本任务的另一重点，滚动轴承的拆卸分为两种情况：一种是轴承损坏，将损坏的轴承拆下，另一种是因别的件损坏而需拆卸。本任务重点讲述了滚动轴承的拆卸方法和拆卸原则，以及滚动轴承运转时的常见故障、排除方法以及拆卸后的滚动轴承检验。

五、思考与训练题

1. 滚动轴承选用时的参考因素是什么？请举两个实际中接触到的合理选用滚动轴承的例子。

2. 润滑剂类型的选择依据是什么？润滑密封装置有哪几类？

3. 滚动轴承配合的选择原则是什么？装配时轴承的轴向固定有哪两种基本方式？

4. 轴承的装配方法有哪些？

5. 滚动轴承的拆卸原则是什么？拆卸方法有哪些？

6. 滚动轴承运转时的常见故障有哪些？简述其排除方法。

7. 滚动轴承拆卸后如何进行检验？

任务5　滑动轴承的拆装与维修

> **知识点：**
> - 滑动轴承的三种形式及结构特点、装配工艺及刮研方法。
> - 滑动轴承拆卸的原则及修理方法。
> - 滑动轴承的润滑装置及润滑方式。
>
> **能力目标：**
> - 熟悉滑动轴承的三种结构特点，掌握装配与调整方法及刮研过程。
> - 理解滑动轴承拆卸的原则，学会三种滑动轴承的修理方法。
> - 掌握滑动轴承的润滑方式及注油的工作原理、特点及应用。

一、任务引入

滑动轴承是一种滑动摩擦轴承，根据滑动轴承与轴颈之间的润滑状态，又分为液体摩擦滑动轴承和非液体摩擦滑动轴承。其主要特点是运转平稳、无噪声、润滑油膜有吸振能力、能承受较大的冲击载荷。滑动轴承的装配要求主要是轴颈与轴承孔之间应获得所需要的间隙、良好接触和充分的润滑，使轴在轴承中运转平稳。滑动轴承的装配方法取决于它们的结构形式。滑动轴承在机电设备中得到广泛应用，本任务需要论述滑动轴承的原理、使用场合、组装与维修。

二、滑动轴承理实一体化论述

（一）整体式滑动轴承的装配

1. 结构特点

图1-1-66所示为整体式滑动轴承。这种轴承的主要结构是在轴承座内压入一个青铜轴套，套内开有油槽、油孔，以便润滑轴承配合面。轴套与轴承座用紧定螺钉固定，以防轴套因旋转错位而使轴套断油。整体式滑动轴承构造简单，制造容易，但磨损后无法调整轴颈与轴套之间的间隙，装拆也不方便。常用在轻载、低速或间歇工作的机械上，有时将轴套直接

压入箱体孔上，以简化结构。

2. 装配要点

整体式滑动轴承根据轴套尺寸和过盈量的大小选择组装形式，当尺寸和实际过盈量较小时，可用图1-1-67所示的锤子加垫板将轴套敲入轴承座孔的办法组装；尺寸和实际过盈量较大时，则应用压力机压入或用图1-1-68所示的拉紧工具把轴套压入机体中；当轴套尺寸过大或实际过盈量超过0.1mm时，可用加热机体或冷却轴套的方法进行装配。

压入轴套时注意配合面应清洁，并涂上润滑油。为了防止轴套歪斜，压入时可用导向环或导向心轴导向。以联杆为例把轴瓦用锤子敲入轴承座孔的组装步骤如图

图1-1-66　整体式滑动轴承
1—螺钉　2—轴颈　3—青铜轴套
4—注油杯　5—轴承座

1-1-67所示，放置好轴承座（即联杆孔），放好轴瓦，垫上木块，锤击木块压入。当过盈量较大时，把轴瓦放入液态氮中冷却收缩，用小型压力机轻轻压入联杆孔中。

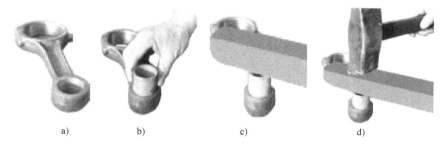

图1-1-67　轴瓦用手锤敲入轴承座孔
a）加工好的联杆　b）把轴瓦放到孔上　c）把模块放在轴瓦上　d）锤击木块

压入轴套后，按图1-1-66所示方法用螺钉或定位销等固定轴套的位置，以防轴套随轴转动。

轴套由于壁薄，压入后内孔易发生变形，如内径缩小或呈椭圆形、圆锥形等。因此，压装后要用铰削、刮削或滚压等方法，对轴套孔进行修整。

轴套修整后，沿孔长方向取两三处，作相互垂直方向上的检验，可以测定轴套的圆度误差及尺寸。按图1-1-69所示用内径百分表检验轴套孔直径。

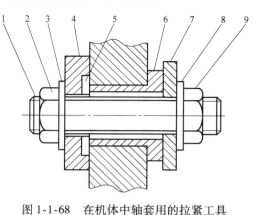

图1-1-68　在机体中轴套用的拉紧工具
1—螺栓　2、9—螺母　3、8—垫片
4、7—挡圈　5—机体　6—轴套

（二）剖分式滑动轴承的装配

1. 结构特点

典型的剖分式滑动轴承的结构如图1-1-70所示，它由轴承座、轴承盖、剖分轴瓦、垫片及双头螺柱等组成。

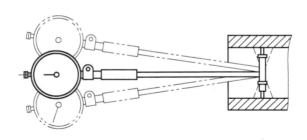

图 1-1-69　用内径百分表检验轴套孔直径

图 1-1-70　剖分式滑动轴承组成
1—轴承座　2—螺母　3—双头螺柱　4—注油杯
5—上轴瓦　6—轴承盖　7—下轴瓦

2. 装配工艺要点

以柴油机联杆为例说明剖分式滑动轴承的装配工艺。

（1）轴瓦与轴承座、盖的装配　因剖分式滑动轴承的轴承座、轴承盖是一体加工出来的，如图 1-1-71 所示，先拧下螺栓分开轴承座和轴承盖，如图 1-1-71a、b 所示，组装上轴瓦，然后把轴承座和轴承盖合好，如图 1-1-71c ~ e 所示，拧上螺栓，组装好的滑动轴承，

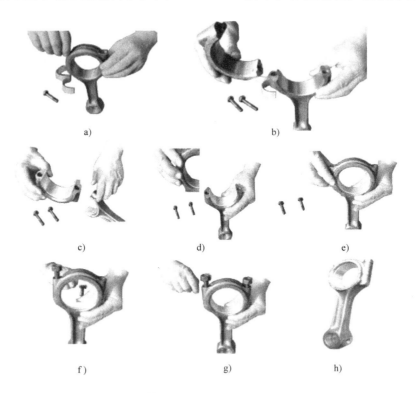

图 1-1-71　薄壁轴瓦的选配及上下轴瓦的拆装
a）拧下螺栓　b）分开轴承座和轴承盖　c）在轴承座和轴承盖内组装上轴瓦
d）检查轴瓦接触亮好后准备合盖　e）合上轴承盖准备拧上螺栓　f）拧螺栓
g）拧另一个螺栓　h）安装完毕成为带滑动轴承的联杆

如图 1-1-71f～h 所示。注意组装上下轴瓦与轴承座、轴承盖时，应使轴瓦背与座孔接触良好，用涂色法检查，着色要均匀。如不符合要求时，厚壁轴瓦以座孔为基准修刮轴瓦背部。薄壁轴瓦不便修刮，需进行选配。为使配合紧密，保证有合适的过盈量，薄壁轴瓦的剖分面应比轴承座的剖分面略高一些，应注意轴瓦的阶台紧靠座孔的两端面，达到 H7/f7 配合，太紧可通过刮削修配。一般轴瓦装入时，应用锤子轻轻锤击，凭锤击感觉和听声音判断装配松紧程度。

（2）轴瓦孔的装配刮研　刮研是在轴瓦与基准轴之间涂显示剂（常用的是红丹粉）互相研合，轴瓦表面显示出高点、次高点，然后用刮刀削掉高点、次高点；再互相研合，把又显示出的高点、次高点刮去，经反复多次刮研，从而使工件表面获得较高的几何形状精度和表面接触精度。

刮研好后把轴和轴承装好，双头螺柱的紧固程度以能转动轴为宜。当螺柱均匀紧固后，轴能够轻松地转动且无过大间隙，显点也达到要求，即为刮削合格。刮研过程如下：

刮研前，应仔细检查轴颈是否光滑，是否有锈蚀、碰伤等缺陷，如有则应先设法消除；然后检查轴颈和轴的接触情况，检查方法如图 1-1-72 所示，图 1-1-72a 所示为在轴瓦内径上涂薄薄一层显示剂（如红丹粉、红情油等），图 1-1-72b 所示为将轴颈装于轴瓦内，用手向正反方向转动两三转，将轴取出，检查轴瓦内表面着色点的分布情况，如果着色点分布不正常或根本转不动，才能着手刮研。图 1-1-72c 所示为刮研轴瓦内孔，应根据情况，采取先重后轻、刮重留轻、刮大留小的原则。开始几次，手可以重一些，多刮去一些金属，以便较快地达到较好的接触，当接触区达到 50% 时，就应该轻刮。每刮完一次，将瓦面擦净，再将显示剂涂在轴颈上校核检查，再根据接触情况进行刮研，直到符合技术要求为止。刮研检查可以使用显示剂，但对接触点要求很高的精密轴承，刮研的最后阶段不能使用显示剂。因为，涂显示剂后，轴承上的着色点过大，不易判断实际接触情况。此时，可将轴颈擦净，直接放在轴承内校核，然后将轴取出，可以看出轴承上的亮点，即为接触点，再对亮点进行刮研，直到符合技术要求为止。

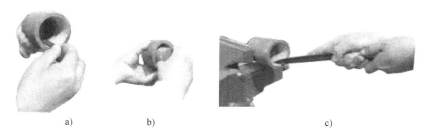

a)　　　　　　b)　　　　　　c)

图 1-1-72　试验和刮研轴瓦
a）轴瓦内孔涂显示剂　b）轴颈装入轴瓦转动　c）刮研轴瓦

刮研时，不仅要使接触点符合技术要求，而且还要使侧间隙和接触角达到技术要求。一般先研接触点，同时也要照顾接触角，最后刮侧间隙。但是，接触部分与非接触部分不应有明显的界限，用手指擦抹轴承表面时，应觉察不出痕迹。

刮削精度包括尺寸精度、几何精度、接触精度、配合间隙及表面粗糙度等。接触精度用 25mm×25mm 正方形方框内的研点数检验，常见的滑动轴承的刮研点数见表 1-1-5。

表 1-1-5　常见的滑动轴承的刮研点数

轴承直径/ mm	机床或精密机械主轴轴承			锻压设备和通用机械的轴承		动力机械和冶金设备的轴承	
	高精度	精密	普通	重要	普通	重要	普通
	$25mm \times 25mm$ 内刮研的点数						
≤120	25	20	16	12	8	8	5
>120		16	10	8	6	6	2

（3）轴瓦的结构形式　滑动轴承轴瓦的结构形式如图 1-1-73 所示。

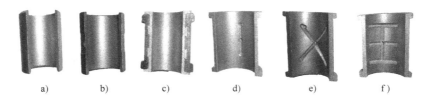

图 1-1-73　滑动轴承轴瓦的结构形式
a）整体式光滑轴瓦　b）整体式带油槽轴瓦　c）双金属轴瓦　d）剖分式
直线油道轴瓦　e）剖分式交叉油道轴瓦　f）剖分式"王"字油道轴瓦

（三）内柱外锥式滑动轴承的装配

1. 结构特点

图 1-1-74 所示为内柱外锥式动压滑动轴承，它由滑动轴承 4、轴承外套 3、后螺母 1 和前螺母 5 构成。滑动轴承 4 外表面为圆锥面，与轴承外套 3 贴合。在外圆锥面上对称地开有轴向槽，其中一条切穿，并在切穿处嵌入弹性垫片，使轴承内径具有可调节性。当调节前、后螺母时，可使轴承向前后移动，利用轴承套的锥面和轴承自身的弹性，可使轴承内孔直径收缩或扩张，使轴承与轴颈的间隙减小或增大，以形成液体动压润滑。

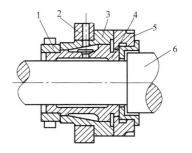

图 1-1-74　内柱外锥式动
压滑动轴承
1—后螺母　2—箱体　3—轴承外套
4—滑动轴承　5—前螺母　6—主轴

2. 装配工艺要点

内柱外锥式轴承的装配工艺要点如下：

1）将轴承外套 3 压入箱体 2 的孔中，其配合为 H7/r6。

2）用专用心轴研点，修刮轴承外套的内锥孔，至接触点为 $12 \sim 16$ 点/（$25 \times 25mm^2$），并保证前、后轴承孔的同轴度。

3）在轴承上钻进、出油孔，注意与箱体、轴承外套的油孔相对，与自身的油槽相接。

4）以轴承外套 3 的内孔为基准，研点配刮滑动轴承 4 的外锥面，接触点要求同上。

5）把滑动轴承 4 装入轴承外套 3 的孔内，两端分别拧入螺母 1、5，并调整滑动轴承 4 的轴向位置。

6）以主轴 6 为基准配刮滑动轴承 4 的内孔后轴承处以工艺套支承，以保证前、后轴承孔的同轴度。滑动轴承 4 内孔接触点为 12 点/（$25 \times 25mm^2$）且两端为"硬点"，中间为"软点"。油槽两边的点要"软"，以便形成油膜。油槽两端的点分布要均匀，以防漏油。

7）清洗轴承和轴颈，重新装入并调整间隙。一般精度的车床主轴轴承间隙为0.015~0.03mm。

调整间隙的方法如下：先将调整螺母4、5拧紧，使配合间隙消除，然后再拧松小端螺母5至一定角度 α，再拧紧大端螺母4，使轴承3轴向移动，即可得到要求的间隙值。螺母拧松角 α 可按下式计算：

$$\alpha = \Delta \frac{L}{D-d} \times \frac{360°}{S_0} \qquad (1\text{-}1\text{-}2)$$

式中　$L/(D-d)$——轴承外锥面锥度倒数；

　　　S_0——调整螺母导程（mm）；

　　　Δ——要求的间隙值（mm）。

（四）滑动轴承的拆卸

滑动轴承的壁一般较薄，易损坏和拉伤。拆卸时，首先拆除轴承周围的固定螺钉和销。有定位凸缘的轴承，在轴承盖与轴承座分开后应注意拆卸方向。拆卸瓦片时，应用铜棒或木棒顶住轴瓦端面的钢背，且注意保护好合金。

轴承的拆卸原则是：应该按照与装配相反的顺序进行，一般是从外部拆至内部，从上部拆到下部，先拆成部件或组件，再拆成零件。另外，在拆卸中还必须注意下列要点：

1）对不易拆卸或拆卸后将会降低连接质量和损坏一部分连接零件的连接，应当尽量避免拆卸，例如，密封连接、过盈连接、铆接和焊接连接件等。

2）用击卸法冲击零件时，必须垫好软衬垫，或者用软材料（如纯铜）做的锤子或冲棒，以防止损坏零件表面。

3）拆卸时，用力应适当，特别要注意保护主要结构件，不使其发生任何损坏。对于相配合的两零件，在必须拆坏一个零件的情况下，应保存价值较高、制造困难或质量较好的零件。

4）长径比较大的零件，如较精密的细长轴、丝杠等零件，拆下后，必须随即清洗、涂油、垂直悬挂。

5）拆下的零件应尽快清洗，并涂上防锈油。对精密零件，还需要用油纸包好，防止生锈腐蚀或碰伤表面。零件较多时还要按部件分门别类，做好标记后再放置。

6）拆下的较细小、易丢失的零件，如紧定螺钉、螺母、垫圈及销子等，清理后尽可能再装到主要零件上，防止遗失。轴上的零件拆下后，最好按原次序方向临时装回轴上或用钢丝串起来放置，这样将给以后的装配工作带来很大方便。

（五）滑动轴承的维修

滑动轴承工作一定时期后会磨损，或出现轴承合金烧熔、剥落、研伤等情况。上述损坏现象，可按轴承结构不同采用下列修理方法。

1. 整体式滑动轴承的修理

整体式滑动轴承的修理，一般采用更新的方法，但对大型轴承或贵重金属材料的轴承，可采用金属喷镀方法修复。

2. 剖分式滑动轴承的修理

剖分式滑动轴承经使用后，如工作表面轻微磨损，可以通过重新修刮调整垫片以恢复其精度。对于巴氏合金轴瓦，如工作表面损坏严重时，可重浇巴氏合金，并经过机械加工，再进行修刮。修复时应注意，轴承盖与轴承座之间的间隙应不小于 0.75mm，否则，将影响轴瓦的压紧。

3. 内柱外锥式滑动轴承的修理

内柱外锥式滑动轴承的修理，应根据损坏情况进行，如工作表面没有严重擦伤，而仅作精度修整时，可以通过螺母来调整间隙。当工作表面有严重擦伤时，应将主轴拆卸，重新刮研轴承，恢复其配合精度。

（六）滑动轴承的润滑

1. 润滑方式和润滑装置

润滑方式有手工定时润滑和连续润滑。连续供油比较可靠，有的还可以调节。常用的连续供油方式有以下几种：

（1）油绳润滑　油绳润滑是用毛线或棉纱做成芯捻，其一端浸在油内，利用毛细管的虹吸原理向供油部位供油，如图 1-1-75 所示。润滑装置结构简单，但油量不大，调节不便，用于载荷、速度不大的场合。

（2）针阀式注油油杯润滑　当手柄位于图 1-1-76 所示的水平位置时，针阀受弹簧推压向下堵住油孔。手柄转 90°变为直立位置时，针阀上提，油孔敞开供油。调整调节螺母可以调节滴油量。这种润滑装置可以手动，也可以自动，用于要求供油量一定、连续供油的场合。

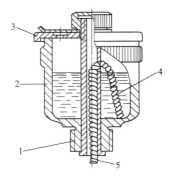

图 1-1-75　油绳润滑

1—接头　2—杯体　3—杯盖
4—油芯　5—油液滴入润滑部位

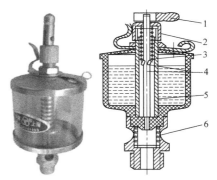

图 1-1-76　针阀式注油油杯润滑

1—手柄　2—调节螺母　3—弹簧
4—针阀　5—导油管　6—观察孔

（3）油环润滑　如图 1-1-77 所示，在轴颈上套一油环，油环下部浸入油池中，当轴颈旋转时，靠摩擦力带动油环旋转，把油引入轴承。油环浸在油池内的深度约为直径的四分之一时，给油量已足以维持液体润滑状态的需要。常用于大型电动机的滑动轴承中。

2. 液体润滑滑动轴承的工作原理

液体润滑滑动轴承分动压滑动轴承和静压滑动轴承。

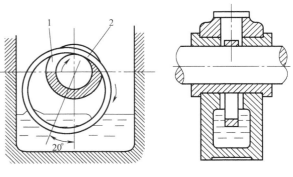

图 1-1-77　油环润滑

1—轴颈　2—油环

（1）动压滑动轴承　动压滑动轴承的形成过程如图 1-1-78 所示，轴静止时在重力作用下处于最低，和轴承接触，如图 1-1-78a 所示，此时润滑油被挤在两边形成楔油膜，当轴旋转时，由于金属表面的附着力和润滑油本身的粘性，轴就带着油一起转动。当油进入楔缝时，使油压升高，将轴浮起形成压力油楔，随着轴转速的升高，油的压力也随之升高，当转速达到一定程度时，轴在轴承中浮起，如图 1-1-78b 所示，直至轴与轴承完全被油膜分开，如图 1-1-78c 所示，形成动压滑动轴承，其摩擦因数在 0.001～0.01 范围内。动压滑动轴承多用于高速、高载、高旋转精度或载荷和转速变化较小的场合。随着科学的发展，目前已经制造出一种动压滑动轴承，不仅具有静压滑动轴承的优点，而且调整方便。

（2）静压滑动轴承　静压滑动轴承是利用专门的供油装置，把具有一定压力的润滑油送入轴承静压油腔。形成具有压力的油膜，利用静压腔间的压力差，平衡外载荷，保证轴承在完全液体润滑状态下工作。

图 1-1-79 所示为静压轴承的示意图。高压油经节流器进入静压油腔，各静压油腔的压力由各自的节流器自动调节。当轴承载荷为零时，轴颈与轴孔同心，各油腔压力彼此相等，即 $p_1 = p_2 = p_3 = p_4$。当轴承受载荷 F 时，轴颈下移 e，各静压油腔附近间隙发生变化。受力大的油膜减薄，流出的流量随之减少，据管道内各截面上流量相等的连续性原理，流经这部分节流器的流量也减少，在节流器中的压力降也减小，但是，因供油压力 p_s 保持不变，所以下油腔中压力 p_3 增大。同理，上油腔的压力则相反，间隙增大，p_1 减小。形成上下油腔压力差 $p_3 - p_1$ 平衡外载荷 F。

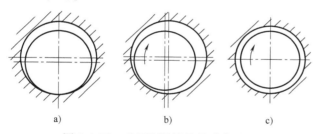

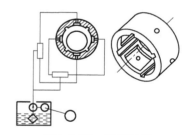

图 1-1-78　动压润滑轴承的形成过程
a）静止时　b）旋转时　c）正常运转

图 1-1-79　静压轴承

三、陶瓷轴承、磁悬浮轴承先进技术简述

随着科学技术的发展，高转速用轴承越来越多，现在高精度加工中心机床的主轴转速达到 200000r/min，钢制滚动轴承和滑动轴承已经远远不能满足需要，因此出现了图 1-1-80 所示的金属陶瓷轴承和图 1-1-81 所示的磁悬浮轴承。

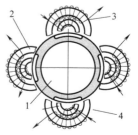

图 1-1-80　金属陶瓷轴承

图 1-1-81　磁悬浮轴承
1—转子　2—定子　3—定子绕组　4—位置传感器

金属陶瓷轴承是较特殊的一类轴承，它是新工艺、新材料、新结构的一种完美的结合。它具有金属轴承所无法比拟的优良性能，具有耐高温、耐低寒、耐腐蚀、绝缘、阻磁、低密度、高强度等性能。

近年来，金属陶瓷轴承在航空航天、航海、核工业、石油、化工、轻纺工业、机械、冶金、电力、新能源、地铁、高速机床及科研国防军事技术等领域的高温、高速、深冷、易燃、易爆、强腐蚀、真空、电绝缘、无磁、干摩擦、易生锈等特殊工况下工作。随着加工技术的不断进步，工艺水平的日益提高，陶瓷轴承的成本不断下降，已经从过去只在一些高、精、尖领域小范围内应用，逐步推广到国民经济各个工业领域，批量化的生产使市场价格也逐渐达到用户可接受的程度。

磁悬浮轴承原理如图 1-1-81 所示，转子由铁磁材料（如硅钢片）制成，压入回转轴承的回转筒中，定子也由相同的材料制成，定子绕组产生磁场，将转子悬浮起来，通过 4 个位置传感器不断检测转子的位置。如果转子位置不在中心，位置传感器测得其偏差信号，并将信号传送给控制装置，控制装置将调整 4 个定子绕组的励磁功率，使转子精确地回到要求的中心位置。与传统的滚珠轴承、滑动轴承和金属陶瓷轴承相比，磁悬浮轴承不存在机械接触，无机械磨损，理论上转速无限制，可以运行到很高的转速，具有无噪声、温升低、能耗低、不需要润滑、使用寿命长、无油污染等优点，特别适用于高速、真空、超净等特殊环境中。电主轴、加工中心主轴比较多地用金属陶瓷轴承和磁悬浮轴承。

四、任务要点总结

滑动轴承按轴颈和轴瓦接触的性质不同分为不完全液体润滑滑动轴承和液体润滑滑动轴承。前者为轴颈和轴瓦接触，润滑油仅仅起润滑作用，以便减小金属磨损，这种情况下轴颈和轴瓦的相对运动速度比较低，不能形成油膜把轴颈托起；而后者为轴颈和轴瓦的相对运动速度很高，润滑油形成油膜把轴颈托起，轴颈和轴瓦接触几率比较低，静压滑动轴承和动压滑动轴承就是这种情况。

五、思考与训练题

1. 滑动轴承在拆装过程中有哪些注意事项？
2. 简述滑动轴承的三种结构形式及其维修方法。
3. 简述内柱外锥式滑动轴承的装配、调整过程。
4. 简述滑动轴承的刮研过程。

任务 6 ST-13 型台式钻床的组装、测试与电气维修改造

知识点：
- 熟悉台式钻床的结构原理、组装、测试与故障维修方法。
- 根据加工零件的特点和需要，对台式钻床进行改造。

能力目标：
- 正确掌握台式钻床的结构组成，掌握其组装技能。
- 正确进行台式钻床组装、测试与故障维修。
- 能够根据加工零件的特点进行台式钻床的工装及电气控制改造。

一、任务引入

图 1-1-82a 所示为 ST-13 型台式钻床，该钻床主要用于工件上钻孔、铰孔，加工孔直径一般在 13mm 以下，最大不超过 16mm。其主轴变速常通过改变 V 带在塔形带轮上的高度来实现，主轴进给靠手动操作，在机电产品小批量生产中用途广泛。图 1-1-82b 所示为电气控制原理图，用手动操作押扣开关控制。按下蓝色按钮接通三相电，电动机旋转，按下红色按钮断电，电动机停转。本任务介绍 ST-13 型台式钻床的组装、测试与故障维修方法，以及在加工汽车制动泵泵体上三种直径不同的孔时，设计钻模及对电气控制部分进行改造的原理及其优点。

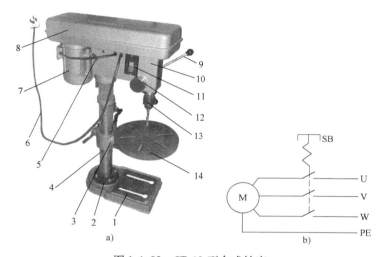

图 1-1-82　ST-13 型台式钻床

a）台式钻床组成图　b）台式钻床电气控制原理图

1—台式钻床底座　2—立柱固定环板　3—工作台升降机构　4—立柱　5—V 带张紧轴固定手柄
6—三相 380V 电源接线及插头　7—三相交流异步电动机　8—V 带传动护罩　9—钻孔手柄
10—主轴箱　11—动力操作押扣开关　12—涡卷弹簧座　13—主轴及钻夹头系统　14—台式钻床工作台

二、任务实施

（一）台式钻床中的主要组件及其结构

1. 主轴升降、带传动和传动带预紧三个机构组件

台式钻床的主要组件包括图 1-1-82a 所示的底座 1，升降机构 3 与立柱 4，电动机 7 及其传动带预紧机构 5，V 带轮及其护罩 8，主轴箱及主轴升降手柄 9，主轴组件 13、工作台 14。拆卸台钻时，主轴组件为拆卸的关键组件。

如图 1-1-83 所示，欲将主轴顺利拆卸，必须先将紧固手轮座和发条盒上的齿轮轴轴向固定螺钉 4（其位于主轴箱的下方）拆卸，依次横向取出进给齿轮轴 5，再向下取出主轴 2。

2. 工作台升降机构组件

台式钻床工作台的升降是通过齿轮齿条机构来实现的，如图 1-1-84 所示，与主轴啮合不同的是，工作台的升降是通过蜗轮蜗杆机构实现，将手柄 1 的圆周运动转换为蜗杆 2 的转动，再转换为蜗轮 3 的转动，蜗轮 3 又与固定在立柱上的斜齿条 4 啮合，则使工作台托架 6

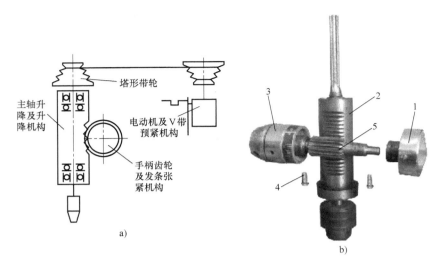

图 1-1-83　主轴升降、V 带轮及 V 带预紧三个机构

a）三个机构原理示意图　b）主轴升降机构照片

1—涡卷弹簧盒　2—齿条主轴组件　3—齿轮手柄组件　4—齿轮轴轴向固定螺钉　5—进给齿轮轴

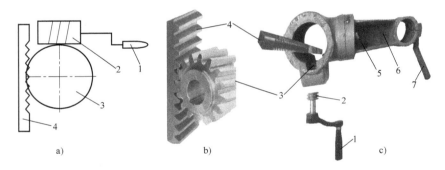

图 1-1-84　台式钻床工作台升降的机构原理图

a）工作台托架升降原理图　b）斜齿轮齿条啮合图　c）托架升降机构组装图

1—工作台升降手柄　2—与直面蜗轮　3—啮合的蜗杆　3—直面蜗轮　4—斜齿条

5—工作台倾斜调整螺栓　6—工作台托架　7—锁紧托架螺栓手柄

上下运动，实现工作台的升降。

（二）台式钻床的组装

1. 立柱及工作台托架的组装

如图 1-1-85 所示，将立柱 3 和底座 1 通过立柱固定环板 2 用 4 个六角螺栓组装起来，然后组装图 1-1-84 所示的蜗轮蜗杆机构，在立柱上套入升降斜齿条下保持座 5，再组装升降斜齿条 6、工作台托架 4，使斜齿条和托架一起下落，直至斜齿条下端进入保持座 5 的凹空中。

在拧紧螺栓紧固立柱时，要先对不相邻（即对称位置的）的螺栓进行预紧，4 个螺栓都预紧后，再对不相邻（即对称位置的）螺栓进行紧固性拧紧，这样使得每个螺钉都受力均匀，也能保证立柱一定的垂直度。在组装工作台托架时，要注意先将蜗杆组装好使蜗轮蜗杆

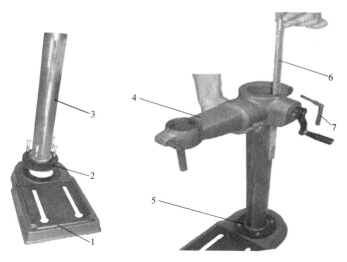

图 1-1-85　ST-13 型台式钻床的立柱及工作台支承架的安装
1—底座　2—立柱固定环板　3—立柱　4—工作台托架
5—升降斜齿条下保持座　6—升降斜齿条　7—工作台托架紧固螺纹手柄

啮合好，再将齿条与蜗轮良好啮合后，将齿条和工作台托架一起组装到立柱上。注意斜齿条下端要置入下保持座的凹空中，再将上端的保持座套在立柱上，凹空对准斜齿条上端。将升降斜齿条组装完毕后，再由工作台托架紧固螺纹手柄 7 拧紧，以减少托架和立柱之间的间隙。

2. 主轴箱、电动机支架的组装

如图 1-1-86 所示，先把斜齿条上端固定环座 5 套在立柱上并用螺钉固定好齿条，将主轴箱组装到立柱上使立柱上端顶住孔底，主轴箱长度方向与托架目测平行，拧紧两个立柱固定螺钉 3 即可。

将电动机托架 6 插入孔中，插入 V 带张紧手柄 1，再组装拨叉，使拨叉 2 嵌入环槽 7 内，最后拧上两个螺钉 8。

3. 主轴组件的组装

如图 1-1-87 所示，首先要将主轴组件 1 自主轴箱下方向上方组装到主轴箱上，注意主轴上有齿条，齿条面对立柱，再组装齿轮轴组件 6、7 和涡卷弹簧盒 4，并且涡卷弹簧端头嵌入到齿轮轴左端的轴向缺口内，然后将螺钉 2 和 5 组装到主轴箱下面，分别固定涡卷弹簧盒和齿轮轴，即可完成主轴的组装。

4. 三相电动机的组装

如图 1-1-88 所示，将电动机座的支承平面贴合到电动机托架平面上，用四组六角头螺栓螺母和平垫片组装件把电动机组装到托架上，注意托架上的螺栓孔为上下长条孔，这样，可以在一定范围内调整电动机在电动机座上的垂直位置，使两个 V 带轮沟槽平行。

5. 控制电路的组装

ST-13 型台式钻床的电气组装如图 1-1-89 所示，主要是在三相电动机的电源线上接入一个手动操作押扣开关，按下蓝色按钮三相电接通，按下红色按钮则三相电断开。按照图 1-1-100a 接入电气，不可随意接入。押扣开关接入后，在未通电情况下，可以用万用电表检

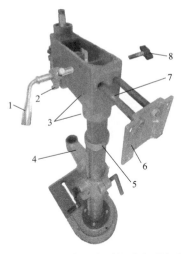

图 1-1-86 立柱及电动机支架的组装

1—V 带张紧手柄 2—手柄上拨叉 3—立柱固定螺钉
4—工作台托架 5—斜齿条上端固定环座 6—电动机托架
7—电动机托架上拨叉环槽 8—电动机托架固定螺钉

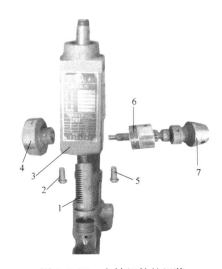

图 1-1-87 主轴组件的组装

1—主轴组件 2—涡卷弹簧盒防旋转螺钉
3—主轴箱 4—涡卷弹簧盒 5—齿轮轴防
轴向移动螺钉 6—刻度盘 7—齿轮轴手柄座

图 1-1-88 三相电动机的组装

1—电动机 2—塔形带轮 3—六角头螺栓螺母平垫片组件

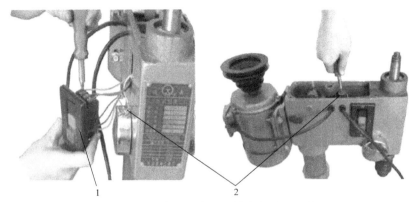

图 1-1-89 台式钻床电气控制部分的组装

1—手动操作押扣开关 2—接地线接到机床箱体上

测其接触情况，若接触不良，除检查接头的接触情况外，还要检查开关内部的触点接触情况和地线的接入，应将钻床外壳的静电也导入地线。

6. 带传动保护罩及带轮的组装

如图 1-1-90 所示，护罩的组装是由四个固定螺钉 5 紧固在主轴箱上，对于大带轮的组装，应注意到与其接合的主轴套筒是圆锥面，组装带轮时用铜棒轻轻敲击后用十字花螺母紧固即可，带轮拆卸按图 1-1-27 所示的方法进行。

7. 其他组装

V 带的组装：根据工作所需的转速，将 V 带安装到大小带轮的相应位置即可。

进给手轮的手柄安装：只需将三支手柄旋入手轮座即可。

台式钻床工作台的组装如图 1-1-91 所示，将工作台安装到工作台支承架上，利用工作台紧固手柄适当加紧即可，工作台的水平要经过调试后保证。

图 1-1-90　台式钻床传动带护罩和 V 带轮的组装
1—带轮轴　2—V 带轮　3—带轮锁紧十字花螺母　4—传动带护罩　5—护罩固定螺钉

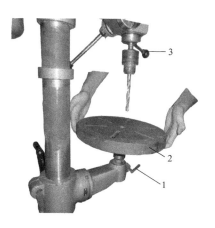

图 1-1-91　台式钻床工作台的组装
1—工作台紧固手柄　2—工作台
3—进给手轮的手柄

（三）台式钻床的测试与调整

1. 进给手轮处涡卷弹簧盒和涡卷弹簧预紧调试

图 1-1-92 所示为涡卷弹簧盒机构，其作用是为主轴克服自重提供向上的弹力，当操作者的手离开手柄时，主轴在涡卷弹簧的作用下自动上移位于最上端。调整方法如图 1-1-93 所示，右手握住涡卷弹簧盒盖 1，左手转动手柄座 5，微微松开左手若主轴下落则右手继续转动涡卷弹簧盒盖 1 使发条继续张紧，直至主轴能够克服重力停在最上端为止。这时把涡卷弹簧盒盖 1 用螺钉 2 固定；把刻度盘 4 用螺钉 3 固定在图 1-1-87 所示的齿轮轴 7 上，这样涡卷弹簧给主轴足够的预紧力不致因自重下落。

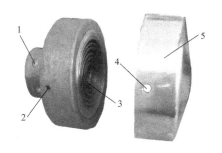

图 1-1-92　ST-30 型台式钻床涡卷弹簧盒机构
1—涡卷弹簧座上预紧定位孔（用开槽锥端紧定螺钉固定在主轴箱上）　2—涡卷弹簧盒螺钉固定孔　3—涡卷弹簧　4—涡卷弹簧盒螺钉固定孔　5—涡卷弹簧盒

2. 刻度盘的调试

如图 1-1-93 所示，刻度盘 4 的调整是当主轴位于最上端时使刻度盘 4 上的零刻度对准主轴箱上的刻度指针，以方便观察钻头下移的距离，调整好后用固定螺钉 3 把刻度盘固定在手轮座轴上，使其与手轮座同步旋转。

3. V 带的预紧测试与调整

由于台式钻床是由 V 带传动来实现力的传递的，通过改变 V 带在塔形带轮的位置可实现多级转速，V 带的预紧测试按图 1-1-31 所示方式进行测试。

电动机垂直位置的调整要依靠电动机座的长条孔，凭目测使电动机的小带轮上端面与主轴箱主轴套筒上大带轮的上端面处于同一个水平面，使 V 带保持水平。

电动机水平位置的调整如图 1-1-94 所示，要依靠电动机座 V 带调整手柄，适当地调整手柄使 V 带在带轮不同 V 形槽内有相应的张紧力。

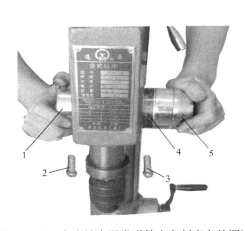

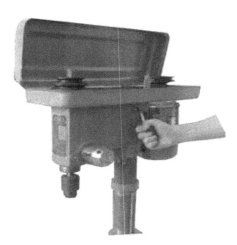

图 1-1-93　台式钻床涡卷弹簧盒和刻度盘的调试
1—涡卷弹簧盒盖　2—涡卷弹簧座固定螺钉
3—刻度盘固定螺钉　4—刻度盘　5—手柄座

图 1-1-94　电动机水平位置的调整

4. 工作台平面与主轴中心线垂直度测试与调整

台式钻床常常有主轴与工作台平面不垂直的现象，导致钻孔产生振动，影响孔的圆柱度。同时如果工作台右高左低，则加工件容易往右偏，导致加工件的孔位置不正确。如图 1-1-95 所示，用专用芯棒 1、直角尺 2 测试调整垂直度。测试时将芯棒上端夹持在钻夹头中，将直角尺直角边贴合在工作台平面上，另一直角边也与芯棒圆柱素线贴合，观察直角尺的两个边是否有贴合缝隙，若不垂直则松开螺母，转动图 1-1-95b 所示的工作台托架 4，观察角度刻度盘 5，即可调整工作台与主轴的垂直度和角度。

5. 工作台中心与主轴中心的同轴度测试与调整

有时工件以台式钻床工作台中心孔来定位，要求该孔与主轴同轴，如图 1-1-95 所示，将专用芯棒上端夹持在钻夹头中，转动手柄将芯棒下端锥部分插入工作台中心锥孔内，观察二者周边接触情况，可松开工作台锁紧螺栓手柄 3 转动工作台，直到周边贴合紧密，旋紧螺栓手柄 3，即调整好同轴度。

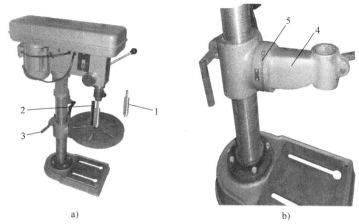

图 1-1-95 台式钻床工作台与主轴垂直度、平行度的测试与调整

a）测试垂直度和平行度 b）调整工作台倾斜角度

1—专用芯棒 2—直角尺 3—工作台锁紧螺栓手柄 4—工作台托架 5—角度调整刻度盘

（四）汽车制动泵钻孔工装设计及钻床电气控制技术改造实例

在机电产品制造时，为了提高加工效率和加工精度，钻削量较大、形状不同的孔要用钻模。图 1-1-96 为五征牌汽车制动分泵泵体上有三种直径不同的 4 个孔，如果用一台钻床换钻头的方法钻四个孔则劳动强度大，加工效率低。为此设计了图 1-1-97 所示的翻转式钻模，一次装夹后可在三台台式钻床上分别钻不同直径的孔。这时，若每台钻床钻孔前后人工开关电源，则劳动强度大，且生产率低，若不关闭电源则浪费电能。因此，过去企业对钻床电气控制进行了改造，如图 1-1-98 所示，在主轴箱前面组装推杆式行程开关，在主轴上组装挡铁，当人工转动手柄钻孔时，挡铁离开推杆，常闭触点 SL 闭合自动接通电源钻孔；当钻孔完毕把安装有工件的钻模移到另一台钻床时，人工放松钻床手柄挡铁上移压推杆，常闭触点 SL 自动断开关闭电源，电动机停转，所以不需要人工开、关电源，既降低了劳动强度又节约了能源，改造后在三台钻床上钻孔如图 1-1-99 所示，电气控制原理如图 1-1-100 所示，现在改为组合自动钻床加工效率更高。

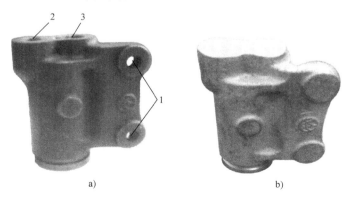

图 1-1-96 汽车制动分泵泵体

a）泵体加工完好涂上防锈漆后的照片 b）其他面已经加工好就等加工三种尺寸孔的工件

1—ϕ8.5mm 安装孔 2—M8×1mm 的螺纹孔 3—M12×1.25mm 的螺纹孔

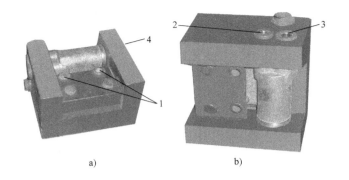

图 1-1-97 汽车制动分泵泵体钻孔钻模

a) 钻安装孔 b) 钻端面两个油孔

1—钻两个 $\phi 8.5$mm 孔的钻套 2—钻 $\phi 8$mm 孔的钻套

3—钻 $\phi 12$mm 孔的钻套 4—插入定位销轴

图 1-1-98 行程开关和挡铁

1—LX19-001 行程开关组装到主轴

箱上 2—挡铁组装到主轴上

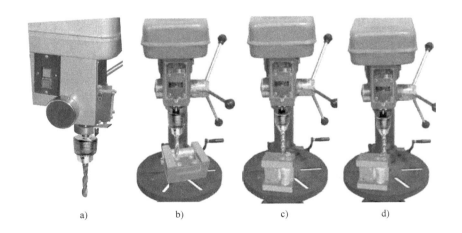

图 1-1-99 用行程开关对钻床进行电气改造后用反转式钻模在三台钻床上钻孔

a) 行程开关和挡铁组装到钻床上 b) 钻两个 $\phi 8.5$mm 安装孔 c) 钻 $\phi 8$mm 孔 d) 钻 $\phi 12$mm 孔

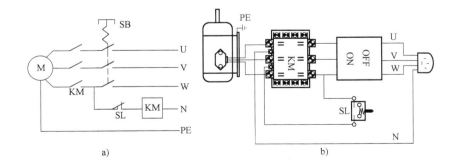

图 1-1-100 钻床电气控制原理图

a) 改造后钻床电气控制原理图 b) 改造后电气控制设备接线图

常用的行程开关主要是单相控制的，而三相异步电动机在缺相的条件下仍能旋转，这样会浪费电能。因此还要选用交流接触器，利用行程开关控制交流接触器的 220V 线圈得失电，来间接控制主电路中主触点的断开与闭合，从而实现对电动机的控制。

三、任务要点总结

本任务理实一体化地介绍了 ST-13 型台式钻床的组装、测试、调整方法，以及与它相关结构的原理、组成和拆装技能。对用台钻加工汽车制动泵钻模工装及其电气改造也进行了理实一体化论述，改造后的加工精度和效率均得到提高，对其他设备改造有借鉴意义。

四、思考与训练题

1. 对一台钻床进行精度测试、拆卸、维修和组装调试，熟悉知识点，掌握技能点。

2. 用台式钻床钻削有一定深度要求的孔时，有几种改造方案容易保证孔的深度要求？

3. 通过工作台托架可转动部分调整工作台左右水平位置，如果工作台是前后不水平，如何调整维修？

项 目 小 结

项目一介绍了传统的机械零件的分类、应用场合、失效形式及其维修方法，同时也介绍了一些"新知识、新产品、新技术、新方法"，使读者既学习了传统的机械零件理论和实践技能，又能了解相关的新技术和发展前景。轴承是机电设备工业的食粮，任何转动都需要用轴承支承，随着轴承的发展，传统的滚动轴承和滑动轴承已经接近于轴承的巅峰，深入发展的技术潜力空间已经有限，所以近年来在电主轴等高转速、高精度机电设备上发展起来了更加先进的金属陶瓷轴承和磁悬浮轴承，这是轴承新技术的发展方向。目前，机械传动正向着高精度、高速度、大功率、长寿命、低噪声、低成本和紧凑化方向发展，出现了传动带跑偏传感器等很多新产品，这些相关新产品和新技术互相促进，推动了机电设备行业不断向前发展。最后以 ST-13 型台式钻床的组装、测试与电气改造维修为案例把相关知识点串起来，进行机电一体化的综合学习和应用。

项目二 机电设备典型机械部件的组装、测试与故障维修

本项目将介绍机电设备常见机械部件的组成、工作原理、应用场合、拆装工艺、测试、故障诊断与维修技能，内容涉及齿轮啮合反向间隙、滚珠丝杠、蜗杆传动、联轴器、离合器和制动器、静平衡和动平衡，并通过案例介绍部件的知识点和测试维修技能，为从事机电设备组装、测试与故障维修工作打下坚实的基础。

学习目标：

1. 掌握机械部件的组装工作原理、应用场合、精度测试与故障维修技能。

2. 掌握常见传动部件的性能参数、装配工艺和在机电设备中的作用。

3. 掌握常见传动部件的功能测试方法，能够正确调整和维修。

4. 了解与这些常见传动部件相关的新技术、新工艺、新产品及其应用。

任务1　齿轮传动消除反向间隙机构的组装、测试与应用

知识点：
- 偏心套、双片齿轮错齿法、斜齿薄片齿轮垫片错齿调整法、斜齿薄片齿轮轴向压簧错齿调整法四种消除齿轮传动反向间隙机构的原理。
- 上述四种消除齿轮传动反向间隙机构的组装。

能力目标：
- 掌握齿轮传动系统反向间隙的测量方法，并能正确分析反向间隙的位置。
- 掌握偏心套、双片齿轮错齿法、斜齿薄片齿轮垫片错齿调整法、斜齿薄片齿轮轴向压簧错齿调整法机构的调整与装配。

一、任务引入

数控机床是一种高精度、高效率的自动化机床，它的机械传动精度比普通机床有更高的要求。进给伺服系统由于经常处于变向状态，这就要求除了传动零件本身具有很高的运动精度和工作平稳性以外，还要消除机械传动副的传动间隙。本任务主要介绍如何消除齿轮传动间隙。

二、任务实施

（一）机械传动反向间隙的位置判断和测试

1. 数控机床的点动功能和手动运行功能

数控机床机械传动反向间隙的测量用点动功能。例如，数控车床有 X、Z 两个坐标，调低手动运行速度，按一下 $+Z$ 键（手指按下后再抬起），床鞍就在 $+Z$ 方向运行一个脉冲当量，其他坐标方向也相同，这就是最低速的点动功能，点动功能用于微调机床工作台位置，点动一次只能移动一个脉冲当量；如果手指按下键，工作台在该坐标方向上连续运行，就是快速点动功能，通常称之为手动运行功能。在数控机床上可以用设置运行速度的方法实现点动和手动运行功能的转换。

2. 数控机床进给伺服系统机械传动反向间隙组成分析与测量

如图 1-2-1 所示，Z 坐标机械传动反向间隙是指自步进电动机轴起，至主动齿轮的键、主动齿轮、从动齿轮的键、联轴器、丝杠螺母、丝杠连接零件至床鞍的综合间隙，经济型数控机床各个坐标的反向间隙控制要求不大于 3~5 个脉冲当量。如经济型数控车床 Z 坐标脉冲当量为 0.01mm，反向间隙控制在不大于 0.03mm，X 坐标脉冲当量 0.5 丝，反向间隙控制在不大于 0.015mm；快走丝线切割机床两个坐标脉冲当量为 $1\mu m$，反向间隙控制在不大于

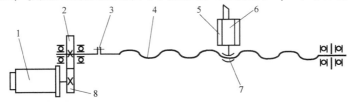

图 1-2-1　数控车床 Z 坐标进给伺服系统传动机构示意图
1—步进电动机　2—键、从动齿轮　3—联轴器　4—滚珠丝杠
5—床鞍　6—小滑板　7—丝母　8—键、主动齿轮

$3\mu m$。现分别论述反向间隙的测试。

（1）步进电动机轴与主动齿轮键联接反向间隙的测试

如图 1-2-2 所示，手放在主动齿轮端面上，用点动功能使步进电动机顺时针一步一步转动，手就能感觉出主动齿轮与点动同步顺时针转动；然后逆时针点动一步，若手感觉出齿轮也逆时针转动了一步，则说明键联接很好没有反向间隙；若逆时针点动 N 步，手感觉出从动齿轮逆时针转动了 S 步（$S \leqslant N$），则键联接反向间隙为 N-S 步，换算成角度为 N-S 个步距角，需要重新修配键联接，消除反向间隙。直到顺（逆）时针一步一步点动，主动齿轮也顺（逆）时针随着一步一步转动，就表明键联接消除了反向间隙。

（2）步进电动机输出轴上主动齿轮与从动齿轮之间反向间隙的测试　在主动齿轮键联接没有反向间隙的情况下，如图 1-2-3 所示，用手指按住从动齿轮向顺时针方向施转矩，用点动功能使步进电动机轴顺时针一步一步转动，手能感觉出齿轮与点动同步逆时针转动；然后逆时针点动一步，若手感觉出从动齿轮顺时针转动了一步，则说明两个齿轮啮合很好没有反向间隙；若逆时针点动 N 步，手感觉从动齿轮顺时针转动了 S 步（$S \leqslant N$），则两个齿轮间反向间隙为 N-S 步，需要重新调整齿轮消除齿轮啮合反向间隙。直到顺（逆）时针一步一步点动，从动齿轮也逆（顺）时针跟着一步一步转动，就表明两个齿轮啮合间隙消除了。

图 1-2-2　测试步进电动机输出轴与
齿轮的键配合间隙

图 1-2-3　测试电动机输出轴主动齿轮
与从动齿轮的啮合间隙

如果主动齿轮键联接有反向间隙，则测量的反向间隙是键联接与两齿轮啮合的综合反向间隙，消除键联接的反向间隙后，就是两齿轮啮合的反向间隙。

（3）从动齿轮输出轴与键联接、联轴器的反向间隙测量　如图 1-2-4 所示，用手攥住从动齿轮输出轴，则测量主动齿轮键联接、两个齿轮、从动齿轮与键联接的综合反向间隙；如图 1-2-5 所示，用手攥住套筒联轴器右端输出轴，则测量的反向间隙又增加了联轴器的反向

图 1-2-4　测试从动齿轮输出轴与键联接的间隙

图 1-2-5　测试从动齿轮输出轴与联轴器的间隙

间隙，分析方法同上。

前述各个环节的机械反向间隙中，键联接、联轴器的反向间隙只要配合合理，装配得当，反向间隙很容易完全消除，而齿轮啮合反向间隙需采取特殊措施才能消除。

（二）用偏心套消除齿轮啮合传动反向间隙的原理、组装和调整

1. 齿轮啮合反向间隙简述

啮合齿轮工作过程中由于磨损、齿轮箱加工误差等原因，会产生反向间隙，消除的办法之一是减小两个啮合齿轮的中心距，偏心套就是根据这个原理减小两个啮合齿轮的中心距消除啮合反向间隙的。

2. 偏心套原理及其组装

如图 1-2-6 所示，偏心套外圈、中圈、4 个圆弧槽、4 个与步进电动机联接的螺栓孔所在的圆是同心圆，内圈与中圈不是同心圆，两个圆心偏离约 0.2mm，致使内圈和中圈形成的桶状圆柱最大壁厚比最小壁厚大约 0.4mm，图 1-2-7 所示为把偏心套、齿轮、步进电动机的组装关系，用六角头螺栓、弹簧垫片、平垫片将偏心套组装到电动机上。

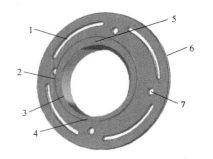

图 1-2-6 偏心套结构图

1—与齿轮箱体联接的螺栓圆弧槽
2—中圈（与齿轮箱体孔配合）3—内圈（与步进电动机端面凸台相配合）
4—最小壁厚处 5—最大壁厚处 6—偏心套外圈 7—与步进电动机联接的螺栓孔

a)　　　　　　　　　　　b)

图 1-2-7 偏心套、齿轮、步进电动机的组装关系

a）分解图 b）完成图

1—步进电动机 2—主动齿轮 3—偏心套

3. 偏心套与步进电动机部件与齿轮箱的组装

图 1-2-8 所示为齿轮箱及其结构，已装配好的一个从动齿轮 2，将图 1-2-7 所示的组装件再组装到齿轮箱上，即成为图 1-2-9 所示的偏心套消除齿轮反向间隙结构，装配图如图 1-2-10 所示。

4. 偏心套消除齿轮反向间隙组装与调整注意事项

调整与注意事项如下：

1）如图 1-2-9 所示，设计上，偏心套最小壁厚处在最下端位置。机床生产厂家装配时偏心套最小壁厚处在最下端位置装配，当两个啮合齿轮有反向间隙时，稍松开图 1-2-9 所示的 4 个六角头

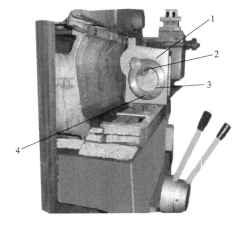

图 1-2-8 齿轮箱及其结构图

1—齿轮箱 2—从动齿轮 3—与偏心套中圈配合的孔 4—与圆弧槽对应的螺栓孔

螺栓2，步进电动机与偏心套成为一体，转动步进电动机，步进电动机轴心线和主动齿轮轴心线一起向上移动，两个齿轮中心距减小，消除了齿轮反向间隙，再拧紧4个螺栓。

2）首次调整偏心套，最好在偏心套和齿轮箱上划一道标志线，目的是在拆卸后组装时对准标志线，装配容易，如图1-2-9所示，否则因偏心很小不容易看出，装配困难。

3）偏心套转过的角度要凭经验，转一点，再按前述测量方法进行反向间隙测量，若啮合齿轮仍有反向间隙，再转动偏心套继续消除反向间隙。

图1-2-9　偏心套与步进电动机组件装配到机床齿轮箱上
1—齿轮箱　2—六角头螺栓、平垫片　3—首次拆偏心套前用锯条划一标志

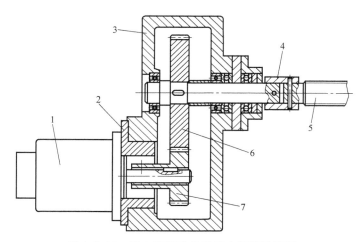

图1-2-10　偏心套消除齿轮反向间隙装配图
1—步进电动机　2—偏心套　3—齿轮箱　4—联轴器　5—滚珠丝杠　6—从动齿轮　7—主动齿轮

（三）用双片齿轮错齿法消除齿轮啮合传动反向间隙的原理、组装和调整方法

上述用偏心套消除齿轮反向间隙的原理，适用于啮合齿轮精度比较高的场合，否则因齿面与内孔有同轴度差，影响调整效果，这时要用双片齿轮错齿法消除齿轮啮合传动反向间隙，现对图1-2-11所示的两个齿轮采用双片齿轮错齿法消除反向间隙的原理和组装进行论述。

图 1-2-11　双片齿轮错齿法部分零件

a）步进电动机和主动齿轮　b）齿轮变速箱　c）齿轮变速箱已装
配轴承6202RS　d）内六角螺栓、弹簧垫片、平垫片

1. 齿轮箱体与步进电动机的组装

用图 1-2-11 所示部分零件，把步进电动机和齿轮箱组装在一起，如图 1-2-12 所示，组装后露出步进电动机轴上的齿轮和轴承 6202RS。

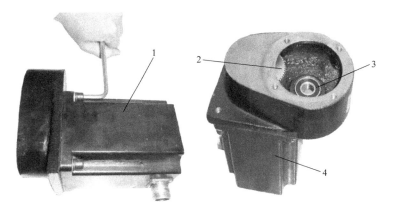

图 1-2-12　组装步进电动机与齿轮箱体

1—用内六角螺栓把步进电动机和齿轮箱组装在一起　2—步进电动机上的齿轮
3—6202RS 轴承　4—组装后步进电动机、齿轮箱和轴承组件

2. 双片齿轮的组装

如图 1-2-13 所示，螺钉 3 共 3 个固定在直齿圆柱齿轮 1 上，齿轮 1 与轴 6 为一体，螺栓 4 共 3 个固定在齿轮 2 上，齿轮 2 空套在轴 6 上，二者是光轴间隙配合，用开口挡圈使齿轮 2 不能轴向窜动，将图 1-2-13 所示的双片齿轮组件，组装到图 1-2-12 所示的 6202RS 轴承上。

3. 三个拉紧弹簧的组装

如图 1-2-14 所示，将 3 个弹簧用钳子组装到双片齿轮螺栓上。如图 1-2-13 所示，螺栓 3、4 固定一个弹簧，拉动两个齿轮圆周方向形成错齿，这样与电动机轴上齿轮啮合紧，消除了齿轮啮合反向间隙，注意固定螺栓要安全，防止螺栓弹簧崩出伤人。

4. 轴承、法兰的组装

如图 1-2-15 所示，将轴承、法兰组装起来，成为长输出轴带齿轮变速箱的减速步进电动机组件。

图 1-2-13　将双片齿轮组件组装到齿轮箱上 6202RS 轴承上

1、2—直齿圆柱齿轮　3、4—螺栓　5—轴用弹性挡圈　6—轴
7—双片齿轮组件　8—齿轮箱　9—步进电动机

图 1-2-14　拉紧弹簧的组装

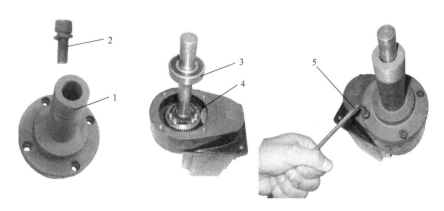

图 1-2-15　组装轴承、法兰

1—法兰　2—内六角头螺栓及弹簧垫圈　3—轴承 6204RS
4—转动齿轮在啮合齿面上抹上润滑脂　5—将法兰组装到箱体上的工具

5. 双片齿轮错齿法消除齿轮啮合传动反向间隙的优点及其注意事项

1）有的较大功率的步进电动机需用 4 个弹簧，弹簧的总弹力要大于齿轮的传动力，在进行动力计算时必须考虑，对弹簧要求高。

2）即使齿轮有磨损，也能够自动补偿齿轮的磨损，传动精度比较高，即使齿轮齿面与内孔同轴度稍差，也能正常工作，比偏心套工作效果好。

3）拆卸、装配弹簧时注意采取保护措施，防止弹簧崩出伤人。

4）当测量齿轮有反向间隙时，有可能是弹簧脱落，要拆开检查，把弹簧装配好。

（四）斜齿圆柱齿轮轴向垫片、压簧消除反向间隙的调整

斜齿圆柱齿轮传动消除侧隙的方法与直齿圆柱齿轮传动中双片薄齿轮消除间隙的思路相似，也是用两个薄片齿轮和一个宽齿轮啮合，只是通过不同的方法使两个薄片齿轮沿轴向移动合适的距离，相当于两薄片斜齿圆柱齿轮的螺旋线错开了一定的角度。两个齿轮与宽齿轮啮合时分别消除不同的方向（正向和反向）的反向间隙。

如图 1-2-16a 图所示，与宽齿轮同时啮合的两个薄片斜齿轮用键与轴联接，彼此不能相对转动。两个薄片斜齿轮的轮齿是拼装在一起进行加工的，加工完成后在两个薄片斜齿轮之间放入厚度为 t 的垫片，并用螺母拧紧，两薄片齿轮的螺旋齿产生错位，分别与宽齿轮的左、右齿侧贴紧，从而消除了两个啮合斜齿轮的反向间隙。

垫片的厚度和齿侧间隙的关系可由式（1-2-1）算出：

$$t = \Delta\cos\beta \tag{1-2-1}$$

式中　β——斜齿轮的螺旋角（°）；

　　　Δ——齿侧间隙（mm）；

　　　t——垫片的厚度（mm）。

图 1-2-16b 所示为采用**轴向可以调整的压缩弹簧片**，也使两薄片齿轮的螺旋齿产生错位，分别与宽齿轮的左、右齿侧贴紧，消除两个啮合斜齿轮的反向间隙。

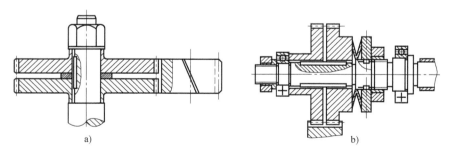

图 1-2-16　斜齿圆柱齿轮轴向垫片、压簧调整反向间隙图
a）轴向垫片调整法　b）轴向压簧调整法

显然采用图 1-2-16 所示的两种调整结构，无论齿轮正转或反转，都只有一个薄片齿轮承受载荷。两个螺旋齿轮沿轴向的平移是通过轴向垫片来实现的，其特点是结构比较简单，但调整较费时，不具备齿轮磨损自动补偿的功能，属刚性调整法。

（五）带有锥度的齿轮间隙调整结构

如图 1-2-17a 所示，当分度圆直径变化而齿数不变时，齿轮厚度会发生变化，不同齿厚的齿轮啮合时，齿侧间隙是变化的。一对相互啮合的直齿锥齿轮，若将它们的节圆直径沿轴向制成一个较小的锥度，调整轴向垫片的厚度，就可以使齿轮沿轴向左右移动，从而消除两个齿轮的齿侧间隙。

如图 1-2-17b 所示，在一个锥齿轮的轴向加可调整长度的压缩弹簧，使两个锥齿轮啮合紧，消除反向间隙。采用图 1-2-17a 所示的方法装配时，轴向垫片的厚度应既能使得两齿轮之间齿侧间隙小，又能保证运转灵活。这种调整方法的特点是结构简单，但侧隙不能自动补偿，此法不如偏心套调整法方便。

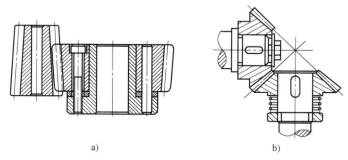

图 1-2-17　直齿锥齿轮轴向垫片和压簧调整反向间隙
a）轴向垫片调整　b）轴向弹簧调整

三、任务要点总结

齿轮的齿侧间隙直接影响数控机床的加工精度，进给系统传动间隙的消除是机床数控改造的一项重要内容，常见进给系统传动间隙消除的方法总结概括为刚性调整法和柔性调整法。

1. 刚性调整法

刚性调整法是指在调整后，暂时消除了齿轮间隙，但工作过程中产生的齿侧间隙不能自动补偿。常见的刚性调整法有两种，即图 1-2-10 所示的偏心套调整法和图 1-2-17 所示的带有锥度的齿轮间隙调整法。

刚性调整法的结构比较简单，具有较好的传动刚度，但是这种调整方法调整后齿侧间隙不能自动补偿，而且齿轮的出距公差及齿厚要严格控制。

图 1-2-16a 和图 1-2-17a 所示的调整垫片厚度都可以用本项目任务 2 中图 1-2-22 和图 1-2-23 所示的方法获得合适的垫片厚度，消除反向间隙。

2. 柔性调整法

柔性调整法是指调整后，消除了齿轮间隙，而且工作过程中产生的齿侧间隙仍可自动补偿。图 1-2-15 所示的双片齿轮错齿法、图 1-2-17b 所示的轴向压簧调整法都是柔性调整法。

四、思考与训练题

1. 偏心套调整齿轮啮合反向间隙的原理是什么？
2. 图 1-2-15 所示的双片齿轮错齿调整法，为什么弹簧总弹力要大于传动力？
3. 进给系统传动间隙消除法中，哪些属于刚性调整法，哪些属于柔性调整法？
4. 实训偏心套、双片齿轮错齿法消除齿轮传动反向间隙。

任务2 滚珠丝杠传动结构原理、反向间隙测试、调整与维修

> **知识点：**
> ● 滚珠丝杠的分类、结构、组成，滚珠丝杠的组装、反向间隙测试及其调整维修方法。
>
> **能力目标：**
> ● 掌握滚珠丝杠反向间隙的测量方法和消除反向间隙的操作方法。
> ● 掌握滚珠丝杠的拆装方法，并能正确操作。
> ● 掌握滚珠丝杠的清洗、组装方法，并能正确进行清洗、组装等操作。

一、任务引入

数控机床是一种高精度、高效率的自动化机电设备，它的机械传动比普通机床有更高的精度要求，进给伺服系统大多用滚珠丝杠传动，滚珠丝杠在使用过程中常有磨损、进入铁屑、反向间隙变大等故障影响传动精度。因此必须对滚珠丝杠进行反向间隙测量、反向间隙调整、丝杠拆装、清洗等维修性工作，确保丝杠的传动精度。

二、任务实施

（一）滚珠丝杠的结构组成

滚珠丝杠按滚珠的循环过渡结构不同分为内循环滚珠丝杠和外循环滚珠丝杠两种结构。

1. 外循环滚珠丝杠的结构组成

单丝母外循环滚珠丝杠的结构如图 1-2-18 所示，一个个滚珠在滚道内排列起来，跨越丝母外的过渡管形成封闭环状。

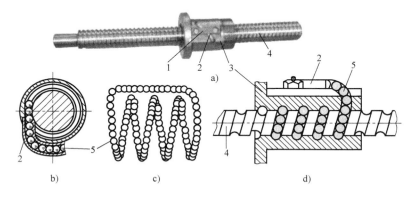

图 1-2-18 单丝母外循环滚珠丝杠的结构
a）外循环滚珠丝杠外形结构 b）过渡管与滚道切向结构
c）外循环滚珠丝杠滚珠在空间排列成首尾相接的结构示意图
d）丝母、滚珠、丝杠、过渡管结构组成
1—过渡管压铁及其螺钉 2—滚珠过渡管 3—丝母 4—丝杠 5—滚珠

2. 内循环滚珠丝杠的结构组成

图 1-2-19 所示为单丝母内循环滚珠丝杠结构，每个丝母内部有两个甚至三个、四个首

尾排列起来的环状滚珠链 4，滚珠是跨越丝母上的反向器的沟槽形成封闭环状的，每一个环状结构对应一个反向器。

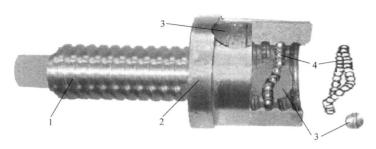

图 1-2-19　单丝母内循环滚珠丝杠结构
1—丝杠　2—丝母　3—反向器　4—首尾排列起来的环状滚珠链

在传动精度要求比较高时，应采用图 1-2-20 所示的双丝母内循环滚珠丝杠，外循环滚珠丝杠也有双丝母结构的，丝母垫片 6 对两个丝母各产生向左和向右的力，就消除了丝杠与丝母之间的反向间隙。

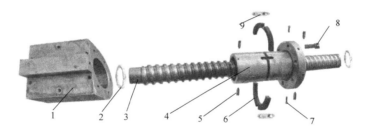

图 1-2-20　双丝母内循环滚珠丝杠副及丝母座整体组成
1—丝母座　2—防污环　3—丝杠　4、6—丝母　5—防污环螺钉
7—丝母键螺钉　8—丝母座螺钉　9—丝母键

（二）滚珠丝杠反向间隙的测试与消除

1. 滚珠丝杠反向间隙测试

如图 1-2-21a 所示，把百分表针指向 Z 坐标丝母，连续点动 $+Z$ 方向，百分表指针连续转动，这时再点动 $-Z$ 方向，若点动 N 步，百分表指针转动了 S 步（$S \leqslant N$），则自步进电动机输出轴至丝母整个环节反向间隙为 $N\text{-}S$ 步，按本项目任务 1 介绍的各个环节反向间隙的测量分析方法，就可以测试出丝母和丝杠的反向间隙。

2. 机械爬行测试与调整

如图 1-2-21b 所示，把百分表针指向床鞍，连续点动 $+Z$ 方向，百分表指针连续转动，这时再点动 $-Z$ 方向，若点动 N 步，百分表指针转动了 S 步（$S \leqslant N$），则自步进电动机输出轴至床鞍整个环节反向间隙为 $N\text{-}S$ 步，按前述任务 1 齿轮传动反向间隙所示各个环节反向间隙的测量分析方法，就可以测试出自丝母座到床鞍环节的反向间隙。注意，与图 1-2-21a 相比，该测试结果包含了床鞍与车床导轨之间的机械爬行量，当有机械爬行时说明床鞍与导轨之间的摩擦力比较大，可将床鞍四个角底下的滑板压板 3 上的螺栓拧松，或滑板与导轨之间加润滑油等。

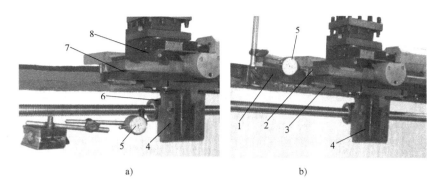

图 1-2-21　测试数控车床进给伺服系统综合反向间隙示意图

a）测试步进电动机轴至丝母之间的综合反向间隙，百分表座固定在床身上

b）测试步进电动机轴至床鞍之间的综合反向间隙，百分表座固定在导轨上

1—车床导轨　2—床鞍　3—床鞍压板　4—丝母座 T 形支承座

5—百分表头　6—丝母　7—垫板　8—中滑板

3. 滚珠丝杠反向间隙的消除

要消除丝杠与丝母之间的反向间隙，只要把丝母与丝杠之间的反向间隙量加到图 1-2-20 所示的丝母垫片 6 的厚度上即可，方法有如下两种：

（1）加厚丝母垫片　用游标卡尺或千分尺测量丝母垫片的厚度为 Q，测量出丝母与丝杠反向间隙为 P，则重新车削一个圆形且中空的丝母垫片，车削厚度为 $Q + P + (10 \sim 15)$ 丝，淬火后用平面磨床磨两平面，厚度磨至 $Q + P + (3 - 5)$ 丝，再用线切割机平均割成两半，也割出丝母键缺口，去毛刺，放入两个丝母之间。若放不进去，则用图 1-2-22 所示的方法磨削丝母垫片的两面，两个丝母垫片磨削的次数一样，直到能够不轻松但也不太紧地组装到丝母上为止，这种方法调整反向间隙的范围比较大，可以完全消除反向间隙。

图 1-2-22　在细砂纸上磨垫片

1—细砂纸　2—平玻璃板　3—半个丝母垫片

（2）附加铁片法　当线切割机床、淬火、平面磨床等条件不具备时，可以选择厚度合适的金属皮剪成丝母垫片的形状与丝母垫片一起组装到丝母之间即可。各种易拉罐的厚度为 0.05 ~ 0.13mm，选择与丝杠丝母反向间隙相同的（稍小 1 丝也可）即可，如图 1-2-23 所示，将其做成与丝母垫片相同的形状，一起组装到两个丝母之间即可消除反向间隙。

4. 螺纹预紧式滚珠丝杠反向间隙的消除

图 1-2-24a 所示为螺纹预紧式滚珠丝杠的结构组成，把垫片、丝母组装后成为图 1-2-24b 所示的结构，拧紧两个十字花丝母 6 并互相锁紧，则两个丝母 3 向左右运动，即可消除滚珠丝杠反向间隙，边拧紧边测试反向间隙，直到满足反向间隙要求为止。

5. 消除机械爬行

爬行的产生通常是由于机械装配环节强度薄弱，出现轻微变形引起的，如步进电动机输出轴与齿轮的键联接薄弱就容易引起爬行，可以维修或更换键，增加机械联接强度。图 1-2-21 所示的 4 个床鞍压板 3 锁紧力不均匀，或锁紧力过大也会引起爬行，调整四个床鞍压板的松

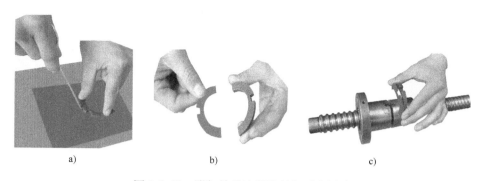

图 1-2-23 附加铁片法消除丝杠反向间隙
a) 用画针在薄铁皮（如易拉罐）上比着丝母垫片画出丝母垫片的形状
b) 用剪刀把铁皮照线剪下呈丝母垫片形状
c) 把铁片贴在丝母垫片上组装到两个丝母之间，即可消除丝杠反向间隙

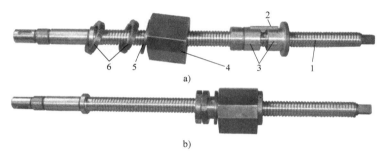

图 1-2-24 螺纹预紧式滚珠丝杠反向间隙的消除
1—丝杠 2—平键 3—丝母 4—丝母座 5—平垫片 6—十字花丝母

紧程度即可消除爬行。

（三）滚珠丝杠的清洗、拆卸与组装

滚珠丝杠工作使用过程中，丝母中有铁屑、灰尘、油污脏物进入滚珠破碎等情况时，均影响正常工作，需进行拆装、清洗。拆装、清洗方法如下：

1. 不拆下丝母时的清洗方法

如图 1-2-25 所示，当铁屑不太多，主要是灰尘和油污等，不需要拆下丝母就完成清洗时，可把塑料挡圈、键、垫圈拆下来放入汽油中清洗，手扶丝杠，使其直立在有汽油的脸盆中，一端插入丝母座孔中不致水平移动，左手攥住丝母向上提，右手大拇指和中指呈圈状套在丝杠另一端上，另一位操作者用玻璃杯盛汽油浇注到丝母内孔处，这样切屑、灰尘就随油落入

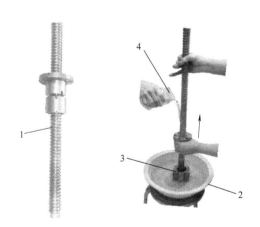

图 1-2-25 滚珠丝杠清洗图
1—有切屑、灰尘、油污的脏丝杠 2—盛汽油的洗脸盆 3—丝母座 4—干净的玻璃杯

盆中，再将丝杠倒过来清洗一次，这样重复 2~4 次就可以将丝杠丝母内外全部铁屑、灰尘清洗干净。

2. 拆下丝母待重新组装滚珠时的清洗方法

当铁屑、灰尘很多，且还有打扫铁屑的棉布线甚至铁锈、碎了滚珠等情况时，图1-2-25所示的清洗方法清洗不掉杂物，就要把丝母连同滚珠旋转脱离丝杠后全部放入汽油中清洗，必要时用牙刷清洗丝杠和丝母沟槽中的铁锈等，全部清洗完毕即可准备组装。

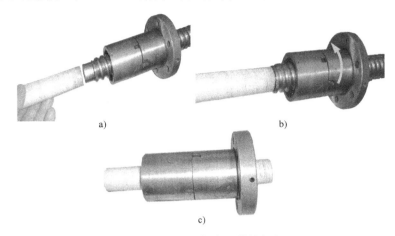

图1-2-26 滚珠丝杠完整结构拆卸法

a）将纸桶插入丝杠轴径处 b）拧下来丝母双手托起至纸桶上 c）一手托住丝母，一手轻拉纸桶卸下来双丝母

3. 不破坏滚珠在丝母内排列的拆装

当丝杠与丝母装错了方向需要调换方向，或仅需要清理丝杠上的铁锈等杂物而不需要清洗丝母时，拆卸应不破坏滚珠在丝母内排列。如图1-2-26a所示，将纸筒插到丝杠轴颈处后，将丝母旋转向纸筒方向移动，直到旋转到纸筒上，如图1-2-26b所示，把纸筒和丝母一起脱离丝杠，如图1-2-26c所示，即完成不破坏滚珠在丝母内排列的拆卸。清洗丝杠后把丝母右端套在丝杠端部，向丝杠方向推动并旋转丝母，即可将其组装到丝杠上。

（四）滚珠丝杠的组装

滚珠丝杠生产厂家因为大批量生产，都有专用组装工艺装备，可以比较高效率地完成组装，而用户偶尔维修滚珠丝杠，不需要专用组装工艺装备，可采用图1-2-27所示的组装方法，内循环和外循环滚珠丝杠都是这种组装法，非常实用。

特别说明：滚珠的加工是用扩大直径公差加工后，用分组互换法选择同一组的滚珠组装到同一丝杠上的，所以滚珠破碎后不能随便使用其他滚珠替代，要选择直径与原来滚珠直径一致的滚珠，或全部更换成直径合适的同一组滚珠组装。

图1-2-27 滚珠丝杠的组装

a）用手指将干净的丝母内滚道上抹均匀的一层黄油 b）用粘黄油的木棒粘上滚珠排在滚道上
c）用手指把排好的滚珠抹光滑

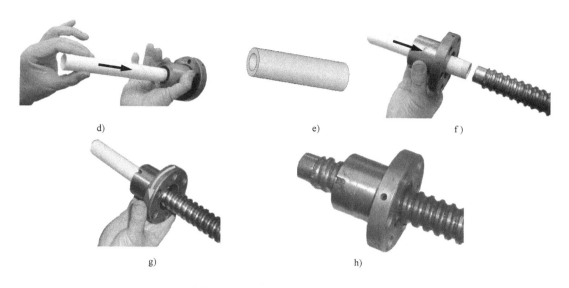

图 1-2-27 滚珠丝杠的组装（续）

d) 用厚纸卷筒表面贴胶带插入丝母内孔 e) 直径可行的话加工金属管代替纸管

f) 纸管套在轴径上 g) 慢慢推动并旋转丝母上到丝杠上 h) 组装成功的滚珠丝杠

三、任务要点总结

本任务介绍了滚珠丝杠传动的结构、组成、数控机床进给伺服系统反向间隙的测量方法和误差位置分析，就滚珠丝杠的分类、组成、结构特点、故障诊断、拆卸、清洗和组装方法进行了理实一体化论述。本项目任务 1 和本任务的内容构成了数控机床进给伺服系统误差分析及消除绝大部分内容，本任务和任务 1 相互结合，融会贯通，就构成了数控机床进给系统的组装、测试与故障与维修的完整知识点和能力目标。掌握了这些知识点和能力，就能举一反三、触类旁通地解决数控机床进给系统涉及电动机、变速、丝杠传动、工作台整个系统的组装、测试、故障诊断与维修问题。

四、思考与训练题

1. 内循环和外循环滚珠丝杠的根本区别是什么？外循环滚珠丝杠的过渡管数量和滚珠有何关系？内循环滚珠丝杠的反向器数量和滚珠有何关系？

2. 对滚珠丝杠反向间隙测试、调整、拆装维修进行实训，掌握操作技能。

3. 对滚珠丝杠清洗进行实训，掌握操作技能。

任务 3 蜗杆传动机构的拆装工艺与调整

知识点：

● 蜗杆传动的特点、应用范围基本知识，蜗杆传动机构的精度规范。

● 蜗杆传动机构装配技术要求。

能力目标：
- 能完成蜗杆传动机构装配前的检测工作。
- 掌握蜗杆传动机构的装配与拆卸工艺技能。
- 掌握蜗杆传动机构装配后的检验与调整工艺技能。

一、任务引入

蜗杆传动是一种应用广泛的机械传动部件，主要用于传递空间垂直交错的两轴间的运动和动力，两轴交错角为90°。它的特点是传动比大而且准确、传动平稳、噪声小、结构紧凑、能自锁；缺点是传动效率低、摩擦和发热量较大，需要良好的润滑。蜗杆传动在机电设备行业得到广泛应用。

二、蜗杆传动理实一体化论述

（一）蜗杆传动的类型及主要参数简介

1. 常用蜗杆传动的类型

蜗杆传动按蜗杆形状分为图1-2-28所示的圆柱蜗杆传动和图1-2-29所示的圆弧面蜗杆传动。蜗杆传动类似于螺旋传动，按蜗杆螺旋线旋向和头数分为右旋和左旋，单头和多头，常用的是右旋蜗杆，头数一般为1、2、4。

图1-2-28　圆柱蜗杆传动

图1-2-29　圆弧面蜗杆传动

按加工方法分为阿基米德蜗杆和渐开线蜗杆等，阿基米德蜗杆螺旋面的形成与螺纹螺旋面的形成相同。阿基米德蜗杆制造简便，在车床上类似车螺纹就能加工阿基米德蜗杆，应用较广。

蜗轮常用与蜗杆参数和形状相同的蜗轮滚刀加工，加工原理如图1-2-30所示，蜗轮齿廓是渐开线，相当于一个渐开线齿轮，如图1-2-31所示。

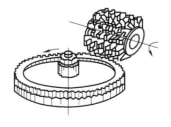
图1-2-30　蜗轮的加工

图1-2-31　蜗轮的轮齿

2. 主要参数

国家标准规定，蜗杆以轴面的参数为标准参数，蜗轮以端面的参数为标准参数，主要参数有模数 m、齿形角 α、蜗杆直径系数 q、蜗杆导程角 γ、蜗杆头数 z_1、蜗轮齿数 z_2 及蜗轮螺旋角 β。

3. 蜗轮结构形式

蜗轮的结构形式如图 1-2-32 所示，铸铁蜗轮或直径较小的青铜蜗轮可做成图 1-2-32a 所示的整体式，直径较大的蜗轮做成图 1-2-32b、c、d 所示的组合式。

组合式齿圈压配方式为过盈联接，对于尺寸不大、工作温度变化小的图 1-2-32b 所示的齿圈式蜗轮，在结合面圆周上装 4~8 个螺钉加固齿圈与蜗轮的结合刚度；对于尺寸较大，磨损后需要更换的图 1-2-32c 所示的螺栓联接式蜗轮，在结合面圆周上装配 4~8 个铰制孔螺栓；对于成批生产的蜗轮，在轮芯上浇铸出图 1-2-32d 所示的青铜齿圈。

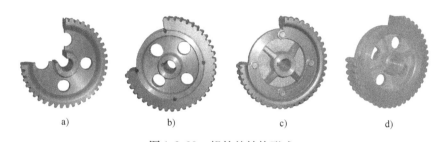

图 1-2-32 蜗轮的结构形式
a）整体式蜗轮 b）齿圈式蜗轮 c）螺栓联接式蜗轮 d）拼铸式蜗轮

（二）任务理实一体化论述

1. 蜗杆传动机构的精度

国家标准 GB/T 10089—1988《圆柱蜗杆、蜗轮精度》中每一精度等级规定有下列三种规范：

1）蜗杆精度规范：决定蜗杆制造精度的蜗杆各要素的偏差。

2）蜗轮精度规范：决定蜗轮制造精度的蜗轮各要素的偏差。

3）动力蜗杆传动的安装精度规范：决定蜗轮、蜗杆安装要素，相互位置精度的规范。

另外，还有侧隙规范，不按蜗轮、蜗杆传动精度等级规定，而是根据工作条件不同规定的侧面接触精度。开式传动采用较大保证侧隙（D_c），闭式传动采用标准保证侧隙（D_e），标准保证侧隙是基本的侧隙规范。

蜗杆传动机构的精度等级，由传动的制造精度等级和侧隙的结合形式决定。

2. 对蜗杆传动机构装配的技术要求

1）保证蜗杆轴线与蜗轮轴线互相垂直（控制交角偏差）。

2）保证蜗杆轴线应在蜗轮轮齿的对称平面内（控制蜗轮和蜗杆传动中间平面的偏移）。

3）中心距要正确（控制蜗轮和蜗杆传动中心距偏差）。

4）适当的啮合侧隙（控制蜗轮和蜗杆传动的侧隙）。

5）合适的接触斑点（控制蜗轮和蜗杆传动的接触斑点）。

6）装配后应转动灵活，无任何卡滞现象，且受力均匀。

3. 装配前的准备工作

1）检测蜗轮的径向跳动量和轴向圆跳动量　其检测方法与圆柱齿轮相同。

2）检测蜗杆轴心线与蜗轮轴心线交角偏差　如图 1-2-33 所示，在蜗轮蜗杆的装配位置上各安装检验心轴 1 和 2，再将摇杆 3 的一端套在心轴 2 上，另一端固定一千分表 4，然后摆动摇杆使千分表 4 和心轴 1 上的 m 点和 n 点相接触。若两轴互相垂直，则千分表 4 在两点的读数相同。若两点的读数不同，设其差值为 Δ，m 点和 n 点的距离为 L，则在 1m 长度上的传动轴交角偏差 f 为

$$f = 1000\Delta/L \qquad (1\text{-}2\text{-}2)$$

进行交角偏差检测时，要注意旋转平面与中心平面平行。

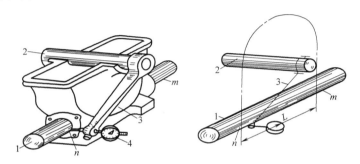

图 1-2-33　蜗杆和蜗轮传动轴交角偏差检测
1、2—检验心轴　3—摇杆　4—千分表

蜗杆轴线与蜗轮轴线交角偏差的极限值参考表 1-2-1。

表 1-2-1　蜗杆轴心线与蜗轮轴心线交角偏差的极限值　（单位：μm）

精度等级	蜗轮齿宽 b_2/mm						
	≤30	>30~50	>50~80	>80~120	>120~180	>180~250	>250
7	±12	±14	±16	±19	±22	±25	±28
8	±17	±19	±22	±24	±28	±32	±36
9	±24	±28	±32	±36	±42	±48	±53

（3）检测蜗轮与蜗杆中心距 a　如图 1-2-34 所示，在蜗轮蜗杆的装配位置上安装检验心轴 1 和 2，在两心轴之间用内径千分尺来测量。使内径千分尺的两端与检验心轴 1 和 2 轻轻接触，测出数值，则可计算出蜗轮与蜗杆中心距的实际值 a 为

$$a = (d+D)/2 + H \qquad (1\text{-}2\text{-}3)$$

蜗轮与蜗杆中心距的极限偏差值见表 1-2-2。

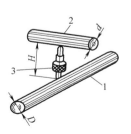

图 1-2-34　用内径千分尺检查中心距
1、2—检验心轴
3—内径千分尺

4. 装配过程

按蜗轮蜗杆的结构特点不同，蜗杆传动机构的装配顺序有的应先装蜗轮，后装蜗杆；有的则相反。一般情况下装配工作是从装配蜗轮组件开始的，即先装配蜗轮组件，后装入蜗杆，再将蜗轮组件装入箱体，最后检查调整。

表 1-2-2　蜗轮与蜗杆中心距的极限偏差值　　　　　　　（单位：μm）

精度等级	传动中心距 a/mm						
	≤30	>30~50	>50~80	>80~120	>120~180	>180~250	>250
7	±26	±31	±37	±44	±50	±65	±70
8	±26	±31	±37	±44	±50	±65	±70
9	±42	±50	±60	±70	±80	±105	±115

（1）将蜗轮装配在轴上　蜗轮装配在轴上的安装方法与圆柱齿轮相同。

（2）组装蜗杆　将蜗杆连同装配好的轴承安装到箱体中，一般是从一端用套管轻轻打入箱体中，蜗杆轴心线的位置由箱体安装孔所确定，其位置是固定不变的。确认蜗杆转动灵活无卡涩，再装上两端的端盖并调整好端盖间隙。一般是一端定位（多是从盲盖端定位）装好，从另一端测量间隙余量，加垫片调整余隙，安装好另一端的端盖，然后再次检查转动灵活性。

特别提示： 轴向余隙要合适，以满足温差要求；端盖上的密封圈要装好，要松紧适当。

（3）将蜗轮与其轴部件装入箱体　蜗轮的轴向位置可通过改变调整垫圈的厚度或其他方式进行调整。

蜗杆轴心线和蜗轮轴线的距离主要靠机械加工精度保证，并通过垫片来调整。

检验、调整好蜗轮的位置后，再安装箱盖，并用垫片调整蜗轮轴承的压紧力，压紧力要适当，最后装上蜗轮轴端盖，端盖和密封圈的安装及其余隙的调整方法同上。

5. 装配后的检验

（1）蜗杆传动中间平面偏移量的检测

如图 1-2-35 所示，蜗杆传动中间平面偏移量是指装配好的蜗杆传动中，蜗轮的中间平面与蜗杆公称轴线间的最小距离，检验方法有两种，即样板法和挂线法。

1）样板法。如图 1-2-35a 所示，将样板一端靠在蜗轮一侧的端面上，用塞尺测量样板与蜗杆之间的间隙；用同样的方法测量蜗轮另一侧的间隙，两侧间隙的差值即为中间平面偏移量。

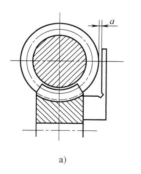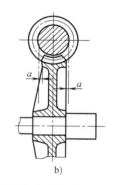

图 1-2-35　蜗杆传动中间平面偏移量的检测
a）用样板检查　b）用挂线检查

2）挂线法。如图 1-2-35b 所示，将钢丝线的两端挂上线坠，挂在蜗杆上，用塞尺或其他测量工具测量钢丝线与蜗轮两侧端面之间的间隙，两侧间隙的差值即为中间平面偏移量。

蜗杆传动中间平面极限偏移量可参考表 1-2-3，若不符合，则要调整蜗轮的位置，使传动中间平面偏移量符合安装规范。

表 1-2-3　蜗杆传动中间平面极限偏移量　　　　　　　（单位：μm）

精度等级	传动中心距 a/mm						
	≤30	>30~50	>50~80	>80~120	>120~180	>180~250	>250
7	±21	±25	±30	±36	±40	±47	±52
8	±21	±25	±30	±36	±40	±47	±52
9	±34	±40	±48	±56	±64	±74	±85

（2）蜗杆传动侧隙的检测　如图 1-2-36 所示，蜗杆传动侧隙的检测可采用塞尺和千分表直接测量。测量时，千分表测头直接垂直接触在蜗轮齿面上，使蜗杆固定不动，轻轻正反两个方向转动蜗轮，就可从千分表上直接读出蜗杆和蜗轮齿面间的啮合侧隙值。

蜗杆传动的最小法向侧隙值可参考表 1-2-4。

表 1-2-4　蜗杆传动的最小法向侧隙值　　　　　　　　　　（单位：μm）

传动中心距 a/mm	侧隙种类							
	h	g	f	e	d	c	b	a
≤30	0	9	13	21	33	52	84	130
>30～50	0	11	16	25	39	62	100	160
>50～80	0	13	19	30	46	74	120	190
>80～120	0	15	22	35	54	87	140	220
>120～180	0	18	25	40	63	100	160	250
>180～250	0	20	29	46	72	115	185	290
>250～315	0	23	32	52	81	130	210	320
>315～400	0	25	36	57	89	140	230	360
>400～500	0	27	40	63	97	155	250	400

（3）蜗杆传动接触斑点的检测　如图 1-2-37 所示，用涂色法来检验蜗杆与蜗轮的相互位置，以及啮合的接触斑点（色迹）的位置、面积大小。

检查时，在蜗杆的工作表面涂上一层红丹粉，然后正反转动蜗杆数次。这时在蜗轮的齿面上就有色迹。根据色迹的位置和面积大小，就可以判断蜗杆与蜗轮的相互位置、啮合的接触斑点等情况。根据图 1-2-37 所示的色迹，如果色迹偏右，说明蜗轮向左偏移，要向右调整蜗轮；反之亦然。

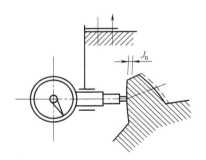

图 1-2-36　用千分表直接测量啮合侧隙

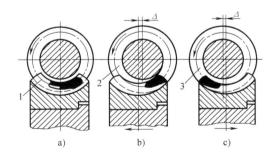

图 1-2-37　蜗杆和蜗轮相互位置及接触斑点的检测
1—正确　2—蜗轮偏左　3—蜗轮偏左

正确啮合的蜗杆传动，其接触斑点的要求可参考表 1-2-5 中的数据。

表 1-2-5　蜗杆传动接触斑点要求

接触斑点	精度等级		
	7	8	9
沿齿高不少于（%）	60	50	35
沿齿长不少于（%）	65	50	40

6. 装配后的调整

装配后经检验得出的各种偏差，可以通过移动蜗轮中间平面的位置改变啮合接触位置来调整，即用调整蜗轮垫片的厚度，或刮削蜗轮轴瓦来找正中心线偏差的方法，以达到调整的目的。

装配完后的蜗杆传动，还要检测正反方向转动的灵活性。蜗轮在任何位置上，用手旋转蜗杆所需的扭矩均应相同，且无卡涩、啃住现象。

7. 蜗杆传动的润滑与散热

蜗杆传动的摩擦发热量较大、磨损严重，润滑冷却的目的就在于减摩与散热，以提高蜗杆传动效率，延长使用寿命，防止胶合减少磨损，控制温升。

常用的润滑方式有油池润滑和喷油润滑。

常用的冷却方式有箱体外壁加散热片、蜗杆轴端装风扇、油池内装冷却盘管、采用压力喷油循环冷却润滑等，如图 1-2-38 所示。

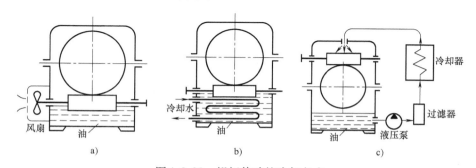

图 1-2-38　蜗杆传动的冷却方式

a）风扇冷却　　b）盘管冷却　　c）压力喷油冷却

三、分度机构新技术——空间凸轮分度机构

蜗轮蜗杆机构通常用于机械分度，具有散热慢、易磨损、转速低、分度效率低等缺点。随着科学技术的发展，出现了图 1-2-39 所示的精密空间凸轮分度机构，也称福开森分度机构，它适于高速下工作，目前该机构凸轮的转速已达到 2000r/min。它是将机械的连续传动转换为间歇分度运转的精密机构，具有分度精度高、传动性能好、运转平稳、传动力矩大、定位自锁、体积小、噪声低、使用寿命长等优点，广泛应用于各种组合机械、高速冲床、机床加工中心、食品自动送料机及包装机械、液体灌装机械、制药机械、烟草机械、印刷机械和冷饮食品自动生产线等。图 1-2-40 所示为冲压大型电动机转子叶片用的高速冲床就是用图 1-2-39 所示的空间凸轮分度机构分度的。

图 1-2-39　两种空间凸轮分度机构

a)   b)

图 1-2-40　用空间凸轮分度机构的高速冲床

a）高速冲床　b）用高速冲床冲出的电动机转子铁片

四、任务要点总结

本任务简单介绍了机械传动中广泛适用的蜗杆传动机构的基本知识、蜗杆传动精度测试项目和装配的技术要求；详细介绍了蜗杆传动机构的装配与拆卸工艺及装配后的检验与调整技能；介绍了空间传动机构新技术产品空间凸轮分度机构的特点及其应用。

五、思考与训练题

1. 蜗杆传动机构装配的技术要求是什么？
2. 如何检查蜗杆传动机构的啮合质量？
3. 正确安装一台蜗杆减速器，并能完成装配后的检验与调整工作。

任务4　联轴器、离合器和制动器的分类、装配与应用

> **知识点：**
> - 联轴器、离合器和制动器的功用及特点。
> - 联轴器、离合器及制动器的类型及应用场合。
> - 根据工作条件选择合适的联轴器和离合器的类型。
>
> **能力目标：**
> - 熟悉联轴器、离合器和制动器的分类、应用场合。
> - 能正确选用联轴器的类型并分析离合器、制动器的工作过程。
> - 能拆装、维修常用的比较简单的联轴器、离合器及制动器。

一、任务引入

在机电设备生产过程中大量用到联轴器、离合器和制动器，联轴器和离合器是用于联接两轴同时回转，以便传递力矩和转动的常用部件。联轴器和离合器的相同点都是传递力矩和转动，不同点是联轴器联接的两轴只有停车后经拆卸才能分离，而离合器联接的两轴可在机器工作中方便地实现分离与接合。制动器是用来降低机械轴的运转速度或迫使机械轴停止运转的部件，制动器既可用于有联轴器的场合，也可以用于有离合器的场合，本任务进行理实一体化论述。

二、联轴器理实一体化论述

有的机电设备工作过程中不允许轴产生相对位移，如精密数控坐标镗床伺服电动机轴与滚珠丝杠用联轴器，这就需要刚性联轴器；有的机电设备由于制造及装配误差、承载后变形、温度变化和轴承磨损等原因，两轴不能保证严格对中，两轴线之间出现相对位移或倾斜，需要联轴器对各种位移有补偿的能力，因此要求联轴器具有补偿一定范围内两轴线相对位移量的能力，这就需要挠性联轴器。联轴器的分类见表1-2-6。

表1-2-6 联轴器的分类

刚性联轴器	挠性联轴器			安全联轴器
	无弹性元件	金属弹性元件	非金属弹性元件	
套筒联轴器 凸缘联轴器 紧箍夹壳联轴器 夹壳联轴器等	链条联轴器 齿式联轴器 爪型连轴器 万向联轴器 滑块联轴器	膜片（盘）联轴器 簧片联轴器 卷簧联轴器 盘绕弹簧联轴器 旋转编码器联轴器等	橡胶套筒联轴 轮胎式联轴器 弹性柱销联轴器 弹性万向联轴器等	销钉安全联轴器 力矩限制型联轴器

（一）刚性联轴器

刚性联轴器一般具有构造简单、成本低、价格便宜等优点，但它的联接元件之间不能相对移动，不具有补偿被联两轴轴线相对偏移的能力，也不具有缓冲减振性能。当工作中两轴线有相对位移时，会产生附加载荷，所以只能用于被联接两轴在安装时能够严格对中和工作时不发生相对位移，载荷平稳或只有轻微冲击的场合，常用的有套筒联轴器、凸缘联轴器和夹壳联轴器等。

1. 套筒联轴器

套筒联轴器如图1-2-41所示，这种联轴器是一个圆柱形套筒，用两个平键传递比较大的力矩，需用螺钉轴向定位；也可以用锥销传递较小的力矩。这种联轴器的优点是径向尺寸小、结构简单。套筒联轴器结构尺寸推荐：$D = （1.5 \sim 2）d$；$L = （2.8 \sim 4）d$，D为联轴器外径，d为轴直径，L为联轴器长度，此种联轴器尚无标准，需要自行设计，机床上就经常采用这种联轴器。

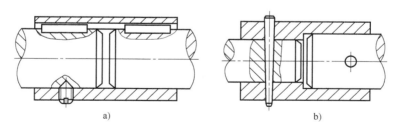

a)   b)

图1-2-41 套筒联轴器
a）平键传递比较大的力矩，需要定位螺钉 b）用圆锥销传递较小的力矩

2. 凸缘联轴器

凸缘联轴器又称法兰联轴器，是刚性联轴器中应用最广泛的一种，其结构如图1-2-42所示，是由2个带凸缘的半联轴器用螺栓联接而成，与两轴之间用键联接。常用的结构形式有两种，其对中方法不同。图1-2-42a所示为两半联轴器的凸肩与凹槽相配合而对中，用普

通螺栓联接，依靠接合面间的摩擦力传递转矩，对中精度高，装拆时，轴必须作轴向移动。图 1-2-42b 所示为两半联轴器用铰制孔螺栓联接，靠螺栓杆与螺栓孔配合对中，依靠螺栓杆的剪切及其与孔的挤压传递转矩，装拆时轴不允许作轴向移动。

联轴器的材料一般采用铸铁，重载或圆周速度 $v \geqslant 30\text{m/s}$ 时应采用铸钢或锻钢。

凸缘联轴器结构简单，制造方便，成本较低，工作可靠，装拆、维护均较简便，传递转矩较大，能保证两轴具有较高的对中精度，主要用于载荷平稳、高速或传动精度要求较高的轴系传动。使用时如果不能保证被联接两轴的对中

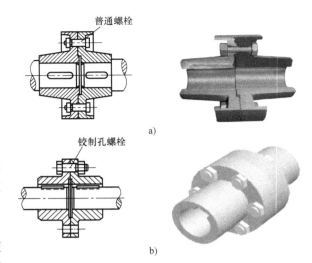

图 1-2-42　凸缘联轴器
a）两半联轴器有凸肩和凹槽配合对中
b）两半联轴器有铰制孔用螺栓配合对中

精度，将会降低联轴器的使用寿命、传动精度和传动频率，并引起振动和噪声。

3. 夹壳联轴器

夹壳联轴器是利用两个沿轴向剖分的夹壳，用螺栓夹紧以实现两轴联接，靠两半联轴器表面间的摩擦力传递转矩。图 1-2-43a 所示联轴器用不锈钢材料做成，图 1-2-43b 所示联轴器铝合金材料做成，图 1-2-43a、b 用于力矩不太大的联接中；图 1-2-43c 所示的联轴器中有 4 个螺栓用中碳钢材料做成，用于大力矩传动，如伺服电动机轴与滚珠丝杠的联接。夹壳联轴器装配和拆卸时轴不需轴向移动，所以装拆很方便，缺点是两轴轴线对中精度低，结构形状比较复杂，制造及平衡精度较低，只适用于低速和载荷平稳的场合，通常最大外缘的线速度不大于 5m/s，当线速度超过 5m/s 时，需要进行平衡校验。

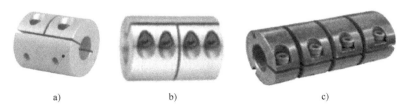

图 1-2-43　夹壳联轴器
a）不锈钢材质　b）铝合金材质　c）中碳钢材质

紧箍式夹壳联轴器的特性与夹壳联轴器相似，其结构简单、装拆方便，适用于低速（最高圆周线速度为 5m/s）、无冲击、振动载荷平稳的场合，宜用于搅拌器等立轴的联接。

（二）挠性联轴器

由于安装、制造以及零件在工作中的变形等原因，不可能保证被联接的两轴严格地对中，所以需要选用具有补偿被联两轴轴线相对偏移能力的挠性联轴器。挠性联轴器根据是否具有弹性元件又可分为无弹性元件和有弹性元件两大类，其中，根据弹性元件材质的不同，

弹性元件挠性联轴器又可分为金属弹性元件挠性联轴器和非金属弹性元件挠性联轴器。

1. 无弹性元件的挠性联轴器

无弹性元件的挠性联轴器靠其元件间的相对可移性来补偿轴线的相对位移，从而减轻轴和支承上的附加载荷，但由于可移元件相对滑动时产生的摩擦和制造误差，会产生附加径向力，当两轴线相对位移过大时，附加载荷剧增，联轴器工作条件会恶化。常用的无弹性元件的挠性联轴器有滑块联轴器、万向联轴器和齿式联轴器等。

（1）滑块联轴器　滑块联轴器如图1-2-44所示，由两个端面开有凹槽的半联轴器1、3，利用两面带有凸块的中间盘2联接，半联轴器1、3分别与主、从动轴联接成一体，实现两轴的联接。若两轴线不同心或偏斜，则在运转时中间盘上的凸块将在半联轴器的凹槽内滑动；转速较高时，由于中间盘的偏心会产生较大的离心力和磨损，并使轴承承受附加动载荷，故这种联轴器适用于低转速场合。为减少磨损，可由中间盘油孔注入润滑剂。半联轴器和中间盘的常用材料为45钢或ZG 310-570，工作表面淬火至48～58HRC。

这种联轴器主要用于轴线间相对径向位移较大、无冲击、传递力矩大而转速不高的两轴联接，工作时应注意润滑。

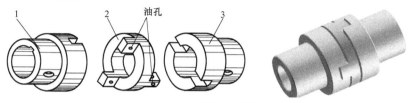

图1-2-44　滑块联轴器
1、3—半联轴器　2—两面带有凸块的中间盘

（2）万向联轴器　万向联轴器用于相交两轴间的联接，如图1-2-45所示，主要由两个叉形接头1、3和十字轴2组成。利用中间联接件十字轴联接的两叉形半联轴器均能绕十字轴的轴线转动，两叉形零件平面彼此相交呈90°，从而使联轴器的两轴线能成任意角度α，一般α可达35°～45°。在两轴有角度偏移的传动中，主动轴旋转一周，从动轴也旋转一周，但两轴的瞬时角速度是不相等的，即主动轴以等角速度旋转时，从动轴是作变角速度的旋转，从而产生不利于传动的附加载荷。为了消除这种现象，可将万向联轴器成对使用，使两次角速度变化的影响相互抵消，使主动轴和从动轴同步转动。万向联轴器结构紧凑、维护方便，能传递的力矩大，所联两轴的轴线夹角也较大，广泛应用于汽车、工程机械等的传动系统中。万向联轴器的材料常用合金钢制造，以获得较高的耐磨性和较小的尺寸。

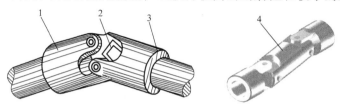

图1-2-45　万向联轴器
1、3—叉形接头　2—十字轴　4—成对使用的万向联轴器

（3）齿式联轴器　齿式联轴器的构造如图1-2-46所示，主要由两个具有相同齿数的外齿轴套和两个带有凸缘的内齿圈等零件组成。两外齿轴套分别用键联接固定在被联接两轴的

轴端，两内齿圈的内齿与轴套上的外齿相啮合，其凸缘用螺栓联接，从而实现两轴的联接。采用鼓形齿时，可允许较大的相对角位移，并改善了齿的接触条件，提高了联轴器传递力矩的能力。

图 1-2-46　齿式联轴器的构造

这种联轴器外形尺寸小，承载能力大，在高速下工作可靠，但不适用于立轴，主要用于重型机械及长轴的联接。滑润条件和两轴线的相对位移对齿式联轴器的性能和使用寿命影响很大。CL 型用于两轴的直接联接，CLZ 型用于有中间轴的两轴联接。

齿轮材料可用 45 钢或 ZG310-570 铸钢制造，齿面硬度 45 ~ 50HRC，外齿轴套硬度为 40HRC，内齿圈硬度 35HRC 时联轴器性能较好。当齿轮的分度圆速度小于 5m/s 时，外齿轴套硬度≤260HRC，内齿圈硬度≤248HRC。

（4）链条联轴器　链条联轴器主要由一链条和一对齿数相同的链轮组成，是利用公用的链条同时与两个并列的链轮啮合。不同结构型式的链条联轴器采用的链条也不同，常见的有双排滚子链联轴器、单排滚子链联轴器、齿形链联轴器、弹性链联轴器等。双排滚子链联轴器的结构如图 1-2-47 所示，其性能优于其他结构的联轴器。链条联轴器具有结构简

图 1-2-47　双排滚子链联轴器

单、装拆方便、拆卸时不用移动被联接的两轴、尺寸紧凑、质量轻、有一定补偿能力、对安装精度要求不高、工作可靠、寿命较长、成本较低等优点。

链条联轴器可用于纺织、农机、起重运输、工程、矿山、轻工、化工等机械的轴系传动，适用于高温、潮湿和多尘工况环境，不适用于高速、有剧烈冲击载荷和传递轴向力的场合，链条联轴器应在润滑良好并有防护罩的条件下工作。

2. 有弹性元件联轴器

弹性联轴器具有能产生较大弹性变形和阻尼作用的弹性元件，因此除了能补偿两轴相对位移外，还能起到缓冲和吸振的作用。弹性元件所能储蓄的能量越多，则联轴器的缓冲能力就越强；弹性元件的弹性滞后性能与弹性变形时零件间的摩擦功越大，则联轴器的减振能力越好。这类联轴器目前应用很广，品种也越来越多。

（1）非金属弹性元件联轴器的结构和特点　非金属弹性元件的挠性联轴器在转速不平稳时有很好的缓冲减振性能，但由于非金属（橡胶、尼龙等）弹性元件强度低、使用寿命短、承载能力小、不耐高温和低温，故适用于高速、轻载和常温的场合。

1）弹性套柱销联轴器。它的结构与凸缘联轴器相似，如图 1-2-48 所示，不同之处是用带有弹性圈的柱销代替了螺栓联接，弹性圈一般用耐油橡胶制成，剖面为梯形以提高弹性。柱销材料多采用 45 钢。为补偿较大的轴向位移，安装时在两轴间留有一定的轴向间隙 c；为了便于更换易损件弹性套，设计时应留一定的距离 B。

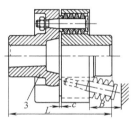

图 1-2-48　弹性套柱销联轴器
1—结构图　2—橡胶套　3—剖视图

弹性套柱销联轴器制造简单，装拆方便，但寿命较短，适用于联接载荷平稳、需正反转或起动频繁的小转矩轴，多用于电动机轴与工作机械的联接上。

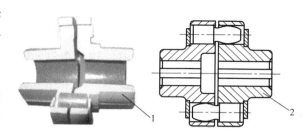

图 1-2-49　弹性柱销联轴器
1—结构图　2—剖面图

2）弹性柱销联轴器。弹性柱销联轴器与弹性套柱销联轴器结构也相似，如图 1-2-49 所示，只是柱销材料为尼龙，柱销形状有的是圆柱形，有的一端为柱形，另一端制成腰鼓形，以增大角度位移的补偿能力。为防止柱销脱落，柱销两端装有挡板，用螺钉固定。

弹性柱销联轴器结构简单，能补偿两轴间的相对位移，并具有一定的缓冲、吸振能力，应用广泛，可代替弹性套柱销联轴器。但因尼龙对温度敏感，使用时受温度限制，一般在 $-20° \sim 70°$ 之间使用。

3）梅花联轴器。因其弹性体是梅花形状而得此名，根据弹性体材质不同可分为橡胶形梅花联轴器和聚氨酯梅花联轴器等；根据其性能及用途可分为梅花形弹性联轴器、伺服电动机用梅花联轴器和夹紧式梅花联轴器等，如图 1-2-50 所示。

图 1-2-50　梅花联轴器

① 梅花联轴器的特点。它具有高弹性（具有多种硬度弹性体可供选择）、高刚性及类型多的特点。高精密的梅花联轴器不仅具有较高的弹性，而且其刚性同样能够达到理想的状态，广泛应用于伺服电动机、步进电动机和滚珠丝杠等场合；同时它还有键槽式、胀紧套式、夹紧式、加长式和法兰式等诸多类型可供选择。

梅花联轴器的弹性大，适用范围广泛，可应用于各类通用机械场合，亦可用于发动机等振动场合，具有铸造材料和钢性材料两种结构形式，中心孔类分键槽式、花键式、紧固式等形式。

② 梅花联轴器的应用。

a. 伺服电动机用梅花联轴器。精密型的梅花形联轴器，同时具有很高的弹性和刚性，广泛应用于伺服电动机等精密场合；零间隙，能够实现高精度的动力传递；轴孔采用夹紧式结构，以确保轴与孔之间的无间隙，亦有胀紧式伺服联轴器可供选择，适用于大惯量的场合。

b. 夹紧式梅花联轴器。夹紧型梅花联轴器适用于精密传动场合，如伺服电动机、步进电动机、滚珠丝杠等；相对于普通形式的结构，无任何传动间隙，所以又被称为"无键梅花联轴器"。每一种型号的结构均可通过计算机进行有限元模拟分析，使产品轻质、可靠。

胀紧套式梅花联轴器如图 1-2-51 所示。胀紧套式梅花联轴器两端轴孔通过锥面使孔与轴之间产生胀紧力，采用这种结构的联轴器可承受更大的转动惯量，广泛应用于主轴伺服电动机等场合。

（2）金属弹性元件联轴器的结构和特点

1）蛇形弹簧联轴器。金属弹性元件的挠性联轴器，除了具有较好的缓冲减振性能外，承载能力较大，适用于速度和载荷变化较大及高温或低温场合。图 1-2-52 所示的蛇形弹簧联轴器就是其中之一，它允许综合位移，主要用于重载、高温的场合。

图 1-2-51　胀紧套式梅花联轴器

图 1-2-52　蛇形弹簧联轴器

2）旋转编码器联轴器。编码器联轴器顾名思义就是专门用来联接电动机与编码器的联轴器，如图 1-2-53a 所示。图 1-2-53b 所示为用联轴器把伺服电动机与旋转编码器的输出轴联接在一起。此种联轴器具备以下特点：

① 零间隙。联轴器整体在传动过程中不允许有间隙。

② 低惯量。在确保传动强度的基础之上，应尽可能降低编码器联轴器的质量。

③ 弹性好。精密的编码器联轴器，需要很大程度上吸收在安装过程中产生的轴与轴之间的偏差。

④ 结构紧凑。编码器联轴器通常体积小巧，顺时针与逆时针回转特性完全相同。

⑤ 免维护。这种联轴器安装后，基本上无需维护，安装也极其方便。

常用的编码器联轴器有：铝合金编码器联轴器、不锈钢编码器联轴器、聚氨酯编码器联轴器和波纹管编码器联轴器。在前三者当中，应用最多的就是梅花联轴器。

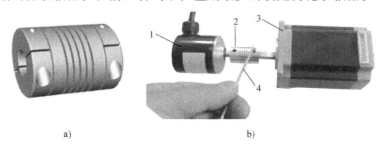

a)　　　　　　　　　　　　　　b)

图 1-2-53　旋转编码器联轴器
a）旋转编码器联轴器照片　b）用旋转编码器联轴器连接编码器和伺服电动机轴
1—旋转编码器　2—旋转编码器联轴器　3—伺服电动机　4—内六角扳手

3）波纹管编码器联轴器。波纹管编码器联轴器如图 1-2-54 所示，它采用高柔性不锈钢，具有高力矩刚性，轴向、径向和角度错位在平稳均匀中得到补偿，使用胀紧方式，安装空间小，装卸方便。主要应用领域有机床、数控铣床、包装机械、木工机械、印刷机械、石材机械、纺织机械和金属板材机械等。

4）挠性片联轴器。挠性片联轴器如图 1-2-55 所示，与旋转编码器联轴器相似，只是中间有 4 片金属片起到挠性作用，补偿两轴的不同轴性，常用于数控机床伺服电动机与滚珠丝杠的联接。

图 1-2-54 波纹管编码器联轴器

图 1-2-55 挠性片联轴器

（三）安全联轴器

安全联轴器在结构上的特点是存在一个保险环节（如销钉可动联接等），其只能承受限定载荷。当实际载荷超过事前限定的载荷时，安全联轴器中的联接元件将被剪断、分开或发生打滑，使联轴器的联接中断，截断运动和动力的传递，从而保护机器的其余部分不致损坏，即起到安全保护作用。起动安全联轴器，除了具有过载保护作用外，还有将机器电动机的带载起动转变为近似空载起动的作用。

由于工作要求和防止过载的方法不同，安全联轴器可分为销钉式、弹簧滚珠式和摩擦式、摩擦安全联轴器等。目前用得较多的是图 1-2-56 所示的销钉式安全联轴器和图 1-2-57 所示的链轮摩擦式安全联轴器。

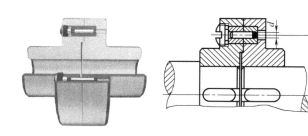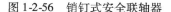

图 1-2-56 销钉式安全联轴器

图 1-2-57 链轮摩擦式安全联轴器

销钉式安全联轴器是一种最简单的安全联轴器。在过载时，联接元件销钉被剪断，从而使传动中断，起到安全保护的作用。销钉用经过淬火的钢制成，以避免由于塑性变形而延长切断的时间，销钉式安全联轴器分为单剪和双剪两种。

链轮摩擦式安全联轴器是有弹性元件的挠性安全联轴器的一种型式，由双排滚子链联接两半联轴器，链轮与摩擦片之间可产生相对滑动，起安全保护作用，转矩根据碟形弹簧的压缩量而确定。

（四）特殊联轴器

特殊联轴器是指用非机械方式直接联接的联轴器，如用液力传动、气压传动或电磁操纵的联轴器。液力联轴器又称液力耦合器，与其他普通联轴器相比，它能有效地控制机械过载，具有良好的缓冲作用及很多独特的优点。由于液力联轴器的工作介质是液体，因而能吸收或减少来自动力机械和外载荷变化的振动与冲击，使机械平稳起动，加速均匀。由于这一系列的优点，使得它在化工、造船、矿山、运输等许多工业部门中得到了越来越广泛的应用。

（五）联轴器的拆装及注意事项

1. 拆卸联轴器时的注意事项

装配过程是按装配要求将联轴器组装起来，使联轴器能安全可靠地传递力矩。拆卸一般是由于设备的故障或联轴器自身需要维修，把联轴器拆卸成零部件，有时只是要求把联接的两轴脱开，有的不仅要把联轴器全部分解，还要把轮毂从轴上取下来。联轴器的种类很多，结构各不相同，联轴器的拆卸过程也不一样。

由于联轴器本身的故障而需要拆卸时，先要对联轴器整体进行认真细致的检查（尤其对于已经有损伤的联轴器），查明产生故障的原因。

在联轴器拆卸前，要对联轴器各零部件之间互相配合的位置作一些记号，以作复装时的参考。用于高转速机器的联轴器，其联接螺栓经过称重，标记必须清楚，不能搞错。

拆卸联轴器时一般先拆联接螺栓，由于螺纹表面沉积一层油垢、腐蚀的产物及其他沉积物使螺栓不易拆卸，尤其是对于锈蚀严重的螺栓，拆卸比较困难。对于已经锈蚀的或油垢比较多的螺栓，常用溶剂（如松锈剂）喷涂螺栓与螺母的联接处，使溶剂渗入螺纹中去，这样就会容易拆卸。如果还不能把螺栓拆卸下来，可采用加热法，加热温度一般控制在200℃以下。通过加热使螺母与螺栓之间的间隙加大，锈蚀物也容易掉下来，使螺栓拆卸变得容易些。

在联轴器的拆卸过程中，最困难的工作是从轴上拆下轮毂。对于键联接的轮毂，一般用类似于图1-1-27所示带轮顶拔器（拆联轴器用的常称为三脚或四脚拉马）进行拆卸。选用的拉马应该与轮毂的外形尺寸相配，拉马各脚的直角挂钩与轮毂后侧面的结合要合适，在用力时不会产生滑脱现象。这种方法仅用于过盈比较小的轮毂的拆卸，对于过盈比较大的轮毂，经常采用加热法，或者同时配合液压千斤顶进行拆卸。

对联轴器的全部零件进行清洗、清理及质量评定是联轴器拆卸后的一项极为重要的工作。零部件的质量评定是指每个零部件在运转后，将其尺寸、形状和材料性质的现有状况与零部件设计确定的质量标准进行比较，判定哪一些零部件能继续使用，哪一些零部件应修复后使用，哪一些属于应该报废更新的零部件。

2. 安装联轴器的注意事项、安装原则及方法

（1）注意事项　联轴器安装前，先把零部件清洗干净，清洗后的零部件，需把粘在上面的洗油擦干。在短时间内准备运行的联轴器，擦干后可在零部件表面涂些汽轮机油或润滑油，防止生锈。对于需要过较长时间投用的联轴器，应涂防锈油保养。

（2）安装原则　联轴器的结构型式很多，具体装配的要求、方法都不一样。对于安装来说，总的原则是严格按照图样要求进行装配。

对于应用在高速旋转机械上的联轴器，一般在制造厂都做过动平衡试验。动平衡试验合

格后画上各部件之间互相配合方位的标记。在装配时必须按制造厂给定的标记组装，这一点是很重要的。如果不按标记任意组装，很可能发生由于联轴器的动平衡不好引起机组振动的现象。

另外，如果联轴器法兰盘上的联接螺栓是承受力矩的，就需要使每一联轴器上的联接螺栓的质量基本一致。如大型离心式压缩机上用的齿式联轴器，其所用的联接螺栓互相之间的质量差一般小于 0.05g。因此，各联轴器之间的螺栓不能任意互换，如果要更换某一个联轴器联接螺栓，必须使它的质量与原有的联接螺栓质量一致。此外，在拧紧联轴器的联接螺栓时，应对称、逐步拧紧，使每一联接螺栓上的锁紧力基本一致，不至于因为各螺栓受力不均而使联轴器在装配后产生歪斜现象，有条件的可采用力矩扳手。

（3）联轴器的安装方法

① 冷装配法。冷装配法包括直接装配法和压入装配法。

a. 直接装配法。对于联轴器与轴有相应间隙的配合可在清理干净配合表面后，涂抹润滑油脂直接安装。

b. 压入装配法。对于过渡配合和过盈量不是很大的配合可用锤击压入装配法；对有特殊要求的配合（如保护已装精密零部件）或过盈量较大的配合需要用螺旋压力机、气压压力机或液压压力机压入，其中用液压压力机压入装配特别适合于直径较大的联轴器装配，压入过程应保持低速连续，是一种比较理想的装配方法。

② 热装配法。联轴器的热装配工作常用于大型电动机、压缩机和轧钢机等重型设备的安装中，因为这类设备中的联轴器与轴通常是采用过盈配合联接在一起的。

对过盈量较大的联轴器安装主要采用热装配法，因为这种装配方法比较简单，能用于大直径（$D > 1000\text{mm}$）和过盈量较大的机件。

压入装配法多用于轻型和中型过盈配合，而且需要压力机等机械设备，故一般仅在制造厂采用。冷缩装配法一般用液氮等作为冷源，且需有一定的绝热容器，故也只能在有条件时才采用。

（六）联轴器的选择

联轴器的选择主要考虑所需传递轴转速的高低、载荷的大小、被联接两部件的安装精度等、回转的平稳性、价格等，参考各类联轴器的特性，选择一种合适的联轴器类型。

绝大多数联轴器均已标准化或规格化，选用联轴器的基本步骤如下：

1）选择联轴器的类型。根据传递载荷的大小、轴转速的高低、被联接两部件的安装精度等，参考各类联轴器的特性，选择一种合适的联轴器类型。具体选择时可考虑以下几点：

① 需要传递的转矩大小和性质以及对缓冲减振功能的要求。例如，对大功率的重载传动，可选用齿式联轴器；对严重冲击载荷或要求消除轴系扭转振动的传动，可选用轮胎式联轴器等具有高弹性的联轴器。

② 联轴器的工作转速高低和引起的离心力大小。对于高速传动轴，应选用平衡精度高的联轴器，如膜片联轴器等，而不宜选用存在偏心的滑块联轴器等。

③ 两轴相对位移的大小和方向。当安装调整后，难以保持两轴严格精确对中，或工作过程中两轴将产生较大的附加相对位移时，应选用挠性联轴器。例如，当径向位移较大时，可选滑块联轴器，角位移较大或相交两轴的联接可选用万向联轴器等。

④ 联轴器的可靠性和工作环境。通常由金属元件制成的不需要润滑的联轴器比较可靠；

需要润滑的联轴器，其性能易受润滑完善程度的影响，且可能污染环境。含有橡胶等非金属元件的联轴器对温度、腐蚀性介质及强光等比较敏感，而且容易老化。

⑤ 联轴器的制造、安装、维护和成本。在满足使用性能的前提下，应选用装拆方便、维护简单、成本低的联轴器。例如，刚性联轴器不但结构简单，而且装拆方便，可用于低速、刚性大的传动轴。一般的非金属弹性元件联轴器（如弹性套柱销联轴器、弹性柱销联轴器、梅花形弹性联轴器等）由于具有良好的综合能力，广泛适用于一般的中、小功率传动。

2）选择型号。联轴器多已标准化，其主要性能参数为额定转矩 T_n、许用转速 $[n]$、位移补偿量和被联接轴的直径范围等。选用联轴器时，通常先根据使用要求和工作条件确定合适的类型，再按转矩、轴径和转速选择联轴器的型号，必要时应校核其薄弱件的承载能力。

① 联轴器的计算转矩。考虑工作机起动、制动、变速时的惯性力和冲击载荷等因素，应按计算转矩 T_c 选择联轴器。计算转矩 T_c 和工作转矩 T 之间的关系为

$$T_c = KT \tag{1-2-4}$$

式中　K——工作情况系数，其值见表 1-2-7。

一般刚性联轴器的工作情况系数选用较大的值，挠性联轴器选用较小的值；被传动的转动惯量小，载荷平稳时取较小值。

表 1-2-7　工作情况系数 K

原动机	工作机械	K
电动机	带运输机、鼓风机、连续运转的金属切削机床	1.25 ~ 1.5
	链式运输机、刮板运输机、螺旋运输机、离心泵、木工机械	1.5 ~ 2.0
	往复运动的金属切削机床	1.5 ~ 2.0
	往复泵、往复式压缩机、球磨机、破碎机、冲剪机	2.0 ~ 3.0
	起重机、升降机、轧钢机	3.0 ~ 4.0
涡轮机	发电机、离心泵、鼓风机	1.2 ~ 1.5
往复式发动机	发电机	1.5 ~ 2.0
	离心泵	3 ~ 4
	往复式工作机	4 ~ 5

② 确定联轴器的型号。所选型号联轴器必须同时满足　$T_c \leqslant T_n$。

③ 校核最大转速　$n \leqslant [n]$。

④ 协调轴孔结构及直径。轴颈 d 为 $d_{min} \sim d_{max}$。

【例】　功率 $P = 11kW$，转速 $n = 970r/min$ 的电动起重机中，联接直径 $d = 42mm$ 的主、从动轴，试选择联轴器的型号。

解：1）选择联轴器的类型。为缓和振动和冲击，选择弹性套柱销联轴器。

2）选择联轴器的型号。

① 计算转矩。由表 1-2-11 查取 $K = 3.5$，按式（1-2-4）计算得：

$$T_c = KT = K9550\frac{P}{n} = 3.5 \times 9550 \times \frac{11}{970} = 379N \cdot m$$

② 计算转矩、转速和轴径。由 GB/T 4323—2002 中选用 LT7 型弹性套柱销联轴器，主动端 J_1 型轴孔，A 型键槽长度为 112mm；从动端 J_1 型轴孔，B 型槽长度 84mm，标记为 LT7 联轴器 $\frac{J_1 42 \times 56}{J_2 42 \times 60}$ GB/T 4323—2002。查得有关数据如下：额定转矩 $T_n = 500N \cdot m$，许用转速

$[n] = 2800\text{r}/\text{min}$，轴径 $40 \sim 45\text{mm}$。

满足 $T_c \leqslant T_n$、$n \leqslant [n]$，此联轴器适用。

弹性联轴器选型推荐：

联接类似伺服电动机及丝杠之间（大转矩、频繁正反转、有同步精度要求），能实现弹性联接的，推荐选用：波纹管弹性联轴器、中间弹性体弹性联轴器等。

联接类似小步进电动机、从动端为完全轻载，如编码器之间（小转矩、有一定正反转、有同步精度要求），能实现弹性联接的，推荐选用：狭缝弹性联轴器、不锈钢弹片弹性联轴器和工程塑料弹性联轴器等。

连接类似小电动机、丝杠之间（中转矩、有一定正反转、无同步精度要求），能实现弹性联接的，推荐选用：弹簧钢弹性联轴器、波纹管弹性联轴器和中间弹性体弹性联轴器等。

各种不同的弹性联轴器，各有其自身不同的特点、许用额定转矩大小、外形尺寸以及不同的应用场合，要根据实际情况选用。

三、离合器理实一体化论述

由于离合器可在不停机的情况下进行两轴的结合或分离，因而离合器应保证离合迅速、平稳、可靠、操纵方便、耐磨且散热好。离合器的种类很多，根据 GB/T 10043—2003，离合器分类见表 1-2-8。

表 1-2-8 离合器的分类

离合器						
操纵离合器				自控离合器		
机械离合器	电磁离合器	液压离合器	气压离合器	超越离合器	离心离合器	安全离合器
片式离合器 牙嵌离合器 齿形离合器 圆锥离合器 摩擦块离合器 销式离合器 键式离合器 棘轮离合器 鼓式离合器 扭簧离合器 涨圈离合器 闸带离合器 离合器—制动器	片式电磁离合器 牙嵌电磁合器 圆锥电磁合器 扭簧电磁合器 转差电磁合器 磁粉离合器 电磁离合器—制动器	片式液压离合器 牙嵌液压离合器 浮动块液压离合器 圆锥液压离合器 调速离合器 液压离合器—制动器	片式气压离合器 气胎离合器 圆锥气压离合器 浮动块气压离合器 气压离合器—制动器	牙嵌超越离合器 棘轮超越离合器 滑销超越离合器 滚柱离合器 楔块离合器 同步离合器	钢球离合器 缓冲离心离合器 橡胶弹性离心离合器 闸块离合器	片式安全离合器 牙嵌安全离合器 钢球安全离合器 销式安全离合器 圆锥安全离合器

离合器按离合的实现过程可分为操纵离合器和自控离合器。操纵式多以机械、电磁、液压或气压等为动力，在需要时经操纵实现轴与轴之间的分离；而自控离合器通常是将某些元素如力矩、转速等调定，在运动过程中当达到或不满足这些调定值时就自动实现结合或分离。当传递的力矩达到某一限定值时，就能自动分离的离合器称为安全离合器；当轴的转速达到某转速时靠离心力能自行接合或超过某一转速时靠离心力能自动分离的离合器称为离心离合器；根据主、从动轴间的相对速度差的不同以实现接合或分离的离合器称为超越离合器。

无论是哪一种离合器，其结合元件不外乎摩擦式和啮合式两类。它们都是通过结合元件间的摩擦或啮合实现传动的。

1. 机械牙嵌离合器

机械牙嵌离合器的结构如图 1-2-58 所示，它是由两个端面带牙的半离合器组成，其中套筒 1 固定在主动轴上，套筒 3 通过导向键与从动轴联接，并可以沿导向平键在从动轴上移动。利用操纵杆（图中未画出）移动滑环可使两个套筒的牙相互嵌合或分离。为了便于两轴对中，在套筒中装有对中环，从动轴可在对中环中滑动。

牙嵌离合器结构简单，外廓尺寸小，承载能力大，能使主从动轴的转速同步，但接合时有刚性冲击，适于在停机或低速时接合，否则就会因撞击而使牙折断。

牙嵌离合器一般用于转矩不大的低速场合。

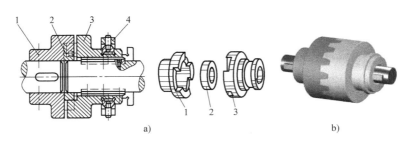

图 1-2-58　机械牙嵌离合器
1、3—套筒　2—对中环　4—滑环

牙嵌离合器的常用牙型有矩形、梯形、锯齿形和三角形等。矩形牙嵌入与脱开难，牙磨损后无法自动补偿，使用较少；梯形、锯齿形牙嵌合分离容易，牙磨损后能自动补偿，冲击小，可传递较大扭矩，应用较广，但锯齿形牙只能单向传递扭矩，反转时会因过大的轴向分力迫使离合器自动分离；三角形牙易结合分离，强度低，只能传递中、小扭矩，适用于轻载。

2. 摩擦离合器

摩擦离合器是利用摩擦副间的摩擦力来传递扭矩的离合器。单盘摩擦离合器如图 1-2-59 所示。

单盘摩擦离合器的工作原理如下：离合器不工作时操纵块 2 处于右端位置，这时压板 3 在弹簧片 4 的作用下左端向左偏，内摩擦片 6 和外摩擦片 5 不贴近，有相对转动，外摩擦片 5 可随机械轴 7 旋转，内摩擦片 6 可随轴 1 旋转，这时轴 1 和 7 没有约束关系，不能

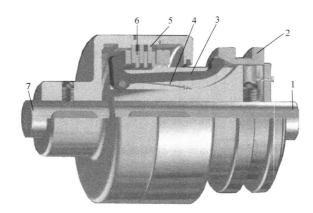

图 1-2-59　单盘摩擦离合器
1—机械轴　2—离合器操纵块　3—摩擦片压板　4—压板弹簧片
5—外摩擦片　6—内摩擦片　7—机械轴

传递转动和转矩。当需要传递转动和转矩时，人工操纵机构使操纵块 2 向左移动迫使压板顺时针转动，压板左端向右运动，使摩擦片 5 和 6 贴紧没有相对转动，则轴 7 和 1 一起转动，

完成转动和转矩的传递。这种摩擦离合器可以是多片，也有仅两片的。

3. 电磁离合器

电磁离合器按工作方式可分为通电结合和断电结合，通电结合主要用于机械的传动，断电结合主要用于机械的制动。

电磁离合器的工作原理是靠励磁线圈的通电产生的电磁力来实现离合器结合和分离的，如图 1-2-60 所示，1、2 两引脚接通 24V 直流电，线圈产生磁力将多片摩擦片 3 紧紧吸合贴在一起，使转轴停止转动。电磁离合器的优点为启动转矩大、结构简单、体积小、转动惯量小、响应迅速、使用寿命长、组装维修方便，可近距离手动操控，还可以实现集中控制和远距离控制；缺点是容易产生剩磁，影响主动从摩擦片分离的彻底性，磁化相邻的零件，吸引杂质，影响传动装置的精度和使用寿命。

电磁离合器一般用于环境温度为 −20% ~ 50%，湿度小于 85%，无爆炸危险的介质中，其线圈电压波动不超过电压额定值的 ±5%。

电磁离合器按结构原理可分为干式单片电磁离合器、干式多片电磁离合器、湿式多片电磁离合器、磁粉离合器和转差式电磁离合器等。

四、制动器理实一体化论述

制动器是使机械中的运动件停止或减速的机电部件，俗称刹车。制动器主要由制动架、制动件和操纵装置等组成。有些制动器还装有制动件间隙的自动调整装置。为了减小制动力矩和结构尺寸，制动器通常装在设备的高速轴上，有些制动器已标准化和系列化，并由专业工厂制造以供选用。

（一）制动器的类型特点

制动器按其构造形式，可分为外抱块式、内张蹄式、带式、盘式制动器，见表 1-2-9。带式制动器结构简单，制动力矩较大，可以安装在低速轴上，并使起重机的机构布置得很紧凑，在履带式起重机中应用较多；其缺点是制动时制动轮轴上产生较大的弯曲载荷，制动带磨损不均匀。

图 1-2-60　电磁离合器
1、2—直流电源 24V 接线引脚
3—摩擦片

表 1-2-9　制动器分类表

制动器					
外抱块式制动器	内张蹄式制动器	带式制动器	盘式制动器		
			钳盘式	全盘式	锥盘式
长行程块式 短行程块式	双蹄式 多蹄式	简单带式 差动带式 综合带式	固定钳式 浮动钳式	单盘式 多盘式 载荷自制盘式	锥盘式 载荷自制锥盘式

外抱块式制动器构造简单，工作可靠，两个对称的瓦块磨损均匀，制动力矩大小与旋转方向无关，制动轮轴不受弯曲作用，但制动力矩较小，宜安装在高速轴上，与带式制动器相比构造尺寸较大。外抱块式制动器在电动起重机械、履带式起重机中应用较普遍。

盘式制动器的上闸力为轴向压力，制动平稳，制动轮轴不受弯曲作用，可用较小的轴向压力产生较大的制动力矩。

制动器按用途分为停止式（起停止和支持运动物体的作用）和调速式（除上述作用外，还可调节物体运动速度）。制动器按操纵方式分为手动、自动和混合式。制动器按其工作状态可分为常开式、常闭式和综合式等多种形式。

在卷扬系统和变幅系统中，常采用常闭式制动器，以保证工作安全可靠。而在回转系统和行走系统中，则多采用常开式或综合式制动器，以达到工作平稳的要求。

制动器还可分为摩擦式和非摩擦式两大类。摩擦式制动器靠制动件与运动件之间的摩擦力制动；非摩擦式制动器的结构形式主要有磁粉制动器（利用磁粉磁化所产生的剪力来制动）、磁涡流制动器（通过调节励磁电流来调节制动力矩的大小）以及水涡流制动器等。

（二）典型制动器及其新产品介绍

1. 交流电磁铁制动器

图1-2-61所示为交流电磁铁制动器，当给线圈1通电后，产生磁力使拉杆2向下运动，两个抱闸4把转轴5抱住不能转动，当线圈1断电后，在弹簧3的作用下，两个抱闸4向左右移动，松开转轴5。

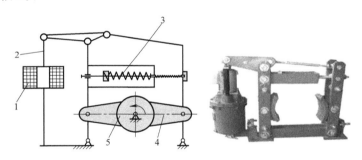

图 1-2-61　电磁制动器

1—线圈　2—拉杆　3—弹簧　4—抱闸　5—转轴

2. ZD—15交流电动机制动器专利产品

图6-2-2所示ZD—15交流电动机电子制动器已获2006年国家实用新型专利，是实现交流异步电动机快速制动的一种电子装置。该装置利用电力电子技术和微机控制技术来实现对交流异步电动机的制动，具有制动迅速、安全可靠、寿命长等优点。该产品主要用于三相交流电动机快速制动，如数控机床、万能铣床、卧式镗床、组合机床、纺织机械、木工机械等主轴电动机的制动。

（1）技术特点　制动效果好，寿命长；可以根据电动机及负载情况设置不同的制动电流；采用微控制器监控系统运行，对系统的异常运行能提供及时的保护；采用智能化的方法监测电动机速度，从而实现制动时间的自动调节；电动机主回路连接方便，并能和控制电路相互联锁，运行安全可靠；适用于单速电动机、双速及多速电动机的快速制动。

（2）接线及其控制　ZD—15型电子制动器的线路图如图1-2-62所示，开关S用图6-2-4和图6-2-5所述控制方法，即可实现计算机控制电动机制动。

（3）调试与故障维修　面板上三个指示灯介绍：

1）参数设置：可以设置制动力大小、制动时间，时间到自动解除制动，当制动效果不好时应重新设定。

2）电源：当电源灯亮时表示制动器处于工作状态。

3）运行/制动：灯亮表示处于制动状态，灯灭表示处于运行状态。

五、任务要点总结

通过本任务的学习，应该能系统地掌握联轴器的类型及应用特点，并了解联轴器的选用及安装方法，通过实习，会进行常用联轴器的安装与拆卸。

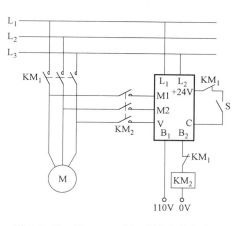

图 1-2-62　ZD—15 型电子制动器线路图

六、思考与训练题

1. 试比较刚性联轴器、无弹性元件的挠性联轴器和有弹性元件的挠性联轴器的优缺点。各适用于什么场合？

2. 凸缘联轴器适用于哪些场合？它有什么优缺点？

3. 旋转编码联轴器适用于哪些场合？它有什么优点？

4. 联轴器应用选型有哪些注意事项？

5. 如何正确使用与维护联轴器？

6. 万向联轴器主要应用于哪些传动场合？在什么情况下需要成对使用？在成对使用时如何布置才能使主、从动轴的角速度随时相等？

7. 在下列工况下，选择哪类联轴器较好？试举出一两种联轴器的名称。

（1）载荷平稳，冲击轻微，两轴易于准确对中，同时希望联轴器寿命较长。

（2）载荷比较平稳，冲击不大，但两轴轴线具有一定程度的相对偏移。

（3）载荷不平稳且具有较大的冲击和振动。

（4）机器在运转过程中载荷较平稳，但可能产生很大的瞬时过载，导致机器损坏。

（5）联轴器、离合器、安全联轴器和安全离合器有何区别？各用于什么场合？

8. 牙嵌离合器和摩擦式离合器各有何优缺点？各适用于什么场合？

9. 离合器在机械设备中的作用是什么？

10. 联轴器和离合器的根本区别是什么？

11. 刚性联轴器与挠性联轴器的区别是什么？

12. 牙嵌离合器与摩擦式离合器各有何优缺点？应用在什么场合？

13. 简述离合器的拆装顺序及其踏板自由行程的调整方法。

14. 制动器在机械设备中的功用是什么？

15. 制动器在什么情况下采用常闭式？什么情况下采用常开式？

16. 按构造形式制动器如何分类？

17. 如何选择制动器？

18. 简述制动器的拆装顺序。

任务5　机电设备回转类零部件的静平衡和动平衡

知识点：
- 刚性回转零部件不平衡问题产生的机理及平衡的分类。
- 回转零部件克服静平衡和动平衡的方法。
- 静平衡和动平衡试验设备的结构及使用。

能力目标：
- 能根据刚性回转零部件的结构分析不平衡现象及克服方法。
- 熟练掌握回转件静平衡和动平衡试验工装的使用及操作步骤。

一、任务引入

常用机电设备中包含着大量的作旋转运动的回转体零部件，由于材质不均匀或毛坯缺陷、加工及装配中产生的误差，甚至设计时就具有非对称的几何形状等多种因素，使得回转体在旋转时，其上每个微小质点产生的离心惯性力不能相互抵消，离心惯性力通过轴承作用到机械及其基础上，引起振动，产生噪声，加速轴承磨损，缩短了机械寿命，严重时能造成破坏性事故。为此，必须对转子进行平衡，使其达到允许的平衡精度等级，或使因此产生的机械振动幅度降在允许的范围内。

根据转子不平衡质量的分布情况，转子的平衡可分为静平衡和动平衡。

1. 静平衡

在一般机械回转类零部件中，当零部件最高工作转速 $< 1500 \text{r/min}$，且直径 D 与宽度 L 满足 $L \leqslant D/5$，可近似认为其质量分布在同一回转面内，如图 1-2-63a 所示。对于这类宽度不大的转子（如齿轮、飞轮、带轮和端盖等），因其离心惯性力矩近似为零，故仅只消除离心惯性力即可达到平衡。为此可采取改善转子的质量分布，使其重心位于旋转轴线上的措施来达到平衡，此称为回转类零部件的静平衡。

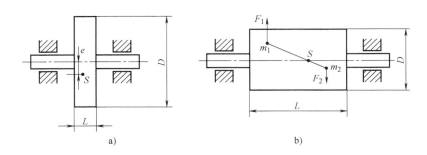

图 1-2-63　回转类零部件静、动平衡分析
a) $L/D \leqslant 5$ 的情况　b) $L/D > 5$ 的情况

2. 动平衡

对于宽度较大的一类回转类零部件，当零部件最高工作转速 $\geqslant 1500 \text{r/min}$，直径 D 与宽

度 L 满足 $L > D/5$ 时，如多缸发动机曲轴、机床主轴、涡轮机和电动机转子等，其质量分布不能认为在同一回转平面内，而可看做分布在沿轴向互相平行的若干回转面内，如图 1-2-63b 所示。在此情况下，即使转子重心 S 在其轴线上，也会形成惯性力矩 F_1 和 F_2，使转子处于不平衡状态。这种不平衡状态，可通过在垂直于转子轴线的两个平面（校正平面）内，加（减）平衡配重，而达到平衡目的。这种改善转子质量分布，使其惯性力和惯性力矩均被平衡的措施，称为回转类零部件的动平衡。

图 1-2-64 所示为离心式空调风机，叶轮内嵌电动机 3 的轴不回转，而外轮是转子要作回转运动，作为叶轮内嵌电动机，整个叶轮部件要进行动平衡，而电动机转子的端盖等零件要进行静平衡，其端盖零件如图 1-2-65 所示。下文以离心式空调风机回转类零部件为例论述回转类零部件的静、动平衡方法。

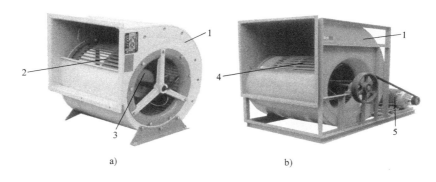

图 1-2-64　离心式空调风机回转类零部件静、动平衡

a）KT9-63No5 离心式空调风机　b）KF3-95No9 离心式空调风机

1—离心风机蜗壳　2—内嵌电动机的风机叶轮　3—叶轮内嵌电动机　4—无内嵌电动机的叶轮　5—电动机

通常，凡是需要动平衡的回转类部件，都先对各个组装的回转类零件进行静平衡，组装后再找动平衡。反之，凡是已经找好动平衡的回转类部件，就不需要再找静平衡，因为动平衡的精度比静平衡的精度高。

图 1-2-65　空调风机叶轮内嵌电动机的端盖零件

二、任务实施

（一）回转类零部件的静平衡

1. 零部件静平衡准备工装

图 1-2-66 所示为常用导轨式静平衡工艺装备，主要适用于质量较轻的回转零件的静平衡试验，而对于质量在 1000kg 以上的回转类零部件，或当转子两端支承轴的尺寸不同时，一般用圆盘式平衡架。

在零部件达到静平衡之前，如图 1-2-66 所示，首先用框式水平仪 2 对导轨式静平衡支架的两根导轨进行水平度校准，不平时用扳手 1 微调水平螺栓，直到水平为止，另外还要准备好彩色粉笔、V 形块、台式钻床等。

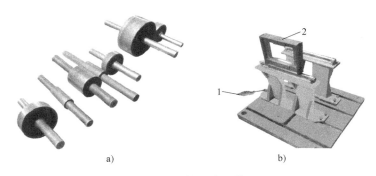

图 1-2-66 静平衡工装

a) 适用于多种回转类零件的静平衡心轴　b) 导轨式静平衡支架

1—扳手　2—框式水平仪

2. 零部件静平衡工艺过程

静平衡工艺过程如图 1-2-67 所示，准备工作做好后，把图 1-2-65 所示零件内孔穿上合适直径的心轴，反复几次把工件周边不同位置朝上放置在导轨式平衡支架上试验，使心轴垂直于导轨方向放到导轨式平衡支架上观察工件自由滚动情况。若试验多次工件某一位置总是向下，就用彩色粉笔在该处画标志，图 1-2-67 所示的 3 处总是向下，该处比较重，就在该处画标志。用台式钻床在标志的外圆处钻孔，若观察到工件自由滚动朝下比较快，则不平衡较明显，钻孔就深，否则钻孔就浅；钻孔消重后再进行静平衡，直到试验工件任意边都能朝上为止。整台电动机装配完毕要用腻子把钻孔抹平，再喷漆烘干即成为图 1-2-75a 所示的电动机，若多次试验工件没有明显的固定位置朝下，则工件是平衡的，不需要钻孔消重。

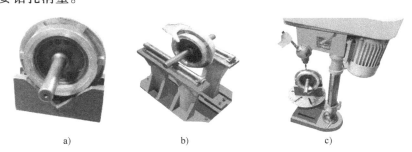

图 1-2-67 静平衡工艺过程

a) 在 V 形块上把心轴穿入零件内孔　b) 使零件在导轨式平衡支架上进行静平衡，用彩色粉笔画标志，

即多次试验在一直向下（零件较重）的外缘用彩色粉笔画标志

c) 用 V 形块支承在标志的外圆用台式钻床钻孔

图 1-2-68 所示为空调风机叶轮内嵌电动机的端盖静平衡后的实物照片，经产品生产厂家多次试验统计得出结论：精密铸造的端盖不平衡率为 11%，非精密铸造的端盖不平衡率为 23%，精密铸造对提高产品质量、提高经济效益有重要现实意义。

（二）回转类零部件的动平衡

1. 内嵌电动机的叶轮动平衡准备工装

动平衡试验必须在动平衡试验机上进行，动平衡试验机结构复杂，适用于平衡失衡较大

图 1-2-68　空调风机叶轮内嵌电动机的端盖静平衡后的实物照片

的、不能在运行转速下平衡的回转体；不适用于现场校正和不能在现场进行无损检测的回转体，以及大修中由于其他原因已经吊出机器的转子，既可用于单件小批量生产，也可用于大批量生产。

动平衡试验机的种类较多，除机械式外，由于电子技术、信息技术和检测技术的发展和应用，近代动平衡机已发展到比较高的水平，采集的信号经计算机处理后，一次试验就能够显示回转类零部件需要加配重的相位和大小，这些都大大提高了平衡精度和平衡试验的自动化程度。

图 1-2-69 所示为对内嵌电动机的离心空调风机转子做动平衡实验，准备了系列配重，系列配重的质量为 0.3g、0.5g、1.2g、1.8g、3.2g、4.9g、6.9g、8.9g、14.5g、17g，把配重夹在叶片上再用万能胶粘住。

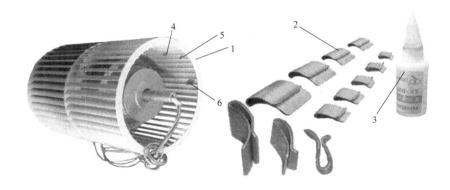

图 1-2-69　动平衡准备工装
1—内嵌电动机的离心空调风机转子　2—系列平衡配重　3—粘配重用万能胶
4、5、6—叶轮动平衡试验过程中人工将配重夹在叶片上

2. 内嵌电动机的风机叶轮动平衡工艺过程

动平衡工艺过程如图 1-2-70 所示，准备工作做好后，把图 1-2-69 所示的还没有进行动平衡试验的离心空调风机转子安装到动平衡机支架上，并夹紧，传感器位置调整好，开动机器叶轮回转，则叶轮两端不平衡位置的相位和需要的配重就在显示器 1、2 上显示出来了，操作者根据显示的相位和配重，选择配重夹在叶轮相应位置的叶片上，再次进行动平衡试

验，直到达到动平衡要求为止（系列风机叶轮不平衡量有标准规定，通常在 10g 之内），卸下叶轮继续试验另一叶轮，其他人员将万能胶抹在配重与叶片的缝隙中，十几分钟后配重与叶片就粘贴牢固了。

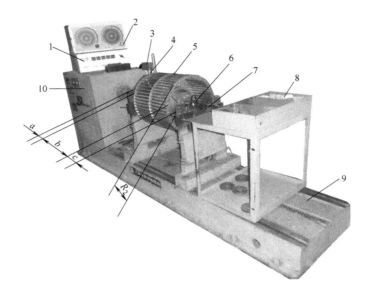

图 1-2-70　用 YYW—160 型动平衡机对离心空调风机叶轮进行动平衡试验
1—不平衡测试仪参数设置装置　2—转子左右两端不平衡相位和配重显示器　3—不平衡相位和配重光电感应传感器
4—贴在转子左端边沿上的传感器感应纸片　5—内嵌电动机的叶轮　6—支承架（两个）
7—转子内嵌电动机电源接线夹　8—系列平衡配重　9—动平衡机底座　10—动平衡机主传动系统
a—左支架右端面距叶轮左端面的距离　b—叶轮轴向宽度　c—右支架左端面距叶轮右端面的距离
R_2—叶轮右端半径（左端半径 R_1 未标出）

3. 独立安装电动机的风机叶轮动平衡工艺过程

图 1-2-64 所示的叶轮 4 是独立安装电动机的离心空调风机叶轮，也需要做动平衡实验，准备了图 1-2-69 所示的系列平衡配重 2，系列平衡配重的质量间隔为 10g，可以用图 1-2-70 所示的 YYW—160 型动平衡机做试验，现介绍企业用图 1-2-71 所示的用 DTZ300 型精密动平衡机的试验过程。

动平衡工艺过程如图 1-2-71 所示，准备工作做好后，把图 1-2-69 所示的风机叶轮 4 安装到动平衡机支架上，并夹紧，传感器位置调整好，开动机器叶轮回转，则叶轮两端不平衡位置的相位和需要的配重就在显示器 1、2 上显示出来了，操作者根据显示的相位和配重，选择配重夹在叶轮相应位置的叶片上，再次进行动平衡试验，直到达到动平衡要求为止。系列风机叶轮根据大小、转速、性能参数不同，其允许的不平衡量在文献中已有规定，KT9-63No5 离心式空调风机叶轮转子的最大不平衡质量为 3g。卸下叶轮继续试验另一叶轮，其他人员将万能胶抹在配重与叶片的缝隙中，十几分钟后配重与叶片就粘贴牢固了，如图 1-2-72 所示。

（三）特殊回转类零部件的整体现场动平衡测试

有些回转类零部件由于受到尺寸和质量非常大等限制，很难甚至无法在动平衡机上试

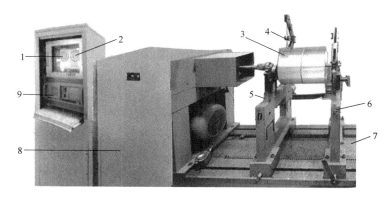

图 1-2-71　用 DTZ300 型动平衡机对离心空调风机叶轮进行动平衡试验
1—转子左端不平衡相位配重显示器　2—转子右端不平衡相位配重显示器
3—风机叶轮　4—不平衡相位和配重传感器　5、6—支承架　7—动平衡机底座
8—动平衡机主传动系统　9—计算机信号检测处理系统

验，为了克服上述缺点，人们研究出了整机现场动平衡法，并研制出测试系统。将组装完毕的旋转机械在现场安装状态下进行的平衡操作称为整体现场动平衡。这种方法是机器作为动平衡机座，把测试系统接到整台机器上，通过传感器测得转子有关部位的振动信息，进行数据处理，以确定在转子各平衡校正面上的不平衡及其方位，并通过去重或加重来消除不平衡量，从而达到高精度平衡的目的。

图 1-2-72　动平衡检测并用万能胶粘住配重后的空调风机叶轮
1—叶轮左端夹上两个配重　2—叶轮右端夹上一个配重　3—风机叶轮

　　有些大型机电设备，开始使用时是平衡的，使用一段时间后出现了动不平衡故障，如产生振动、噪声等，也可用这种整机现场动平衡试验法，通过测试有关部位的振动信息，进行数据处理，确定在转子各平衡校正面上的不平衡及其方位，并通过去重或加重来消除不平衡量，从而达到高精度平衡的目的，这种方法也叫回转类零部件故障诊断。

　　由于整机现场动平衡是直接接在整机上进行的，不需要动平衡机，只需要一套价格低廉的测试系统，因而较为经济。此外，由于转子在实际工况条件下进行平衡，不需要再装配等工序，整机在工作状态下就可获得较高的平衡精度。

（四）回转类零部件的静动平衡故障维修

　1. 静平衡故障诊断与维修

　　图 1-2-66 所示的导轨式平衡支架上两条圆柱导轨使用一阶段有磨损，要淬火精磨，零部件安放要轻，不能碰伤导轨表面，表面要洁净，钻孔位置要在零部件重心所在平面内。

　2. 动平衡故障诊断与维修

　　进行动平衡时零部件转速应尽量和实际工作转速一致，选择动平衡机时要使平衡机转速尽量接近产品的实际转速，夹持方式也尽量接近产品的实际夹持方式，否则容易造成平衡精度下降。对特殊精密设备，在动平衡机上平衡好的转子，经过维修再装配等过程后，要重新进行动平衡，动平衡机的使用维修要符合该产品规范要求等。

三、任务要点总结

本任务以案例的形式介绍了回转类零部件的静平衡、动平衡和特殊回转类零部件的整体现场动平衡测试的适用范围、原理、测试步骤、解决方法。对图 1-2-65 所示的回转类零部件先做静平衡试验，零件组装后再做动平衡试验。如图 1-2-64 所示的内嵌电动机的风机叶轮 2，电动机回转零件已经做了静平衡，组装成部件后要再做静平衡，静平衡步骤如图 1-2-73 所示。静平衡钻孔的深度凭经验而定，当手工翻滚工件几次，零件固定边缘滚向下的速度比较快，说明不平衡情况比较严重，钻孔就深；反之钻孔就浅，操作人员经过试验凭感觉能够掌握静不平衡的程度。零部件动平衡步骤如图 1-2-74 所示。

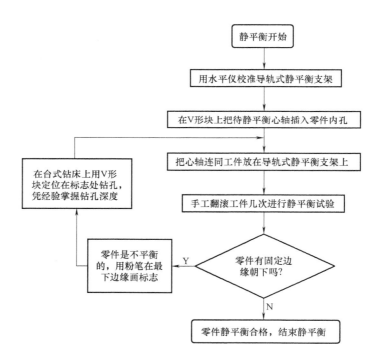

图 1-2-73　零部件静平衡步骤

四、思考与训练题

1. 静平衡试验法适用于哪些类型的零件？为什么？
2. 静平衡试验法需要哪些工艺装备？
3. 动平衡试验法需要哪些工艺装备？
4. 静平衡和动平衡有何区别？为什么对高速转动的零件必须进行动平衡？
5. 静平衡和动平衡的操作步骤如何？

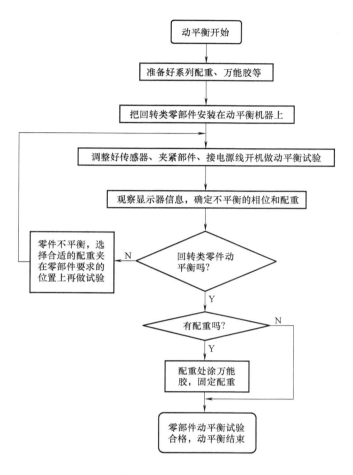

图 1-2-74 零部件动平衡步骤

6. 特殊回转类零部件的整体现场动平衡测试为什么也发生在机器使用过程中？

任务 6 离心式风机叶轮零部件的静平衡、动平衡测试与调整

知识点：
- 离心风机叶轮结构组成静平衡和动平衡分析。
- 动平衡机设备、空调风机叶轮动平衡机及其调整。

能力目标：
- 根据机械零部件的尺寸及其功用选择平衡方法。
- 正确对离心风机叶轮实施静平衡和动平衡操作、读数和调整。

一、任务引入

本项目任务 5 介绍了机械零部件静平衡和动平衡的原理、测试设备和测试方法，本任务对图 1-2-64a 所示 KT9-63No5 型离心式空调风机的零部件结构进行结构分析，对各个零部件

的静平衡、动平衡进行剖析，具体剖析其静平衡、动平衡设备、操作和调整。

二、任务实施

（一）KT9-63No5 型离心式空调风机零部件组成

图 1-2-75 所示的 KT9-63No5 型离心式空调风机的四大主要零部件是电动机、空心叶轮（有 50 个叶片）、内嵌电动机叶轮、蜗壳。

1. 嵌入叶轮的电动机

叶轮内嵌电动机如图 1-2-64a 所示，电动机轴不回转，而电动机外壳与叶轮一起回转，图 1-2-76 所示为电动机端盖图，图 1-2-77 所示为电动机装配图，图 1-2-78 所示为转子内部的铁心线圈实物，铁心线圈嵌入到转子内孔。

（1）端盖的平衡分析　通过分析图 1-2-76 所示的电动机端盖图，可知端盖的最大直径 D 与宽度满足 $L \leqslant D/5$，同时也知道 KT9-63No5 系列离心风机叶轮的额定转速为 1000r/min，应对电动机端盖进行静平衡，根据本项目的任务 5 图 1-2-67 所示的静平衡方法完成端盖的静平衡。

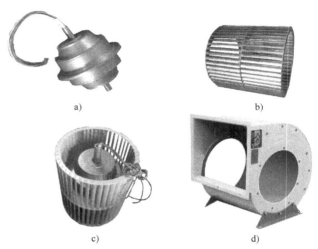

图 1-2-75　KT9-63No5 型离心式空调风机主要零部件
a）电动机　b）空心叶轮（有 50 个叶片）
c）内嵌电动机叶轮　d）蜗壳

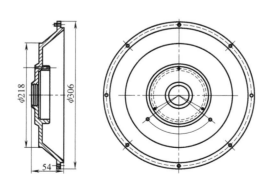

图 1-2-76　电动机端盖图

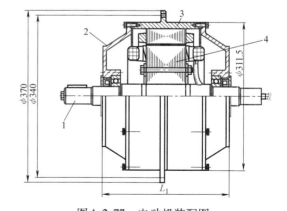

图 1-2-77　电动机装配图
1—电动机轴　2—电动机端盖　3—转子外壳　4—铁心线圈

（2）铁心线圈　铁心线圈如图 1-2-78 所示，由冲压贴片叠合而成的铁心内嵌线圈而成，不做平衡试验。

（3）转子外壳　转子外壳如图 1-2-77 所示的零件 3，是个圆柱类零件，外直径

ϕ370mm，壁厚8mm，是精密铸造零件。这个圆柱零件比端盖零件的铸造质量要好得多，因内部还要嵌入铁心线圈，转子外壳不做平衡试验。

（4）电动机轴 电动机轴如图1-2-77所示的零件1，由中碳圆钢型材经过粗精车削、铣削键槽等加工工艺而成，不做平衡试验。

（5）转子外壳与铁心线圈装配成的电动机 图1-2-77所示的零件3和4，组装成电动机主体，不做平衡试验。

2. 空心叶轮

如图1-2-75b所示的空心叶轮，要组装到电动机

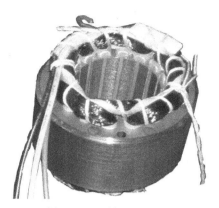

图1-2-78 铁心线圈实物

上后一起做动平衡，为了提高工作效率，减少工件的成本，不单独为其做动静平衡。

3. 离心式蜗壳

由于蜗壳静止安装在地面或固定支承上，一般不需要对其做平衡。

（二）内嵌电动机叶轮动平衡测试

图1-2-75c所示为装配上内嵌电动机的叶轮，如图1-2-70所示，在YYW—160型动平衡机上对叶轮进行动平衡测试与调整，步骤如下：

1. 吊装转子与确定测试位置

如图1-2-79所示，为了降低劳动强度，采用小型的电动起重机将叶轮吊起装到平衡机支架的支承上，与传动系统联接好，加注适量润滑油于支承外，选择距离叶轮左、右两个面约10mm处加配重。

2. 光电起始点设置，感光传感器对准

把试件固定在平衡机支架上后，先手动让风机在支架上转动，检验内嵌电动机叶轮是否

图1-2-79 用电动起重机吊起叶轮安装到平衡机上

转动自如，然后在叶轮上任意的叶片左端距离转子左端10mm处贴专用感光纸，并把光电感应传感器对准感光纸约10mm高度处，感光纸处即为相位零点。

3. 参数测量设置与接线

1）首先要选择平衡转速，选择与实际平衡转速相适应的挡位，在本例中要选择风机的额定转速1000r/min，在图1-2-80上设定好。

2）按图1-2-70所示用钢直尺测量R_1、R_2、a、b、c并在图1-2-80所示的测试仪上设置好。

3）设置放大倍数。为了准确地显示配重及其相位，需要在图1-2-80所示的测试仪上设置合适的放大倍数，在做小质量的叶轮平衡测试时，选

图1-2-80 平衡机操作面板

1—转速设定与显示表 2—从左到右依次设定R_1、a、b、c、R_2参数 3—检测放大倍数设置按钮 4、5—转子右端和左端不平衡相位和配重相同的显示器

择小的放大倍数；在做大质量的叶轮平衡测试时，选择大的放大倍数。这样显示器上显示的亮点位置在屏幕之内比较直观清晰，本叶轮测试放大倍数选×5挡。

4）图1-2-70所示的转子内嵌电动机电源接线夹7如图1-2-81所示，小型风机电动机接220V的单相电源，这时电动机一根电源线接接线夹1，另一根接6、7和8接线夹的任意一个；较大型风机电动机接380V电源，三根电源线为3、4和5，对应接6、7和8三个接线夹即可。

图1-2-81　动平衡试验叶轮内嵌电动机电源接线
1—中性线接线夹　2—接220V电动机的起动电容
3、4、5—来自叶轮内嵌电动机的三根电源线
6、7、8—三个380V接线夹

4. 测试转子不平衡相位和需配重的读数

按下启动按钮则转子旋转，所产生的离心力使支承产生振动，而此振动通过传感器输入测试仪，转变为电信号，电信号经过内部处理，表示转子左右两端的不平衡重量和相位的亮点就从图1-2-80所示的显示器的圆心位置向外偏移，在某位置停止，这时该亮点既表示了不平衡位置的相位，又表示了不平衡的大小。

（1）不平衡相位的确定　图1-2-82所示为转子左端不平衡显示器，亮点在115°处，转子有50个叶片，两个叶片之间为7.2°，按图1-2-70所示，自感光纸位置按旋转方向数，不平衡点的相位在第115°/7.2°＝15.972个叶片上，不平衡重心在第16条叶片位置处，而配重则加在第16条叶片的对称位置，即第16＋25＝41条叶片上。

（2）不平衡重量大小的确定　如图1-2-82所示，亮点在自内向外的第7个同心圆上，自内向外每个同心圆表示的质量为0.5g，添加配重时，根据检测亮点由圆径向偏出的格数来配重，格数×0.5g×所放大的倍数＝需要的配重，这里所需配重为7×0.5g×5＝17.5g。

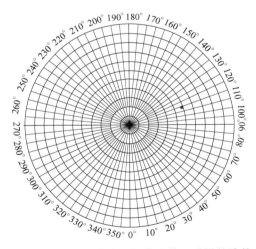

图1-2-82　显示器窗口相位和偏心重量的读数

按图1-2-69所示选择17.0g和0.5g两个配重夹在第41条叶片左端处，继续试验，直到两端不平衡在1g之内即达到动平衡要求，用万能把配重粘在叶片上。

三、任务要点总结

通过理实一体化地论述风机叶轮静动平衡、测试与调整，介绍了动平衡的工作原理、基本结构及动平衡操作，讲述了回转构件动平衡的相关知识和技能。

四、思考与训练题

1. 试件经过动平衡后是否还需要进行静平衡实验，为什么？
2. 指出影响平衡精度的因素。

项 目 小 结

项目二在项目一的基础上介绍了机械部件的工作原理、应用场合、测试操作、维修方法及其相关的"新知识、新产品、新技术、新方法"，使读者理既学习传统的机械部件理论和调试技术，又能了解相关的新技术的发展。理解传统的"机械加电气化"设备向涵盖"技术"和"产品"综合性技术发展的"机电一体化"设备功能上的飞跃。该项目涉及的部件大都是机电一体化设备中有典型代表性的部件，本书介绍的很多实践操作方法和技能在现行书籍中较少见到，期望学习者经过实践加深理解，并通晓其原理、应用、测试操作和维修方法，以便融会贯通地学习后续项目。

项目三　机电设备润滑密封故障诊断与维修

本项目将介绍机电设备常见润滑剂及常见典型润滑方法，润滑与密封装置的工作原理及应用场合，润滑密封操作方法和故障诊断与维修技能。同时还将介绍一些高档机电设备用的自动润滑系统的工作原理、应用方法、故障诊断与维修技能，并将以齿轮箱、机床导轨润滑为案例介绍与常见润滑装置相关的知识点和故障诊断与维修技能，为从事机电设备润滑、测试与故障维修工作打下坚实的基础。

学习目标：

1. 掌握常见润滑剂、典型润滑与密封装置的工作原理及其应用。
2. 掌握常见润滑密封装置的操作方法和故障诊断与维修技能。
3. 掌握一些高档机电设备用的集中自动润滑系统的工作原理及其应用。
4. 掌握自动润滑系统的故障诊断与维修技能。

任务1　机电设备润滑剂、手动润滑方法、密封装置及其应用

知识点：
- 常见润滑剂、手动润滑装置及其润滑方法。
- 常见润滑密封装置的工作原理、组成及其使用方法。

能力目标：
- 掌握常见润滑剂、手动润滑密封装置及其润滑方法。
- 掌握常见手动润滑装置的工作原理及使用方法。

一、任务引入

机电设备运动副在工作过程中有相对运动，会产生磨损、温升等现象，降低设备的工作精度，严重时损坏设备，用润滑剂可减少两运动副表面之间的摩擦，减轻运动副磨损。润滑是能够改善摩擦副的摩擦状态以降低摩擦阻力减缓磨损的技术措施。合理选择润滑剂、润滑

密封装置和润滑方法，对降低摩擦力、减小运动副表面磨损，保持机电设备具有良好的运动性能，延长工作寿命具有重要意义。本任务介绍常见的润滑剂、润滑方法、润滑和密封装置及其应用。

二、任务实施

（一）机电设备常用润滑剂的分类及其主要技术质量指标

1. 常用润滑剂的分类

在机电设备摩擦副之间加入的具有润滑作用的某种介质称为润滑剂，合理选择润滑剂是降低摩擦、减少磨损、保持设备正常运转的重要手段之一。润滑剂按物质形态的分类见表1-3-1所示。

表 1-3-1　润滑剂按物质形态的分类

分类	定义	机械物理特性	应用场合案例
液体润滑剂	润滑剂呈液体状态	用量最大、品种最多的一类润滑剂，包括矿物油、合成油、动植物油和水基液体等。液体润滑剂对不同的负荷、速度和温度条件下工作的机械运动部件可提供低的、稳定的摩擦因数，低的可压缩性，能有效地从摩擦表面带走热量，保证相对运动部件的尺寸稳定和设备精度，价格低廉，在机电设备行业获得广泛应用	矿物油是目前用量最大的一种液体润滑剂，广泛用于机床导轨、齿轮传动、丝杠传动润滑等
半固体润滑剂	润滑剂呈半固体状态，即比较黏稠状态	在常温、常压下呈半流体状态，并且有胶体结构的润滑材料，称为润滑脂。一般分为皂基脂、烃基脂、无机脂、有机脂四种。它们除具有抗磨、减摩性能外，还能起密封、减振等作用，并使润滑系统简单、维护管理方便、节省操作费用，从而获得广泛使用。其缺点是流动性小，散热性差，高温下易产生相变、分解等	约90%的滚动轴承是用脂润滑的，密封性好的小型齿轮箱也用脂润滑，俗称黄油
气体润滑剂	润滑剂呈气体状态	气体可以像油一样成为润滑剂，气体的黏度很低，只适用于高速、轻载、小间隙和公差控制得十分严格的机械配合中。一般较常用的是空气轴承。气体润滑可以用在比润滑油和润滑脂更高或更低的温度下，轴承稳定性很高。在高速精密轴承中可获得高刚度，且没有密封与污染问题。其缺点是承载能力很低，要求轴承的设计和加工精度很高。开车、停车过程要求缓慢	PCB高速钻床采用高速空气电主轴技术，印制电路板微细孔加工决定了高速空气电主轴技术是该钻床的关键技术之一
固体润滑剂	润滑剂呈固体状态	液体润滑、气体润滑和半固体润滑一般在 -60 ~ +350℃范围有效，固体润滑剂可以在高温、高负荷、超低温、超高真空强氧化还原等环境下实施润滑，突破了它利用固体粉末、薄膜或某些整体材料来减少两承载表面间的摩擦磨损作用。在固体润滑过程中，固体润滑材料和周围介质要与摩擦表面发生物理、化学反应生成固体润滑膜，降低摩擦磨损	把 MoS_2 通过一定的工艺在金属摩擦副表面形成 $1\mu m$ 厚的固体润滑膜，就有很高的附着力和承载能力，大大提高摩擦副的使用寿命
油雾润滑剂	润滑剂呈雾状掺杂在气体中	油雾润滑是利用压缩气体的能量，将液态的润滑油雾化成 $1 \sim 3\mu m$ 的小颗粒，悬浮在压缩气体中形成一种气体与油雾的混合体，在自身压力能作用下，经传输管线，输送到各个机械润滑部位，用油雾来润滑摩擦表面的润滑方式	图5-2-15和图5-2-16所示空气过滤器中润滑油雾化后随空气进入回转气缸等设备进行油雾润滑

2. 常用润滑剂的主要技术质量指标

（1）液体润滑剂及其技术质量指标　液体润滑剂常称为润滑油，分为动植物油、石油润滑油和合成润滑油三大类。石油润滑油的用量占总用量的 97% 以上，因此通常润滑油常指石油润滑油。

润滑油最主要的性能指标是黏度、氧化安定性和润滑性，它们与润滑油馏分的组成密切相关。黏度是反映润滑油流动性的重要质量指标，氧化安定性表示油品在使用环境中，由于温度、空气中的氧以及金属催化作用所表现的耐氧化能力，润滑性表示润滑油的减摩性能的强弱。

黏度是流体受到剪应力变形或拉伸应力时所产生的黏滞阻力，在日常生活方面，黏滞现象是"黏稠度"或"流体内的摩擦力"。直观地讲水是"稀薄"的，具有比较低的黏滞力，而蜂蜜是"浓稠"的，具有比较高的黏滞力。简单地说，黏滞力或黏度越低（黏滞系数低）的流体流动性越佳；黏滞力或黏度越高（黏滞系数高）的流体流动性越差。黏滞力是粘性液体内部的一种流动阻力，也可以认为是流体自身的摩擦。黏滞力的大小是分子间相互吸引力大小的体现。

机电设备润滑油的黏度常用一定温度（40℃ 或 100℃）下运动黏度范围的中心值划分，是选用润滑油的主要依据，工业机电设备润滑油 ISO 黏度分类值见表 1-3-2。

表 1-3-2　工业机电设备润滑油 ISO 黏度分类值

ISO 及 GB/T 3141—1994 黏度等级	中心点运动黏度 (40℃)/(mm²/s)	运动黏度范围 (40℃)/(mm²/s)		ISO 及 GB/T 3141—1994 黏度等级	中心点运动黏度 (40℃)/(mm²/s)	运动黏度范围 (40℃)/(mm²/s)	
		最小值	最大值			最小值	最大值
2	2.2	1.98	2.42	100	100	90.0	110
3	3.2	2.88	3.52	150	150	135	165
5	4.6	4.14	5.06	220	220	198	242
7	6.8	6.12	7.48	320	320	288	352
10	10	9.00	11.0	460	460	414	506
15	15	13.5	16.5	680	680	612	748
22	22	19.8	24.2	1000	1000	900	1100
32	32	28.8	35.2	1500	1500	1350	1650
46	46	41.4	50.6	2200	2200	1980	2420
68	68	61.2	74.8	3200	3200	2880	3520

（2）半固体润滑剂及其技术质量指标　半固体润滑剂是由基础油、稠化剂和改善性能的添加剂制成的一种具有可塑性的半固体状态的润滑剂，基础油的质量分数为 70% ~ 90%，主要技术质量指标有：

1）锥入度。在规定的负荷、时间和温度条件下，标准圆锥体以垂直方向在 5s 内刺入固体润滑剂样品的深度，称为润滑脂的锥入度，单位以 0.1mm 表示。锥入度是各种润滑脂常用的控制稠度的指标，是选用润滑脂的依据之一。各国润滑脂一般用锥入度对润滑脂进行分号，润滑脂的号数越小，其锥入度数值就越大，表示它的稠度越小。我国将固体润滑剂的稠度按锥入度范围分为 9 个等级，见表 1-3-3。

表 1-3-3　固体润滑剂的稠度分为 9 个等级

稠度号	锥入度值(25℃,150kg)/0.1mm	稠度号	锥入度值(25℃,150kg)/0.1mm
000	445 ~ 475	3	220 ~ 250
00	400 ~ 430	4	175 ~ 205
0	355 ~ 385	5	130 ~ 160
1	310 ~ 340	6	85 ~ 115
2	265 ~ 295		

2）滴点。将固体润滑剂装入滴点计的脂杯中，在规定的试验条件下加热，当从脂杯中分出并滴下第一滴液体（或流出油柱 25mm）时的温度，称为润滑脂的滴点。滴点是润滑脂

的耐热性指标。通过测定滴点，就可测定润滑脂从不流动状态转变为流动状态的温度，因此可以用滴点大体上决定润滑脂可以有效使用的最高温度（一般使用温度要低于滴点 10～30℃）。测定滴点可以大致判断润滑脂的类型和所用的稠化剂。润滑脂滴点测定法有：GB/T 4929—1985《润滑脂滴点测定法》和 GB/T 3498—2008《润滑脂宽温度范围滴点测定法》

3）氧化安定性。石油产品抵抗由于空气（或氧气）的作用而引起其性质发生永久性改变的能力，称为油品的氧化安定性。润滑油的氧化安定性是反映润滑油在实际使用、储存和运输中氧化变质或老化倾向的重要特性。润滑油品氧化的结果，使油品颜色变深，黏度增大，酸性物质增多，并产生沉淀。这些无疑对润滑油的使用会带来一系列不良影响，如腐蚀金属、堵塞油路等。对内燃机油来说，还会在活塞表面生成漆膜，粘结活塞环，导致气缸的磨损或活塞的损坏。氧化安定性是润滑油品必控质量指标之一，对长期循环使用的汽轮机油、变压器油、内燃机油以及与大量压缩空气接触的空气压缩机油等，更具重要意义。通常油品中均加有一定数量的抗氧剂，以增加其抗氧化能力，延长使用寿命。

（3）固体润滑剂及其技术质量指标　固体润滑剂有多种形式，其使用方法如下：

1）固体润滑剂粉末。将固体润滑剂粉末掺在液体、气体和胶体之中能起到润滑作用。例如，磨削液中加入非离子表面活性固体润滑剂粉末，使磨削加工润滑性能、清洗性能，特别是防锈性能比普通磨削液有很大提高。由于固体润滑剂粉末多使用各种非离子表面活性剂，使工件能达到 15 天的防锈效果，能够有效避免油漆脱落的现象，特别适应沿海潮湿地区的特殊要求。

2）固体润滑膜。固体润滑粉剂经过物理、化学或电化学工艺处理后，能在机械摩擦副表面形成一层固体润滑膜，起到耐磨、减轻磨损、润滑、增大承载能力等作用，即起到了固体润滑作用。

3）自润滑复合材料。将固体润滑粉剂在高温、高压下经过化学变化烧结成一种新的具有自润滑性能的复合材料，起到耐磨、减轻磨损、润滑、增大承载能力等作用。

（二）机电设备常用润滑剂选用原则

1. 液体润滑油的牌号

由表 1-3-2 看出，GB/T 3141—1994 中的机械用润滑油的黏度指标与 ISO 黏度指标相同，对表 1-3-2 中的 20 种润滑油参数命名为：L-AN 黏度等级。

例如，L-AN32 号润滑油表示根据 GB/T 3141—1994 规定的黏度等级为 32 的液体润滑油，L-AN68 号润滑油表示根据 GB/T 3141—1994 规定的黏度等级为 68 的液体润滑油，常用的液体润滑油 L-AN15、L-AN32、L-AN46、L-AN68 号润滑油如图 1-3-1 所示，其黏度依次增大，其颜色也依次呈加深的趋势，最后一种是润滑脂。

2. 液体润滑油的选用原则

润滑油的选用与许多因素有关，应根据设备润滑部位的具体工况具体分析，通常可从下面几方面考虑。

1）机械设备的工况要求是选择润滑油的主要因素，如载荷的大小、性质。摩擦副部位载荷大，选用黏度大、油性和抗挤压性良好的润滑油，尤其是冲击性大的载荷，油膜可被冲损，应选择具有某种特性添加剂的润滑油；反之，载荷小，可选用粘度低的润滑油。

2）速度。摩擦副两表面相对速度大，应选择粘度低的润滑油。低速运转时可选用高粘度的润滑油。

图1-3-1　常用液体润滑油的颜色随牌号增大颜色加深
1—L-AN15　2—L-AN32　3—L-AN46　4—L-AN68　5—润滑脂（即半固体润滑油）

3）温度分工作温度和周围环境温度。冬季环境温度低时，选用粘度低、凝点较低的润滑油，一般工况下润滑油凝点比环境最低温度低5℃为宜；夏天环境温度较高时，可选用粘度较高的润滑油。例如，在华北地区，夏季选用L-AN46号润滑油，冬季选用号L-AN22号润滑油；而在东北地区冬季选用L-AN10号的润滑油。

工作温度较高时，应选用粘度较大、闪点较高（一般润滑油的闪点比工作温度高20～30℃为宜），以及氧化安定性较好的润滑油。如工作温度变化范围较大时，应选用粘度较高的润滑油。

4）工作环境潮湿，或工作时与水接触的可能性较大时，应选用耐乳化性较强、油性和防锈性能较好的润滑油。

3．半固体润滑油的选用原则

1）压力大、速度低选择锥入度小的，反之，选锥入度大的固体润滑剂。

2）润滑脂滴点应高于轴承工作温度20～30℃，以免流失。

3）在有水或潮湿场合工作时，应选防水性的润滑脂。

（三）机电设备常用手工液体润滑方法及其润滑设备

中小型机电设备的润滑位置较少，润滑次数也较少，并且低速、低负载、工况不苛刻的摩擦部位常采用手工润滑等简易润滑方法，其润滑设备也比较简单。

1．用油壶油杯的手工润滑

图1-3-2所示为手持式机油壶，图1-3-3所示为直通式压注油杯，图1-3-4所示为螺旋弯头式注油杯。手持油壶注油如图1-3-5所示，这种手工润滑方式操作简单，适用于操作者能方便在设备的润滑点实施润滑，且设备低速、低负荷、润滑工况不严格的场合。

图1-3-2　手持式机油壶　　　图1-3-3　直通式压注油杯　　　图1-3-4　螺旋弯头式压注油杯

图1-3-5　手持油壶注油　　　　图1-3-6　旋盖式油杯　　　　图1-3-7　生料带

2. 用旋盖式油杯的手工润滑

图1-3-6所示为旋盖式油杯，应用时拧开盖注入油，摩擦副运动过程中，润滑油自动流入摩擦副之间润滑。这种润滑方式操作简单，也适用于低速、低负荷、润滑工况不太严格的场合。

图1-3-4所示的螺旋弯头式压注油杯和图1-3-6所示的旋盖式油杯在装配时都要用图1-3-7所示的生料带缠在螺纹部位再装配，密封性好。

3. 用油绳润滑、针阀式注油油杯润滑和油环润滑

润滑方法分别如图1-1-75、图1-1-76和图1-1-77所示，在此不再论述。

4. 飞溅润滑

图1-3-8所示为内有润滑油的齿轮减速机，有旋盖式油杯1、油标3和放油孔螺栓4，向旋盖式油杯1中注入润滑油，从油标3可测试油的深度，使图1-3-9中的大齿轮5浸在油中约2倍全齿高即可，在减速机下箱体接合面上加工出油槽4，工作时旋转的大齿轮使油飞溅起来，甩到油槽4和齿轮上，再流到轴承处，这就是飞溅润滑，润滑效果很好。

飞溅润滑中的润滑油可以重复利用，油损耗少，广泛用于小型齿轮减速机、机床主轴箱、空压机等箱体润滑中。

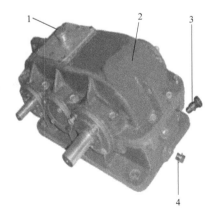
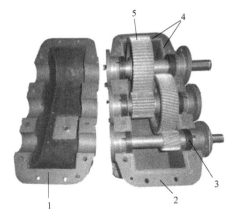

图1-3-8　齿轮减速机
1—旋盖式油杯　2—减速机
3—油标　4—放油孔螺栓

图1-3-9　齿轮减速机内部
1—减速机上盖　2—减速机下箱体
3—轴承　4—下箱体油槽　5—大齿轮

（四）用手动泵的手动集中润滑及其在 ZH 系列数控雕刻机上的应用

大型机电设备的润滑部位比较多，或者不少润滑部位在设备比较高或比较低的位置或在

设备内部，不能方便地用油壶、油杯等手工润滑方法进行润滑，这时就要用手动泵进行人工集中润滑。图1-3-10所示为ZH系列数控雕刻机上用到的手动润滑泵，人工手动摇动手柄，润滑油从出油管路2流经图1-3-11所示的管路2进入油路分配器4，再经过5根管路1流至数控雕刻机Z坐标滚动导轨、滚珠丝杠上的各个润滑部位。

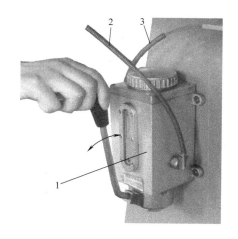

图1-3-10　手动集中润滑泵
1—手动润滑泵体　2、3—出油
管通往分配器

图1-3-11　ZH系列数控雕刻机Z坐标油路组成
1—通至润滑部位的油管　2—来自手动润滑
泵的管路　3—联接管件　4—油路分配器

　　图1-3-12所示为ZH系列数控雕刻机X坐标润滑元件管路组成装置，手动摇动图1-3-10所示手动润滑泵手柄，润滑油从出油管路3流经图1-3-12所示的管路2进入油路分配器4，再经过4根管路1流至数控雕刻机X坐标滚动导轨、齿轮齿条等润滑部位。图1-3-13所示为滚动导轨润滑装置。

图1-3-12　ZH系列数控雕刻机X坐标油路组成
1—通至润滑部位的油管　2—来自手动润滑
泵的管路　3—联接管件　4—油路分配器

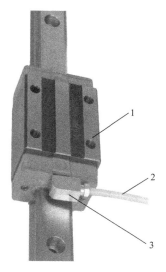

图1-3-13　滚动导轨润滑装置
1—滚动导轨座　2—来自分配器
的油管　3—联接管件

根据实际经验，人工定期来回拨动图 1-3-10 所示的润滑泵手柄，润滑油从管路 2、3 流向各个油路分配器，各个油路分配器再把润滑油分配到数控雕刻机各个润滑部位。这种手动润滑方法工作效率高，润滑充分，可以连接多个油路分配器。类似的手动泵品种很多，如图 1-3-14 所示的手动集中润滑泵，都可以人工集中润滑。

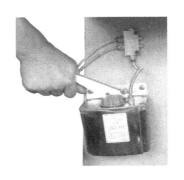

图 1-3-14　手动集中润滑泵

采用手动润滑泵润滑，切屑硬物不容易进入导轨内，这样既能防止导轨拉伤，还能够排除导轨及滑板之间的油污。滑板移到何处，油就润滑到何处，对长导轨特别适宜。关于联接管路元件、油路分配器等设备的组成、组装在下一个任务介绍。

手动润滑泵适用于润滑频率较低（一般给油间隔为 8h 以上），配管长度不超过 35m，润滑点不超过 50 点的单机小型设备上，作为干油集中润滑系统供送润滑脂的装置。

（五）润滑设备的密封原理及其应用

密封是防止流体或固体微粒从相邻结合面间泄漏，以及防止外界灰尘与水分等杂质侵入机器设备内部起隔离作用的零部件或措施。密封可分为静密封和动密封两大类。

1. 静密封

静密封主要有垫密封、密封胶密封和直接接触密封三大类。根据工作压力，静密封又可分为中低压静密封和高压静密封。中低压静密封常用材质较软、宽度较宽的密封垫，高压静密封则用材质较硬、接触宽度很窄的金属垫片，图 1-1-42a 所示端盖 1 与箱体之间厚度为 K 的密封垫就是静密封中的垫密封。

2. 动密封

动密封可以分为旋转密封和往复密封两种基本类型；按密封件与其作相对运动的零部件是否接触，可分为表 1-1-3 列出的接触型密封和非接触型密封。图 1-3-15 所示为用毛毡密封圈的密封；图 1-3-16 所示为迷宫密封结构图。关于密封在表 1-1-3 中有比较详细的介绍，

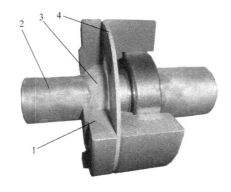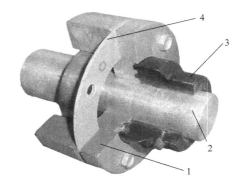

图 1-3-15　毛毡密封结构　　　　　　　　　　图 1-3-16　迷宫密封结构
1—密封盖　2—轴　3—毛毡密封圈　4—密封垫片　　　1—密封盖　2—轴　3—迷宫密封圈　4—密封垫片

在此不再论述。

（六）常用手工液体润滑设备的故障诊断与维修

1. 用油壶油杯和旋盖式油杯润滑的故障诊断与维修

这类故障通常就是进入油杯内部的灰尘和切屑等，堵塞了油杯，只清洗油杯即可；或因设备润滑面上的油沟槽或油杯安装孔堵塞，只要清理堵塞杂物，形成畅通无阻的润滑油通路即可。

2. 手动集中润滑的故障诊断与维修

图 1-3-10 和图 1-3-14 所示的手动集中润滑的设备，各个润滑点没有润滑油的一部分原因是灰尘或切屑堵塞了润滑油通路，其维修方法与用油壶油杯和旋盖式油杯润滑的故障诊断与维修相同，另一部分原因参考集中自动润滑的故障诊断与维修，在此不论述。

三、任务要点总结

本任务介绍了润滑剂的分类、特点、适用场合和润滑剂技术质量指标，润滑故障诊断与维修。由于中小型机电设备的润滑位置较少，润滑次数也较少，对于其低速、低负载、工况不苛刻的摩擦部位常采用手工润滑等简易润滑方法；而对于比较大型的机电设备润滑部位比较多，不少润滑部位在设备比较高或比较低的位置或在设备内部，不能方便地用油壶、油杯等手工润滑方法进行润滑的情况，就要用下一个任务介绍的机电设备集中自动润滑。

四、思考与训练题

1. 液体润滑剂的手工润滑方法有哪些？举例说明。
2. 什么是液体润滑剂的手动润滑方法？举例说明。
3. 手工润滑方法和手动集中润滑方法有哪些优缺点？适用于哪些场合？

任务 2　机电设备集中自动润滑设备组装、润滑故障诊断与维修

知识点：
- 集中自动润滑设备常见的问题、设备分类、组成、适用场合。
- 集中自动润滑设备的组装、调试和参数设置。
- 集中自动润滑设备的故障诊断与维修。

能力目标：
- 正确选用集中自动润滑设备的类型，并能够正确布置组装润滑管路。
- 正确进行集中自动润滑设备的调整、参数设置。
- 正确进行集中自动润滑系统的维护、故障诊断与维修。

一、任务引入

大型机电设备的润滑部位比较多，而且各润滑部位分布在设备高低相差很悬殊的位置或在设备内部，尤其是设备精度高、润滑间隔时间比较严格（润滑过度频繁，容易产生热量或润滑间隔时间太长，则容易产生磨损）、需要可靠润滑的场合，不能用图 1-3-5、图 1-3-6 所示的油壶、油杯等手动润滑方法进行润滑，也不能用图 1-3-10、图 1-3-14 所示的手动集中润滑方式，更不能用油绳润滑、油环润滑等润滑方式，因为采用上述润滑方式往往需要停

止设备运行才能润滑。但这种做法难以达到比较理想的润滑效果，这时就要用自动集中润滑系统进行润滑。本任务以 XC1.5SK 型数字控制自动润滑泵为例，理实一体化论述集中自动润滑系统的组装、故障诊断与维修。

二、任务实施

（一）集中自动润滑系统的组成、工作原理及其应用场合

集中自动润滑系统是近几年发展起来的一种新的润滑技术，该项技术克服了人工加注润滑剂等低效率润滑方式的缺点，比较容易达到机械设备理想的润滑效果。集中自动润滑技术可以实现在线多点精确润滑，而且通过配置相应的控制器可以实现自动润滑，定时、定量自动加注润滑剂到各润滑点，使各润滑点总是处于最佳润滑状态。集中自动润滑可以在机器工作运行中润滑，机器上所有的润滑点通过管线连接加注润滑剂，不遗漏隐蔽的润滑点，润滑过程中无污染。

1. 集中自动润滑系统的组成

图 1-3-17 所示为集中自动润滑系统的组成。

1）自动定时、定量润滑泵系统。由提供动力的电动机、润滑油过滤器、储油器、自动定时定量的控制器、压力表和电源接线组成，在控制面板上可以设置润滑间隔时间和每次润滑的时间长短，可以精确到1s。

2）分配器。分配器有主分配器、二级分配器，甚至还可以有三级分配器，其作用是通过分级扩大油路数量，把润滑油分配到机械设备的多个润滑点，这属于递进式分配器结构。若设备润滑点少只需要一个分配器就够了，就是非递进式分配器结构。

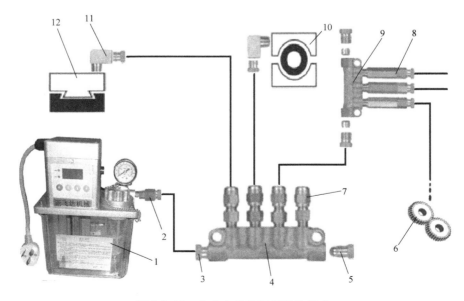

图 1-3-17　集中自动润滑系统的组成

1—稀油 XC1.5SK 自动润滑泵　2—润滑泵出口管接头组件　3—主分配器进口管接头组件　4—主分配器
5—主分配器封口组件　6—待润滑机械设备　7—主分配器出油口管接头组件　8—二级分配器出油口管接头组件
9—二级分配器　10—待润滑机械设备　11—待润滑机械设备管接头组件　12—待润滑机械设备

3）管接头组件。管接头组件的作用是连接系统中的润滑泵、分配器、润滑设备与油管等。

4）管路。管路有柔性塑料软管、铜管、铝管等，还有防止热金属烫坏塑料管的钢丝螺旋外套，油通过管子输送到各个润滑点。

2. 集中自动润滑系统的工作原理

图1-3-17所示的集中自动润滑系统由控制器起动直流电动机，直流电动机带动润滑泵工作，润滑泵以适当的压力将润滑油送入主分配器再到二级分配器，分配器按照设定的需求量将润滑油精确分配到各个支路管子，再定时、定量地输送到各个润滑点。润滑油的供给量和供给时间是由控制系统来完成的。

集中自动润滑系统有一套设计计算理论，现在国内外润滑设备专业生产厂家都按标准化、系列化生产集中自动润滑系统，用户根据待润滑设备的有关参数选择即可。

3. 集中自动润滑系统的应用领域

集中自动润滑系统的应用范围非常广泛，在汽车、工程机械、机床、造纸机械、食品机械等行业都得到广泛的应用。大量实践证明，集中自动润滑系统的应用能保障机械设备安全无故障运行，润滑安全可靠，大大减少了设备停工检修次数，提高了生产效率；大大降低了设备维护和保养费用，并具有环境保护优势。集中自动润滑系统在大量工程机械上也得到广泛应用。目前，进口的工程机械设备大都采用了集中自动润滑系统。在国产的工程机械中，有些通用产品也选用了集中自动润滑系统，如挖掘机、装载机、推土机、汽车起重机、重型汽车、塔式起重机和混凝土泵车等。也有相当数量的机械设备改装成集中自动润滑系统，均收到了很好的润滑效果。

（二）集中自动润滑系统的典型元件结构剖析与组装

图1-3-17所示的集中自动润滑系统各个零部件都有多种型号，用户根据设备需要自行选择即可。

1. 自动定时定量润滑泵系统

图1-3-18所示的自动润滑泵系统有LED数字显示，其设置方法如下：

1）接入220V交流电源，指示灯亮，新机初装时，多次起动油泵排除空气至油泵出油口有油流出。

2）调节供油时间：按"R"键6s，绿灯及显示数字闪烁，再按上下箭头键，LED数字变化显示供油时间（s），然后按"R"键确定。

3）调节间歇时间：按"S"键6s，红灯及显示数字闪烁，再按上下箭头键LED数字变化显示间歇时间（min），然后按"S"键确定。

图1-3-18　稀油XC1.5SK自动润滑泵设置操作面板

1—指示灯　2—LED数字显示器

4）油泵蜂鸣器发出报警声，表示缺油，应立即加油。本机适用于机械油。

图1-3-10和图1-3-14所示为手动集中润滑泵，其供油和间歇时间由人工控制，不能保证润滑质量并且劳动强度大；图1-3-17所示的自动集中润滑系统设定时间后可以实现全部自动润滑，能保证润滑质量且劳动强度大大降低。

图1-3-17所示的自动集中润滑泵有多种形式，如还有用旋钮设置时间的，流量和功率

也有多个规格，用户应根据设备情况选择。

2. 润滑泵出口管接头组件

（1）带衬套的塑料管接头 图1-3-19所示为自动泵输出出口管接头组件，其组装方法如图1-3-20和图1-3-21所示，先用打火机烧尼龙管端部至熔化，再趁热把尼龙管衬套塞入尼龙管端部，并用手指压平使管子内壁与衬套外表面密封好，之后把双锥卡套推到管端部，插入泵的内螺纹接头上，拧紧直通接头4，即完成润滑泵出口管接头组件的组装。

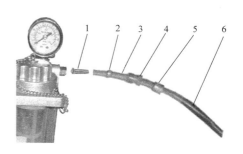

图1-3-19 自动泵输出出口管接头组件
1—尼龙管衬套 2—双锥卡套 3—尼龙管
4—直通接头 5—防热护套堵头 6—防热护套

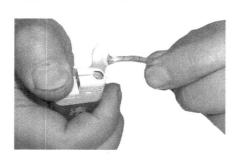

图1-3-20 用打火机略烧尼龙管端部

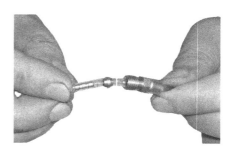

图1-3-21 趁热把尼龙管衬套塞入管内部并用手指压平管端部使管与衬套密封

（2）用铜管或铝管的接头 如图1-3-22所示，先用手动切管机切断金属管，把金属管夹在刀具和轮子之间，右手适当拧紧使切刀切入管子，再转动管子，反复几次即可均匀切断管子，并使管口比较平整。再用管口扩胀器适当扩胀管口，使管口扩胀后的直径与双锥卡套的外径大致相等，如图1-3-23所示，从扩胀口之后的管子的另一端套上双锥卡套和直通接头，如图1-3-24所示，拧在图1-3-17所示的主分配器的内螺纹孔中即可。

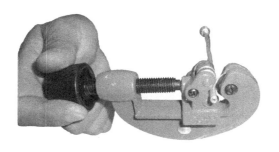

图1-3-22 用切管机把铜管或铝管切断

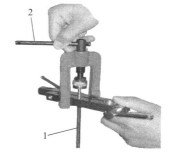

图1-3-23 用管口扩胀器适当扩胀管口
1—铜管或铝管 2—管子扩胀器手柄

（3）用塑料管和直通外螺纹接头 如图1-3-25所示，把塑料管1直接插入塑料套2内即可，密封很好，若要拔出塑料管1，只要用手向右按下塑料套2拔塑料管1即可。

图 1-3-24 扩胀口之后的管子从
另一端套上双锥卡套和直通接头

图 1-3-25 塑料管及直通外螺纹接头
1—塑料管 2—直通外螺纹接头上的塑料套

3. 油路分配器

油路分配器最简单的结构是三通，即一个进油口两个出油口，其他的有多个出油口。根据出油压力是否可调，分为可调出口油压的和不可调出口油压的两种油路分配器。

（1）不可调出口油压的油路分配器 图 1-3-17 所示油路分配器 4 和 9 各个出油口的压力是相等的，用于各个润滑点高度相差不太大、油路沿程压力损失也相差不太大的场合，这样各个润滑点都能流出润滑油。图 1-3-11 和图 1-3-12 所示 ZH 系列数控雕刻机滚动导轨、齿轮齿条、滚珠丝杠等润滑部位的高度相差不太大，油路沿程压力损失也相差不太大就用这种不可调出口油压的分配器。

（2）可调出口油压的油路分配器 如图 1-3-26 所示，油路分配器出油口 5 对应可调出油口压力的螺旋锥阀芯6，其调压原理如图 1-3-27 所示。当顺时针旋转螺旋锥阀芯向上移动时，分配器与锥面的间隙 2 变小，向上流出的油速度增大，根据液压流体力学伯努利方程，可知出口油压力就变小；当逆时针旋转螺旋锥阀芯向下移动时，分配器与锥面的间隙 2 变大，向上流出的油速度减小，根据液压流体力学伯努利方程可知，出口油压力就变大。

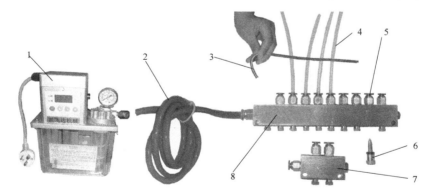

图 1-3-26 具有可调出口油压的分配器组成的集中自动润滑系统
1—稀油 XC1.5SK 自动润滑油泵 2—塑料油管 3—钢丝螺旋外套 4—塑料油管 5—出油口
6—分配器调压螺旋锥阀芯 7—有两个出油口的分配器 8—有 10 个出油口的可调压力分配器

由于大型机电设备的润滑点高度相差较大，管路长短相差较大，沿程压力损失大小不一，若用不能调压的分配器，高处的润滑点或沿程压力损失大的润滑点就缺少润滑油，而低处的润滑点或沿程压力损失小的润滑点的润滑油就容易过量。而用可调出口油压的分配器通过调整螺旋锥阀芯就解决了这个问题。

调整螺旋锥阀芯时，可以凭目测使各个润滑点的润滑油流出量满足润滑需要，也可以在各个润滑

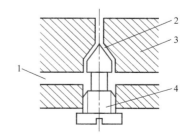

图 1-3-27 调压螺旋锥阀芯的工作原理
1—进油口 2—出油口 3—分配器 4—螺旋锥阀芯

点附近安装图 1-3-28 所示的液压压力表，凭目测使各个润滑点的润滑油满足润滑需要，调整压力表的读数，以后注意观察压力表达到这一读数值即可，若不满足则调整螺旋锥阀芯。

4. 分配器出油口管接头组件

如图 1-3-29 所示，分配器管接头 4 可以插入金属管，形成图 1-3-24 所示的结构，即图 1-3-29 中金属管 2 的结构，也可以直接插入塑料管形成图 1-3-29 所示的塑料管 3 的结构。分配器出油口管接头组件的形式很多，图 1-3-17 中的元件 8 也是一种。

5. 待润滑机械设备管接头组件

图 1-3-30 所示的三种待润滑机械设备管接头组件，直角管接头 2 的应用案例如图 1-3-13 所示，抵抗式计量件直角管接头组件 1 的应用同直角管接头相似，卡套式端直通管接头 3 的应用更简捷，可以用金属管，也可以用塑料管。

图 1-3-28 液压压力表

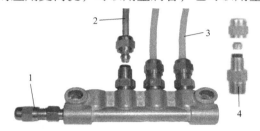

图 1-3-29 分配器出油管接头组件
1—进油口抵抗式计量件接头 2—出油金属管
3—塑料管 4—抵抗式计量件接头组件

图 1-3-30 三种待润滑机械设备管接头组件
1—抵抗式计量件直角管接头组件 2—直角管接头 3—卡套式端直通管接头

（三）集中自动润滑设备的故障诊断、维修

稀油 XC1.5SK 自动润滑油泵内部结构如图 1-3-31 所示，设有缺油报警功能，能及时提醒操作人员补充润滑油，设有两级过滤器，能有效地防止杂质进入，保证油脂清洁，防止机械磨损，采取两级过滤。集中自动润滑系统的常见故障与维修方法见表1-3-4。

（四）CKA6150 数控车床集中自动润滑故障诊断与维修案例

某机械制造企业一台 CAK6150 数控车床采用稀油 XC1.5SK 自动润滑油泵润滑，润滑点为床身前后导轨，中滑板两边导轨，X 坐标滚珠丝杠和 Z 坐标滚珠丝杠，至这些润滑点的润滑

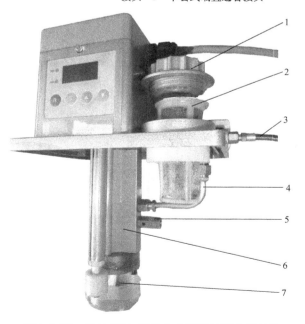

图 1-3-31 稀油 XC1.5SK 自动润滑油泵内部结构
1—注油孔盖 2—注油孔过滤网 3—出油管路 4—主管路
5—单向阀 6—泵芯 7—吸油口过滤网

管路布置如图 1-3-32、图 1-3-33 和图 1-3-34 所示。使用较长时间后,发现图 1-3-33 所示 X 坐标导轨面 5 上比较干燥,即没有润滑油,左右两侧都一样,而其他润滑点总能看到润滑油。

表 1-3-4 集中自动润滑系统的常见故障与维修方法

故障现象	原因	维修方法
润滑泵不出油	油箱空	向油箱内补油,起动润滑循环,直到各润滑点注油正常
	润滑油内有气泡	起动润滑循环,松开安全阀与主管路的连接,直到润滑油中没有气泡
	泵芯的进油口被堵塞	取出泵芯,检查泵芯进油口的杂物并清理
	泵芯磨损	更换泵芯
	泵芯的单向阀失效或堵塞	更换或清洗泵芯
分配器下游管路堵塞	分配器堵塞	更换分配器或按照手册清理
	分配器到润滑点的管路管接头组件堵塞	拆开管路及其管接头,吹起清理管内杂物,再在汽油中清洗
泵运行,但是注油器不动作	系统压力低	确保泵的气压或液压压力设置正确;主管有泄漏,检查并排除泄漏;注油器磨损或损坏,修理或更换注油器
	油箱空	向油箱内补油
	泵或主管路内有空气	对泵或主管路进行排气
泵运行,只有部分注油器动作	系统压力低	增加系统压力,并检查离泵最远处的注油器的压力
	油箱空	向油箱内加油
	泵或主管路内有空气	对泵或主管路进行排气
	系统没有完全卸压	在间歇时间检查系统压力,保证系统压力低到足够所有注油器再循环
	系统上安装了错误类型的注油器	确保所有注油器都是正确的

图 1-3-32 CAK6150 数控车床集中自动润滑一级分配器

1—中滑板 2—组装好的中滑板润滑管接头及其组件 3—油路分配器
4—至中滑板润滑塑料管路 5—至床身前导轨润滑铝管路 6—至 Z 坐标滚珠丝杠铝管路
7—稀油 XC1.5SK 自动润滑油泵出油管接至一级分配器 8—至床身后导轨润滑铝管路

图 1-3-33　CAK6150 数控车床中滑板润滑管路分配

1—中滑板　2—组装好的润滑铝管接至润滑 X 坐标滚珠丝杠润滑点　3—接至 X 坐标左侧导轨润滑点管接头
4—四通管件　5—X 坐标导轨面　6—接至 X 坐标右侧导轨润滑点管接头

1. 故障诊断

有的润滑点有润滑油，而 X 坐标左右导轨面均比较干燥，即没有润滑油，X 坐标滚珠丝杠润滑点上有润滑油，说明油泵在正常工作，并且图 1-3-32 油路分配器工作正常，根据表 1-3-4 判断，很可能就是图 1-3-33 所示的四通管件至左右两侧的管接头 3、6 堵塞，或者是管接头 3、6 至图 1-3-35 所示的润滑点堵塞，需要疏通。

2. 四通管件至左右两侧的管接头堵塞检查与维修

如图 1-3-34 所示，拆下中滑板润

图 1-3-34　中滑板润滑管接头及其组件

1—至 X 坐标左侧导轨润滑点　2—至 X 坐标滚珠丝杠润滑点
3—至 X 坐标右侧导轨润滑点　4—自分配器来的塑料管路

滑管接头及其组件，堵住 1、2 两个出油口，自端口 4 吹气，若气流不畅通，则自端口 4 至四通再至端口 3 这一路有堵塞，需要拆开各个组件分别吹气清除杂物并在汽油中清洗；其他管路组件的维修方法类似。

3. 中滑板油路堵塞维修

如图 1-3-35 所示，拆下中滑板，拧下堵油孔内六角头螺栓 4，自卡套式端直通管接头 3 吹气，如气流不通，则拆下接头 3，将滑板 5 立起来，自上方的孔注入汽油或轻柴油，用钢丝自上向下插入孔中疏通油孔，并把孔内杂质清洗干净。

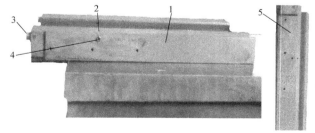

图 1-3-35　中滑板润滑油路堵塞故障维修

1—中滑板　2—图 2-2-19 所示的与导轨贴合面出油孔和沟槽
3—卡套式端直通管接头　4—堵油孔内六角头螺栓　5—拆去管接头
和堵油孔内六角头螺栓后立起来的中滑板

把拆下的堵油孔内六角螺栓、卡套式端直通管接头等管接头组件放入汽油中清洗干净，再组装起来，即得图 1-3-33 所示的组装后的润滑管路。

经过上述维修后，中滑板导轨润滑效果正常。

三、任务要点总结

集中自动润滑是近年来发展起来的高级润滑技术，它有如下优点：

1）集中控制，自动润滑。由油泵集中供油，密闭系统定点润滑，避免了手工注油引起的润滑油污染、润滑点遗漏等问题。

2）定时定量，节能省油。采用自动控制器控制，定时定量供油，避免了手工注油引起的润滑时间不准确，导致摩擦副润滑不到位和浪费油等问题。

3）省时省工，延期大修。一些车辆、重型机械，润滑要求高，并且润滑长度特别长（有的车辆维护里程数达 4 万 km 以上），集中自动润滑保证了设备始终处于良好的润滑状态，使得设备大修期明显延长，延长提高了工作时间，而且也明显降低了修理费用。

图 1-3-17 所示机电设备集中自动润滑元件有多种多样的形式，本任务仅以有限的几种介绍其组装方法、润滑故障诊断与维修，起到举一反三、触类旁通的启发作用。图 1-3-31 稀油 XC1.5SK 自动润滑油泵内部结构、表 1-3-4 集中自动润滑系统的常见故障与维修方法、CKA6150 数控车床集中自动润滑故障诊断与维修案例均具有典型的代表性。图 1-3-26 所示为应用具有可调出口油压的分配器的具有典型特色的集中自动润滑系统，其压力调整原理是流体力学的伯努利方程，这些知识点既有一定的理论意义，又具有比较强的工程实用价值，具有清晰的中等职业学校教师培训知识点和能力目标理实一体化特色。

四、思考与训练题

1. 依据企业应用案例，分析集中自动润滑系统的组成、应用场合及其优点。

2. 分析图 1-3-26 所示的具有可调出口油压的分配器的集中自动润滑系统的应用场合、油压调节原理。如何通过调节油压达到润滑要求？

3. 在企业就现有机电设备的集中自动润滑系统进行拆装，认识元件的工作原理、拆装工具和拆装方法，并分析故障源及其维修方案。

4. 在企业就现有机电设备的集中自动润滑系统自动定时定量润滑设置进行实训。

项 目 小 结

本项目包括两个任务，任务 1 论述了机电设备润滑剂、手动润滑方法、润滑与密封装置及其应用，任务 2 是在任务 1 的基础上更进一步，论述了集中自动润滑设备的组装、润滑故障诊断与维修。任务 1 中图 1-3-11、图 1-3-12 和图 1-3-13 所示润滑元件和任务 2 中图 1-3-17、图 1-3-19、图 1-3-24、图 1-3-25、图 1-3-29 和图 1-3-30 所示的润滑元件既适用与手动润滑泵，也适用于自动润滑泵，所有带有螺纹联接的元件，在组装时外螺纹都要缠上图 1-3-7 所示的生料带，起到密封作用。本项目从润滑方式上总结了机电设备润滑方式及其应用案例，如图 1-3-36 所示。

机电设备润滑方式及其应用案例总结如图 1-3-36 所示，这些知识点和能力目标体现了传统的润滑方式正向着集成化、自动化、功能化润滑技术过渡，多种润滑方式相互比较，融会贯通，构成了比较完整的机电设备润滑系统组成、组装、测试与故障维修的知识点和能力目标。掌握了这些知识点和能力，就能举一反三、触类旁通地解决机电设备润滑剂的选择、润滑方式的选择、润滑故障诊断与维修问题。本项目很多知识点和能力目标现行书籍中较少见到，期望学习者经过实践加深理解，并通晓其原理、应用、测试操作和维修方法，以便更好地学习掌握，正确运用。

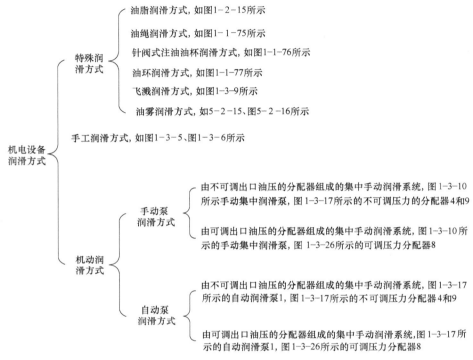

图 1-3-36　机电设备润滑方式及其应用案例总结

模块归纳总结

项目一和项目二分别介绍了机电设备常用零件和部件的工作原理、应用测试、故障维修方法，其中项目一是机电设备基本的零件传统技术，项目二则是机电设备中具有典型代表性的由零件组成的部件的工作原理、测试方法、故障诊断与维修技能，两个项目在知识层面上体现了传统的零件逐渐向部件的过渡。而项目三机电设备润滑与密封故障诊断与维修介绍了机械部件的润滑原理、润滑形式及其润滑方式的选择、润滑故障诊断与维修。三个项目都打破了学科性、系统性、理论性，避免了过度抽象、深奥的理论叙述，使内容简洁、图文并茂，以图代文，通俗易懂，以利于教师和学员自学。

三个项目的内容体现了多门学科、多项技术和多种技能有机的融合，以技能培训为主线，相关理论知识为支撑，使应用层面的理论到位，基础知识够用，专业能力突出；该模块涉及了相关的"新知识、新产品、新技术、新方法"，把"理论＋实践＋技能"一体化的项目导向、任务驱动体现在各个任务及其培训项目中，向深度、广度发展，提高了综合职业能力，为学习者提供了宽广的职业生涯发展空间。

模块二　CA6140 普通车床测试、拆装与故障维修

机电设备在使用一段时间后会产生磨损、传动副松弛、传动精度下降、机械和电气控制可靠性降低等故障，影响正常工作，因此，需要定期进行测试、调整、拆装与维修，使其恢复到正常工作状态。图 2-1-1 所示为现在广泛使用的采用两支承主轴结构的 CA6140 普通车床，它是装备制造业普通机电设备中有典型代表性的设备，其机械结构传动系统原理图如图 2-1-2 所示，该车床用量大，工艺范围宽，结构合理，操纵灵活方便，能完成多种零件表面车削。本模块以 CA6140 普通车床为例，介绍车床的结构组成、零部件工作原理，以及调试、测试、拆装与故障维修的方法。其中，对主轴箱、交换齿轮进给箱、溜板箱、导轨、拖板等零部件理实一体化地论述大修、中修和小修的概念与实践。通过本模块的学习，把知识点和能力目标进行迁移，可通晓其他相关机电设备的结构组成、工作原理、测试与故障维修技能，达到举一反三、触类旁通的学习效果。

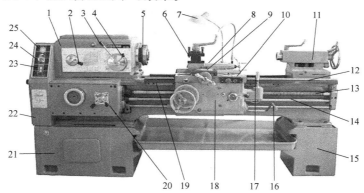

图 2-1-1　采用两支承主轴结构的 CA6140 普通车床

1—主轴箱　2—左、右旋螺纹普通螺距和增大螺距选择手柄　3—四速选择手柄　4—六速选择手柄　5—主轴
6—刀架　7—工作灯　8—小滑板　9—中滑板　10—床鞍　11—尾架　12—床身导轨　13—T形丝杠
14—光杠　15—床身尾支承座　16—起动杠手柄　17—快速进给操纵手柄　18—溜板箱　19—齿条
20—进给箱　21—床身头支承座　22—主轴箱门　23—断路器总开关　24—冷却泵开关　25—信号灯

项目一　CA6140 普通车床机械传动故障征兆、测试、拆装与维修

图 2-1-2 所示为 CA6140 普通车床主要机械传动零部件组成，由主轴箱、交换齿轮、进给箱、溜板箱、尾架、刀架、导轨、床鞍和中滑板等组成，本项目论述主轴、交换齿轮、进给箱和溜板箱常见故障测试、拆装、调整与故障维修，涉及机械传动原理，拆装测试维修工具的使用、操纵机构原理和精度调整等知识，对其传动原理、拆装顺序、测试调整及故障维修等进行了理实一体化论述。通过本项目的学习及动手操作使学员对机床传动系统理论与实践有机结合，并具有机电设备组装、测试、调整与故障维修的综合能力。

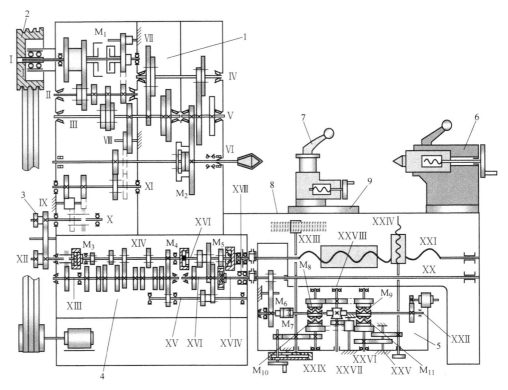

图 2-1-2   CA6140 普通车床机械传动系统原理图

1—主轴箱　2—V 带轮　3—交换齿轮　4—进给箱　5—溜板箱　6—尾架　7—刀架及小滑板　8—导轨　9—中滑板
M_1—摩擦离合器　M_2—主轴内齿离合器　M_3、M_4、M_5—进给箱内离合器　M_6—超越离合器　M_7—安全离合器
M_8—纵向进刀进给离合器　M_9—横向进刀方向进给离合器　M_{10}—纵向退刀进给离合器　M_{11}—横向退刀方向进给离合器

学习目标：

1. 掌握主轴箱常见故障的表现形式及其测试、调整和维修工艺。

2. 掌握主轴箱、交换齿轮、进给箱和溜板箱常见故障的表现和诊断方法。

3. 掌握主轴箱、交换齿轮、进给箱和溜板箱的传动原理、拆装调整与故障维修。

4. 掌握主轴箱、交换齿轮、进给箱和溜板箱组装后的调整与测试方法。

5. 掌握主轴箱、交换齿轮、进给箱和溜板箱的易损部位的维修技能。

任务 1   CA6140 普通车床主轴箱故障征兆、测试、拆装调整与维修

知识点：

● 主轴箱的传动原理，主轴箱传动系统原理图。

● 主轴箱的结构、常见故障表现形式、测试、拆装顺序、拆装工具。

● 主轴箱的调整、测试、故障诊断和维修。

能力目标：

● 掌握主轴箱机械部分的拆装方法及所用工具的操作技能。

● 掌握主轴箱机械部分的测试、故障诊断与维修工艺。

一、任务引入

（一）CA6140 普通车床简介

CA6140 普通车床床身导轨和主轴箱齿轮经淬火和精密磨削，主轴系统刚性好、精度高、运行平稳、噪声低，溜板箱内有超负荷保险装置，并带有机械制动装置。该车床主轴转速有 10 ~ 1400r/min 共 24 级转速，自动进给四个方向的快速进给功能集成在图 2-1-1 所示的溜板箱上快速进给操纵手柄 17 上，功能强，操作十分方便，是普通车床的典型代表。

早期的 CA6140 普通车床为了增加主轴刚度，主轴的前后和中间均有轴承支承，其中，以前后轴承为主，中间轴承起辅助支承作用，称为三支承主轴。随着 CA6140 普通车床的广泛应用，其主轴结构也得到了改进设计，由三支承结构改为前后两支承主轴结构。前后两支承主轴不但能满足常规加工刚度和精度要求，而且结构工艺性好，成本低。

（二）CA6140 普通车床主轴箱常见故障及其征兆

1. 主轴轴承间隙对主轴精度的影响

车床使用过程中由于轴承磨损等原因，会导致轴承间隙过大，主轴径向、轴向和角度摆动大，切削加工时刀具切削深度不稳定。切削力不稳定。轴承间隙过大后，轴承内环外滚道与滚珠接触面减小，滚珠磨损加剧，致使加工零件表面粗糙，加工零件表面圆度和同轴度误差大，加工螺纹的螺距误差大，加工端面的平面度误差大，甚至出现崩刃，产生异常振动和噪声，加工过程自动停车，轴承寿命急剧降低等故障。解决此问题的措施是对主轴轴承进行调整预紧，严重时需拆卸主轴更换轴承。

2. 摩擦离合器或 V 带松弛故障对加工的影响

在车削过程中，有时产生闷车，出现转速明显低于标牌转速或者自动停车的故障。该故障产生的常见原因是主轴箱中的片式摩擦离合器的摩擦片间隙过大，或者摩擦片、操纵轴和滑环等操作机构磨损严重。解决此问题的措施是预紧摩擦片间隙或拆卸摩擦离合器更换摩擦片。卧式车床如果电动机的传动带松弛也会出现这种情况，需要预紧 V 带。

3. 变速不准、操纵手柄失灵、变速换向吃力等故障

通常产生这些故障的原因是主轴箱变速机构链条松动致变速位置不准；主轴箱内集中操纵手柄的销子或滑块磨损；拨叉定位弹簧过松而使啮合齿轮脱开；齿轮拨叉变形等使得变速齿轮位置不准；各传动轴轴承间隙过小使得发热加剧磨损、间隙过大影响传动精度等。若要消除此故障，则必须对操纵定位机构进行拆卸、调整与维修。

4. 润滑系统产生故障，致使润滑效果差

主轴箱内缺油或滤油器、油管堵塞，液压泵磨损致使油压力或流量过小，进油管漏压。其原因往往是润滑滤油器小孔堵塞，润滑油流通不畅，润滑效果差。若要消除此故障，则需要检查润滑系统。

（三）拆装、测试、调整所需工具

拆装、测试、调整主要有各类尺寸固定扳手、梅花扳手、千分表、内六角扳手、锤子、拆卸拉销器、顶拔器、铜棒、销冲、卡簧钳和螺钉旋具等。

（四）拆装注意事项

1）主轴箱的拆装维修工作一般需要 2 ~ 3 人。拆装较重的零部件，如主轴、箱盖等，多人操作时注意协调，必须以一人为主其余人员听从指挥。

2）安装时不得将手指放于齿轮、轴承、轴套等零件的内孔，避免穿入轴时挤伤手指。

3）拆装时不得使滑移齿轮拨叉受到过大的轴向力，以免发生断裂。

4）遇到难拆卸的零件时要仔细分析原因，不得强行拆卸。安装时注意零部件的顺序，以免造成反复拆装耽误工时。

5）遇到花键轴与齿轮配合时最好先在箱体外预装，看是否能顺利配合装入。若不能，则一般是因为花键轴端部有毛刺，用锉刀修锉即可。

6）轴上的弹性卡簧多位于轴的中间部位，安装时一定要事先套于轴上，否则难以再装入，拆卸时要先把卡簧从卡槽中退出。

7）拆卸后的零件可用钢丝按照装配顺序穿成一串，便于存放和正确组装。

8）不允许用锤子直接敲击零件。敲击时可垫铜棒、铜板、硬木等硬度低于零件的垫块。

9）对于T形丝杠、滚珠丝杠、拉刀等细长精密零部件，要垂直吊起放置，避免弯曲。

二、任务实施

（一）主轴有关零部件的测试、预紧和拆卸

1. CA6140普通车床轴的分类及其标号

图2-1-2所示为CA6140普通车床主要机械传动系统原理图，该图上的轴都安装变速齿轮或其他变速零部件，图2-1-3所示为该车床主轴箱变速机械传动展开图，该图上有些轴安装变速操纵拨叉等，通过操纵拨叉改变变速传动轴上啮合齿轮副的顺序，获得主轴不同的转速。车床主轴箱、进给箱、溜板箱中的各种轴和操纵机构，按其功能特点分为三大类。

（1）变速传动轴　变速传动轴上安装齿轮、带轮、摩擦离合器等均对主轴起直接变速作用，图2-1-2所示主轴箱中的轴都是变速传动轴，简称传动轴；图2-1-3中也标出了变速传动轴。变速传动轴用Ⅰ、Ⅱ、Ⅲ等罗马数字表示，其中Ⅵ轴是主轴，是特殊的变速传动轴，常称工作轴。

（2）变速操纵轴　要对变速传动轴上的齿轮、摩擦离合器等进行工作位置变换以实现对主轴变速操纵，就需要在另一些轴上安装与操纵相关的零件，或安装其他如支承、润滑等元件，起这些作用的轴就是变速操纵轴，简称操纵轴。变速操纵轴用标号A、B、C等大写英文字母表示。

图2-1-2、图2-1-3、图2-1-4、图2-1-5和图2-1-6的轴标号都一一对应，识读这5个图就能清晰地认知轴的作用、结构、位置、功能及其相关的轴承类型、轴向定位用的零件、内外联系传动链等知识点，为使用、操作、故障诊断与维修机床打下扎实的理论和实践基础。

当主轴箱中Ⅷ轴既是变速传动轴，又是变速操纵轴时，就按变速传动轴标注。

（3）功能操纵手柄　直接对变速传动轴和变速操纵轴上的零件、车床其他功能部件进行操纵的手柄或手轮就是功能操纵手柄，简称手柄。从图2-1-1上看出，有16个操纵手柄，在图2-1-50中看出主轴箱有3个操纵手柄、进给箱也有2个操纵手柄和1个手轮（也作为手柄）。其他部件上有10个操纵手柄，操纵手柄随功能部件一起介绍，直接用1、2、3等数字表示。

图2-1-1所示的手柄2是左、右旋螺纹普通螺距和增大螺距选择手柄，该手柄有4个选择位置，分别为左旋螺纹正常螺距、右旋螺纹正常螺距、左旋螺纹扩大螺距和右旋螺纹扩大螺距。该手柄控制一个转动凸轮，控制Ⅸ轴和Ⅹ轴上的齿轮变换啮合关系，可得到4种不同的传动线路，实现4种车螺纹的功能。

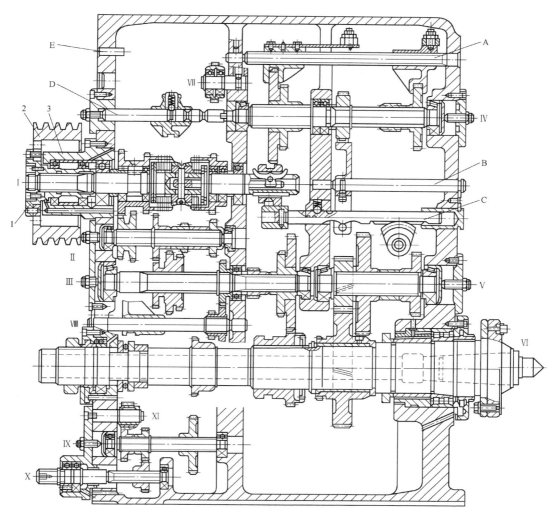

图 2-1-3　CA6140 卧式车床前后两支承主轴箱变速机械传动 P—P 剖面展开图
1—花键套　2—带轮　3—法兰

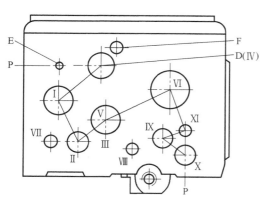

图 2-1-4　主轴箱展开图剖视方向与轴标号

图 2-1-5　主轴箱头部平面上与主轴箱展开
图上对应轴的位置

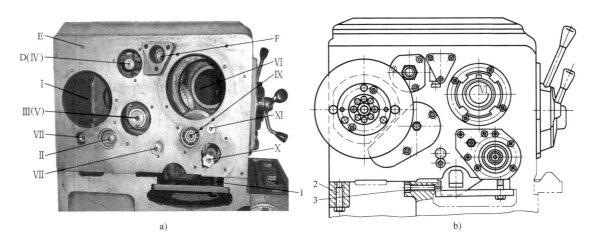

a)   b)

图 2-1-6　主轴箱与床身导轨联接及尾部平面上轴的位置图示

a) 主轴箱尾部平面上与主轴箱展开图对应轴的位置　b) 与床身导轨联接螺栓剖视图

1、2—主轴箱与导轨联接螺栓　3—与图 2-1-25 上 2、3 孔对应调整主轴箱的螺栓

图 2-1-1 所示的手柄 4 为六速选择手柄，即图 2-1-14 上手柄 7，该手柄的 6 个位置实现 6 路传动线路，在Ⅲ轴上得到 6 种转速；图 2-1-1 所示的手柄 3 为四速选择手柄，该手柄的 4 个位置实现 4 路传动线路，从Ⅲ轴传到Ⅵ轴，则手柄 4、3 使得主轴Ⅵ得到 24 级转速。

2. 主轴电动机上 V 带测试、预紧及其拆卸

主轴电动机为 7.5kW，转速 1450r/min 的三相交流电动机，其 V 带预紧机构与图 3-3-1 所示机构类似，当 V 带可能出现故障后，要用图 1-1-31 所示方法测试 V 带预紧程度，可用扳手拧紧图 3-3-1 上螺栓 8 上的两个紧固螺母，使得电机支承板 9 逆时针转动使 V 带预紧；当用扳手拧紧螺栓 8 上的两个紧固螺母，使得电机支承板 9 顺时针转动使 V 带放松。经过测试调整 V 带至合适预紧状态。用扳手拧松螺栓 8 上的两个紧固螺母，使得电机支承板 9 顺时针转动，V 带放松，即可从两个 V 带轮上卸下 V 带。

3. 主轴轴承间隙测试

主轴工作过程中由于轴承磨损，主轴径向跳动、轴向跳动增大，也产生角度摆动误差。测量主轴承轴向间隙的方法如图 2-1-7 所示，将千分表针头接触到主轴端面上，手对主轴施以两个不同方向的轴向力的同时旋转主轴，千分表指针变化在 0.01mm 之内即合格，否则要对主轴轴承进行预紧或拆卸更换主轴轴承。

测量主轴轴承径向间隙的方法如图 2-1-8 所示，将千分表针头接触到主轴半径方向的表面，用撬杠微微撬动主轴，千分表指针变化在 0.05mm 之内，并且撤销撬杠后旋转主轴，主轴径向跳动误差在 0.01mm 之内即合格，否则要对主轴轴承预紧或拆卸更换主轴轴承。

4. 主轴前轴承间隙的预紧

图 2-1-9 所示为 CA6140 普通车床前后两支承主轴组件图，前支承是一个 D 级精度的 3182121 型双列圆柱滚子轴承 2，该轴承内孔有 1:12 的锥度，内环轴向向右移动时径向弹性膨胀，即可调整轴承的径向间隙或预紧程度。拆下车床主轴箱上盖后，拧下固定滤油器上的固定螺栓和六速操纵机构支架固定螺栓，如图 2-1-10 所示，拆下滤油器及其润滑管路，图 2-1-11 所

图 2-1-7 主轴轴向跳动测试方法

图 2-1-8 用撬杠施力测量主轴轴承径向间隙

示为拆下的六速操纵机构和滤油器；用内六角扳手拧松 3182121 型双列圆柱滚子轴承的轴向预紧螺母上的内六角头螺栓，如图 2-1-12 所示；用勾头扳手拧紧 3182121 型双列圆柱滚子轴承的预紧螺母，如图 2-1-13 所示，预紧螺母组件如图 2-1-9b 所示，再用内六角扳手拧紧 3182121 型双列圆柱滚子轴承的轴向预紧螺母上的内六角头螺栓，即可预紧主轴前轴承。

主轴前支承预紧后，用图 2-1-7 所示方法测试轴向窜动，用图 2-1-8 所示方法测试径向跳动及撤销撬杠转动主轴测试轴向跳动和径向跳动均符合前述要求即为合格，否则再预紧后轴承。

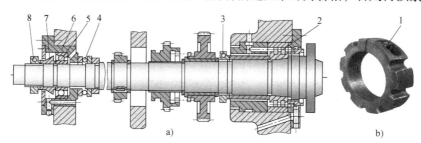

图 2-1-9 CA6140 普通车床主轴组件结构图及预紧螺母组件照片

a）CA6140 普通车床主轴组件结构 b）预紧螺母组件照片

1—预紧螺母上的内六角头螺栓 2—3182121 型双列圆柱滚子轴承 3—前轴承预紧螺母
4—推力轴承 8215 5—角接触球轴承 46215 6—轴承座 7—轴向固定套 8—后轴承预紧螺母

图 2-1-10 用扳手松下滤油器、六速操纵机构
固定支架上的螺栓，卸下滤油器及管路和支架

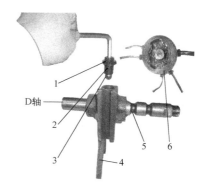

图 2-1-11 D 轴上滑移拨叉和滤油器
1—锁紧螺母 2—压住钢球定位螺栓 3—钢球
4—拨叉 5—D 轴上 V 形环槽 6—滤油器

图 2-1-12　用内六角扳手拧松主轴前轴承
预紧螺母上的内六角头螺栓

图 2-1-13　用勾头扳手拧紧前
轴承预紧螺母

5. 主轴后轴承间隙的预紧

如图 2-1-9 所示，主轴后支承有两个轴承：一个是 D 级精度的 8215 型推力轴承 4，承受向左的轴向力；另一个是 D 级精度的 46215 型角接触球轴承 5，主要承受径向力。

预紧方法如下：同图 2-1-12 所示方法一样用内六角扳手拧松图 2-1-9 中的后轴承预紧螺母 8 上的紧固螺栓，同图 2-1-13 所示方法一样用勾头扳手拧紧后轴承预紧螺母 8，推动轴向固定套 7、轴承 5 的内环向右移动，消除了推力轴承 4 的轴向间隙；拧紧螺母 8 即向后拉主轴，就消除了推力轴承 4 的轴向间隙。主轴后支承预紧后，用图 2-1-7 所示方法测试轴向跳动，用图 2-1-8 所示方法测试径向跳动及撤销撬杠转动主轴测试径向跳动均符合前述要求即为合格，否则再预紧后轴承。前后轴承要交替预紧测试，一直不能满足精度要求就要更换轴承。

6. 滤油器检查清洗

清洗除去图 2-1-11 所示滤油器内的灰尘杂物，并检查滤油器周边小孔是否堵塞，各个润滑管路是否堵塞，保持润滑油畅通，使得润滑正常。

7. 六速操纵机构的测试、维修

轴Ⅱ和轴Ⅲ上滑移齿轮六速操纵机构如图 2-1-14 所示，Ⅲ轴上的三联齿轮和Ⅱ轴上的双联齿轮是用一个六速操纵手柄 7 操纵的，转动六速操纵手柄 7 经过链传动操纵轴 5 就转动，使固定在操纵轴 5 上的六速操纵凸轮 4 和曲柄 3 转动，六速操纵凸轮上有一条封闭曲线槽，槽由两段不同半径的圆弧和直线组成，获得 6 个变速位置，该槽通过杠杆 9 操纵Ⅱ轴上的双联齿轮，两段圆弧各有左、中、右三个位置，使Ⅲ轴上的三联齿轮处于三个位置，而长、短半径又使Ⅱ轴上的双联齿轮处在两个不同位置，这样两套滑移齿轮就得到 6 种组合，在Ⅲ轴上就得到 6 种转速。

六速操纵机构经过长期使用后会出现变速挂挡操作沉重、变速手柄卡滞、变速手柄定位不准确、运转过程中出现脱挡、异响、主轴箱变速手柄杆指向的转速数字不准等故障。参照图 2-1-11 和图 2-1-14，故障及其维修方法如下：

（1）张紧主轴箱变速机构的链条　图 2-1-14a 所示为六速操纵机构原理图，在图 2-1-48 所示在主轴箱上安装两个图 2-1-14b 所示的偏心轮张紧机构，其工作原理如图 2-1-14c 所示。在链传动设计上偏心轮最小半径处于链条张紧方向，当链条松弛时，拧松内六角头螺栓

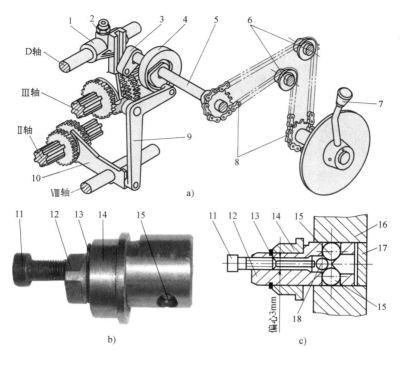

图 2-1-14　轴Ⅱ和轴Ⅲ上滑移齿轮六速操纵机构

a）六速操纵机构原理图　b）链轮张紧偏心轮照片　c）链轮张紧偏心轮原理图

1—D轴上滑移拨叉　2—钢球固定螺栓螺母副　3—曲柄　4—六速操纵凸轮　5—操纵轴　6—链轮两个张紧偏心轮
7—六速操纵手柄　8—链轮链条　9—杠杆　10—拨叉　11—内六角螺栓　12—偏心轴四方端　13—弹簧挡圈
14—链支承同心圆套　15—大钢球　16—主轴箱箱体　17—圆柱堵头　18—小钢球

11，则两个大钢球中心距减小，钢球与主轴箱箱体16的孔壁可相对转动，用扳手转动偏心轴的四方端12，则偏心轴半径稍大的表面转向链条张紧的半径方向，链条得到预紧，之后拧紧内六角头螺栓11，小钢球18挤两个大钢球15增大其中心距，大钢球15与主轴箱箱体16的孔壁挤压在一起，偏心轴12得以固定在主轴箱箱体上。

（2）主轴箱内传动齿轮某一挡或几挡转动噪声大　这是由于主轴箱内传递这一挡或几挡的齿轮有缺陷或变形，或轴承有故障产生了噪声，需要拆下相关的轴，检查齿轮和轴承，进行维修或更换。

8. 制动器的调整、维修与测试

制动器与摩擦离合器及其操纵机构如图2-1-15所示，制动器的功用是在摩擦离合器脱开时制动主轴，其原理如下：按下手柄4时扇形齿轮3逆时针转动，C轴左移摩擦离合器使得Ⅳ轴转动，制动杠杆6的下端置于C轴的右凹槽中，起动杆5最大限度地顺时针转动，制动带2没有对制动轮7施以抱紧力，不产生制动；抬起手柄4时扇形齿轮3顺时针转动，C轴右移摩擦离合器使得Ⅳ轴转动，制动杠杆6的下端置于C轴的左凹槽中，起动杆5也最大限度地顺时针转动，制动带2也没有对制动轮7施以抱紧力，也不产生制动；将手柄4置于中间位置（制动位置）时扇形齿轮3于中间位置，C轴使得摩擦离合器脱开Ⅰ轴停转，制动杠杆6的下端置于C轴的凸起位置上，制动杠杆6最大限度地逆时针转动，制动带2对制动轮7施以抱紧力，即对Ⅳ轴产生制动，即对主轴制动。

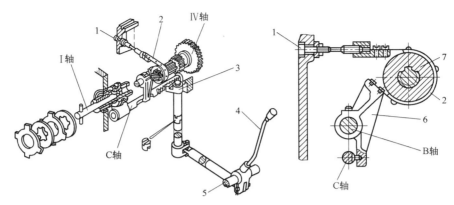

图 2-1-15　制动器与摩擦离合器及其操纵机构
1—图 2-1-25 上制动器预紧内六角头螺栓　2—图 2-1-13 上的制动带　3—扇形齿轮
4—正反转、停转操纵手柄　5—起动杠　6—制动杠杆　7—制动轮

　　将手柄 4 置于中间位置Ⅳ轴制动效果不理想时，可能是由于制动带 2 对制动轮 7 产生的抱紧力不足，可用内六角头扳手预紧内六角头螺栓 1 实行预紧，该螺栓为图 2-1-25 中的 1；检查杠杆 6 下端与 C 轴接触的钢球是否脱落，安装好钢球；当制动不灵敏时，对制动器各个装配联接处进行润滑，检查各个装配件是否磨损松动，进行更换。

　　制动器调整维修后，在主轴以 300r/min 转动时制动，主轴靠惯性转动不超过 3 转即为合格。

（二）片式摩擦离合器的原理、调整

1. 摩擦离合器的工作原理

　　图 2-1-16 所示为 CA6140 普通车床Ⅰ轴上的片式摩擦离合器照片，图 2-1-17 所示为其结构原理图。将位于双联齿轮内部的摩擦离合器称为左摩擦离合器，它靠近带轮；另一个为右摩擦离合器，位于单齿轮内部。如图 2-1-17 所示，设外界给传动轴 10 加顺时针转动，当操纵轴 17 左右运动位于中间位置时，元宝块 3 位于图示正立位置，拉杆 6 经过圆轴 13 使得外螺纹短轴 7 位于中间位置，左右摩擦离合器的内外摩擦片均未受到轴向挤压而处于互不干涉状态，则传动轴的旋转由于花键的作用带动内摩擦片旋转，而内孔没有花键的外摩擦片就不旋转，双联齿轮 9 和齿轮 15 均不旋转。

图 2-1-16　CA6140 普通车床Ⅰ轴上摩擦离合器照片
1—传动轴　2—左摩擦离合器定位销　3—外螺纹短轴

　　当操纵轴 17 向左运动时，滑块 5 推动元宝块 3 绕定位销 4 逆时针转动，推动拉杆 6 向右运动，通过圆轴 13 拉动外螺纹短轴 7 向右轴向压紧右摩擦离合器的摩擦片，内外摩擦片

轴向挤压在一起，内孔有花键的内摩擦片随传动轴旋转就带动外摩擦片一起旋转，齿轮15就随传动轴10一起旋转。因左摩擦离合器的内外摩擦片没有受到轴向挤压，则双联齿轮9就不随传动轴10旋转。

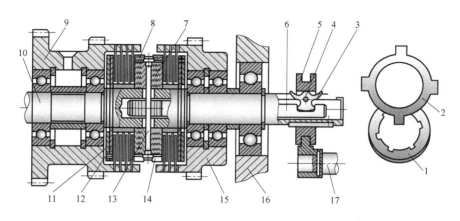

图2-1-17　摩擦离合器工作原理结构图

1—内摩擦片　2—外摩擦片　3—元宝块　4—定位销　5—滑块　6—拉杆　7—外螺纹短轴
8—左摩擦片预紧螺母套　9—双联齿轮　10—传动轴（即图2-1-15上的Ⅰ轴）　11、12—止推片
13—圆轴　14—右摩擦片预紧螺母套　15—齿轮　16—箱体　17—操纵轴（即图2-1-15上的C轴）

同理，当操纵轴17向右运动时，滑块5推动元宝块3绕定位销4顺时针转动，推动拉杆6向左运动，通过圆轴13推动外螺纹短轴7向左轴向压紧左摩擦离合器的摩擦片，内外摩擦片轴向挤压在一起，内孔有花键的内摩擦片随传动轴旋转就带动外摩擦片一起旋转，双联齿轮9就随传动轴10一起旋转。因右摩擦离合器的内外摩擦片没有受到轴向挤压，则齿轮15就不随传动轴10一起旋转。

摩擦离合器靠内外摩擦片之间的摩擦力传递转动和转矩，还能起过载保护的作用，当机床过载时，摩擦片打滑，就可避免损坏机床。

2. 摩擦离合器调整

当摩擦片磨损后，内外摩擦片之间的轴向压力减小，摩擦力减小，摩擦片就容易打滑，图2-1-17所示齿轮9和15的实际转速低于传动轴10的转速，这时需要压缩内外摩擦片的轴向间隙，称为摩擦片预紧；反之当内外摩擦片轴向间隙比较小时，就起不到过载保护的作用，这时就需要增大内外摩擦片的轴向间隙，称为摩擦片放松。上述操作统称为摩擦离合器调整。

（1）调整方法　如图2-1-16所示，对左摩擦离合器而言，在外螺纹短轴上有一个半径方向有弹性的定位销2，用窄的薄铁片贴在上端面按下定位销2时，就可以转动图2-1-17上的左摩擦片预紧螺母套8，使其向左轴向运动是预紧，而向右轴向运动是放松，调整后要让定位销2弹出重新进入螺母套的缺口内，以防止螺母在工作过程中松脱。同理，对右摩擦离合器也有一个半径方向的弹性的定位销，调整方法相似，只是转动图2-1-17上的右摩擦片预紧螺母套14，使其向左轴向运动是放松，而向右轴向运动是预紧。在CA6140普通车床上用工具即可预紧左右摩擦离合器，如图2-1-18和图2-1-19所示。

图2-1-18所示为调整左摩擦离合器，左手握住图2-1-30所示工具1用头部压住定位销

边上的台阶面，右手握住平口螺钉旋具推动螺母套按图示向左轴向运动为预紧摩擦片；向右轴向运动为放松摩擦片。

图 2-1-19 所示为在主轴箱调整右摩擦离合器，右手握住图 2-1-30 所示工具 1 用头部压住定位销边上的台阶面，左手握住平口螺钉旋具推动螺母套按图示向左轴向运动为放松摩擦片；向右轴向运动为预紧摩擦片。

螺母套预紧方向 ◄——— ——► 螺母套放松方向　　　螺母套放松方向 ◄——— ——► 螺母套预紧方向

图 2-1-18　用工具预紧左摩擦离合器片　　　图 2-1-19　用工具预紧右摩擦离合器片

（2）调整要求及出现的问题　正反转两组摩擦离合器调整好后，使机床主轴高速运转一段时间，要求正反转起动迅速，在主轴正转、反转和停车状态下离合器不得有过热甚至冒烟现象，若出现则调整不当需重新调整，如反复调整达不到要求，一般为操纵机构中的零件磨损导致外螺纹短轴套行程不足，使离合器摩擦片不能充分地压紧和分离。这种情况在实际生产中多为元宝块出现磨损引起。解决的方法是拆卸下元宝块定位销，如图 2-1-36 所示；也可以更换新的元宝摆块或者采用电焊修补磨损处再修磨使用，如图 2-1-37 所示。

（三）摩擦离合器轴的拆卸、测试、维修与组装

摩擦离合器因磨损、变形等可能导致精度下降，产生打滑，摩擦力减小，当摩擦片磨损严重时需要更换，这时就要拆卸下来图 2-1-3 所示的Ⅰ轴，拆卸步骤如下。

1. 拆卸具有卸荷作用的 V 带轮和安装法兰

如图 2-1-3 左上部 V 带轮部分，带轮 2 与花键套 1 用螺钉联接成一体，支承在法兰 3 内的两个向心球轴承上，法兰 3 固定在主轴箱体上，这样带轮 2 通过花键套 1 带动轴Ⅰ旋转，而 V 带的拉力则经轴承和法兰 3 传递至箱体，轴Ⅰ的花键部分只传递转矩而不承受径向力，这就避免了因 V 带的拉力使轴Ⅰ产生弯曲变形，这就是具有卸荷作用的 V 带轮结构。

用内六角头螺栓等工具取下图 2-1-50 上 V 带轮固定端盖 9，再如图 2-1-20 所示用顶拔器拆卸下 V 带轮。

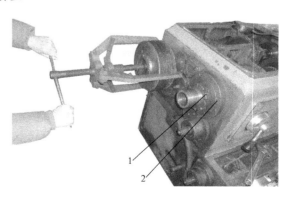

图 2-1-20　用顶拔器拆卸下来 V 带轮
1—主轴后轴承预紧螺母　2—轴承座，有 4 个
固定用内六角头螺栓，两个启盖螺栓孔

如图 2-1-21 所示用内六角扳手卸下法兰上的 3 个固定螺栓 1，再拧上两个启盖螺栓 2 顶起法兰，再如图 2-1-22 所示用顶拔器拆卸下法兰。

图 2-1-21　用内六角扳手卸下 3 个固定螺栓　　　图 2-1-22　用顶拔器卸下法兰
1—三个固定用内六角头螺栓　2—两个启盖螺栓孔

2. 拆卸变速操纵轴 A

如图 2-1-23 所示，在主轴箱安装自定心卡盘的一侧，用拉销器卸下图 2-1-3 中的 A 轴，拆卸前在该轴与箱体孔配合部位滴入润滑油润滑，拆卸过程中卸下该轴上的齿轮拨叉等零件。

图 2-1-23　用拉销器卸下图 2-1-3 中的 A 轴，卸下该轴上的齿轮拨叉等

3. 拆卸变速操纵轴 B

如图 2-1-24 所示，在主轴安装自定心卡盘一侧，用拉销器卸下图 2-1-3 中的 B 轴，拆卸前在该轴与箱体孔配合部位滴入润滑油润滑，拆卸过程中卸下该轴上的齿轮拨叉等零件。

4. 拆卸摩擦离合器

如图 2-1-25 所示，在主轴箱安装自定心卡盘一侧，把铜棒从主轴箱 B 轴孔插入，并在

图2-1-24 用拉销器卸下图2-1-3中的B轴，卸下该轴上的齿轮拨叉等

摩擦离合器轴承与箱体孔配合部位滴入润滑油便于拆卸，用铁锤向带轮方向敲击铜棒顶出摩擦离合器，另一维修人员抬起摩擦离合器另一端，使得拆卸过程中摩擦离合器轴心线与安装孔轴线重合，即可从主轴箱中卸下摩擦离合器，如图2-1-16所示。

5. 摩擦离合器的拆开、测试、维修与组装

摩擦离合器使用一段时间后，因磨损、变形等导致精度下降，产生打滑，摩擦力减小，预紧摩擦片也不能正常工作时就必须进行拆卸、测试，调整精度或更换摩擦片等。一般情况下只有内、外摩擦片容易磨损需要更换，拆卸时要从双联齿轮那端拆出，单个齿轮若无故障就不需要拆卸。

（1）拆卸 对照图2-1-16和图2-1-17进行拆卸，步骤如图2-1-26至图2-1-36所示，拆卸后按顺序摆放零件，如图2-1-35所示。当元宝块出现磨损、变形、运动不顺畅等故障时，可按图2-1-36所示拆下定位销和元宝块，如图2-1-37所示进行维修。

图2-1-25 把铜棒插入A轴箱体孔，用铁锤敲击铜棒顶出摩擦离合器

1—制动器预紧内六角螺栓 2、3—调整左右两孔中螺栓可使主轴箱在水平面内转动（见图2-1-6） 4—电气控制柜门

图2-1-26 用锤子敲击铜棒卸下双联齿轮

图2-1-27 卸下双联齿轮后用平口螺钉旋具拧下止推片上的螺钉

图2-1-28 轴向拆下来两个止推片后，
再拆下来内外摩擦片

1、4—止推片 2—止推片联接螺钉 3—内外摩擦片

图2-1-29 轴向拆下来两个内外止推片和
双联齿轮内外摩擦片后的情况

图2-1-30 用左手握住金属片压住弹簧
销，右手旋转下来一个摩擦片预紧螺母套

1—用0.7mm厚铁片做的压定位销工具左
端宽度6mm 2—带弹簧的定位销

图2-1-31 用右手握住金属片压下另
一个弹簧销，左手旋转另一个摩擦片
预紧螺母套至不影响卸下来圆轴为止

图2-1-32 用锤子敲击冲子
卸下外螺纹短轴的圆轴1

图2-1-33 用锤子敲击铜棒顶住预紧
螺母套卸下外螺纹短轴，防止损坏螺纹

图2-1-34 卸下外螺纹短轴和摩擦片，单个
齿轮及内部两片止推片若没有故障就不要拆卸

图2-1-35 拆卸后按拆卸顺序零部件组成情况

（2）测试、维修 拆下摩擦离合器后，凭目测检查内外摩擦片的磨损情况进行维修，若磨损较大或变形较大就需要更换摩擦离合器；若磨损较轻可对摩擦片双面进行喷砂或喷丸处理，增大摩擦力，磨损严重时更换摩擦片。

图 2-1-36　用冲子冲出元宝块定位销

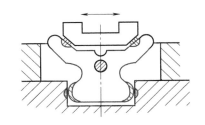

图 2-1-37　元宝块磨损需要焊接锉修

（3）摩擦离合器的组装　组装步骤与拆卸步骤顺序正好相反，组装应注意的几个问题如下。

1）向单个齿轮里顺序组装摩擦片，注意第一片摩擦片一定是内摩擦片，再装外摩擦片依次间隔装入其余外、内摩擦片。

2）两组摩擦片安装好后要检查内外摩擦片叠放顺序，每组摩擦片两端都是内摩擦片，即安装时第一片和最后一片都是内摩擦片。

3）安装摩擦片轴向定位挡板和锁紧挡板螺钉时要注意挡板上的销孔和销子要配合好，方法是先安装带销孔的挡板在花键轴环形槽内，然后转过一个花键齿角度，再安装带销子的挡板，使花键上销孔和销子和配合到位。

4）离合器双联齿轮安装时不要漏装止推片上的螺钉。

（四）主轴箱的拆卸、测试、维修与组装

在拆下了滤油器、六速操纵机构，以及图 2-1-3 所示的 A、B、I 轴后，就可以拆卸主轴了，拆卸主轴箱步骤如下。

1. 拆下主轴后轴承座

如图 2-1-12 所示，用内六角扳手把图 2-1-9 所示主轴后轴承预紧螺母 8 上的紧固螺栓拧松后，如图 2-1-38 所示用勾头扳手卸下预紧螺母 8，再如图 2-1-39 所示用内六角扳手把主轴后轴承座上的 4 个紧固螺栓拧下来，再用两个启盖螺栓拔出主轴后轴承座，主轴后端的46215 型角接触球轴承就在轴承座内部，必要时用顶拔器拆卸轴承。

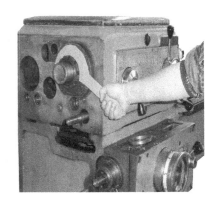

图 2-1-38　拧下预紧螺母上的紧固螺栓后
用勾头扳手卸下预紧螺母

图 2-1-39　拆下固定螺栓 1 后用两个
启盖螺栓 2 顶出轴承座

2. 拆下主轴后端的推力轴承盖

如图 2-1-40 所示，用锤子敲击铜棒把主轴后端的 8215 推力轴承的后侧轴承环向后拆卸，边拆边转动主轴，拆卸至适当位置后用顶拔器拆卸下来该推力轴承，如图 2-1-41 所示。

图 2-1-40　用锤子敲击铜棒把推力轴承固定环外推　　图 2-1-41　用顶拔器卸下推力轴承固定环

3. 用卡簧钳卸下主轴上三个卡簧

如图 2-1-42 所示，用卡簧钳把主轴上 3 个轴用卡簧从槽中拔出向主轴尾部移动，轴上的其他零件也向轴尾方向移动。

4. 拆卸主轴

如图 2-1-43 所示，用方木垫在主轴尾部，用比较大的锤敲击方木，敲击前用木头垫起主轴尾部，使轴线与主轴孔重合，另一操作者要注意把卡簧和轴上的零件向轴尾方向拨动，直到卸下来主轴。主轴拆卸下来后，把卡簧、轴上的零件再组装到主轴上，组装后主轴如图 2-1-44 所示，组装后主轴箱如图 2-1-45 所示。

图 2-1-42　用卡簧钳将主轴上 3 个弹性　　　　图 2-1-43　在主轴尾部垫方木，用锤击方木
挡圈从卡槽中向轴外圆上退出　　　　　　并不断向轴尾方向移动卡簧、齿轮等零件

（五）其他变速传动轴的拆卸、轴承预紧、维修

1. 变速传动轴上轴承的预紧

如图 2-1-3 所示，其他变速传动轴上的轴承大都是圆锥滚子轴承，其预紧方式大都是用图 1-1-42b 所示的螺钉调整法预紧结构，图 2-1-6 所示的 V 轴就是这种预紧结构，调整方便，在此不一一详述。

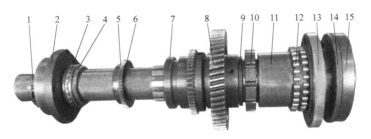

图 2-1-44　拆卸下来的主轴再组装上有关零件

1—主轴尾部轴承预紧螺母　2—内有角接触轴承的轴承座　3—止推轴承　4—套　5—传动齿轮　6—卡簧（主轴上共3个）
7—滑移内齿轮离合器　8—外齿离合器齿轮　9—套　10—双列滚子轴承预紧螺母　11—轴套
12—内孔锥面双列滚子轴承　13—轴承盖及密封圈　14—自定心卡盘紧固环　15—主轴

图 2-1-45　拆卸下来摩擦离合器和 A 轴、B 轴及其拨叉主轴组件后的主轴箱照片

1—两个链条预紧偏心轴组件　2—链条　3—主轴大头孔　4—交换齿轮　5—摩擦离合器轴承安装孔

2. 变速传动轴的拆卸

前述拆卸下来Ⅰ、A、B 和Ⅵ轴之后，其他变速操纵轴比较容易拆卸，也大都用拉销器拉出即可；而其他变速传动轴大都用图 2-1-23 所示的拉销器拆卸，按零部件种类顺序为：拆卸轴承盖，用卡簧钳从槽中移去卡簧，拆卸变速操纵轴，拆卸变速传动轴。两类轴基本没有特定的拆卸顺序，只要不影响拆卸即可，建议拆卸顺序如下。

对 C 轴取下销子和扇形齿轮，用拉销器拉出；对于 D 轴拆下轴向预紧盖和螺栓后，如图 2-1-11 所示用扳手钳住轴端平面转动即可卸下；E、F 轴用于安装支承润滑件，不必拆卸。可按顺序对Ⅺ、Ⅹ、Ⅸ、Ⅲ、Ⅷ、Ⅶ 和Ⅱ、Ⅳ和Ⅵ轴拆卸，拆卸前先用卡簧钳取下卡簧、配合部位滴上润滑油，再用拉销器拉出轴。

在拆下变速操纵轴 D 取下拨叉后，如图 2-1-46 所示用卡簧钳取下卡簧，如图 2-1-47 所示用拉销器拆卸下Ⅲ轴，用锤子敲击铜棒顶出Ⅲ轴中间的单列向心球轴承，如图 2-1-48 所示，拆卸下Ⅲ轴的零件组装后如图 2-1-49 所示。

（六）变速操纵轴和变速传动轴的组装

1. 组装前的准备工作

对轴上的零件进行检查、维修、更换后可用煤油、柴油、汽油或专用清洗剂等清洗零

图 2-1-46　用卡簧钳取下Ⅲ轴上的卡簧

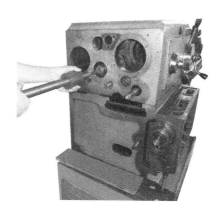

图 2-1-47　用拉销器拆下Ⅲ轴

两个偏心轮

图 2-1-48　用锤子敲击铜棒顶出箱体内
的单列向心球轴承

图 2-1-49　拆卸下来的Ⅲ轴
及其零件组装在一起

件，清洗后零件不允许再用棉纱擦拭，应该悬挂晾干，安装现场保持干净不要在有粉尘的环境中装配，使用相应的安装工具。对于磨损严重的轴承、齿轮等零件应更换后再组装。

2. 组装时的注意事项

组装前要熟悉零件的装配顺序，有相对运动的零部件要涂抹黄油或全损耗系统用油（机油）后再装配，如轴承套与轴颈配合、花键轴与滑移齿轮配合等。严禁用铁锤直接击打零部件，对于圆锥轴承内圈可涂抹黄油后安装于外圈内防止内圈掉出，正确有效使用安装工具。

3. 组装步骤

组装步骤基本上与拆卸顺序相反，但组装难度较拆卸大且耗时多，一般情况下组装时间为拆卸时间的 2 ~ 3 倍，组装需要更大的细心和耐心，避免盲目组装引起返工浪费时间。

（七）组装过程中的精度测试、调整与维修

1. 主轴轴承间隙调整检验

主轴组件组装完成后需要调整轴承间隙，调整步骤如下。

1）先调整后轴承间隙防止主轴任意轴向移动影响前轴承调整准确性。

2）用图 2-1-13 所示方法，用勾头扳手拧紧主轴后端圆螺母，调整时可用千分表触及主轴前端轴肩支承面，并适当用力前后推动主轴，轴向间隙应在 0.01mm 内，用手转动主轴应灵活无阻滞。

3）用图 2-1-12 所示方法，用内六角扳手拧松开调整圆螺母上的锁紧螺栓，用勾头扳手拧紧圆螺母使前轴承内圈相对轴颈向前移动，使内圈产生微量的膨胀减小轴承径向间隙。调整后可用图 2-1-8 所示的测试方法，用撬杠向上微微撬动主轴前端，再用千分表测量轴承径向间隙不得大于 0.05mm 即可。

4）前后轴承调整完毕后拧紧主轴前后圆螺母锁紧螺钉，并用木槌分别敲击主轴前后端面，使各轴承预紧力均匀，再测试前后轴承间隙是否符合要求。

2. 各传动轴轴承间隙调整

主轴箱内传动轴 Ⅱ、Ⅲ、Ⅳ、Ⅴ 均采用圆锥滚子轴承，该车床上这些圆锥滚子轴承的间隙调整均采用图 1-1-42b 所示原理，在此不再详述。

3. 双向多片式摩擦离合器的调整

主轴箱内的摩擦离合器太松，使机床功率不能充分发挥，实际转速低于铭牌上规定的转速，开车时起动慢。如果摩擦离合器太紧，则开车时费力，甚至会损坏操纵机构中的零件，或者离合器片被烧坏。

4. 常见故障及维修

与主轴箱有关的常见故障现象、产生原因及排除方法见表 2-1-1。

表 2-1-1　主轴箱常见故障现象、产生原因及排除方法

序号	故障现象	产生原因	排除方法
1	主轴箱运转时发出尖叫声	(1)严重缺油,轴承干磨 (2)轴承损坏	(1)清洗加油 (2)更换轴承
2	主轴箱冒烟	(1)离合器调得过紧 (2)轴承磨损温度高	(1)重新调整离合器,烧坏的应予以更换 (2)更换轴承和润滑油,改善润滑条件
3	切削时产生颤动	(1)主轴轴承径向间隙过大 (2)主轴后轴承支承面与主轴轴线不垂直 (3)主轴轴颈与轴承内圈配合不良 (4)主轴上安装主轴轴承的内孔圆度超差	(1)调整主轴轴承径向间隙 (2)修正主轴后轴承的支承面达到垂直度要求 (3)检查接触情况,其接触面不低于80% (4)修复精度,保证与轴承配合过盈量
4	强力切削时主轴转速低于铭牌上的数值或是明显下降至停车	(1)摩擦离合器调整过松或磨损 (2)操纵手柄结合处间隙过大、松动 (3)操纵离合器的拨叉或杠杆磨损 (4)主轴箱内滑移齿轮定位失灵,使齿轮脱开 (5)电动机传动带调整过松	(1)调整摩擦片的间隙、更换或修理磨损的摩擦片 (2)消除间隙 (3)修复磨损部位,严重的予以更换 (4)加大定位件的弹簧预紧力 (5)调整传动带松紧度
5	精车后的工件轴向圆跳动超差	(1)主轴轴向游隙或轴向窜动较大 (2)主轴后推力轴承损坏	(1)调整主轴轴向窜动 (2)更换推力轴承或修复支承面对孔的垂直度
6	圆柱工件加工后产生圆度误差	(1)主轴轴承间隙过大 (2)主轴轴颈圆度误差过大 (3)主轴箱主轴轴承圆度误差过大 (4)主轴箱主轴轴承孔和主轴轴承配合间隙过大 (5)卡盘法兰内孔与主轴轴承配合间隙过大,主轴螺纹配合松动	(1)调整主轴轴承的间隙,滚动轴承一般是 0.005～0.01mm (2)修复主轴轴颈 (3)用压套或无槽镀镍等方法修复主轴孔的圆度误差 (4)修复主轴孔和轴承配合精度 (5)重新配制法兰盘

（续）

序号	故障现象	产生原因	排除方法
7	精车外圆时圆周表面有混乱的波纹	（1）主轴的轴向窜动太大 （2）主轴轴承滚道磨损 （3）主轴轴承与孔的配合间隙过大	（1）调整主轴后推力轴承的间隙 （2）更换主轴轴承 （3）修复主轴轴承安装孔径，保证配合精度

三、任务要点总结

本任务论述了主轴箱常出现的故障现象，故障测试、调正、拆卸与组装以及基本工具的使用方法，为维修其他机电设备打下良好的基础。主轴轴承间隙的调整是典型的调整维修工作，掌握后可应用于其他类型的机床主轴调整；摩擦离合器的调整是车床中经常遇到的问题，这部分工作时易出现故障，掌握其调整要领对操作和维修机床很有帮助；制动器和传动带也是车床经常调整的内容，应熟练掌握。

通过本任务实训，熟悉相关知识点的原理、操作工具、操作技能和测试方法，能够举一反三。触类旁通地掌握其他类似机电设备的拆装与调整维修。

四、思考与训练题

1. 在 CA6140 普通车床上实施摩擦离合器的调整实训，并扳动操纵杠。
2. 简述主轴轴承间隙调整步骤，请现场操作。
3. 简述制动器的调整方法，请现场操作。
4. 根据图 2-1-14 调整链轮张紧偏心轮，观察链条松紧程度对变速的影响。

任务2　CA6140普通车床交换齿轮和进给箱的拆装、测试调整与故障维修

知识点：
- 交换齿轮、进给箱的结构原理，拆装顺序和拆装方法。
- 交换齿轮、进给箱的调整方法，常见故障及其维修方法。

能力目标：
- 掌握交换齿轮、进给箱机械部分的拆装操作方法。
- 掌握交换齿轮、进给箱机械部分的测试，故障诊断与维修。

一、任务引入

图 2-1-50 所示主轴箱中Ⅺ轴的转动通过交换齿轮传递给进给箱，交换齿轮是联接主轴箱和进给箱传递转动的一组齿轮。图 2-1-50 中，交换齿轮 A 有两个，交换齿轮 B 有一个，交换齿轮 C 有两个，这 5 个模数相等的齿轮，齿数各为 64、63、100、97 和 75，两个齿轮同轴做成一体可以反向安装，这 5 个交换齿轮的组合能实现的加工功能在螺距、进给量选择表 5 中已表达清晰，见表 2-1-2。

如图 2-1-50 所示，手轮 2 称为基本组传动比选择手轮，该手轮在圆周方向有 8 个选择位置，对应基本组 8 种传动比；手柄 3 有 A、B、C、D 四个选择位置；手柄 4 有Ⅰ、Ⅱ、

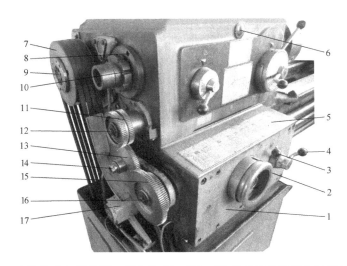

图 2-1-50　交换齿轮与进给箱，齿数为 63、100、97 的交换齿轮啮合加工外圆和端面

1—进给箱前面盖　2—基本组传动比 8 位置选择手轮　3—四位置 A、B、C、D 进给量选择手柄
4—五位置 Ⅰ、Ⅱ、Ⅲ、Ⅳ、Ⅴ选择手柄　5—螺距、进给量选择表　6—油窗　7—V 带轮　8—主轴后轴承座
9—Ⅰ轴上 V 带轮固定端盖　10—主轴后轴承预紧螺母　11—交换齿轮 A　12—X 轴上齿轮固定端盖　13—交换齿轮 B
14—Ⅸ轴上齿轮固定端盖　15—交换齿轮 C　16—ⅡX 轴上齿轮固定端盖　17—润滑油泵

Ⅲ、Ⅳ和Ⅴ五个位置，手轮 2、手柄 3 和手柄 4 再加上交换齿轮 A、B、C 的很多组合，就可以获得很多不同的螺距或进给量，极大地满足了该车床多螺距、多进给量的需要。

图 2-1-1 所示主轴箱上手柄 2 与图 2-1-50 上交换齿轮 A、B、C 和进给箱上手柄 2、3、4 联合使用，即可获得车削左、右旋螺纹的种类和导程，并获得所需的各种纵、横向机动进给量。如纵向车削外圆取进给量选择 0.36mm 时，查图 2-1-50 所示螺距、进给量选择表 5，设置方式如下：图 2-1-1 所示手柄 2 选在右旋普通螺距位置；选交换齿轮 A = 63 个齿、B = 100 个齿、C = 75 个齿；手轮 2 选位置 2；手柄 3 选位置 A；手柄 4 选位置Ⅲ，同时还需要将图 2-1-80 中开合螺母手柄 6 向上提使螺母张开，快速进给手柄 5 推向轴向进给方向 4，即主轴每转一转车刀轴向进给 0.36mm，以此参数车削外圆。

如车削右旋导程为 2mm 的螺纹时查图 2-1-50 所示螺距、进给量选择表 5，设置如下：图 2-1-1 所示手柄 2 选在右旋普通螺距位置；选交换齿轮 A = 63 个齿、B = 100 个齿、C = 75 个齿；手轮 2 选位置 3；手柄 3 选位置 B；手柄 4 选位置Ⅱ。

车削非标准螺纹或蜗杆时，需要计算新增交换齿轮的齿数，才能满足非标准螺纹加工，所以交换齿轮和进给箱是主运动向进给运动、加工螺纹传递动力必然联系的两个部件，其齿轮间隙调整、零部件损坏、轴承间隙等都影响传动精度，进给箱中的轴弯曲、车削螺纹时螺距不均匀及乱扣等故障都与交换齿轮和进给箱故障有关，需进行测试、拆装、调整与故障维修。

表 2-1-2　交换齿轮齿数选择表

加工米制、寸制螺纹	加工径节制和模数制螺纹	加工外圆和端面
8 轴上的齿轮选 63 齿 10 轴上的齿轮选 100 齿 12 轴上的齿轮选 75 齿	8 轴上的齿轮选 64 齿 10 轴上的齿轮选 100 齿 12 轴上的齿轮选 97 齿	8 轴上的齿轮选 63 齿 10 轴上的齿轮选 100 齿 12 轴上的齿轮选 75 齿

二、任务实施

（一）交换齿轮的拆卸与齿轮啮合间隙的调整

1. 拆卸交换齿轮

加工零件后根据表2-1-2拆卸、更换交换齿轮，图2-1-51所示为加工外圆和端面时用齿数为63、100、97的交换齿轮，今要加工模数制和径节制螺纹，就要如图2-1-51所示用扳手拧下交换齿轮端固定螺栓和挡圈，拆下交换齿轮后的照片如图2-1-52所示，交换齿轮架如图2-1-53所示，组装调试成图2-1-54所示啮合齿数为64、100、97的交换齿轮。

图2-1-51　用扳手拧下三个交换齿轮
轴端齿轮固定螺栓和挡圈

图2-1-52　拆下交换齿轮留下交换齿轮架和固定螺栓
1—交换齿轮架上交换齿轮B安装固定螺栓长条孔　2—交换齿轮架
3—X轴　4—交换齿轮架旋转固定螺栓副

2. 交换齿轮间隙调整

图2-1-54所示为安装齿数为64、100、97的齿轮照片，在X、Ⅻ轴上安装好齿轮后注意先把轴端上的挡圈和固定螺栓用扳手拧紧牢固，之后用一根方木一端顶起交换齿轮B，一人用脚踩下另一端使交换齿轮B的受力方向F在A、C两交换齿轮之间，确保交换齿轮B与A、C充分接触啮合没有间隙，另一人左、右手各握一个活扳手和套筒扳手，分别拧交换齿轮B专用固定螺栓和交换齿轮架固定螺栓上的螺母，注意左手随着固定螺母的转动不断变

图2-1-53　交换齿轮架及挂轮B固定
专用螺栓装配在一起

图2-1-54　消除交换齿轮啮合间隙的安装方法

换扳手正反面，使得专用固定螺栓的受力方向 F 也大致在交换齿轮 A 和 C 轴之间，进一步使得交换齿轮 B 与 A、C 啮合而无间隙，并且在用左手拧紧交换齿轮 B 轴端固定螺母且不松开左手的情况下，右手握住套筒扳手向 F 方向施力拧紧交换齿轮架上的固定螺母，这种安装方法使得三个交换齿轮充分啮合而没有间隙。

在加工过程中，当三个交换齿轮有啮合间隙时影响加工精度，也可用图 2-1-54 所示方法安装交换齿轮，消除齿轮啮合间隙。

（二）进给箱的调整、拆卸顺序及其注意事项

当进给箱在工作过程中轴承间隙增大，影响加工精度时，需要调整轴承间隙；当有图 2-1-55 所示的齿轮断齿、轴承磨损等严重等故障时，需要拆卸交换齿轮箱更换轴承或齿轮等。

用内六角扳手拧下图 2-1-50 所示进给箱前盖上的螺栓，用拉销器拆下内螺纹锥销，轻轻取下进给箱前盖，如图 2-1-56 所示。图 2-1-57 所示为 CA6140 普通车床进给箱装配图，进给箱机械传动零件照片如图 2-1-58 所示，有 9 个滑移齿轮与图 2-1-56 所示前盖上的 6 个拨块、3 个拨叉——对应装配，该照片与图 2-1-2 左下角进给箱部分传动原理图形成一一对应的关系，表达内容完全一致。

图 2-1-55　进给箱内齿轮断齿

图 2-1-56　拆卸下来的进给箱前面盖背面
1—滑移齿轮移位拨块 6 个　2—杠杆　3—滑移齿轮拨叉 3 个　4—齿轮

1. XII 轴、XIV 轴、XVII 轴和 XVIII 轴轴承间隙的测试、调整

从图 2-1-57 所示的进给箱装配图看出，XII 轴、XIV 轴、XVII 轴和 XVIII 轴轴线在一条直线上，并且右端与 T 形丝杠相连，承受比较大的轴向力，尤其是加工螺纹时这四根轴上轴承间隙对螺距影响很大，所以必须测试、调整轴承间隙。

如图 2-1-59 所示，在 XVIII 轴右端面安装千分表，用十字螺钉旋具插入轴端销孔中分别施以正反方向力矩旋转 XVIII 轴，轴向跳动不超过 0.01mm 为合格，否则就调整轴承轴向间隙，且旋转 XVIII 轴松紧适度，否则就要调整 XII 轴左端的预紧机构，或更换 XVIII 轴两个推力轴承。

右端 XVIII 轴机械零件结构如图 2-1-60 所示，内齿轮离合器 M_5 与 XVIII 轴为一体，用勾头扳手拧紧两个十字螺母，同时预紧推力轴承 1 和端盖内孔内的推力轴承 4，即调整两个推力轴承的反向间隙，这两个轴承承受 T 形丝杠左右方向的力，其轴承间隙直接引起螺距误差。

从图 2-1-57 所示进给箱装配图和图 2-1-61 所示 XII 轴机械结构图可以看出，用圆螺母端孔活勾扳手拧紧图 2-1-61 上轴承预紧外螺纹端盖 1 就能调整轴承间隙，并且能够调整轴 XIV、XVII 两端轴承的间隙。

在拆卸过程中若圆锥滚子轴承滚动体脱落，就在滚动体保持架上抹上黄油，将圆锥滚子逐一放入保持架孔内用黄油粘住，放入轴承内环，就可装配到轴上，如图 2-1-62 所示。

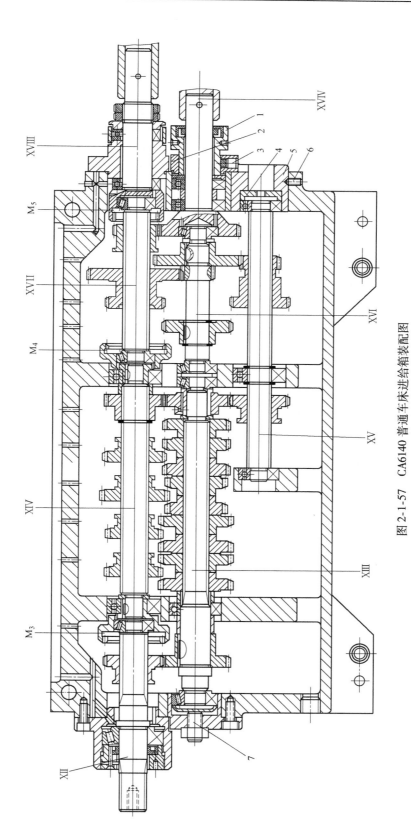

图 2-1-57　CA6140 普通车床进给箱装配图

1—左端有外螺纹右端有密封圈的套　2—有内孔螺纹的轴承盖　3—套 1 周向定螺母　4—轴承外环调整盖
5—起动杠安装套　6—轴向固定螺钉　7—类似于图 1-1-42b 所示的轴承轴向游隙螺钉调整机构

图 2-1-58　CA6140 普通车床进给箱机械传动零件照片

图 2-1-59　CA6140 普通车床 XVIII 轴轴向跳动测试方法

图 2-1-60　XVIII 轴机械零件结构

1—推力轴承　2—密封垫片　3—装配联接螺栓　4—端盖内孔的推力轴承　5—预紧套　6—两个预紧螺母

2. XII 轴、XIV 轴、XVII 轴和 XVIII 轴的拆卸

当 XII 轴、XIV 轴、XVII 轴和 XVIII 轴的齿轮断齿或轴承磨损严重时要拆卸更换零件，需要拆卸下这四根轴，再拆卸轴上的零件。拆卸这四轴的顺序如图 2-1-63 ～ 图 2-1-68 所示。

如图 2-1-65 所示，拆下 XVII 轴，再拆下图 2-1-50 所示的交换齿轮 11 就是图 6-1-2 所示车床数控改造用的方案。

图 2-1-61 XII 轴机械零件结构

1—轴承预紧外螺纹端盖 2—离合器 M₃ 外齿轮 3—圆锥滚子轴承

图 2-1-62 在滚子保持架上涂黄油，圆锥滚子粘在保持架上

图 2-1-63 用拉销器拆下图 2-1-57 所示 XII 轴

图 2-1-64 用卡簧钳子从全部轴的卡簧槽中移出全部卡簧

图 2-1-65 拧下图 2-1-57 所示固定螺母 3 后，用锤子敲击铜棒顶下 M₅，卸下 XVIII 轴

图 2-1-66 在 XVIII 轴即将拆卸下来时就能自动取下 XVII 轴

3. XIII 轴、XVI 轴和 XVIV 轴上轴承间隙的测试、调整

从图 2-1-57 所示的进给箱装配图看出，XIII 轴、XVI 轴和 XVIV 轴的轴线在一条直线上，并且右端与光杠相连，虽然承受的轴向力比 T 形丝杠小，但三轴上轴承间隙也需要测试、调整，否则零件磨损快，正反转工作不稳定，也在一定程度上也影响加工精度。

图 2-1-67　拆卸下来的 XVII 轴及内齿轮离合器 M_4

图 2-1-68　用冲子卸下联轴器 M_4，再用锤子敲击铜棒向右顶出 XIV 轴

轴 XIV 轴向跳动测试方法同图 2-1-59 一样，轴向跳动误差不超过 0.02mm 为合格，否则就调整轴承轴向间隙，且旋转 XIV 轴松紧度适中，若达不到要求就更换两个角接触球轴承。

如图 2-1-57 所示，XIV 轴右端有一内孔螺纹轴承盖 2，用平口螺钉旋具松开固定螺母 3，用勾头扳手旋转轴向预紧件 1 即可轴向预紧两个角接触球轴承。XIV 轴左端有类似于图 1-1-42b 所示的轴承预紧结构，调整该预紧结构，即可调整 XIII 轴、XVI 轴和 XIV 轴三根轴间的轴承间隙，因此，左端调整轴承间隙对三根轴都起作用。

4. XV 轴轴承间隙的调整

如图 2-1-58 所示，XV 轴右端安装起动杠，该轴不受轴向力，但 XV 轴使用一段时间后，两端轴承间隙变大也需要调整，调整方法如图 2-1-57 所示，用平口螺钉旋具松开轴向固定螺钉 6，用木槌或铜棒将起动安装套 5 轻轻向左敲击，再拧紧轴向固定螺钉 6 即可。

5. XVI 轴和 XIV 轴的拆卸

用图 2-1-65 相似的方法，把轴 XIV 左端的齿轮向右敲击，使得齿轮右侧的锥面接近箱体孔，这时如图 2-1-69 所示随手取下 XVI 轴，该轴如图 2-1-70 所示，这之后用铜棒把 XIV 轴向左敲击，就卸下 XIV 轴。

6. XV 轴的拆卸

如图 2-1-57 所示，用一字螺钉旋具卸下轴向固定螺钉 6，如图 2-1-71 所示，用铜棒顶住 XV 轴右端齿轮的端面，用锤敲击铜棒，即可卸下图 2-1-57 所示起动杠安装套 5，然后如图 2-1-72 所示用起销器拉出 XV 轴。

图 2-1-69 用锤子敲击铜棒，铜棒向右顶 XVIV 轴
上的齿轮，随手取下轴 XVI 及其齿轮

图 2-1-70 取下来的 XVI 及其齿轮、轴承

图 2-1-71 用铜棒顶住该轴右端齿轮端面，用
锤子敲击铜棒，即可顶出轴端套筒和轴承

图 2-1-72 用拉销器拉出 XV 轴

7. XIII 轴的拆卸

如图 2-1-73 所示，先用一字螺钉旋具拧下 XIII 轴上最右端齿轮的轴向固定螺钉，用拉销器拉出 XIII 轴，拉出过程中注意记准轴上齿轮装配顺序，并按顺序标记好。拉出的 XIII 轴如图 2-1-74 所示，拆卸完毕即可检查轴承、齿轮等零件是否损坏，然后进行更换、维修。拆卸完毕的进给箱箱体如图 2-1-75 所示，再拆下 1、2 螺栓和锥销，卸下空箱体就是图 6-1-6 所示普通车床数控改造方案所需要的，在进给箱位置安装 Z 坐标步进电动机。

图 2-1-73 用拉销器拉出进给箱上 XIII 轴

图 2-1-74　用拉销器拉出的 XⅢ 轴

图 2-1-75　拆卸完毕的进给箱箱体

1—两个内六角螺栓　2—两个内螺纹锥销

（三）进给箱的装配顺序、调整、测试及其注意事项

1. 装配前的准备工作

装配前首先去除有关零部件上的污垢和铁屑，用煤油清洗干净，检查零件部质量，如密封圈、轴承、卡簧、齿轮、轴等零件的质量，有问题就维修或更换，花键轴孔如有毛刺就用细锉刀或砂纸清理掉，并梳理零部件装配关系，准备好装配工具，做好装配准备工作。

2. 制订科学合理的装配工艺

从前述进给箱的拆卸顺序看出，拆卸轴的顺序是 XⅡ 轴、XⅧ 轴、XⅦ 轴、XⅣ 轴、XⅤⅣ 轴、XⅥ 轴、XⅤ 轴、XⅢ 轴，凡是轴端有螺孔的轴就用拉销器拆卸，凡是轴端没有螺孔的轴就用铜棒锤击顶出拆卸，拆卸前要看明白图 2-1-57 所示装配图，分析清楚各个零部件的装配关系，确定正确的装配顺序。

进给箱装配的顺序可以与拆卸顺序完全相反，但为了便于装配，有些零部件的装配顺序可以调整。例如，XⅢ、XⅥ、XⅤⅣ 三根轴最好先装配 XⅤⅣ 轴，可以从左向右插入 XⅤⅣ 轴，再装配 XⅥ 轴，再装配 XⅢ 轴。若先装配 XⅢ 轴，若其位置靠右了，就不便于安装 XⅥ 轴。

3. 推荐科学合理的装配顺序

根据图 2-1-57 进行装配。

1）首先装配 XⅤⅣ 轴，按照图 1-1-13 所示要求对称拧紧螺栓的顺序拧紧该轴承盖 2 上的四个内六方固定螺栓，预紧套 1 暂不预紧。

2）装配 XⅥ 轴，再从左向右装配 XⅢ 轴，该轴最复杂。在上方未装配 XⅡ、XⅣ 轴，下方未装配 XⅤ 轴的情况下，便于装配复杂的 XⅢ 轴，这就是科学合理的装配顺序。

3）再从右向左装配 XⅣ 轴、XⅧ 轴、XⅦ 轴、XⅡ 轴，该轴向四轴最后从右向左装配 XⅡ 轴，轴端预紧螺母不要预紧。

4）最后从右向左装配 XVI 轴。

4. 装配后的调整、测试、预紧

前述装配完毕，统一进行调整、测试、预紧，其顺序如下。

1）首先调整最关键的 XVIII 轴和与其直接相关的 XVII 轴、XIV 轴和 XII 轴。

如图 2-1-50 所示，把进给箱前盖用内六角螺栓牢固安装在进给箱箱体上，并且检查密封垫片质量以保证密封良好，内六角固定螺栓拧紧顺序按照图 1-1-13 所示要求对称拧紧。在预紧过程中，用手正反转动 XVII、XIV 和 XII 轴，若转动很吃力就暂不要拧紧，检查若三根轴靠右了，就用拉销器向左拉 XII 轴，用铜棒顶住 M₄ 的右端面用锤子向左敲击铜棒左移 XIV 轴；若三根轴靠左了，就用铜棒向右敲击 XII 轴左端使其右移。在用勾头扳手预紧轴 XVIII 右端两个十字螺母的过程中，用图 2-1-59 所示方法测试该轴轴向跳动，不超过 0.01mm 则符合要求，对 XII 轴左端拧紧螺栓，预紧轴承套。

2）其次再调整 XVIV 轴和与其直接相关的 XVI 轴和 XIII 轴。

与 1）调整方法相似，在预紧 XVIV 轴右端有关零件的过程中，用手正反转动 XVIV 轴感觉预紧适当，并用图 2-1-59 所示方法测试该轴轴向跳动，不超过 0.02mm 则合格，之后再用手转动 XVI 轴、XIII 轴，若很吃力就用圆螺母端孔活勾扳手拧松 XIII 轴左端的紧固零件。需要预紧时先拧紧端盖上的内六角螺栓，之后再拧紧螺栓和螺母。

3）用木槌轻轻向左敲击图 2-1-57 上的轴承外环调整盖 4，用手正反转 XV 轴，直到松紧度合适为止，再拧紧轴向固定螺钉 6。

5. 进给箱前盖的装配

进给箱装配完毕后再装配进给箱前盖，图 2-1-56 所示前盖上 3 个拨叉和 6 个拨块与图 2-1-58 所示进给箱上 9 个滑移齿轮——对应装配好，拧上内六角螺栓后暂不拧紧，装配两个内螺纹锥销后再按图 1-1-13 所示顺序对称拧紧内六角螺栓。

（四）进给箱常见故障及维修

与进给箱有关的常见故障现象、产生原因及排除方法见表 2-1-3。

表 2-1-3　与进给箱有关的常见故障现象、产生原因及排除方法

序号	故障现象	产生原因	排除方法
1	螺距和进给量与铭牌上不对应	（1）变速操纵机构在安装时没有正确对应 （2）变速拨叉磨损或脱落	（1）重新正确安装操纵机构 （2）更换或维修磨损零件
2	丝杠或光杠不转动	（1）操纵机构在安装时没有正确对应安装 （2）拨叉磨损或脱落	（1）重新正确安装操纵机构 （2）更换或维修磨损零件

三、任务要点总结

本任务介绍交换齿轮和进给箱的传动原理图、装配图和如何识图，并分析其工作、装配原理，对有关精度进行测试，制订合理的拆卸、维修和装配工艺，正确实施拆卸、组装、调整和维修，并使学员掌握基本工具的使用方法，能够根据加工进给量尤其是加工螺纹的螺距误差判断交换齿轮和进给箱的故障，并能够正确地进行拆装、测试、调整和维修。

四、思考与训练题

1. 简述交换齿轮间隙调整方法、常见故障现象及正确的安装方法。

2. 如何调整丝杠支承轴承的轴向间隙？请现场操作。

3. 试述图 2-1-57 所示进给箱输出轴 XⅧ、XⅣ 端部轴向跳动的测试方法，并现场操作。

任务 3　CA6140 普通车床溜板箱测试、调整与故障维修

知识点：
- CA6140 普通车床溜板箱机械传动系统的工作原理。
- CA6140 普通车床常出现的与溜板箱相关的故障、测试调整与维修。
- CA6140 普通车床溜板箱机械传动原理、反向间隙测试、拆装维修方法。

能力目标：
- 掌握 CA6140 普通车床溜板箱机械系统传动原理图和进给量的选择方法。
- 掌握 CA6140 普通车床溜板箱的丝杠与丝母反向间隙测试方法，进行拆装维修。
- 掌握 CA6140 普通车床超越离合器、安全离合器的工作原理。

一、任务引入

CA6140 普通车床溜板箱机械传动系统原理如图 2-1-2 右下角部分所示，将丝杠和光杠传递来的旋转运动通过溜板箱转变为刀架纵横两个垂直方向的直线运动并带动刀架进给，控制刀架运动的接通、断开和换向，实现床鞍纵向进给、中滑板横向进给、操纵开合螺母闭合后车削螺纹等功能。溜板箱除了传递进给运动外，当机床过载时溜板箱上的安全离合器打滑使刀架自动停止进给，主电动机进给过程中也能实现快速电动机控制下的快速进给等功能。CA6140 普通车床使用过程中会出现磨损、变形、机械配合间隙变大等故障，影响溜板箱正常工作，需要对溜板箱进行故障征兆分析、测试、调整，必要时进行拆卸维修。

二、任务实施

（一）溜板箱故障征兆

1）溜板箱上齿轮与床鞍丝杠上啮合齿轮有间隙，影响横向传动精度，造成加工误差。

2）溜板箱上齿轮与床身导轨上齿条有啮合间隙，影响纵向传动精度，造成加工误差。

3）纵横向 T 形丝杠与丝母有轴向间隙，影响加工螺纹传动链精度，产生螺距和直径误差。

4）从光杠与齿轮内孔的键、啮合齿轮、蜗轮蜗杆传动机构到齿轮传动、离合器啮合环节有反向间隙，影响纵向和横向进给传动精度，造成加工误差。

5）溜板箱自动进给手柄容易脱落，这是由于溜板箱内部零件磨损、变形、位置不准等造成的，需要调整、拆卸后维修。

6）光杠、丝杠弯曲变形，溜板箱内部零件损坏等致使运动不准产生加工误差。

（二）手动进给误差与溜板箱故障维修分析

1. 拆卸三杠

如图 2-1-1 所示，三杠即丝杠、光杠和操纵杠，要拆卸溜板箱必须先拆卸三杠，拆卸前从箱体底部把全损耗系统用油（机油）放尽。用冲子把 T 形丝杠、光杠左端套筒联轴器处的圆锥销冲出，用螺钉旋具松开操纵杠左端处紧固螺钉。如图 2-1-76 所示，用起销器配 M6

螺杆卸下丝杠右端固定座上的圆锥销并用内六角扳手卸下螺栓，即可从右端抽出三杠，再将床鞍上表面上连接溜板箱的内六角螺栓和内螺纹锥销卸下，即能卸下图 2-1-77、图 2-1-78 和图 2-1-79 所示的溜板箱。

图 2-1-76　用起销器卸下丝杠右端固定座上的圆锥销，并用内六角扳手卸下螺栓

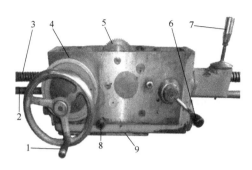

图 2-1-77　拆卸下来的溜板箱正面
1—床鞍纵向移动手柄　2—光杠　3—T 形丝杠　4—刻度盘
5—横向进给齿轮　6—开合螺母手柄处在合的位置
7—快速进给手柄　8—排油孔　9—溜板箱底盖

图 2-1-78　拆卸下来的溜板箱背面
1—T 形丝杠上螺母　2—T 形丝杠下螺母
3—光杠带动的齿轮　4—与齿条啮合的齿轮

图 2-1-79　拆卸丝杠、光杠和螺母后的溜板箱背面
1—开合螺母控制凸轮　2—开合螺母导轨　3—XXVI 轴
4—XXV 轴　5—XXVIII 轴　6—XXIX 轴

2. 溜板箱纵向手动进给操作及其故障维修

手动纵向进给时要求图 2-1-77 所示的快速进给手柄 7（即图 2-1-80 所示快速进给手柄 5）置于中间位置，否则不能手动运行。

（1）纵向手动运行操作误差分析　如图 2-1-1 所示，在车床上手动顺时针旋转图 2-1-77 所示的床鞍纵向移动手柄 1，则床鞍向右运动；手动逆时针旋转床鞍纵向移动手柄 1，则床鞍向左运动，运动距离均由刻度盘 4 读出，每转一格床鞍纵向运动 1.00mm。

手动纵向进给误差主要来自图 2-1-78 上齿轮 4 与车床导轨下的齿条磨损产生的啮合间隙误差，当车床导轨有磨损时啮合间隙增大时，运行误差就大；置于图 2-1-77 上手柄 1 至图 2-1-78 上齿轮 4 之间的传动齿轮啮合间隙误差对手动纵向运行误差均有影响。

（2）克服纵向手动进给误差的措施

1）手动进给前齿轮齿条向要运行的方向有反向间隙时，可以多运行一小段距离再反向退回这一小段距离克服反向间隙误差，这是车工常用的克服误差的方法。例如，手动顺时针方向转动图 2-1-77 中手柄 1，将床鞍向右移动后，齿轮齿条反向间隙在左侧。现在要求手动向左移动床鞍 10mm，若仅凭看刻度盘手动逆时针转动手柄 1 向左移动床鞍 10mm 必定存在反向间隙误差，现在改为手动向左移动床鞍 12.00mm，再手动顺时针转动手柄 1 向右移动床鞍 2.00mm，这时仍然是齿轮齿条的反向间隙在左侧，则消除了反向间隙误差，床鞍向左移动 10mm 就准确得多。

2）消除齿轮齿条反向间隙误差的方法。如图 2-2-73 和图 2-2-74 所示在床鞍底面导轨面上贴贴塑导轨，使得溜板箱位置上移消除齿轮齿条反向间隙，提高手动运行精度。

3. 溜板箱横向手动进给操作及其故障维修

手动横向进给时也要求图 2-1-80 所示的手柄 5 置于中间位置，否则不能手动运行。

（1）横向手动进给操作误差分析　在车床上手动顺时针旋转图 2-2-1 中的横向手动进给手柄 10，则中滑板即进行径向进给运动；手动逆时针旋转该手柄中滑板，则进行径向退刀（即操作者站立的位置）运动，运动距离均由刻度盘 11 读出，每转一格床鞍横向运动 0.05mm。

手动横向进给误差主要来自图 2-2-25 所示的螺母和 T 形丝杠的螺距误差、螺母和丝杠反向间隙误差。置于图 2-1-77 上的齿轮 5 和图 2-2-21 上齿轮 1 的反向间隙误差不影响手动横向进给尺寸，即溜板箱误差不影响手动横向进给尺寸误差。

（2）克服横向手动进给误差的措施

1）当手动进给前丝杠和螺母有反向间隙时，可以多运行一小段距离再反向退回这一小段距离克服反向间隙误差，这是车工常用的克服误差的方法，其原理与纵向手动进给相同。

2）消除丝杠螺母反向间隙误差的方法在图 2-2-29 所示中滑板丝杠轴向间隙调整中已经论述，在此不再详述。

（三）来自主电动机动力源时机动进给操作、误差测试与溜板箱故障维修分析

1. 光杠驱动溜板箱纵向机动进给操作、误差测试及其故障维修

纵向机动进给时要求图 2-1-77 所示的开合螺母手柄 6 处于上方位置，即丝杠开合螺母处于开的位置，否则溜板箱内部机械结构互锁不能机动进给。

（1）光杠驱动溜板箱纵向机动进给操作　将图 2-1-80 中开合螺母手柄 6 向上提使螺母张开，再将快速进给手柄 5 拨向箭头 4 的位置，按图 2-1-50 所示螺距、进给量选择表 5 设置有关手柄车削外圆和一定的进给量，则起动主电动机并使起动杠手柄向上提使主轴正转，则光杠通过溜板箱带动床鞍向左运动。运动过程中若将图 2-1-80 中的快速进给手柄 5 拨向中间位置，则溜板箱停止运动，光杠空转；若将图 2-1-80 中的快速进给手柄 5 拨向箭头 3 的位置，则溜板箱向右运动，齿轮齿条模数为 2.5mm，齿轮齿数为 12。

把图 2-1-80 中的快速进给手柄 5 拨向 4

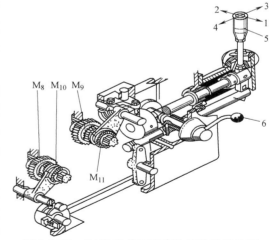

图 2-1-80　CA6140 普通车床快速进给机构图

1—径向退刀方向　2—径向进给方向　3—轴向退刀方向
4—轴向进给方向　5—快速进给手柄　6—开合螺母手柄
M_8—轴向退刀时该离合器啮合　M_9—径向进给时
该离合器啮合　M_{10}—轴向进给时该离合器啮合
M_{11}—径向退刀时该离合器啮合

的位置而不按下手柄按钮时，M_{10}啮合，溜板箱纵向进给，光杠转360°对应溜板箱纵向进刀量为

$$2\pi \times \frac{36}{32} \times \frac{32}{56} \times \frac{4}{29} \times \frac{40}{30} \times \frac{30}{48} \times \frac{28}{80} \times \frac{2.5 \times 12}{2} \text{mm} = 2.437442534 \text{mm} \qquad (2\text{-}1\text{-}1)$$

把图2-1-80中的快速进给手柄5拨向3的位置而不按下手柄按钮时，M_8啮合，溜板箱纵向退刀，光杠转360°对应溜板箱纵向退刀量为

$$2\pi \times \frac{36}{32} \times \frac{32}{56} \times \frac{4}{29} \times \frac{40}{48} \times \frac{28}{80} \times \frac{2.5 \times 12}{2} \text{mm} = 2.437442534 \text{mm} \qquad (2\text{-}1\text{-}2)$$

（2）光杠驱动溜板箱纵向机动进给误差测试　如图2-1-81所示，将图2-1-80所示快速进给手柄5拨向箭头4的位置，将百分表表座固定在车床导轨上，表指针指在小刀架体与纵向垂直的平面上，手握光杠慢慢正转至表针移动。从这时起转动表盘将表针指到刻度0，以进给箱内与光杠直连的齿轮为参照物，正转光杠360°记下百分表走过的长度为2.38mm，这时将图2-1-80所示快速进给手柄5拨向箭头3的位置，也以与光杠直连的齿轮为参照物，正转光杠360°记下百分表回走至0.38mm，则自光杠至小刀架这一环节的机械反向间隙和受力变形误差为0.38mm。

如果床鞍底下与导轨的压铁预紧适度，没有机械变形（即没有机械爬行），则认为自光杠至齿轮齿条这一环节的机械反向间隙误差为0.38mm。

（3）光杠驱动溜板箱纵向机动进给故障维修　纵向机动进给误差显然自光杠经过图2-1-78上的齿轮3、进给箱内部的齿轮、蜗轮蜗杆、离合器M_{10}或M_8把转动传递给齿轮齿条，实现纵向进给。这一环节的机械传动误差、机械零件受力误差、零件松动、零部件装配几何误差、零部件磨损变形等均不同程度影响机动进给误差，需要进行测试、拆卸维修。

图2-1-81　用百分表测量纵向自光杠到小刀架机械反向间隙图

图2-1-82所示为溜板箱上光杠、齿轮套键槽和侧面已严重磨损的专用平键照片，专用平键2侧面严重磨损，势必对光杠转动产生间隙误差，影响进给精度，需要重新按光杠上键槽宽度制作专用平键，消除光杠转动产生的间隙误差。

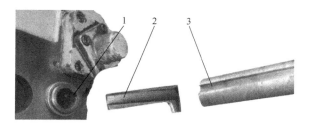

图2-1-82　光杠、齿轮套键槽和侧面已严重键磨损的专用平键
1—溜板箱上与光杠连接的键槽　2—侧面已严重磨损的专用平键放大图　3—光杠上键槽

齿轮齿条有反向间隙误差，需要在床鞍下导轨贴贴塑导轨，上提溜板箱即消除齿轮齿条反向间隙，如图 2-2-73 和图 2-2-74 所示。

2. 光杠驱动溜板箱横向机动进给操作、误差测试及其故障维修

横向机动进给时也要求图 2-1-77 所示的开合螺母手柄 6 处于上方位置，即丝杠开合螺母处于开的位置，否则溜板箱内部机械结构互锁不能机动进给。

（1）光杠驱动溜板箱横向机动进给操作　按图 2-1-50 所示螺距、进给量选择表 5 设置有关手柄车削端面和一定的进给量，将图 2-1-80 所示快速进给手柄 5 拨向箭头 2 的位置，则起动主电动机并使起动杠手柄向上提使主轴正转，则溜板箱带动床鞍进行径向进给运动；运动过程中若将快速进给手柄 5 拨向中间位置，则溜板箱停止运动；若将快速进给手柄 5 拨向箭头 1 的位置则溜板箱进行径向退刀运动，横向丝杠螺距为 5mm。

把图 2-1-80 中的快速进给手柄 5 拨向 2 的位置而不按下手柄按钮时 M_9 啮合，溜板箱横向进给，光杠转 360° 对应溜板箱横向进给量为

$$2\pi \times \frac{36}{32} \times \frac{32}{56} \times \frac{4}{29} \times \frac{40}{48} \times \frac{48}{48} \times \frac{59}{18} \times \frac{5}{2\pi} \text{mm} = 1.211001642 \text{mm} \qquad (2\text{-}1\text{-}3)$$

把图 2-1-80 中的快速进给手柄 5 拨向 1 的位置而不按下手柄按钮时 M_{11} 啮合，溜板箱横向退刀，光杠转 360° 对应溜板箱横向退刀量为

$$2\pi \times \frac{36}{32} \times \frac{32}{56} \times \frac{4}{29} \times \frac{40}{30} \times \frac{30}{48} \times \frac{48}{48} \times \frac{59}{18} \times \frac{5}{2\pi} \text{mm} = 1.211001642 \text{mm} \qquad (2\text{-}1\text{-}4)$$

即横向进给量约为纵向进给量的一半。

（2）光杠驱动溜板箱横向机动进给误差测试　如图 2-1-83 所示，将图 2-1-80 所示快速进给手柄 5 拨向箭头 2 的位置，将百分表表座固定在车床床鞍上，百分表指针指在刀架体与纵向平行的平面上，手握光杠慢慢正转至表针转动，这时将百分表指针置于 0，以进给箱内与光杠直连的齿轮为参照物，正转光杠 360° 记下百分表走过的长度为 1.26mm，这时将图 2-1-80 所示快速进给手柄 5 拨向箭头 1 的位置，也以与光杠直连的齿轮为参照物，正转光杠 360° 记下百分表回走至 0.24mm，则自光杠至中滑板这一环节的横向机械反向间隙为 0.24mm，扣除按图 2-2-29 测试的丝杠螺母机械反向间隙 0.04mm，则自光杠至丝杠这一环节（包括图 2-1-77 上齿轮 5 与图 2-2-21 上齿轮 1 的反向间隙）的机械反向间隙误差为 0.24mm − 0.04mm = 0.20mm。

（3）光杠驱动溜板箱横向机动进给故障维修

横向机动进给误差显然也与自光杠经过图 2-1-77 中的横向进给齿轮 5、图 2-1-78 中的螺母 1、丝杠螺母反向间隙有关。这一环节的机械传动误差、机械零件受力变形、零件松动、零部件装配几何误差、零部件磨损变形等均不同程度影响机动进给误差，需要进行测试、拆卸维修。

溜板箱上光杠、齿轮套键槽和已有严重磨损的专用平键维修如图 2-1-82 所示，需要重新按光

图 2-1-83　用百分表测量横向自光杠到中拖板机械反向间隙照片

杠上键槽宽度做专用平键，消除光杠转动产生的间隙误差。

丝杠螺母反向间隙误差需要按图 2-2-20 和图 2-2-25 所示维修方法消除，若丝杠螺母磨损严重就要更换。

（四）来自快速电机动力源时进给操作与溜板箱故障维修

快速机动进给时也要求图 2-1-77 所示的开合丝母手柄 6 处于上方位置，即丝杠开合螺母处于开的位置，否则溜板箱内部机械结构互锁不能快速机动进给。

快速机动进给机械结构如图 2-2-84 所示，凡是光杠正转传递的动力经齿轮 6 把转动传递给蜗杆轴 2 带动蜗杆 3 转动，把转动传递给相关离合器，实现纵横向机动进给。为了提高运行效率，在快速进刀或退刀时，起动快速进给电动机 1，经过图 2-1-85 所示传动齿轮副 2 使传动蜗杆轴 2 转动，带动其他机构的运转同光杠传动一样。

图 2-1-84 拆下溜板箱底盖后的快速进给传动机构

1—快速进给电动机 2—蜗杆轴 3—蜗杆 4—安全离合器弹簧 5—安全离合器
6—与图 2-1-78 中的齿轮 3 有啮合关系的齿轮，其内部有超越离合器 7—光杠 8—丝杠

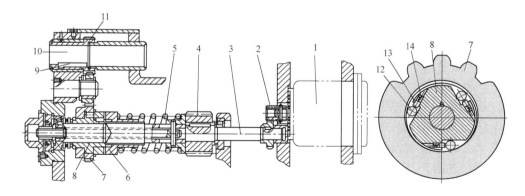

图 2-1-85 快速进给电动机传动机构及超越离合器剖视面

1—快速进给电动机 2—传动齿轮副 3—蜗杆轴 4—蜗杆 5—安全离合器弹簧 6—安全离合器
7—超越离合器外齿轮 8—行星体轴 9—图 2-1-82 上专用平键 2 10—光杠孔
11—图 2-1-78 中的齿轮 3 12—滚子 13—柱销 14—压缩弹簧

1. 快速电动机驱动溜板箱纵、横向快速进给操作与进给量

纵向快速进给时也要求图 2-1-77 所示的开合螺母手柄 6 处于上方位置，即丝杠开合螺

母处于开的位置，否则溜板箱内部机械结构互锁不能机动进给。

（1）快速电动机驱动纵、横向快速进给操作与进给量　当光杠旋转而图 2-1-80 所示快速进给手柄 5 置于中间位置时，或溜板箱在光杠的作用下的进给过程中，只要把图 2-1-80 所示快速进给手柄 5 置于四个快速进给方向之一，并且按住手柄端部的按钮（图 2-3-1 上 SB_2），则快速进给电动机经过齿数为 18 和 24 的主从动齿轮驱动床鞍（对应图 2-1-80 上 3、4 方向）或中滑板（对应图 2-1-80 上 1、2 方向）在相应方向上进行快速进给运动。

把图 2-1-80 中的快速进给手柄 5 拨向位置 4 并按下手柄按钮时，M_{10} 啮合，溜板箱在快速电动机的驱动下纵向快速进给，快速电动机轴转 360° 对应溜板箱纵向快速进给量为

$$2\pi \times \frac{18}{24} \times \frac{4}{29} \times \frac{40}{30} \times \frac{30}{48} \times \frac{28}{80} \times \frac{2.5 \times 12}{2} \text{mm} = 2.84368295688 \text{mm} \qquad (2\text{-}1\text{-}5)$$

把图 2-1-80 中的快速进给手柄 5 拨向位置 3 并按下手柄按钮时，M_8 啮合，溜板箱在快速电动机的驱动下纵向快速退刀，快速电动机轴转 360° 对应溜板箱纵向快速退刀量为

$$2\pi \times \frac{18}{24} \times \frac{4}{29} \times \frac{40}{30} \times \frac{30}{48} \times \frac{28}{80} \times \frac{2.5 \times 12}{2} \text{mm} = 2.84368295688 \text{mm} \qquad (2\text{-}1\text{-}6)$$

把图 2-1-80 中的快速进给手柄 5 拨向位置 2 并按下手柄按钮时，M_9 啮合，溜板箱在快速电动机的驱动下横向快速进给，快速电动机轴转 360° 对应溜板箱横向快速进给量为

$$2\pi \times \frac{18}{24} \times \frac{4}{29} \times \frac{40}{48} \times \frac{48}{48} \times \frac{59}{18} \times \frac{5}{2\pi} \text{mm} = 1.41283524903 \text{mm} \qquad (2\text{-}1\text{-}7)$$

把图 2-1-80 中的快速进给手柄 5 拨向位置 1 并按下手柄按钮时，M_{11} 啮合，溜板箱在快速电动机的驱动下横向快速退刀，快速电动机轴转 360° 对应溜板箱横向快速退刀量为

$$2\pi \times \frac{18}{24} \times \frac{4}{29} \times \frac{40}{30} \times \frac{30}{48} \times \frac{48}{48} \times \frac{59}{18} \times \frac{5}{2\pi} \text{mm} = 1.41283524903 \text{mm} \qquad (2\text{-}1\text{-}8)$$

由于快速电动机的转速为 1500r/min，所以快速电动机驱动下的进给、退刀速度很快，大大提高了运行效率。

（2）超越离合器动作原理　如图 2-1-85 所示，当光杠的转动传递给轴 XXII 转动（低速）时，操作员按下快速进给电动机的按钮，电动机轴把转动经过齿轮副 2 也传递给轴 XXII 转动（高速）时，三个圆柱滚子 12 分别在压缩弹簧 14 的弹力及滚子 12 和齿轮 7 内环之间摩擦力的作用下，楔紧在星行体轴 8 和齿轮 7 的内环之间，齿轮 7 通过滚子 12 带动星行体轴 8 一起转动，就避免了光杠和快速电动机同时传动损坏轴 XXII 的可能性，即超越离合器的作用。

（3）安全离合器动作原理　如图 2-1-84 和图 2-1-85 所示，进给过程中，当进给力过大或刀架移动受到阻碍时，为了避免损坏传动机构，在溜板箱中设有安全离合器，使刀架在过载时自动停止进给，其工作原理如图 2-1-86 所示，当进给力不太大即小于弹簧 5 的弹力时，光杠的转动或快速进给电动机的转动传递给蜗杆轴 XXII，蜗杆蜗轮机构把转动传递给进给传动机构实现进给。安全离合器如图 2-1-86a 所示，凸凹两端啮合紧密很好，当进给力大于弹簧 3 的弹力即车床过载时，蜗杆 4 阻力矩增大，安全离合器传递的转矩增大，因此作用在安全离合器凸凹两部分的轴向力增大，当轴向力超过弹簧 3 的弹力时，弹簧被压缩，离合器凸凹两部分互相推开，即出现图 2-1-86b 所示的情况；这时离合器左部凸形端继续旋转，而离合器右端凹形部分停止转动，即凸、凹两端打滑，出现图 2-1-86c 所示的情况，使进给传动链断开，保护传动机构不因进给力增大而损坏，起到安全保护作用。

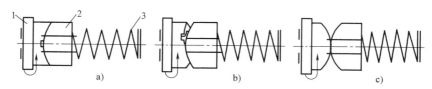

图2-1-86　安全离合器工作原理

a）正常工作时凸凹部分啮合紧密　b）进给阻力较大时凸凹部分分开　c）离合器打滑进给传动链断开

1—安全离合器左半凹形部分　2—安全离合器右半凸起部分　3—弹簧

2. 快速电动机驱动溜板箱纵、横向快速进给故障维修

1）安全离合器凸凹面有油污，摩擦因数减小容易打滑，应清洗油污并找出油污原因予以排除。

2）安全离合器上弹簧过软或折断，安全离合器承受不住正常的进给力，经常处于半接合状态，工作中产生打滑，出现这种情况时，应及时换新的压力弹簧。

（五）来自主电动机动力源车削螺纹误差与溜板箱故障维修

1. 车削螺纹时与溜板箱相关的进给传动链分析

车削螺纹时按照图2-1-50所示螺距、进给量选择表中选择有关手柄的位置，要求把图2-1-77所示的开合螺母手柄6置于下方位置，即丝杠开合螺母处于闭合的位置，还要把图2-1-80中快速进给手柄5置于中间位置，即可车削螺纹。

如图2-1-78所示，进给箱上丝杠的转动经上下螺母1、2带动溜板箱、床鞍、中滑板、刀架直至螺纹车刀轴向进给车削螺纹，所以车削螺纹的进给传动链与溜板箱有关的就是上下螺母1、2与丝杠的反向间隙、螺母和丝杠的磨损，与其他零部件无关。

2. 溜板箱上螺母的拆卸、维修与装配

1）拆卸过程如图2-1-87~图2-1-89所示，拆卸下来的螺母等零件如图2-1-90所示。

图2-1-87　用扳手拧松螺母1，用一字螺钉
旋具拧出预紧螺钉，抽出燕尾导轨

1—燕尾导轨机械间隙预紧螺母　2—燕尾导轨机械间隙
预紧螺钉　3—螺母预紧燕尾导轨

图2-1-88　用一字螺钉旋具拧下开合螺母限位
螺钉，即可取下上下螺母

1—下开合螺母限位螺钉　2—锁紧螺母
3—调节丝母丝杠间隙调节螺钉

2）开合螺母燕尾导轨间隙调整。当开合螺母燕尾导轨有机械间隙时，螺母左右位置晃动，出现加工螺距误差，调整方法如图2-1-87所示，调节螺母螺钉，松开预紧螺母1，拧紧调整螺钉2压紧镶条，再拧紧螺母1锁住螺钉2，即减小开合螺母与导轨之间的机械间隙。

图 2-1-89　拆下有关零件之后
的溜板箱开合螺母部位情况
1—开合螺母上下运动导轨　2—开合螺母操纵凸轮

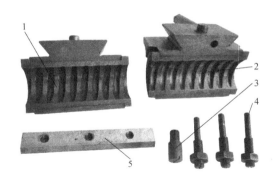

图 2-1-90　拆卸下来的零件
1—上开合螺母　2—下开合螺母　3—下开合螺母
限位螺钉　4—燕尾导轨预紧螺钉　5—燕尾导轨

3）开合螺母与丝杠机械间隙测试。开合螺母闭合后与丝杠间隙采用涂色法测试，先在开合螺母与丝杠闭合处的丝杠牙顶、牙底、牙型两侧表面上涂抹红丹粉，再闭合开合螺母转动丝杠几圈后分开开合螺母，检查螺母与丝杠接触情况，要求调整到丝杠牙型顶部与底部不能与螺母相接触摩擦，牙型两侧面不能同时与螺母两牙侧同时接触，调整好后拧紧锁紧螺母。

4）其他机械零件若有磨损、变形、松动等故障影响传动精度，要拆卸更换或维修。

5）开合螺母的组装与拆卸顺序相反，组装后进行机械间隙测试，调整，转动图 2-1-80 中的开合螺母手柄 6，开合螺母上下运动轻松、顺畅没有松动为止。

3. 丝杠螺母机械反向间隙测试

如图 2-1-91 所示，将图 2-1-80 所示快速进给手柄 5 拨向中间位置，将百分表表座固定在车床导轨上，测头在刀架体与垂直的平面上，丝杠的螺距为 12.00mm，手握丝杠慢慢正转至表针转动，这时将百分表指针置于 0，以进给箱内与丝杠直连齿轮的齿为参照物，正转丝杠 90°记下百分表转过的长度为 2.98mm，这时轻轻反转丝杠 90°，表针反方向走到 0.08mm 的位置，则床鞍回程走的直线距离为 2.98mm − 0.08mm = 2.90mm，因此丝杠丝母

图 2-1-91　螺母丝杠机械反向间隙的测试

反向间隙为 0.08mm。

4. 常见故障与维修方法

CA6140 卧式车床溜板箱常见故障现象、产生原因及排除方法见表 2-1-4。

表 2-1-4　CA6140 普通车床溜板箱常见故障现象、产生原因及排除方法

序号	故障现象	产生原因	排除方法
1	溜板箱自动进给手柄容易脱落	(1)溜板箱内脱落蜗杆的压力弹簧调节过松 (2)蜗杆托架上的控制板与杠杆倾角磨损 (3)自动进给手柄定位弹簧松动	(1)调整脱落蜗杆弹簧的压力 (2)补焊或更换控制板 (3)修正溜板箱上的弹簧定位孔,调整定位弹簧的压力
2	溜板箱内零件损坏	(1)溜板箱进给时碰到了卡盘或是尾架(或光杠、丝杠的托架) (2)保险装置失灵、过载,不起保险作用 (3)箱内互锁机构损坏,同时接通了光杠、丝杠	(1)注意及时停车,脱开传动装置 (2)调整好过载装置,如脱落蜗杆的压紧弹簧 (3)修复互锁机构,检查互锁机构的操纵手柄,对有错位的手柄进行修理或更换
3	每隔一定长度上重复出现一次波纹	(1)溜板箱进给小齿轮与齿条啮合和接缝处间隙过大 (2)光杠弯曲变形 (3)溜板箱内某轴弯曲或某一齿轮节圆跳动,啮合不正确 (4)溜板箱、进给箱、托架三个孔不同心	(1)校正各根齿条的接缝,调整啮合间隙,使之为 0.06~0.08mm (2)校直光杠 (3)检查溜板箱内轴和齿轮有无损坏,损坏的应更换 (4)检查丝杠、光杠轴线对床身导轨的平行度,并调整托架定位销孔和结合面

三、任务要点总结

本任务主要对溜板箱的功能、操作方法、纵横向进给传动链、拆卸、组装和调整进行了理实一体化论述。通过学习,学员可以掌握基本工具的使用方法和正确的拆装方法,通过实训进一步掌握在溜板箱上 9 条固定的传动链。

1）从光杠至齿轮齿条纵向进给传动链。这是通常用于车削外圆的传动链,其进给传动链符合式（2-1-1）。

2）从光杠至齿轮齿条纵向退刀传动链。这是通常用于车削外圆退刀的传动链,其退刀传动链符合式（2-1-2）。

3）从光杠至中滑板横向进给传动链。这是通常用于车削端面的传动链,其径向进给传动链符合式（2-1-3）。

4）从光杠至中滑板横向退刀传动链。这是通常用于车削端面径向退刀的传动链,其退刀传动链符合式（2-1-4）。

5）从快速电动机至齿轮齿条纵向进给传动链。这是通常用快速纵向进给的传动链,其径向进给传动链符合式（2-1-5）。

6）从快速电动机至齿轮齿条纵向退刀传动链。这是通常用快速纵向退刀的传动链,其径向进给传动链符合式（2-1-6）。

7）从快速电动机至中滑板横向进给传动链。这是通常用快速横向进给的传动链,其径向进给传动链符合式（2-1-7）。

8）从快速电动机至中滑板横向退刀传动链。这是通常用快速横向退刀的传动链,其径向退刀传动链符合式（2-1-8）。

9）车削螺纹传动链。丝杠转一转，刀具纵向移动 12mm。

掌握与这 9 条传动链相关的操作、传动控制原理、误差原因、维修措施以及与其相关的蜗轮蜗杆机构、互锁机构、开合螺母机构、超越离合器、安全离合器、快速进给机构的工作原理、开合螺母燕尾导轨间隙调整方法，为维修类似结构的机床设备打好基础。

四、思考与训练题

1. 超越离合器在什么情况下工作？其工作原理是什么？
2. 安全离合器在什么情况下工作？其工作原理是什么？
3. 论述开合螺母导轨间隙调整方法，并实际操作。

项 目 小 结

本项目对 CA6140 普通车床主轴箱、进给箱和溜板箱的传动原理、组成结构、主要功能、测试、拆装及故障维修进行了理实一体化论述，梳理清楚了变速传动轴以 Ⅰ、Ⅱ、Ⅲ、Ⅳ 等罗马数字表示；变速操纵轴以 A、B、C 等大写字母表示；操纵手柄以 1、2、3 等阿拉伯数字表示；离合器以 M 加右下角数字表示，车床机械传动系统原理图、主轴箱展开图、向视图和照片相结合，梳理清楚了零部件的位置和功能关系，为正确看图、认识车床功能和传动链关系打下了基础。

任务 1 和任务 2 中所述围绕着传动轴、操纵轴上零件的装配、装配误差的测试、误差调整论述故障维修方法；要正确掌握零件在轴上的装配位置和顺序，以及支承轴的轴承类型及其间隙调整方法，它直接影响机床的传动运动工作精度、运动正确性和寿命，也关系到装配工艺性。

任务 3 所述自光杠、丝杠和快速电动机轴至床鞍和中滑板 9 条运动传动链，以及与这些传动链相关的操作、传动控制原理、误差原因、维修措施以及与其相关的蜗轮蜗杆机构、开合螺母机构、超越离合器、安全离合器、快速进给机构的工作原理、开合螺母燕尾导轨间隙调整方法。

掌握表 2-1-1、表 2-1-2 和表 2-1-3 所示常见故障诊断与维修方法，充分学习和掌握本项目内容对实际生产中各类机电设备的组成结构、工作原理、拆装、测试与故障维修有重要的意义。

项目二　CA6140 普通车床导轨精度测试、故障诊断与维修工艺

本项目以 CA6140 卧式车床的小滑板、中滑板、尾架、床鞍和床身导轨为案例，对其结构原理、测试、故障诊断与维修进行了理实一体化论述，重点介绍结构原理、调整、拆卸、精度测试方法、导轨维修基准、贴塑导轨、以导轨为基准的机床精度测试方法和相关零部件维修等。以机床导轨副的拆装、测试与维修为主线，梳理清楚有关基准的逻辑关系，并且在组装完成后对机床导轨精度测试调整进行详细的论述。在用导轨磨床修磨导轨和用刮削工艺维修导轨两种不同的维修条件下，论述导轨故障诊断与维修工艺，具有很强的可操作性和广泛的应用范围。同时，还将介绍了各种测试维修工具的使用方法。通过本项目的学习和实际动手操作使学员能更好地掌握零部件理论和实践操作技能，培养学员综合性的专业技术和职

业能力。

学习目标

1. 掌握小滑板、中滑板、尾架、床鞍和床身导轨的拆装工艺。
2. 掌握不同维修条件下导轨的测试方法、导轨调整与维修技能。
3. 掌握各个导轨的测试方法、维修基准、维修顺序和维修工艺。
4. 掌握车床精度测试方法，并根据测试结果确定相关零部件的维修要点。
5. 掌握各种测试量具、维修工具、贴塑导轨的正确操作方法。

任务1　CA6140普通车床刀架与小滑板的拆装、测试、调整与故障维修

知识点：
- 车床刀架与小滑板的结构、拆装顺序和拆装方法。
- 车床刀架与小滑板的调整，故障及其维修。

能力目标：
- 掌握刀架与小滑板的拆装操作方法。
- 掌握刀架与小滑板的故障诊断、调试和维修工艺。

一、任务引入

CA6140普通车床刀架安装在小滑板上，如图2-2-1所示。刀架的作用是夹持刀具进行切削和手动换刀，在使用过程中因受力变形和磨损易出现故障，小滑板的主要作用是车削长度较短的锥度零件，控制长度尺寸，加工螺纹时对刀和进刀，刀架受到的切削力也作用在小滑板上，容易出现故障，需要对刀架和小滑板进行调整、拆卸、测试和故障维修。

二、任务实施

（一）刀架与小滑板的常见故障及其征兆

1）刀架在夹紧车刀或车削时发生松动或变形，致使精车圆柱表面时出现混乱波纹。

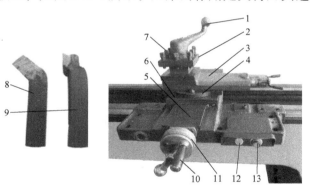

图2-2-1　小滑板和床鞍上刀架、刀具和电气控制按钮
1—刀架锁紧手柄　2—方刀架体　3—小滑板　4—转盘　5—床鞍
6—中滑板　7—车刀压紧螺栓　8—45°车刀　9—90°车刀
10—横向手动进给手柄　11—横向进给刻度盘
12—急停按钮　13—起动按钮

2）小滑板导轨面之间间隙过大，车削过程发生变形，车削表面粗糙，尺寸不准。

3）刀架与小滑板的接触面接触不良，车削过程中刀架松动，车削表面粗糙，尺寸不准。

4）小滑板T形丝杠有轴向安装间隙，车削时刀具位置不准，车削尺寸不准。

上述故障需要对刀架和小滑板进行测试、调整、拆卸后维修。

（二）刀架及小滑板拆卸顺序及其操作原理

1. 刀架及小滑板的拆卸

刀架及小滑板的具体拆卸步骤如图 2-2-1～图 2-2-10 所示。图 2-2-11 所示为刀架及小滑板的组成。如果图 2-2-11 所示小滑板 3 零件没有损坏或图 2-2-5 所示平面 5 与方刀架体底面接触良好的话，拆卸到此为止；否则再如图 2-2-12～图 2-2-13 所示对小滑板继续拆卸；图 2-2-14 为拆卸后零件组成。

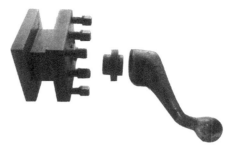

图 2-2-2　逆时针转图 2-2-1 所示刀架
锁紧手柄 1 即可顺利卸下这三个零件

图 2-2-3　方刀架体
下面的换刀定位方销

图 2-2-4　方刀架体内定位机构
1—铁片盖板及螺钉　2—弹簧　3—定位方销

图 2-2-5　拆下方刀架体后的机构
1—方刀架体轴　2—棘轮固定销　3—换刀定位棘轮
4—棘轮固定螺钉　5—小滑板与方刀架体结合平面

图 2-2-6　拧下来转盘上两个 T 形螺栓的螺母

2. 小刀架换刀操作原理

如图 2-2-1 所示，用 45°车刀加工，图 2-2-4 所示定位方销 3 插在图 2-2-5 所示换刀定位棘轮 3 的凹空中，方刀架体被夹紧。当换图 2-2-15 所示 90°外圆车刀 2 时，人工将图 2-2-1 中的刀架锁紧手柄 1 逆时针转约 360°，方刀架体松开，如图 2-2-15 所示抓住刀具夹紧螺栓逆时针转稍大于 90°会听见"咔"的响声，定位方销插在棘轮凹空中，弹簧力使方销钉在凹空中，这时手动顺时针转方刀架体使定位方销反靠贴在凹空中实现圆周方向定位，再顺时针转刀

图2-2-7　从中滑板拆卸下来的小刀架

1—手柄　2—手柄紧固销　3—两个十字紧固螺母
4—刻度盘　5—轴套及挡圈　6—镶条两头各有一个
紧固螺钉　7—T形丝杠　8—螺母组件　9—转盘

图2-2-8　拧下镶条两头的紧固螺钉，并依次拆下图
2-2-7所示的2、1、3、4件和图2-2-7上轴套5

1—螺钉　2—刀体定位凸台

图2-2-9　用手旋转T形丝杠至卸下来，
下边为镶条和两头的螺钉

图2-2-10　用十字螺钉旋具卸下螺钉
后用拉销器卸下螺母组件

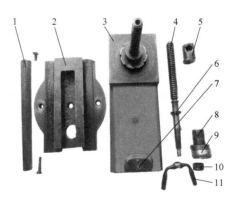

图2-2-11　刀架及小滑板的组成

1—镶条及两个紧固螺钉　2—转盘　3—小滑板
4—T形丝杠及半圆键　5—螺母圆座及螺钉
6—挡圈　7—紧固螺钉　8—轴套　9—刻
度盘　10—两个十字螺母　11—手柄

架锁紧手柄1直至锁紧方刀架体为止即完成换刀。换第三、第四把刀具时，用手抓住刀具夹
紧螺栓逆时针转稍大于180°和270°即可，其他操作相同。

图2-2-12 拧下方刀架体轴固定螺钉，用铜棒按箭头方向敲击卸下方刀架体轴

图2-2-13 拧下棘轮固定螺钉后用锤和錾子卸下方刀架体换刀定位棘轮和两个销子

图2-2-14 小滑板拆卸后的零件组成

1—刀架体轴 2—换刀定位棘轮 3—棘轮固定两个螺钉
4—图2-2-8 上螺钉1 5—棘轮两个定位销

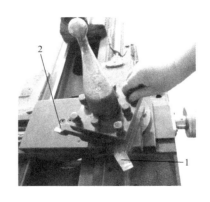

图2-2-15 抓住锁紧螺栓逆时针转方刀架体换刀

1—45°倒角车刀 2—90°外圆车刀

（三）小滑板及方刀架体故障测试与维修

1. 小滑板导轨间隙调整

小滑板在组装后和使用过程中需要对导轨间隙进行调整，调整方法如下。

1）先适当松开小滑板镶条后部调整螺钉，如图2-2-16 所示。

2）如图2-2-8 所示拧紧小滑板镶条前端调整螺钉减小导轨间隙，在整个行程上使小滑板移动感觉灵活无阻滞即可。

2. 小滑板丝杠轴向间隙调整

如图2-2-16 所示，调整方法是：松开锁紧螺母2，拧紧调节螺母1，转动丝杠手柄灵活无明显的轴向窜动即可，再拧紧锁紧螺母2。

图2-2-16 拧松小滑板镶条后端螺钉

1—调节螺母 2—锁紧螺母

3. 小滑板上平面与方刀架体底面有磨损

磨损会使方刀架体底面与小滑板上平面接触不良,车削过程中刀架易松动,车削表面粗糙,尺寸不准。维修方法如图2-2-17所示,在方刀架体底面涂红丹粉,在平板上推拉方刀架体底面找出高点,如图2-2-34所示用刮刀刮削方刀架体底面,反复测试刮削达到表2-2-6中的相应要求后,再如图2-2-18所示,在小滑板上平面涂红丹粉,把方刀架体放在上面转动,即以方刀架体底面为基准找出小滑板上平面的高点进行刮削,反复测试刮削,达到表2-2-6中的相应要求。

图2-2-17　把方刀架体底面涂红丹粉
在平板上研磨找出高点进行刮削

图2-2-18　在小滑板上平面涂红丹粉,把方刀
架安放在平面上回转找出小滑板高点进行刮削

4. 小滑板及刀架零件更换维修

如图2-2-11和图2-2-14所示拆卸后,若有零件损坏即可更换或维修。例如,图2-2-14所示方刀架体轴螺纹损坏,就更换方刀架体轴。

5. 小滑板导轨维修

在普通车床上加工锥面时才用到小滑板导轨,该导轨比较短,所以小滑板导轨损坏的几率很小,若有磨损参考中滑板导轨的故障诊断与维修。

6. 常见故障及调整维修

刀架小滑板常见故障现象、产生原因及排除方法见表2-2-1。

表2-2-1　刀架小滑板常见故障现象、产生原因及排除方法

序号	故障现象	产生原因	排除方法
1	刀架转位后不能正确复位	(1)图2-2-8所示刀架定位凸台2磨损与刀架孔配合间隙过大 (2)图2-2-4所示定位方销或图2-2-14上定位棘轮磨损严重,定位间隙过大 (3)图2-2-4所示定位方销的弹簧折断或弹力太小	(1)用压套修复凸台的尺寸精度 (2)更换磨损件,保证配合间隙 (3)更换弹簧
2	用小刀架精车的锥体零件素线达不到要求	(1)小刀架移动时对主轴箱轴线平行度误差超差或小刀架导轨本身直线度误差超差 (2)小刀架镶条配合面间隙过大,接触不均匀	(1)修刮刀架配合导轨面,使刀架移动时,能保证与主轴轴线在垂直平面内的平行度和导轨的直线度要求 (2)调整镶条间隙,对接触不均匀的镶条应进行刮研

三、任务要点总结

本任务对小滑板和刀架进行拆卸、组装、调试和维修，小刀架换刀机械结构和锁紧机构是常出故障的部位，往往需要拆卸后进行更换维修。图 2-2-17 和图 2-2-18 所示为刀架体底面和小滑板上平面磨损后维修刮削工艺，通过拆装小刀架掌握其结构原理、调整维修工艺，对维修调整其他类设备机构有启发作用。

四、思考与训练题

1. 试述小滑板导轨间隙调整方法，并现场调整。

2. 刀架定位不准确和锁不紧的原因有哪些？现场操作。

3. 分析图 2-2-17 和图 2-2-18 所示刮削平面基准的变换原理，如果所刮削的两个平面都用平板作为基准是否可行？为什么？

任务 2　　CA6140 普通车床中滑板的拆装、测试、调整与故障维修

> **知识点：**
> - 中滑板结构，消除丝杠传动反向间隙机构的原理，拆装顺序，拆装方法。
> - 床鞍上表面水平导轨、燕尾导轨和中滑板导轨的维修精度基准的关系。
>
> **能力目标：**
> - 掌握中滑板的拆装、调整间隙方法，床鞍、中滑板、镶条和导轨副精度基准的关系。
> - 掌握床鞍、中滑板、镶条和导轨副的维修先后顺序和技能。

一、任务引入

中滑板如图 2-1-1 所示，在床鞍的燕尾导轨上运动，其作用是控制刀架沿与主轴轴线垂直的方向移动实现横向进给运动，完成车削端面、切断切槽和控制直径尺寸等工作，可以手动进给，也可以由溜板箱带动实现机动进给。中滑板及其附属零部件由于磨损、受力变形等原因出现故障影响生产，就需要对中滑板及其附属零部件进行拆卸、测试和故障维修。

二、任务实施

（一）中滑板的拆卸

中滑板丝杠经长期使用或保养润滑不及时会使丝杠螺母产生磨损，当调整丝杠螺母间隙仍不能满足时，就要对中滑板进行拆卸，更换丝杠螺母，具体拆卸步骤如图 2-2-19 ~ 图 2-2-22 所示，拆卸后的结构如图 2-2-23、图 2-2-24、图 2-2-25 和图 6-1-17 所示。

（二）中滑板的组装

中滑板的组装顺序与拆卸顺序相反，组装时需注意清洗配合面并保持干净，丝杠和螺母表面涂润滑脂或润滑油。如图 2-2-25 所示，先插入丝杠，旋转丝杠和两个螺母，调整楔块自然旋到丝杠上，组装后如图 2-2-29 所示，螺母组装与图 6-1-17 对应。

图 2-2-19 拆卸下丝杠轴承座四颗
六角头固定螺栓

图 2-2-20 卸出中滑板中间三
个螺栓并取出螺母座连接座

图 2-2-21 抽出 T 形丝杠座和丝杠露出齿轮 1

图 2-2-22 拧开镶条螺钉卸出镶条
1—急停按钮 2—起动按钮

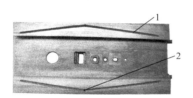

图 2-2-23 从床鞍燕尾导轨
上水平抽出中滑板
1—润滑油沟沟槽 2—油杯安装出油孔

图 2-2-24 拆卸后的 T 形丝杠、
导轨镶条、螺母和镶条固定螺栓
1、2—中滑板左右燕尾导轨 3—镶条
4—镶条固定螺钉

图 2-2-25 T 形丝杠、螺母和调整楔铁组成和安装顺序
1—手动横向进给手轮 2—横向进给刻度盘 3、5—丝母 4—丝杠预紧斜铁 6—横向 T 形丝杠

（三）中滑板组装完成后螺钉反向间隙的测试与调整

1. 导轨反向间隙的调整

中滑板在组装后和使用过程中需要对导轨间隙调整，调整方法如下。

1）先适当松开镶条小端处调整螺钉，如图 2-2-26 所示。

2）拧紧镶条大端调整螺钉减小导轨间隙，如图 2-2-27 所示，摇动丝杠手柄使中滑板在整个全程上移动，感觉灵活无阻滞即可。

图 2-2-26　松开镶条小端调整螺钉　　　　图 2-2-27　拧紧镶条大端调整螺钉

2. 中滑板丝杠轴向反向间隙的调整与测试

1）如图 2-2-28 所示进行调整。松开十字锁紧螺母 1，拧紧调节螺母 2，转动丝杠手柄灵活无明显的轴向窜动即可，再拧紧锁紧螺母 1，自锁牢固，之后再按图 2-2-29 所示方法调整并测量丝杠螺母的反向间隙。

2）丝杠螺母反向间隙的调整方法。如图 2-2-29 所示在床鞍上安放百分表 2 的磁性表座，百分表表针指到方刀架与中滑板丝杠垂直的侧面上，先略松开螺母固定螺钉 3 和 5，然后适度拧紧调节螺钉 4，使楔铁向上移动预紧两个螺母固定螺钉 3 和 5，再拧紧螺母固定螺钉 3 和 5 即预紧丝杠螺母消除反向间隙。

图 2-2-28　丝杠轴向间隙调整　　　　　图 2-2-29　中滑板丝杠轴向间隙调整
1—锁紧螺母　2—调节螺母　　　　1—刻度盘　2—百分表　3、5—螺母固定螺钉
　　　　　　　　　　　　　　　　4—用内六角扳手调整调节螺钉

3）丝杠螺母反向间隙测试方法。如图 2-2-29 所示，刻度盘 1 的分辨率为 0.05mm，轻轻向径向进给方向转动手柄至中滑板运动，使丝杠螺母的反向间隙在左侧，转动百分表 2，置于读数为 0 的位置，记下刻度盘的位置，如在 0.45mm 处，轻轻继续向径向进给方向转动手柄至刻度盘的读数为 0.95mm，这时百分表的读数为 0.50mm，然后向径向退刀方向

转动手柄使刻度盘的读数回到 0.45mm 处，而百分表的读数值则在 0.46mm 处，则得百分表径向进给和径向退刀读数值之差 0.50mm − 0.46mm = 0.04mm，此值为丝杠螺母反向间隙。新出厂的车床要求反向间隙原则上不大于 0.05mm，否则重复前述的反向间隙调整并再测试。

（四）中滑板、床鞍上表面及燕尾导轨的维修

中滑板导轨和床鞍上表面燕尾导轨是一对相对运动的导轨副，经过长时间使用后会出现磨损，当调整镶条也无法满足使用要求时，需要配对维修，而维修中滑板导轨的基准是床鞍上表面水平导轨和燕尾导轨，常有手工刮削维修和导轨磨床磨削维修两种维修工艺。

1. 用手工刮削的维修工艺

手工刮削是在没有导轨磨床的情况下采用的刮削维修工艺，刮削过程既要考虑床鞍上面导轨的平面度，又要考虑两侧导轨的平行度。刮削的目的是将工件与基准件（如标准平板、校准平尺、已加工过的相配件）互相研合，通过显示剂显示出表面上的高点、次高点，然后用刮刀削掉高点、次高点；再互相研合，把又显示出的高点、次高点刮去，经反复多次刮削，从而使工件表面获得较高的几何形状精度、表面接触精度和平行度，各种平面接触精度研点数见表 2-2-2。手工刮削的特点如下：

1）在刮削过程中，工件表面多次受到具有负前角的刮刀的推挤和压光作用，使工件表面的组织变得紧密，并在表面产生加工硬化，从而提高了工件表面的硬度和耐磨性。

2）刮削是间断的切削加工，具有切削量小、切削力小的特点，这样就可避免工件在机械加工中的振动和受热、受力变形，提高了加工质量。

3）刮削能消除高低不平的表面，减小表面粗糙度值，提高表面接触精度，保证工件达到各种配合的要求。因此，它广泛应用于机床导轨等滑行面、滑动轴承的接触面、工具的工作表面及密封用配合表面等的加工和修理工作中。

4）刮削后的工件表面，形成了比较均匀的微浅凹坑，具有良好的存油条件，从而可改善相对运动件之间的润滑状况。

表 2-2-2　各种平面接触精度研点数

平面种类	每 25mm × 25mm 内的研点数	应　　用
一般平面	2 ~ 5	较粗糙机件的固定结合面
	>5 ~ 8	一般结合面
	>8 ~ 12	机器台面、一般基准面、机床导向面、密封结合面
	>12 ~ 16	机床导轨及导向面、工具基准面、量具接触面
精密平面	>16 ~ 20	精密机床导轨、直尺
	>20 ~ 25	1 级平板、精密量具
超精密平面	>25	0 级平板、高精度机床导轨、精密量具

具体方法如下：如图 2-2-30 所示，在床鞍上表面两侧的水平导轨和燕尾导轨上抹上红丹粉，用标准燕尾尺在两侧导轨上滑动，找出水平导轨和燕尾导轨上平面度高点痕迹。

与图 2-2-81 所示的测试方法相似，把 2 号测试工具换成图 2-2-75 所示的 4 号测试工具，把山形导轨换成图 2-2-27 所示的床鞍上平面导轨，即可测得床鞍上方两边平面导轨的平行度。

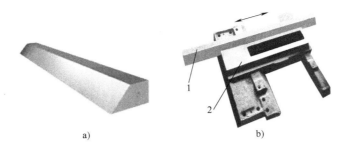

图2-2-30　用标准燕尾导轨尺找出床鞍上面两侧燕尾导轨的高点
a）标准燕尾导轨尺　b）用燕尾导轨尺检验床鞍燕尾导轨平面度
1—燕尾导轨尺　2—床鞍

如图2-2-31所示，既考虑床鞍上面两平面导轨的平面度，又考虑两边平面导轨的平面度刮削两边平面导轨，再反复测试两导轨平行度和平面度实施刮削，直到平行度满足表2-2-7相应精度要求、平面度满足表2-2-3所列出的精度要求为止。

表2-2-3　床鞍上表面导轨、中滑板导轨和镶条的刮削维修精度要求

序号	工序名称	技术条件		需用工、检具名称及规格 /mm	工艺说明
		要求项目	25mm×25mm 内的研点数		
1	床鞍上上平面及燕尾导轨刮削维修	表面的接触点	8～10点	标准燕尾尺 0.02mm塞尺	把标准燕尾导轨尺贴放在上平面及燕尾导轨上，其平面度以标准燕尾尺接触点为准，用0.02mm塞尺检查时，不得插入为准
2	中滑板底平面的刮削维修	表面的接触点	10～12点	刮研平板、平尺 0.02mm塞尺	刮削后放在平台上，其平面度以平板及接触点为准，用0.02mm塞尺检查时，不得插入为准
3	中滑板左侧燕尾导轨的刮削维修	表面的接触点	10～12点	标准燕尾尺 0.02mm塞尺	把标准燕尾尺导轨贴在刮削后的燕尾导轨上，其平面度以标准燕尾尺接触点为准，用0.02mm塞尺检查时，不得插入为准
4	刮研镶条	表面的接触点	8～10点	标准燕尾尺 0.02mm塞尺	把标准燕尾尺贴在刮研后安装在中滑板上的镶条上，其平面度以标准燕尾尺接触点为准，用0.02mm塞尺检查时，不得插入为准

如图2-2-32所示，对两边燕尾导轨实施刮削，再用图2-2-30所示的方法找正燕尾导轨平面度后实施刮削，直到满足表2-2-3所列精度要求为止。

上述工作完成后床鞍上表面的水平导轨和燕尾导轨就是维修中滑板导轨和镶条的基准了。

如图2-2-33所示，在中滑板底面、左侧的燕尾导轨面和镶条的左面上抹红丹粉，组装到床鞍上表面的导轨上，用手来回推动，找出中滑板和镶条的高点，如图2-2-34所示刮削中滑板底面，如图2-2-35所示刮削左侧的燕尾导轨，注意中滑板右侧的燕尾导轨因与镶条

没有相对运动，没有磨损，就不能刮削。如图 2-2-36 所示刮削镶条左侧平面（镶条右侧平面与中滑板没有相对运动就不刮削），刮削后再抹红丹粉，组装到床鞍上表面导轨上用手来回推动，再找出高点刮研，注意镶条全长上尤其两端处与床鞍、中滑板燕尾导轨的结合紧密程度都是在这次刮削中保证的，如此反复测试刮削，直到精度满足表 2-2-3 所列出的精度要求为止。

图 2-2-31　既考虑平面度又考虑两边导
轨的平行度刮削中滑板上表面水平导轨

图 2-2-32　刮削中滑板两表面燕尾导轨

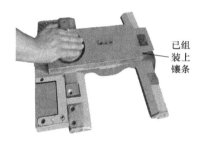

已组
装上
镶条

图 2-2-33　将中滑板底面、左侧的燕尾导轨和
镶条左侧抹红丹粉组装到床鞍上来回推动

图 2-2-34　刮削中滑板底面

图 2-2-35　刮削中滑板左边的燕尾导轨，
右侧燕尾导轨与镶条无相对运动就不刮削

图 2-2-36　刮削镶条左侧平面，右侧平面
工作中与中滑板没有相对运动就不刮削

　　2. 用导轨磨床进行磨削维修的工艺

　　在有导轨磨床的情况下，维修中滑板导轨的基准分析如下：床鞍上表面的水平导轨和燕尾导轨在导轨磨床上磨削效率和精度比较高。图 2-2-37 所示为在导轨磨床上以床鞍上表面（待磨削的表面）两边的平面导轨靠近两端最远处的 1、2、3、4 部位为基准找正床鞍的装夹位置，因为这 4 个部位磨损比较少，找正导轨磨削余量更均匀，找正后如图 2-2-38 所示磨削床鞍上表面的水平导轨。

图 2-2-37　在导轨磨床上找正床鞍上水平导
轨最远处的 1、2、3、4 部位，磨削余量均匀

图 2-2-38　在导轨磨床上磨
削床鞍上表面水平导轨

图 2-2-39 所示为在导轨磨床上找正床鞍两边的燕尾导轨表面，找正后如图 2-2-40 所示在导轨磨床上转动磨头架至正确角度固定后，磨削燕尾导轨；因燕尾导轨前后宽度不一样，先找正一侧后磨削，再找正另一侧磨削。

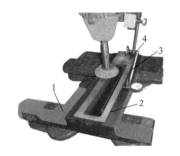

图 2-2-39　在导轨磨床上找正床鞍上燕
尾导轨 1、2、3、4 部位，磨削余量均匀

图 2-2-40　在导轨磨床上磨
削床鞍上表面燕尾导轨

这样磨削之后的床鞍上表面水平导轨和燕尾导轨就是维修中滑板平面导轨、左侧燕尾导轨和镶条左侧平面的基准了，其后中滑板和镶条的维修方法有如下两种。

1）同图 2-2-30、图 2-2-31、图 2-2-32、图 2-2-33、图 2-2-34、图 2-2-35 和图 2-2-36所示方法完全一样，采用手工刮削维修方法。

2）对中滑板底平面导轨进行磨削，之后再同图 2-2-33、图 2-2-35 和图 2-2-36 完全一样采用手工刮削维修，这样刮削工作量相对较少。

3. 常见故障及维修调整

CA6140 普通车床中滑板常见故障现象、产生原因及排除方法见表 2-2-4。

表 2-2-4　CA6140 普通车床中滑板常见故障现象、产生原因及排除方法

序号	故障现象	产生原因	排除方法
1	车削大直径端面时有明显的中间凸误差	（1）床鞍上方的燕尾导轨与车床主轴轴线有垂直度误差超差，偏向尾座 （2）刀架中滑板丝杠磨损，镶条配合不好，中间松、两头紧	（1）刮削床鞍燕尾导轨，使之对车床主轴的垂直度在加工工件允许的范围内 （2）修刮镶条和修复丝杠、螺母，使滑板移动自如、均匀，减小反向间隙
2	中滑板丝杠反向间隙过大	丝杠与螺母长期使用磨损导致间隙过大	调整两个螺母相对轴向位置减小反向间隙

三、任务要点总结

本任务论述了中滑板的拆装、测试调整与故障维修，主要对床鞍上表面的水平导轨、燕尾导轨，中滑板水平导轨、左侧燕尾导轨和镶条左侧平面的维修原理、维修顺序、维修工艺和检验方法进行了理实一体化论述，导轨维修要有基准，归纳得出如下结论。

1）因中滑板右侧的燕尾导轨和镶条右平面无相对运动，没有磨损，所以这两处不需要磨削或刮削维修。

2）床鞍上表面的水平导轨、燕尾导轨，中滑板的下平面导轨、左侧燕尾导轨和镶条的左侧平面是有相对运动的导轨副，不管采用手工刮削维修还是导轨磨床磨削维修，都是首先把床鞍上表面的水平导轨、燕尾导轨维修好，满足表2-2-3的相关精度要求，成为测试、维修中滑板导轨的基准，再以此基准维修中滑板导轨和镶条，所以总是选择尺寸面积比较大的表面作为基准。

3）把红丹粉抹在尺寸小的零件上，而不是抹在尺寸大的零件上，这样能够方便发现不平的高点，且节省红丹粉。

4）图2-2-37所示方法是以待磨削平面为基准找正，要注意左右平面同时找正后再磨削。图2-2-39所示方法是以待磨削燕尾导轨面为基准找正，要注意因左右燕尾导轨面并不平行，要分别找正磨削左右燕尾导轨，使得平面和燕尾面磨削余量均匀，磨削余量尽量小。

以上要点归纳为图2-2-41所示的测试、维修工艺和基准关系。

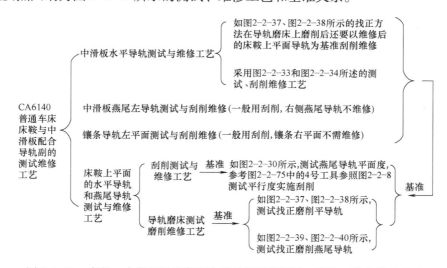

图2-2-41　床鞍、中滑板及镶条配合的导轨副的测试、维修工艺和基准关系

四、思考与训练题

1. 中滑板水平导轨、燕尾导轨磨损有哪些特点？
2. 如何调整中滑板丝杠传动的反向间隙？进行操作实训。
3. 中滑板导轨维修的基准是什么？
4. 床鞍上表面水平导轨有哪几种维修方法？维修基准是什么？
5. 镶条磨损有何特点？维修镶条的基准是什么？

任务3　CA6140 普通车床尾座的拆装、测试、调整与故障维修

知识点：
- CA6140 普通车床尾座的结构、拆装顺序和拆装方法。
- CA6140 普通车床尾座的调整、故障及其维修工艺。

能力目标：
- 掌握尾座的结构原理及拆装操作方法。
- 掌握尾座的调试方法、维修原理和维修工艺。

一、任务引入

CA6140 普通车床尾座结构如图 2-2-42 所示，其作用是支承工件完成车削或夹持刀具完成钻孔、扩孔、铰孔、攻螺纹、套螺纹及装夹顶尖。将顶尖安装在尾座套筒中，可用顶尖定位和夹紧工件。尾座还可以在床身导轨上移动，套筒伸缩采用丝杠传动简单可靠，尾座可以横向调整移动即用偏移尾座法加工细长锥度零件。尾座及其附属零部件由于磨损、受力变形等原因容易出现故障，因此影响加工精度，需要对尾座及其附属零部件进行拆卸、测试和故障维修。

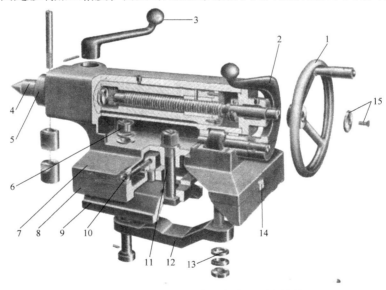

图 2-2-42　CA6140 普通车床的尾座结构

1—伸缩套筒手轮　2—尾座锁紧手柄　3—锁紧套筒手柄　4—莫氏 5 号锥度顶尖　5—套筒及 T 形丝杠组件
6—锁紧杆前螺母　7—尾座体　8—尾座　9—锁紧压板　10—调整尾座体螺栓每边各一个
11—锁紧压板中间固定螺栓　12—压板锁紧杠杆　13—锁紧杆后螺母
14—刻度标志线　15—伸缩套筒手轮紧固螺钉及垫圈

二、任务实施

（一）尾座座及其以下零件的拆卸

尾座座拆卸步骤如图 2-2-43 ~ 图 2-2-49 所示，图 2-2-50 为拆卸下来的尾座座及其以下零件。

图 2-2-43　在车床导轨上的尾座，松开
尾座锁紧手柄 1 即可从导轨上卸下尾座

图 2-2-44　卸下尾座后用扳手卸下锁紧
螺杆上的螺母 1 和 2 后准备卸下锁紧压板

图 2-2-45　用扳手拧下压板锁
紧杠杆上的螺母，取下杠杆

图 2-2-46　取下压板锁紧杠杆后的情况
1—尾座平导轨　2—尾座 V 形导轨

图 2-2-47　取下锁紧压板及
两头的锁紧拉杆螺栓后的情况

图 2-2-48　用内六角扳手拧
下尾座两侧的两个调整螺栓

（二）尾座体上零件的拆卸

尾座体上零件的拆卸步骤如图 2-2-51 ~ 图 2-2-54 所示，图 2-2-55 所示为拆卸下来的尾
座体及其零件。

图 2-2-49　将尾座座取下来

图 2-2-50　拆卸下来的尾座
座及其以下零件展示

图 2-2-51　用内六角扳手拧下尾架
体后端四个固定螺栓取下套筒端盖

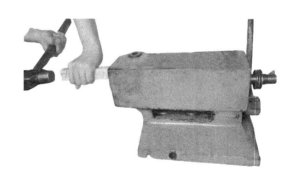

图 2-2-52　首先取下半圆键和推力球轴承，
再用锤敲击方木顶出套筒及 T 形丝杠附件

图 2-2-53　用一字螺钉旋具取下两个固定螺钉

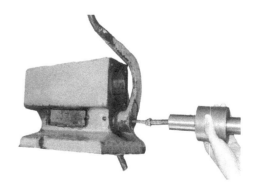

图 2-2-54　用拉销器拉出尾架锁紧手柄轴

（三）尾座的组装

尾座的组装过程与拆卸顺序相反。组装时需注意配合面的清洁并涂抹润滑油。在安装时套筒导向键槽要和尾座孔内键对齐安装。

（四）尾座组装完成后快速夹紧机构的调整

如图2-2-42所示，把组装好的尾座安装在机床导轨靠近后端部位，松开尾座锁紧手柄2，用扳手拧动锁紧杠杆前螺母6和锁紧杠杆后螺母13，使得压板锁紧杠杆12在水平位置，沿导轨方向推动尾座在床身上灵活移动，且用力把尾座锁紧手柄2逆时针转动，尾座就被锁在导轨上，而顺时针转动尾座锁紧手柄2尾座就能够灵活地沿导轨被推动，否

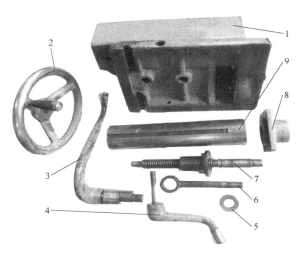

图2-2-55　尾座及其装配在一起的主要零件

1—尾座　2—伸缩套筒手轮　3—尾座锁紧手柄及凸轮轴　4—锁紧套筒手柄　5—推力球轴承　6—压板锁紧杠杆后螺栓　7—T形丝杠组件包括半圆键　8—套筒端盖　9—套筒

则继续拧动锁紧杠杆前螺母6和锁紧杠杆后螺母13，直到满足要求为止。

（五）尾座的故障诊断、调整与维修

尾座的测试、维修的第一基准是图2-2-61所示经过测试、维修达到精度要求的4、5、6床身导轨面，第二基准是组装到床身导轨上经过测试、维修后满足表2-2-7列出的相关精度要求的主轴箱。CA6140普通车床尾座故障项目见表2-2-5，这些项目的公差见表2-2-7中的相关项目。

表2-2-5　尾座常见故障测试及其维修方法

序号	故障现象	产生原因	故障诊断及其维修方法
1	尾座套筒与尾座体内孔径向游隙过大	尾座体内孔与套筒外壁因磨损间隙过大	以尾座体内孔为基准，精镗或研磨尾座体内孔，更换直径大的套筒，减小间隙
2	尾座座与尾座体结合面有磨损，稳定性变差	长期使用产生磨损和变形	在平板上找正尾座座体底平面，刮削，再以该平面为基准找正尾座座上平面，刮削，如图2-2-56和图2-2-57所示
3	尾座顶尖中心比主轴中心高度过低	尾座座底部磨损过大和变形，减少了接触面积	先对尾座座底部采用刮削维修，再采用粘接贴塑导轨抬高尾座高度
4	尾座套筒中心线与主轴中心线在水平面内不同轴	尾座体在垂直于主轴轴线方向上松动并产生了位移	按图2-2-91所示用内六角扳手拧尾座体两侧的两个调整螺栓
5	尾座套筒中心线与主轴中心线在水平面内不平行	尾座体底座V形导轨两侧磨损不均匀	如图2-2-60所示，刮研尾座底座V形导轨两侧面，纠正平行度误差
6	尾座套筒中心线与主轴中心线在垂直面内不平行	尾座体底座V形和平面导轨前后部分磨损不均匀	如图2-2-60所示，刮研尾座底座V形和平面导轨前后部位，纠正平行度误差

1. 尾座体套筒故障测试及其维修

尾座套筒与尾座体内孔径向游隙过大，顶尖会产生晃动，影响工件的定位精度，所以尾

座体套筒故障测试及其维修包括孔和套筒两个件的维修。维修原则是维修孔，再以孔的尺寸为基准配套筒。

（1）尾座孔的维修　因顶尖受力会传到尾座体内孔，容易引起尾座体内孔磨损和变形，使尾座体内孔在垂直于轴线的截面上呈椭圆形，水平轴长而垂直轴短；而在过轴线的水平面内呈前大后小的喇叭口形状，用内径千分尺就能测量出这个误差。

当磨损较严重（直径误差超过0.06mm）时，应在镗床上以内孔为基准精镗内孔，之后再研磨内孔至直径误差不大于0.02mm；当磨损较轻（直径误差不超过0.04mm）时，应研磨内孔至直径误差不大于0.02mm，可用可调式研磨棒在摇臂钻床上研磨。

（2）尾座套筒的维修　尾座体内孔维修好后还必须与合适直径的套筒配合才能有比较好的配合精度。当尾座体内孔磨损严重采用镗削维修时，需要更换外直径大的套筒；当尾座体内孔磨损较轻仅采用研磨维修时，可对原套筒外直径进行磨削后镀铬，然后精磨外圆，达到与尾座体内孔配合精度为H7/h6的要求。

2. 尾座体底平面故障测试及维修

尾座体底平面和尾座座上平面通常磨损很少，面积也小，不宜在磨床上磨削，都用刮削维修工艺。

尾座体的故障通常是底平面磨损变形，与尾座座上平面接触不好，稳定性变差。其测试维修方法是：在尾座体底平面上抹红丹粉，如图2-2-56所示在平板上平动，找出高点，实施刮削维修，反复几次，直到满足表2-2-6列出的精度要求。

表2-2-6　床身导轨、床鞍底面导轨、尾座、主轴箱导轨和方刀架体与小滑板结合面刮削精度要求

序号	工序名称	技术条件		需用工、检具名称及规格/mm	工艺说明
		要求项目	25mm×25mm内的研点数		
1	与床身导轨接触的床鞍平导轨的刮削维修	表面的接触点	6~8点	刮研平板、平尺、0.03mm的塞尺	在平导轨表面涂红丹粉，置于维修好的床身导轨上来回拖动，其平面度以平导轨接触点为准，用0.03mm塞尺检查不得插入
2	与床身导轨接触的床鞍V形导轨的刮削维修	表面的接触点	8~10点	刮研平板、平尺、0.02mm的塞尺	在V形导轨表面涂红丹粉，置于维修好的床身导轨上来回拖动，其平面度以V形导轨接触点为准，用0.02mm塞尺检查不得插入
3	床身平面导轨的刮削维修	表面的接触点	6~8点	刮研平板、平尺、0.03mm的塞尺	在床身平面导轨表面涂红丹粉，把标准平尺贴在平面导轨上来回拖动，其平面度以平面导轨接触点为准，用0.03mm塞尺检查时，不得插入
4	床身山形导轨的刮削维修	表面的接触点	8~10点	刮研平板、平尺、0.02mm的塞尺	在床身山形导轨表面涂红丹粉，把图2-2-75所示的3号专用找正工具贴在山形导轨上来回拖动，其平面度以山形导轨接触点为准，用0.02mm塞尺检查时，不得插入
5	主轴箱底面平导轨的刮削维修	表面的接触点	6~8点	刮研平板、平尺、0.03mm的塞尺	在主轴箱底面平导轨表面涂红丹粉，放在维修好的床身导轨上来回拖动，其平面度以主轴箱底面平导轨接触点为准，用0.03mm塞尺检查时，不得插入

（续）

序号	工序名称	技术条件		需用工、检具名称及规格 /mm	工艺说明
		要求项目	25mm×25mm 内的研点数		
6	尾座体底平面的刮削维修	表面的接触点	6~8 点	刮研平板、平尺、0.03mm 的塞尺	在尾座体底平面涂红丹粉，放在平板上来回拖动，其平面度以尾座体底平面接触点为准，用 0.03mm 塞尺检查时，不得插入
7	尾座座上平面的刮削维修	表面的接触点	6~8 点	刮研平板、平尺、0.03mm 的塞尺	在尾座座上平面涂红丹粉，放在尾座体底平面上来回拖动，其平面度以尾座座上平面接触点为准，用 0.03mm 塞尺检查时，不得插入
8	尾座座底面平导轨的刮削维修	表面的接触点	8~10 点	刮研平板、平尺、0.02mm 的塞尺	在尾座座底面平导轨涂红丹粉，放在维修好的床身导轨上来回拖动，其平面度以尾座座底面平导轨接触点为准，用 0.02mm 塞尺检查时，不得插入
9	尾座座底面 V 形导轨的刮削维修	表面的接触点	10~12 点	刮研平板、平尺、0.02mm 的塞尺	在尾座座底面 V 形导轨面涂红丹粉，放在维修好的床身导轨上来回拖动，其平面度以尾座座底面 V 形导轨接触点为准，用 0.02mm 塞尺检查时，不得插入
10	方刀架体底面与小拖面接触面	表面的接触点	10~12 点	刮研平板、0.02mm 的塞尺	在方刀架体底面涂红丹粉，放在平板上来回拖动，达到平面度要求，用 0.02mm 塞尺检查时不得插入；在小滑板上表面涂红丹粉，把方刀架体放在小滑板上转动，平面度及检验方法同上

　　如图 2-2-57 所示，以维修好的尾座体底平面为基准，在尾座座上平面上抹红丹粉，与尾座体底平面对磨找正，找出尾座座上平面上的高点，对高点实施刮削维修，反复几次，直到满足表 2-2-7 列出的精度要求。

　　注意，因为尾座座上平面有凸起隔开了整个平面，不宜在平板上一次找正整个平面，所

图 2-2-56　把尾座体底平面抹上红丹粉，在平板上找正底平面后刮削维修

图 2-2-57　把尾座座上平面抹上红丹粉与尾座体底面找正，刮削尾架座上平面

以不能以该平面为基准找正尾座体底平面。

3. 尾座体套筒中心线与车床主轴位置误差的测试及故障维修

1）尾座顶尖中心比主轴中心高度低，导致尾座座底部磨损过大和变形，减少了接触面积，应按图 2-2-58 所示方式，在尾座座底面导轨上抹红丹粉，以维修好的床身导轨为基准，找正尾座座底面，再如图 2-2-59 所示对尾座座底面刮削维修。

图 2-2-58　在尾架座底面导轨
上抹红丹粉，在床身导轨上拖动

图 2-2-59　刮削尾座底
面上 V 形导轨的部位 3

尾座顶尖中心与主轴中心的高度低于 0.5mm 时，在图 2-2-46 所示的平导轨和 V 形导轨上贴上贴塑导轨；当高度少于 0.5mm 但大于 0.06mm 时需要把图 2-2-46 所示的平导轨和 V 形导轨均匀刨削去一层再贴上贴塑导轨，抬高尾座高度。

2）当尾座套筒中心线与主轴中心线在水平面内平行但不同轴时，按图 2-2-91 所示进行调整。

4. 尾座体套筒中心线与导轨位置误差的测试及故障维修

当尾座套筒中心线与导轨在水平、垂直面内不平行时，如图 2-2-60 所示进行维修，测试误差与刮削维修尾座导轨面的关系如下。

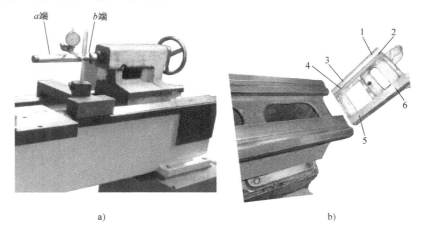

a)　　　　　　　　　　　　　　　　b)

图 2-2-60　尾座套筒中心线与导轨在水平、垂直面内不平行时的维修关系
a）尾座套筒中心线与床身导轨平行度测试　b）尾座座底面导轨 6 部分位置

1）当在垂直面内若 a 端高、b 端低，如图 2-2-60b 所示，多刮削尾座底面的 1、2、6 部位，少刮削 3、4、5 部位，使 a 端下降量比 b 端大。

2）当在垂直面内，若 a 端低、b 端高，则多刮削尾座底面的 3、4、5 部位，少刮削 1、2、6 部位，使 b 端下降量比 a 端大，图 2-2-60b 所示为刮削 V 形导轨部位 3。

3）在水平面内，若 a 端靠近操作者位置、b 端远离操作者位置，则多刮削尾座底面的 2、3 部位，少刮削 1、4 部位，纠正尾座在水平面内的位置。

4）在水平面内，若 b 端靠近操作者位置、a 端远离操作者位置，如图 2-2-60b 所示多刮削尾座底面的 1、4 部位，少刮削 2、3 部位，纠正尾座在水平面内的位置。

反复抹红丹粉、测试分析，找到正确的刮削部位后刮削，对照表 2-2-7，直到达到精度要求为止。

（六）尾座的调整与维修工艺

在现实生产中，当尾座套筒中心线比主轴中心线低时，有的操作维修人员在尾座体与尾座座接触表面之间垫铜皮、铁皮或锯条等垫片，企图抬高尾座套筒中心线，这种维修工艺大大降低了尾座的刚度，造成尾座整体稳定性变差，使得尾座其他几项误差显著增大，不能正常发挥车床的性能，严重影响加工精度，甚至缩短了尾座的使用寿命，这是错误的维修工艺，必须废弃而不能采用。

三、任务要点总结

本任务对尾座的结构、拆卸及组装方法、故障测试和调整维修方法进行了理实一体化论述。尾座相对于机床的测试、维修，保证精度的基准需要明确如下关系。

1）尾座的测试、维修顺序按表 2-2-5 中的序号进行，没有误差的项目可以不维修。首先对套筒测试、维修，其次对尾座座和尾座体结合面进行测试、维修，再对尾座座底面进行测试、维修。

2）对尾座座底面进行测试、维修的第一基准是床身导轨，第二基准是组装到床身导轨上床头箱的主轴，作为基准的主轴必须经测试后满足表 2-2-7 所述相关精度，之后再按表 2-2-5 维修项目的顺序及其相关的方法对尾座进行测试、维修，图 2-2-60 所示的测试、维修方法，对带 V 形导轨的主轴箱、床鞍的维修都有借鉴意义。

3）按照表 2-2-5 中的顺序及其基准要求对尾座进行测试、维修，就能够达到尾座的各项精度要求，否则维修工作就会事倍功半，很难甚至不能达到车床尾座的各项精度要求，要杜绝错误的维修工艺。

学员通过拆装、测试与维修尾座，掌握其结构原理、测试、调整和维修方法，能够举一反三、触类旁通，也为掌握其他机电设备的相关部件的测试、调整和维修打下比较好的基础。

四、思考与训练题

1. 快速夹紧机构如何调整？并实际操作。
2. 尾座套筒中心线与床身导轨不平行时有哪几种情况，分别维修尾座哪个表面？
3. 尾座体底面与尾座座上表面有磨损时，如何维修？
4. 论述尾座维修的基准及其关系。

任务4　CA6140普通车床床鞍与床身导轨的测试、调整与故障维修

知识点：
- 床鞍底面、床身导轨的结构特点。
- 床鞍底面、床身导轨等相关零部件的基准关系、尺寸调整、维修工艺、故障及其维修方法。
- 普通车床误差测试原理、测试工具、误差与零部件维修的关系。

能力目标：
- 掌握以床身导轨为基准的相关零部件的结构特点、基准和维修工艺尺寸关系。
- 掌握以床身导轨为基准的相关零部件的维修方案、维修工具及其使用。
- 掌握普通车床误差的测试技能、正确分析误差与零部件维修的关系。

一、任务引入

CA6140普通车床在长期使用后床身导轨面和床鞍底面导轨都会产生磨损，影响床鞍、中滑板、主轴、丝杠、光杠等部件的运动精度，这些误差集中反映在以床身导轨为基准的床鞍底面导轨、中滑板导轨、主轴箱底面、主轴、尾座等零部件的误差。本任务理实一体化论述以床身导轨为基准的相关零部件的故障测试、调整、维修原理和所用工具仪器。

二、任务实施

床身导轨是床鞍底面导轨、主轴箱底面、主轴、尾座等零部件的基准。维修时，应首先维修好床身导轨并以此为基准再测试、调整与维修其他零部件，满足表2-2-7给出的CA6140普通车床的精度。以下论述在不同维修条件下的故障测试、调整、维修原理和所用工具仪器。

（一）以导轨磨床为主要维修设备的车床床身导轨的测试与维修工艺

1. 车床床身导轨的找正和磨削维修

（1）导轨厚度测试　磨削如图2-2-61所示的1、2、3、4、5、6表面时，在导轨距离主轴箱的那一端或靠近尾座的端部（这两个位置磨损极少）用深度游标卡尺测量距离H_1和H_2，如图2-2-62所示，即床鞍底面距离床身导轨底面的距离。

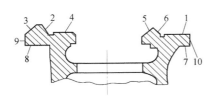
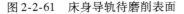

图2-2-61　床身导轨待磨削表面

图2-2-62　床身导轨待磨削表面有关尺寸

（2）磨削床身导轨定位基准的选择分析　如图2-2-61所示，理论上为使磨削后的水平导轨表面1与表面7保持厚度一致，床鞍在导轨上运行顺畅，应以表面7为基准找正导轨表面1，但因导轨表面1两头（靠近主轴箱和床身尾部）的磨损极少，在实际磨削中，如图2-2-63所示，以磨损极少的导轨表面1的两头部为基准找正床身平导轨，如图2-2-65所示

磨削平导轨表面 1，磨削后与表面 7 也很容易平行。

　　为使磨削后的山形导轨面 2、3 与底面 8 保持厚度一致，这样床鞍在山形导轨上运行顺畅，应以底面 8 为基准找正山形导轨面 2、3。因已经用平导轨两端找正过，所以只找正山形导轨在水平方向的位置即可。因山形导轨表面为斜面不便于找正，如图 2-2-64 所示以表面 9 或 10 两端（因两端磨损极少）的法线方向为基准找正山形导轨，图 2-2-66 所示为磨削山形导轨。

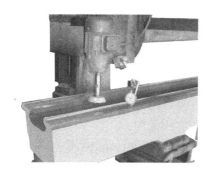

图 2-2-63　以图 2-2-61 所示水平导轨 1 的两头为基准在导轨磨床上找正后磨平导轨

图 2-2-64　以图 2-2-61 所示的导轨侧面 9 或 10 的两头为基准找正后磨削山形导轨

图 2-2-65　在导轨磨床磨削水平导轨表面

图 2-2-66　在导轨磨床上磨削山形导轨表面

　　根据平导轨和山形导轨各个表面与水平面的夹角调整磨头角度，以便磨削出不同倾斜角度的导轨面，平导轨和山形导轨都是一次完成找正，其平行度和表面平面度由磨床精度及其磨削工艺保证。

　　（3）磨削维修床身导轨工艺要点分析

　　1）无论是磨削平导轨还是山形导轨，都是找正后一次完成磨削，尽量磨削余量小，磨削后抹上机油防止生锈，图 2-2-67 所示床身山型导轨和平导轨就是维修尾座座底面导轨、床鞍底面导轨的基准，床身平导轨是主轴箱底面的基准。

　　2）砂轮和磨削用量。导轨磨削使用的砂轮如图 2-2-68 所示，碗形或杯形砂轮发热少、自砺性好，并有较好的切削性能，可得到较高的表面质量。

　　粗磨一般选用碗形砂轮，型号为 BW150×50×32WA46K9V35；精磨一般选用杯形砂轮，型号为 B150×80×32GC60K6V35。

图 2-2-67　导轨 6 个表面都磨削好
后抹上机油的车床床身导轨

图 2-2-68　碗形、杯形砂轮

若选用大气孔组织的砂轮，对散热和防止塞实，都有较好的效果。由于受磨头结构、砂轮直径的限制，不容易平衡，也限制了磨削速度，一般磨削用量为：

磨削速度 $v = 20 \sim 30 \text{m/s}$，进给速度粗磨 $v_f = 0.05 \sim 0.15 \text{m/s}$；精磨 $v_f = 0.015 \sim 0.035 \text{m/s}$。

3）砂轮端面与导轨平面夹角的调整与磨削表面质量的关系。磨头还能做少量调整，使砂轮端面与工作台进给方向平行或成一微小的夹角 α，造成磨削后工件表面"刀花"不同。图 2-2-69a 所示为砂轮端面平行于工作台进给方向时磨出的"磨削痕迹"形式。这时砂轮端面几乎全部与工件表面接触磨削，"磨削痕迹"呈交叉的网纹，表面较粗糙，砂轮磨损快，产生热量大。由于两侧网纹密，磨去金属多，造成工件表面在横截面方向上不直，呈中间凸起形状。图 2-2-69b 所示为砂轮端面与工作台进给方向不平行，其夹角 α 稍大时的"磨削痕迹"，这时砂轮端面与导轨面接触较小，"磨削痕迹"呈平行的弧线，砂轮磨损小，产生热量少，但工件表面在横截面方向上中间下凹量较大，为了减小下凹量，提高工件表面横向的直线度，可适当调小夹角 α。当调成砂轮端面的大半个圆弧与工件表面接触时，前半圆弧磨出的带有较小下凹平面的两侧尖点，会被后半圆弧的接触部分磨去，出现图 2-2-69c 所示的半网纹，磨削成近似的直线，达到较为理想的导轨平面度。

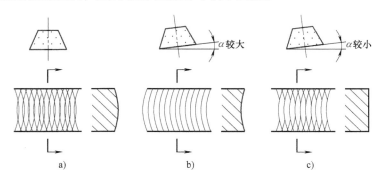

图 2-2-69　砂轮端面与工件表面夹角对磨削平面的影响
a）夹角为 0　b）夹角较大　c）夹角较小

夹角 α 主要依据用平尺检查导轨平面度的结果，通过观察磨削"刀花"进行调整。当砂轮直径、磨削宽度和进给速度不同时，合理的 α 角也不完全相同，要重新进行调整。

2. 床鞍底面平导轨和 V 形导轨的刮削维修

如图 2-2-70 和图 2-2-71 所示，以用导轨磨床维修好的床身导轨为基准，采用刮研工艺维修床鞍底面的平导轨和 V 形导轨，达到表 2-2-6 所述的相关精度要求。

图 2-2-70　将床鞍底面的平导轨和 V 形导轨表面涂红丹粉安放在床身导轨上，沿导轨方向拖动找出高点

图 2-2-71　刮研床鞍底面的平导轨和 V 形导轨表面

3. 主轴箱底面平导轨的刮削维修

以图 2-2-67 磨削好的主轴箱部位的平导轨为基准，在主轴箱底面涂红丹粉，把主轴箱放在平导轨上来回拖动找出高点，对高点进行刮削，以便使主轴箱与床身接触面积增大，稳定性好，同时兼顾按图 2-2-88 的测试结果，当 a 点高而 b 点低时，多刮削主轴箱底面平导轨靠近自定心卡盘的一端；反之多刮削远离自定心卡盘的一端，反复测试刮削，直到达到表 2-2-7 所述的相关精度要求为止。

4. 床鞍底面的清洗、贴塑导轨的粘贴、固化维修工艺

（1）贴塑导轨简介　对图 2-2-67 所示的磨削好的床身导轨，再用图 2-2-62 所示的方法测量尺寸 H_1 和 H_2。若尺寸减小量等于或大于 0.5mm，就需要在床鞍底面的平导轨和 V 形导轨上粘贴贴塑导轨，贴塑导轨的厚度为尺寸减小量再增加 0.05～0.1mm，这样就使得溜板箱不致下沉，避免溜板箱上的齿轮与齿条啮合间隙过大，也避免了溜板箱上丝杠、光杠和起动杠孔的下沉，否则这三孔与进给箱和托架上三孔不同心，三杠受交变应力，使用寿命降低，加工精度下降。

图 2-2-72 所示为聚四氟乙烯导轨软带和专用导轨胶，常称贴塑导轨，用导轨胶把贴塑

图 2-2-72　聚四氟乙烯导轨带及导轨专用胶

1—成卷的贴塑导轨　2—剪裁成条状待贴的贴塑导轨　3—A、B 组分导轨胶　4—B 组分桶装导轨胶

导轨粘接在导轨面上，使得传统导轨的摩擦形式变为铸铁-塑料摩擦副。

贴塑导轨带要粘贴在滑动导轨副的短导轨（动导轨或上导轨）上，使它与长导轨（静导轨或下导轨）配合滑动，这里粘贴在床鞍底面的平导轨和 V 形导轨面上。

（2）贴塑导轨的特点

1）耐磨性好。其动静摩擦因数基本接近，而且摩擦因数很低，能防止低速爬行。由于贴塑导轨本身具有润滑作用，对润滑的供油量要求不高，采用间歇供油即可。

2）减振性能好。塑料的阻尼性能好，其减振消声性能对提高摩擦副的相对运动速度有很大的意义，最高进给速度可达 15m/min。

3）工艺性能好。可降低对粘贴塑料的金属基体的硬度和表面质量的要求，而且贴塑导轨易加工可获得良好的导轨表面质量。

（3）床鞍底面粘贴贴塑导轨的工艺

1）准备。粘接场地需清洁无尘，环境温度以 10～40℃ 为宜，稍微粗糙的一面为粘接面，相对光滑的一面为工作面。为提高粘接强度，金属导轨粘接面的表面粗糙度值宜取 $Ra12.5～Ra25\mu m$，相配导轨应略宽于软带导轨。

2）裁剪。软带裁剪尺寸在导轨运动方向上可按金属导轨粘接面的实际尺寸单边可加 10～30mm，宽度单边可减小 1～3mm，长度便于粘贴时两端拉紧即可。

3）清洗。粘接前需对金属导轨粘接面除锈去油，可先用砂布、砂纸或钢丝刷清除锈斑杂质，然后用丙酮擦洗干净、晾干。对油污严重的旧机床，可先用 NaOH 碱液洗刷，然后用丙酮擦洗，同时用丙酮擦洗贴塑导轨的粘贴面，晾干备用。

4）配胶。专用胶须配对，按 A、B 组分 1:1 的质量比混合，搅拌均匀后即可涂胶，详见瓶贴说明。

5）涂胶。如图 2-2-73 所示，用 1mm 厚的胶木片把配对混合好的导轨胶涂在床鞍底面的平导轨和 V 形导轨面上，可纵向涂于金属导轨上，横向涂于贴塑导轨上，涂布均匀，胶粘层不宜过薄或太厚，胶粘层压实后的厚度在 0.08～0.12mm 之间。

6）粘贴。贴塑导轨粘贴在金属导轨上时需前后左右蠕动，使其全面接触，用手或器具从软带长度中心向两边挤压，以赶走气泡。

7）固化。如图 2-2-74 所示，将粘贴着贴塑导轨的床鞍安放在床身导轨上，中间垫薄纸，防止挤出的胶粘在导轨上影响平整，固化时间为 24h，固化安压力为 0.06～0.1MPa，

图 2-2-73　把混合好的导轨胶涂在床鞍底面的平导轨和 V 形导轨表面上并贴贴塑导轨

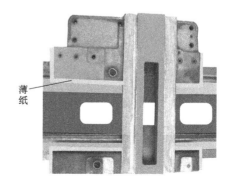

图 2-2-74　将粘贴着贴塑导轨的床鞍安放在床身导轨上，中间垫薄纸

加压必须均匀，可利用机床工作台自身的重量压在床身导轨上，必要时再加重物。

8）加工。固化后应先将工作台沿导轨方向推动一下，然后抬起翻转，揭下薄纸清除余胶，并沿着金属导轨粘接面方向切去软带的工艺余量并倒角。贴塑导轨有良好的刮削性能，可研磨、铣削或手工刮削至精度要求，可用裁纸刀开油孔、油槽，方式与金属导轨相同，但不要开透，油槽深度可为软带厚度的1/2～2/3，油槽离开软带边缘至少6mm以上。

（二）在没有导轨磨床的情况下床身导轨的精度测试、故障诊断与维修工艺

没有导轨磨床时，需要设计图2-2-75所示的专用测试工具，采用刮削工艺把床身导轨维修好，床身导轨就成为维修尾座底面导轨、床鞍底面导轨和主轴箱底面导轨的基准。

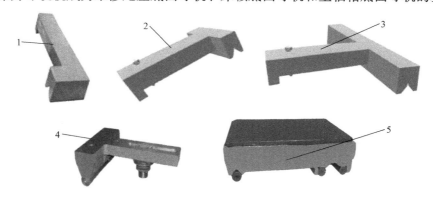

图2-2-75　各种导轨测试维修专用工具

1—短V形面L形导轨测试工具　2—短V形面T形导轨测试工具　3—长V形面T形导轨测试工具
（用于测试V形导轨的平面度）　4—单圆柱面T形导轨测试工具　5—三圆柱面方形导轨测试工具

1. 山形导轨的精度测试及其刮削维修

山形导轨表面的测试、刮削维修主要是指图2-2-61所示的山形导轨面2、3，这两个面与水平导轨的1面支撑床鞍运行，是最容易磨损产生误差的表面。而山形导轨面5、6仅仅是靠近尾座的部分因尾座运动产生磨损，且磨损量相对较少。

（1）山形导轨面2、3与底面8的平行度、导轨面2、3的平面度误差测试　如图2-2-76所示，用图2-2-75中的2号专用测试工具和百分表，测试山形导轨面2、3与底面8的平行度，注意记下在导轨长度上各个位置的高低情况；再如图2-2-77所示，在山形导轨表面涂红丹粉，把图2-2-75中的3号专用工具在山形导轨上拖动找出高点，这就掌握了山形导轨

图2-2-76　用图2-2-75中的2号工具和
百分表测试山形导轨与底面的平行度

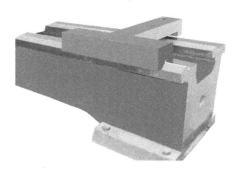

图2-2-77　用图2-2-75中的3号
测试工具找正山形导轨的平面度

平面度及与底面 8 的平行度情况。

（2）用光学平直仪测量山形导轨在水平面内的直线度、垂直面内的直线度误差 图 2-2-78所示为光学平直仪主体组成，如图 2-2-79 所示，1 为图 2-2-78a 所示光学平直仪主体，安放在可调支架上，3 为配套的反射镜，安装在专用测量工具上。测量开始时将专用测量工具4 移到导轨左端且使反射镜中心与光学平直仪上光学镜头中心等高，光学平直仪发出的光照射在反射镜上，再反射到光学平直仪的镜头上，操作者观看目镜中的十字图像，再转动光学平直仪上的旋转鼓轮，使目镜中指示准线位于亮十字中间，并记下转过的标尺数，然后反射镜沿 V 形导轨按一定距离分段移动测试，记录每次测试准线与亮十字重合后鼓轮调整的标尺数，按参考文献［12］所述作图算法即可求得 V 形导轨在水平面内的直线度误差。

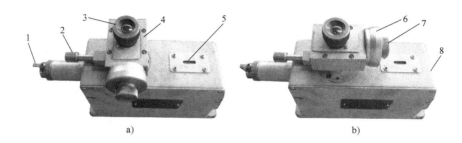

图 2-2-78　光学平直仪测量水平面内和垂直面内的直线度误差

a）测量水平面内的直线度误差　b）测量垂直面内的直线度误差

1—电源线　2—锁紧目镜座螺旋手柄　3—目镜　4—目镜座　5—管水准器（方便仪器安放水平）　6—刻度转盘（每个标尺 0.001mm）　7—测微转盘旋转鼓轮　8—仪器上光学镜头

图 2-2-79　采用图 2-2-72a 所示的光学平直仪和反射镜

测量 V 形导轨在水平面内的直线度误差

1—图 2-2-78a 所示的光学平直仪　2—V 形导轨

3—配套的反射镜　4—图 2-2-75 中的 4 号专用测量工具

如图 2-2-80 所示，将图 2-2-78b 所示光学平直仪主体安放在可调支架上，测量方法同上，即可测得 V 形导轨在垂直面内的直线度误差。

把图 2-2-79、图 2-2-80 所示机床导轨换成 CA6140 普通车床的山形导轨，专用测量工具换成图 2-2-75 中的 5 号专用工具，即可测得山形导轨在水平面内和垂直面内的直线度误差。

图2-2-80 采用图2-2-78b位置的光学平直仪和反射镜
测量V形导轨在垂直面内的直线度误差

（3）山型导轨面2、3的刮削维修 上述测试后，既考虑山形导轨面2、3与底面8的平行度、又要考虑山型导轨的平面度，还要考虑山形导轨在水平面内的直线度，对山形导轨实施刮削，反复测试刮削，达到表2-2-6和表2-2-7所述的相关精度要求即可。

2. 图2-2-61中水平导轨面1的精度测试及其刮削维修

（1）前后导轨的平行度测试 前后导轨的平行度测试主要是指山形导轨面2、3与平导轨面1的平行度测试，这几个表面支承床鞍加工。在前述山形导轨已经测试刮削维修合格的情况下，如图2-2-81所示，把图2-2-75中的2号工具放在山形导轨上，其上放置水平仪，在导轨方向上每隔250mm读一次水平仪的数据，经过数据处理即得前后导轨的平行度，并且记下平导轨的高点、低点的位置及其相对高度。

（2）平导轨平面度测试 如图2-2-82所示，在平导轨表面涂红丹粉，用标准平尺在平导轨上来回拖动找出平导轨的高点。

（3）以克服前后导轨的平行度、平导轨平面度为目标的刮削维修 如图2-2-81所示，对山形导轨面2、3和平导轨面1的平行度进行测试，如图2-2-82所示，对平导轨面1的平面度测试，完成后，对平导轨1面实施刮削维修，反复测试刮削几次，达到表2-2-6和表2-2-7所述的相关精度要求即可。

图2-2-81 用2号测试工具和水平
仪测试山形导轨与平导轨的平行度

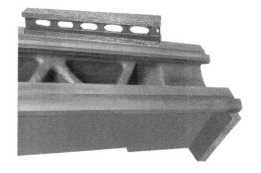

图2-2-82 将平导轨表面涂红丹粉把平
尺放在平导轨上沿导轨方向拖动找出高点

注意先维修好山形导轨，再进行前后导轨平行度和平导轨平面度测试，以这两项误差的综合结果刮削平导轨，也就是说平导轨的维修基准很大程度上依赖于山形导轨。

3. 山形导轨面 5、6 和平导轨面 4 的精度测试及其刮削维修

山形导轨面 5、6 和平面导轨面 4 的作用是支承尾座,其磨损主要在导轨尾部,并且磨损量一般比较少,其精度测试、刮削维修有两个方案。

(1) 与平导轨面 1 和山形导轨面 2、3 相似的测试刮削维修工艺 用类似于图 2-2-75 所示相关的测试工具,完全与山形导轨面 2、3 和平导轨面 1 刮削的测试和刮削工艺相同,达到表 2-2-6 和表 2-2-7 所述的相关精度要求。这种方案有可能在总体上与平导轨面 1 和山形导轨面 2、3 不平行,但测试刮削维修工艺比较简单,因该导轨只用于尾座,也能在很大程度上满足加工精度要求,正因如此,有关标准和机床维修企业没有对这项平行度提出要求。

(2) 要求与平导轨面 1 和山形导轨面 2、3 有平行度要求的测试刮削维修工艺 这时要以维修合格的平导轨面 1 为基准找正平导轨面 4 的平行度,还要测得平导轨面 4 的平面度,对平导轨面 4 实施刮削维修既考虑平面度又要考虑平行度,之后再用图 2-2-75 所示的专用测试工具,以平导轨面 4 为基准找正山形导轨面 5、6 的平行度和平面度,既考虑平面度又要考虑平行度对山形导轨面 5、6 实施刮削维修。这种测试刮削维修工艺相对来讲比较复杂。

(三) 以维修后的床身导轨为基准的床鞍、主轴箱、尾座的精度测试与维修

床身导轨测试、刮削维修合格后,床鞍、主轴箱和尾座的测试维修均以床身导轨为基准进行,与前述介绍的测试维修工艺完全一样。

(四) 维修组装后以床身导轨为基准的车床精度测试原理与方法

车床各个零部件应进行测试、维修后再进行组装,机床维修行业根据国家标准制定了普通车床维修组装精度标准,有的维修企业制定了表 2-2-7 的 CA6140 普通车床维修组装精度企业标准,今结合表 2-2-7 介绍其他精度项目的测试方法。

1. 床身导轨在水平面内的直线度测试

测量工具如图 2-2-79 所示,测量方法如前所述,不再重复。

2. 用水平仪测量平导轨和山形导轨在垂直面内的直线度

用水平仪测量平导轨在垂直面内的直线度误差方法如图 2-2-83 所示,在水平仪下安装长度为 250mm 的光滑垫铁,自平导轨的一端起测试,每隔 250mm 测试一次,顺序记下气泡移动的方向和格数,即可算出平导轨在垂直面内的直线度误差。

用水平仪测量山形导轨在垂直面内的直线度误差方法如图 2-2-84 所示,在山形导轨上放置图 2-2-75 所示的 2 号专用工具,其上放置水平仪,测试方法同平导轨。

图 2-2-83 用水平仪测量平导轨
在垂直面内的直线度误差

图 2-2-84 用水平仪测量山
形导轨在垂直面内的直线度

3. 床身前后导轨平行度测试

测量工具如图2-2-81所示，测量方法如前所述，不再重复。

4. 尾座套筒中心线相对于床身导轨的平行度误差测试

（1）尾座套筒中心线相对于床身导轨在水平面内的平行度测试　图2-2-85所示为尾座套筒中心线相对于床身导轨在水平面内的平行度测试，将百分表座置于T形支承座上，把锥形心轴插在尾座套筒内，表针指向侧素线，沿导轨方向推动T形支承座，表针的最大跳动量为所测平行度误差。可用内六角扳手调整尾座上两个螺栓，纠正平行度误差。

（2）尾座套筒中心线相对于床身导轨在垂直面内的平行度测试　图2-2-86所示为尾座套筒中心线相对于床身导轨在垂直面内的平行度测试，将百分表座置于T形支承座上，把锥形心轴插在尾座套筒内，表针指向上素线，沿导轨方向推动T形支承座，表针的最大跳动量为所测平行度误差。

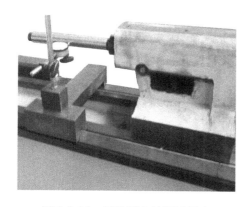

图2-2-85　用锥形心轴测试尾座
相对导轨在水平面内的平行度

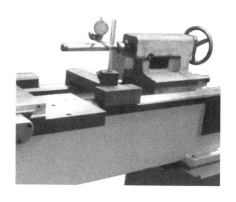

图2-2-86　用锥形心轴测试尾座
相对于导轨在垂直面内的平行度

5. 主轴中心线角度摆动误差的测试

主轴中心线角摆动误差的测量方法如图2-2-87所示，将百分表指针指到 a 点，旋转锥形心轴，百分表指针摆动误差不大于0.04mm；，将百分表指针指到 b 点，旋转锥形心轴，百分表指针摆动误差不大于0.02mm。

该误差不反映主轴与导轨的位置关系，而是反映主轴箱及主轴组件的误差，若超差需要检查主轴箱上孔和主轴的制造精度、主轴轴承装配精度等。首先保证这项误差才能保证平行度误差，该误差与平行度的测试方法不一样。

6. 主轴中心线相对于导轨的平行度测试

（1）主轴中心线相对于导轨在垂直面内的平行度测试　图2-2-87所示为主轴中心线相对于床身导轨在垂直面内的平行度测试，将百分表表座置于T形支承座上，把锥形心轴插在主轴锥孔内，表针指向上素线，沿导轨方向推动T形支承座，表针的最大跳动量为所测平行度误差。

（2）主轴中心线相对于导轨在水平面内的平行度测试　图2-2-88所示为主轴中心线相对于床身导轨在水平面内的平行度测试，将百分表座置于T形支承座上，把锥形心轴插在主轴锥孔内，表针指向侧母线，沿导轨方向推动T形支承座，表针的最大跳动量为所测平行度误差。

图 2-2-87　用锥形心轴测试主轴
相对于导轨在垂直面内的平行度

图 2-2-88　用锥形心轴测试主轴
相对导轨在水平面内的平行度

当 a 点靠近操作者，b 点远离操作者时，松开图 2-1-5 和图 2-1-6 所示的主轴箱与导轨的连接螺栓，用套筒扳手将图 2-1-25 所示的 2 孔中的螺栓顺时针转动，而 3 孔中的螺栓逆时针转动，这样就使主轴箱在水平面内自上向下看逆时针转动；反之调整方向正好相反。调整到主轴轴线与导轨在水平面内平行后，再拧紧主轴箱与导轨的连接螺栓。

7. 主轴径向跳动误差测试

图 2-2-89 所示为用百分表测试主轴径向跳动误差，将百分表座置于 T 形支承座上，表针指向主轴端部素线，手动旋转主轴，表针读数最大变动量为主轴径向跳动误差。

8. 主轴轴向跳动误差测试

图 2-2-90 所示为主轴轴向跳动误差测试，将百分表座置于 T 形支承座上，表针指向上主轴端面，手动旋转主轴，表针读数最大变动量为主轴轴向跳动误差。

图 2-2-89　用百分表测试
主轴径向跳动误差

图 2-2-90　人工转动主轴用百
分表测试主轴轴向跳动误差

9. 主轴与尾座中心连线相对于导轨的平行度测试

（1）主轴与尾座中心连线相对于导轨在水平面内的平行度测试　图 2-2-91 所示为主轴中心与尾座中心连线相对于床身导轨在水平面内的平行度测试，将 T 形支承座置于导轨上，把圆柱心轴两端分别置于主轴和尾座的顶尖上，百分表的表针指向侧素线，沿导轨方向推动

T形支承座，表针的最大跳动量为所测平行度误差。可按图2-2-91所示用内六角扳手调整尾座体前后位置达到平行度要求。

（2）主轴与尾座中心连线相对于导轨在垂直面内的平行度测试 图2-2-92所示为主轴中心与尾座中心连线相对于床身导轨在垂直面内的平行度测试，将百分表座置于T形支承座上，把圆柱心轴两端分别置于主轴和尾座的顶尖上，表针指向上素线，沿导轨方向推动T形支承座，表针的最大跳动量为所测平行度误差。

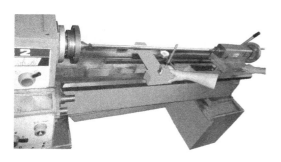

图2-2-91 用圆柱心轴测试主轴与尾座连线相对于导轨在水平面内的平行度，并用内六角扳手调整尾座套筒中心线前后位置

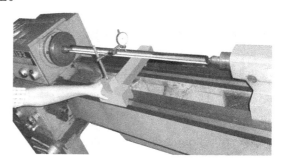

图2-2-92 用圆柱心轴测试主轴与尾座连线相对于导轨在垂直面内的平行度

10. 进给运动传动链误差

（1）T形丝杠轴向跳动 如图2-2-93所示，人工转动主轴多转，用百分表测试T形丝杠端面轴向跳动，误差满足表2-2-7的精度要求。

（2）从主轴到丝杠再到床鞍的传动链误差 如图2-2-94所示，用加工专用金属座1按图2-1-50中的螺距、进给量选择表5选择加工螺距为3mm的螺纹，人工转动主轴使床鞍接触深度游标卡尺2记下读数，再转100转使床鞍远离深度游标卡尺300mm，用深度游标卡尺测量金属座1距离床鞍的距离，误差满足表2-2-7的精度要求。

图2-2-93 人工转动主轴用百分表测试T形丝杠轴向跳动

图2-2-94 人工转动主轴用深度游标卡尺测试从主轴到床鞍的传动链误差

11. 中滑板导轨对床身导轨的垂直度误差测试

如图2-2-95所示，把图2-2-75中的1号支承座放在床身导轨上，百分表表座吸在中滑

板上，表针指在 1 号支承座平面上，人工转动床鞍上 T 形丝杠手柄，测试中滑板导轨对床身导轨的垂直度误差，误差满足表2-2-7要求。

三、任务要点总结

本任务主要对床鞍底面导轨和床身导轨的测试、维修，以及维修后装机精度测试进行了理实一体化论述，而床鞍底面导轨的测试、维修基准是床身导轨。床身导轨常用维修工艺是导轨磨床磨削和手工刮削，理论上磨削导轨的基准是图 2-2-61 所示的 7、8 面，但实际操作

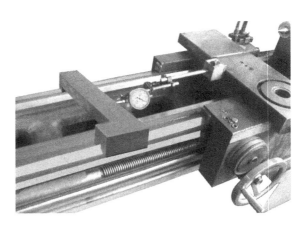

图 2-2-95　测量中滑板运动与山形导轨的垂直度误差

上，由于导轨两端磨损极少，用导轨两端作为基准也能保证磨削的导轨面与 7、8 面平行，由磨床保证导轨精度。

表 2-2-7　CA6140 普通车床大修组装后的精度测试项目参考要求

序号	测试项目	允　　差	误差测试方法图号
1	床身导轨在水平面内的直线度	0.03mm（只许向后方向凸）	图 2-2-79
2	床身导轨在垂直面内的直线度	平导轨：0.04mm（只许中凸）	图 2-2-83
		山形导轨：0.03mm（只许中凸）	图 2-2-84
3	前后导轨的平行度	0.04mm	图 2-2-81
4	尾座套筒中心线对床身导轨的平行度	侧素线：0.02mm	图 2-2-85
		上素线：0.03mm	图 2-2-86
5	主轴中心线角度摆动（a、b 相距 500mm）	a 处：0.04mm	图 2-2-87
		b 处：0.02mm	
6	主轴中心线对床身导轨的平行度（在距离主轴端部 300mm 长度内）	侧素线：0.02mm	图 2-2-88
		上素线：0.03mm	图 2-2-87
7	主轴端部径向跳动	0.02mm	图 2-2-89
8	主轴端面轴向跳动	0.03mm	图 2-2-90
9	主轴中心与尾座中心连线与床身导轨的平行度	侧母线：0.05mm	图 2-2-91
		上母线：0.04mm	图 2-2-92
10	从主轴到进给箱丝杠再到床鞍的传动链误差	丝杠轴向跳动误差不超过 0.03mm	图 2-2-93
		床鞍在 300mm 长度上的积累误差不超过 0.03mm	图 2-2-94
11	中滑板导轨对床身导轨的垂直度	在 300mm 行程上：0.03mm	图 2-2-95

刮削床身平导轨要用平尺，刮削山型导轨要用图 2-2-75 中的 3 号专用工具找出高点进行刮削，刮削时既要考虑高点，又要考虑导轨与底面 8 的平行度和山形导轨在水平面内的直线度误差，反复测试刮削几次，直到达到表 2-2-6 和表 2-2-7 所述的相关精度要求即可，对

照图 2-2-61 总结的床身导轨维修基准工艺关系如图 2-2-96 所示，床身导轨是主轴箱、尾座、床鞍底面导轨的测试维修基准。

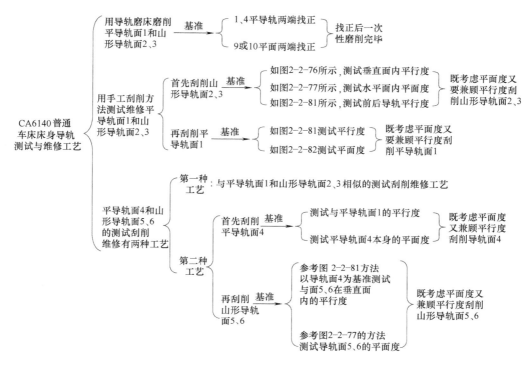

图 2-2-96　CA6140 普通车床床身导轨维修基准工艺关系

四、思考与训练题

1. 根据维修设备条件不同，论述常见床身导轨的维修方案。
2. 维修中滑板时，如何选择床鞍上面的维修基准？并实际操作。
3. 论述中滑板平导轨、燕尾导轨的测试、维修工艺基准。
4. 论述中滑板镶条导轨的测试、维修工艺，并实际操作。
5. 试述贴塑法维修导轨的特点及其操作程序，并实际操作。

项 目 小 结

本项目主要涉及 CA6140 普通车床的导轨在不同维修条件下的测试、维修工艺和以车床床身导轨为基准的各部分导轨的组装、测试及故障维修，从维修设备条件、测试维修基准的选择、测试维修工艺上梳理出了 CA6140 普通车床床身导轨的测试、故障维修基准工艺逻辑关系如图 2-2-97 所示。

床身导轨是各零部件导轨副组装、精度测试、调整和维修的基准，是本项目重点，它直接影响车床的加工精度，在各个零部件导轨测试、维修总体上要符合图 2-2-97 所示基准关系。个别部件的维修方法不同，在基准选择上要灵活变通。例如，为了减少中滑板平面导轨的刮削量，可以导轨两头为基准进行磨削，之后再以床鞍上表面为基准进行刮削，按照图

2-2-96 维修完床身导轨后再按图 2-2-97 所示的精度基准关系进行相关部件导轨副的测试和维修，就能最终达到车床的各项精度要求。

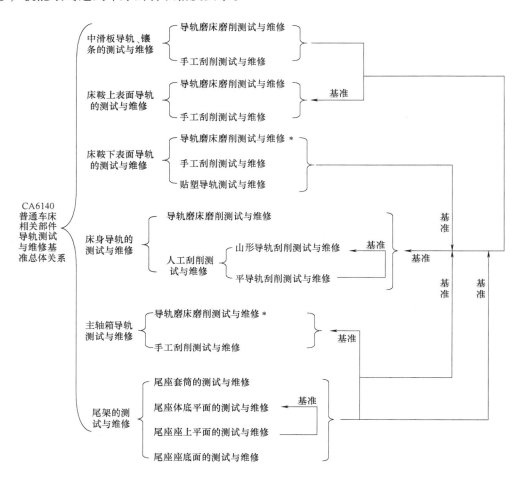

图 2-2-97　CA6140 普通车床相关部件导轨副测试与维修基准关系 （ ＊表示较少采用的维修方法）

表 2-2-7 所示 CA6140 普通车床大修组装后的精度测试项目的先后顺序也有逻辑关系，若 1、2 项不合格，第 3 项就无从谈起，即 1、2 项合格是第 3 项合格的基础；4、5、6、7、8 项合格是第 9 项合格的基础。所以表 2-2-7 测试项目的先后关系不能随意变动，这就为测试、维修工艺顺序提供了理论依据，按照这个理论依据就能最终达到车床的各项精度要求，违背了这个理论依据，测试维修精度也就顾此失彼，维修工作就事倍功半，很难达到车床的各项精度要求，实质上表 2-2-7 和图 2-2-97 是一致的。

本项目一些零部件的同一个精度测试项目有的是拆卸前或装配后测试的，图 2-2-98 所示为测试导轨在水平面内的直线度误差。在主轴和尾座上安装圆柱检测试棒，用图 2-2-75 中的 2 号工具和百分表测试，指针指在试棒的侧素线上，自试棒一端起测试，每隔 250mm 测试一次，顺序记下百分表指针移动的方向和格数，即可算出山形导轨在水平面内的直线度误差（处理方法同图 2-2-83 所用方法相似）。图 2-2-84 所示为山形导轨维修过程中测试导轨在垂直面内的直线度误差，两种情况下用的测试工具不同，测试的背景不同，但对该项误差的要求是一样的。

原则上，图 2-2-84 所示的山形导轨在垂直面内的直线度要用图 2-2-75 所示的 5 号专用工具，但在缺乏 5 号工具时可以用 2 号工具代替；4 号工具用于 V 形导轨测试，5 号工具用于山形导轨测试。图 2-2-78 所示的光学平直仪及图 2-2-79 和图 2-2-80 所示的测试方法都有很广泛的应用场合。

CA6140 普通车床各个零部件的导轨组装、精度测试和故障维修工艺具有典型的代表性，这些知识点完全可以迁移到其他机电设备零部件导轨的组装、测试和维修中。

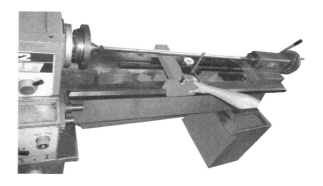

图 2-2-98　车床没有拆卸时测试山形导轨在水平面内的直线度误差

项目三　CA6140 普通车床电气控制原理、机电联合调试与维修

本项目以 CA6140 普通车床的电气控制、故障诊断与维修为案例，理实一体化地论述带有功能区、图区的电气控制原理图的画法、读图方法、电气安装接线图的画法、安装施工与机电联合运行调试的步骤，并理实一体化地论述 CA6140 普通车床电气控制故障诊断与维修、机电联合调试准备工作，着重论述了 7 种具有可操作性的电气控制故障诊断与维修方法，使学员具备普通机电设备电气控制系统正确识图、绘图、安装、机电联合调试的基本技能、具有电气控制故障诊断与维修的综合职业能力。

学习目标：
1. 掌握 CA6140 普通车床带功能区、图区的电气控制原理图的画法和意义。
2. 掌握 CA6140 普通车床电气安装接线图的画法和意义。
3. 掌握 CA6140 普通车床电气控制柜的安装、机电联合调试步骤。
4. 掌握 CA6140 普通车床电气控制机电联合调试和故障诊断与维修准备工作。
5. 掌握 CA6140 普通车床电气控制故障诊断与维修 7 种方法及其技能。

任务1　CA6140 普通车床电气控制原理图及安装接线图的标准画法

知识点：
- CA6140 车床带功能区、图区的电气控制原理图的画法及其正确识图方法。
- CA6140 车床电气控制安装接线图的画法、所用材料及其安装施工步骤。
- CA6140 车床电气控制机电联合调试步骤。

能力目标：
- 以 CA6140 普通车床为案例，掌握带功能区、图区的电气控制原理图的画法及其意义。
- 掌握 CA6140 车床电气控制原理图的工作原理及分析方法。
- 掌握 CA6140 车床电气控制安装接线图的原理及画法。
- 掌握 CA6140 车床机电联合调试的步骤和调试方法。

一、任务引入

前述理实一体化地论述了 CA6140 车床机械部分的拆装、测试与故障维修，车床的动力源来自主电动机。本任务的主要内容是正确进行电气控制部分的设计、识图、安装，并进行机电联合调试，根据调试结果诊断电气控制故障并实施维修，掌握强电控制的知识点并达到能力目标，能够将知识点和能力目标进行迁移，掌握其他机电设备的机电联合调试、故障诊断与维修技能。现对 CA6140 普通车床电气控制原理、电气安装接线、机电联合调试进行理实一体化论述。

二、任务实施

（一）带功能区、图区的 CA6140 普通车床电气控制原理图的画法

机电设备电气控制电路所包含的电器元件和电器设备较多，其电路图的符号也较多，为了能够正确进行机电联合调试、故障诊断与维修，首先必须按国家标准画出图 2-3-1 所示的带有功能区、图区的电气控制原理图并能正确识图，现有大多数教材上的电气控制原理图没有划分功能区和图区，不利于扩展设计、安装、调试和维修，以下以图 2-3-1 所示的 CA6140 普通车床电气控制原理图为例，补充介绍带有功能区、图区的电气控制原理图的画法，并以此掌握其设计、读图方法。

1. 功能单元的划分

CA6140 普通车床电气控制原理图按功能分成 11 个独立的功能区，并用文字将其功能标注在电路图的上方 11 个栏内，如电源开关、主轴电动机、冷却泵电动机、快速电动机等 11 栏。划分功能区的原则是：首先要考虑功能的独立性，其次要考虑功能的融合相关性。图 2-3-1 所示 11 项功能是独立的，而熔断器 FU_6 的作用是保护变压器 110V 线圈不被烧坏，所以画在控制变压器及二次保护功能区，而不画在信号灯或机床工作灯功能区，虽然起相同的作用；FU_5、FU_4 也是同样道理。

2. 图区的划分

CA6140 普通车床电气控制原理图共划分了 13 个图区，标注在电路图的下部，并从左向右依次用阿拉伯数字编号标注。划分图区的原则是：总的指导思想是一条支路、一组或一条竖线划为一个图区，并首先要考虑功能的完整性，其次要考虑实现功能所用电器不同组成部分的作用不同，图 2-3-1 所示 2 区三条主电路 U_{11}、V_{11}、W_{11} 都工作才能实现电动机 M_1 工作，所以划归一个区，这就是一组竖线划为一个图区；而交流接触器 KM_1 其线圈、主触点和 2 个辅助常开触点组成部分的作用不同，分别划归到 10、2、11 和 13 号图区。

3. 接触器、继电器的完整标注

1）每个交流接触器线圈的文字符号 KM 的下面画两条竖直线，分成左、中、右三栏，把受控制而动作的触点所处的图区号按表 2-3-1 的规定填入相应栏内；对备而未用的触点在相应的栏中用记号"×"标出，对没有的触点不标注任何符号。

2）每个继电器线圈的文字符号 KA 的下面画一条竖直线，分成左、右两栏，把受控制而动作的常开触点所在的图区号按表 2-3-2 的规定填入相应栏内。

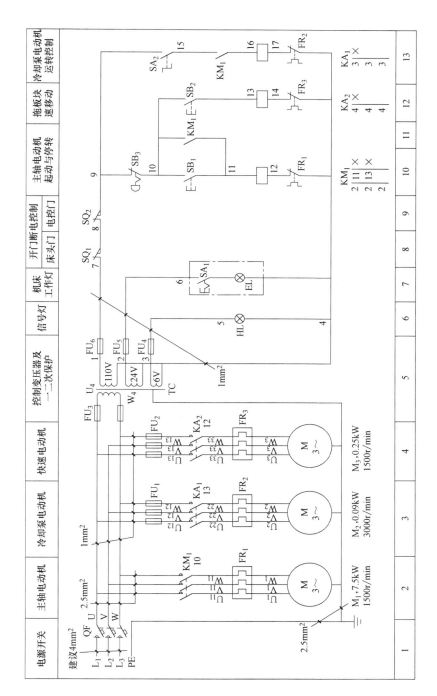

图 2-3-1　CA6140 普通车床电气控制原理图

表 2-3-1 接触器线圈 KM₁ 符号下的数字标注

栏 目	左 栏	中 栏	右 栏
触点类型	主触点所处图区号	辅助常开触点所处图区号	辅助常闭触点所处图区号
KM₁ 2　11　× 2　13　× 2	表示 3 对主触点均在图区 2	表示 2 对辅助常开触点在 11 和 13 号图区	表示有 2 对辅助常闭触点没用到,用×表示,若用了就标出图区号

表 2-3-2 继电器线圈 KA₁ 符号下的数字标注

栏 目	左 栏	右 栏
触点类型	常开触点所在图区号	常闭触点所在图区号
KA₁ 3　× 3 3	表示 3 对常开触点均在 3 号图区	表示一对常闭触点未用,用×表示,若用到则标出所在图区号

表 2-3-3 CA6140 普通车床电器元件明细表

代号	元件名称	型 号	规 格	件数	生产厂家
M₁	三相异步电动机	Y132M-4-B3-TH	7.5kW、380V、50Hz	1	
M₂	冷却泵电动机	AOB-25-TH	0.09kW、380V、50Hz	1	
M₃	三相异步电动机	AOS5634-TH	0.25kW、380V、50Hz	1	
KM₁	主轴电动机交流接触器	CJX1-16-TH	线圈110V、50Hz	1	
KA₁	冷却电动机继电器	JZ7-44-TH	线圈110V、50Hz	1	
KA₂	快速电动机继电器	JZ7-44-TH	线圈110V、50Hz	1	
FR₁	主轴电动机热断电器	JR16-20/30-TH	$\dfrac{10-16}{15.4}$A	1	
FR₂	冷却电动机热断电器	JR16-20/30-TH	$\dfrac{0.16-0.20}{0.18}$A	1	
FR₃	快速电动机热断电器	JR16-20/30-TH	$\dfrac{0.42-0.52}{0.48}$A	1	
FU₁	熔断器	BZ01A-TH	$\Phi6\times30$　2A	3	
FU₂	熔断器	BZ01A-TH	$\Phi6\times30$　4A	3	
FU₃	熔断器	BZ01A-TH	$\Phi6\times30$　1A	2	
FU₄	熔断器	BZ01A-TH	$\Phi6\times30$　1A	1	
FU₅	熔断器	BZ01A-TH	$\Phi6\times30$　2A	1	
FU₆	熔断器	BZ01A-TH	$\Phi6\times30$　2A	1	
TC	控制变压器	JBK2-100	100VA、60Hz、380V、110V、24V、6V、50VA、54VA、5VA	1	
HL	信号灯	ZSD-06V	无罩带灯	1	
EL	工作灯	JC1140W、24V、带灯泡		1	
SA₁	电源开关键	LAY3-01Y/2		1	
SQ₁	行程开关(床头门断电)	JWM6-11-TH		1	

（续）

代号	元件名称	型号	规格	件数	生产厂家
SQ$_2$	行程开关（电控门断车）	JWM6-11-TH		1	
SA$_2$	旋钮开关（水泵）	LAY3-10X/2		1	
SB$_1$	起动按钮	LA19-11-TH	绿色	1	
SB$_3$	急停按钮	LAY3-01ZS	红色	1	
SB$_2$	快速按钮	LA9		1	
SA$_4$	工作灯开关	JC-11 附带		1	
QF	断路器	AM2-40	40A	1	
	安装导轨		规格 35mm×7.5mm×0.8mm 厚	1m	
	塑料走线槽		PXC-2525	4m	
	叉行预绝缘端头		与接线端子排配套买	60 个	
	接线端子排		TB1512	2 个	
	熔断器安放排座		BZ-110A	1 个	

3）为了读图方便，对比较复杂的电气控制原理图，需要在接触器和继电器触点文字符号的下面标上线圈所在的图区号数字，如图 2-3-1 中 2 区的接触器主触点 KM$_1$ 下面标注 10，表示该接触器的线圈在 10 号图区；KA$_1$ 下面标注 13 和 KA$_2$ 下面标注 12 分别表示继电器线圈在 13、12 区，当电气控制原理图比较简单时也可以不标注。

4）为了安装接线和维修方便，也为了便于扩展电气控制原理图，需要在每个设备进出线端有符号或数字标号，如图 2-3-1 中行程开关常闭触点 SQ$_1$ 两端的数字为 7、8；SQ$_2$ 两端的数字为 8、9；输出 6V 的变压器两接线端的数字为 3、4；FU$_3$ 两端的数字各为 U、U$_4$ 和 W、W$_4$；机床工作灯为一个按钮和灯综合在一起的元件，其两端数字为 6、4 等。

4. 带功能区、图区的电气控制原理图的意义

带功能区、图区的电气控制原理图将功能一目了然呈现给读者，便于读者快速掌握电气控制原理图实现的功能，掌握有关功能所用电器元件设备，掌握各个功能用了哪些电器元件的哪几个接线端，没有用哪些接线端，便于方便阅读电气控制原理图，更有利于对照原理图对电气控制系统进行测试、故障诊断和维修；也便于扩展其功能，利用未用的触点，使设备物尽其用，这是一种国家标准规定的科学的通用画法。

有电气控制原理图即可提出初步的电气设备材料表，等完成图 2-3-2 所示电气控制安装接线图后补充材料表即成为完整的表 2-3-3 所示 CA6140 普通车床电气控制设备材料表。

（二）CA6140 普通车床电气控制原理图的阅读分析

1. CA6140 普通车床电气控制功能及其相关的操作

不少企业生产的 CA6140 电气控制带有钥匙开关，也有不用钥匙开关的其电气控制原理即图 2-3-1 所示，从该图看出有 11 个功能区，即有 11 个独立的功能，有 13 个图区，今结合表 2-3-3 介绍电气控制原理图的读法与设备简介。

1）电源开关 QF 即空气断路器实现对车床供电和断电，是车床电气总开关，即图 2-1-1 左侧门操作面板上的断路器总开关 23，QF 占一个功能区，也占一个图区 1，向上推 QF 车床即通电，HL 即图 2-1-1 左侧门操作面板上的信号灯 25 就亮；向下按 QF 断电指示灯 HL 就

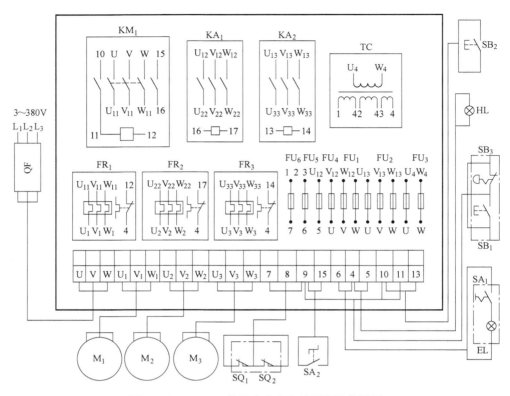

图 2-3-2　CA6140 普通车床电气控制安装接线图

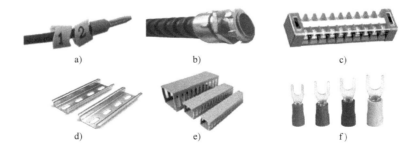

图 2-3-3　CA6140 普通车床电气安装接线编号、金属软管和接线端子排等附加材料

a）号码管　b）金属软管及接头　c）接线端子排　d）安装电气导轨

e）塑料线槽　f）叉形预绝缘接头

灭，QF 合上后车床系统即供电，可执行相应的操作。

2）主轴电动机 M_1 是一个功能区，其三条电源线占一个图区 2；主轴电动机的起动与停转也占一个功能区，但该功能区分为两个图区 10 和 11；图区 10 中的起动按钮 SB_1 就是图 2-2-1 中的 11，急停按钮 SB_3 就是图 2-2-1 中的 12；图区 12 中的 KM_1 是控制主轴电动机的交流接触器的辅助常开触点，起自锁作用。

M_1 起动：

按下 SB_1 → KM_1 线圈得电 →
- KM_1 主触点闭合 → M_1 起动运转。
- KM_1 辅助常开触点闭合，SB_1 自锁
- KM_1 辅助常开触点闭合 → 为 KA_1 线圈电作准备。

M_1 停止：

按下 SB_3→KM_1 线圈失电→KM_1 主触点断开→M_1 失电停转。

3）在图 2-3-1 上冷却泵电动机占一个功能区，也占一个图区 3。冷却泵电动机运转与控制占一个功能区，也占一个图区 13。冷却泵电动机是用转位开关 SA_2 控制的，它是安装在图 2-1-1 左侧门操作面板上的冷却泵开关 24，从图 2-3-1 知，在主轴电动机带电的前提下即交流接触器 KM_1 的辅助常开触点闭合的前提下，接通 SA_2 冷却电动机 M_2 带电抽出切削液；断开 SA_2 冷却电动机 M_2 断电关切削液。

M_2 起动：

主轴电动机 M_1 起动运转后→合上旋钮开关 SA_2→KA_1 线圈得电→KA_1 常开触点闭合→冷却泵电动机 M_2 得电运转。

M_2 停止：

方法一：按下 SB_3→KM_1 线圈失电→KM_1 辅助常开触点（13 区）断开→KA_1 线圈失电→KA_1 常开触点断开→M_2 失电停止运转。

方法二：断开旋钮开关 SA_2→KA_1 线圈失电→KA_1 常开触点断开→M_2 失电停止运转。

4）在图 2-3-1 上快速电动机占一个功能区，也占一个图区 4；快速电动机控制滑板快速移动占一个功能区，也是一个图区 12。滑板快速移动电动机是用按钮 SB_2 控制的，它安装在图 2-1-1 溜板箱上的快速进给操纵手柄 17 内，从图 2-3-1 知，在主轴电动机没有急停的情况下该电动机才能运转工作。

M_3 起动：

按下 SB_2→KA_2 线圈得电→KA_2 常开触点闭合→M_3 得电运转，刀架沿图 2-1-1 中溜板箱上手柄 17 指定的方向快速运动。

M_3 停止：

松开 SB_2→KA_2 线圈失电→KA_2 常开触点断开→M_3 失电停止运转，刀架停止运动。

5）在图 2-3-1 上开门断电控制开关 SQ_1 是安装在图 2-1-1 所示主轴箱门 22 里面的行程开关，SQ_2 是安装在图 2-1-25 所示电气控制柜门 4 里面的行程开关，当关门时行程开关常开触点闭合，机床可以工作；当开门时行程开关常开触点断开，机床不能工作，起安全保护作用。SQ_1、SQ_2 占一个功能区，两个图区 8、9。

6）照明与信号电路的分析。

控制变压器 TC 的二次侧输出 110V 为控制三个电动机的交流接触器和继电器线圈供电，24V 和 6V 电压分别作为车床控制工作灯和信号灯电源，EL 为车床的低压照明工作灯，由开关 SA_1 控制，FU_5 作短路保护；HL 为电源信号灯，FU_4 作短路保护。

7）在图 2-3-1 上为了避免短路保护，接有 11 个熔断器，其中 FU_3、FU_4、FU_5 和 FU_6 及变压器占一个功能区，并在一个图区 5 中，FU_1 和 FU_2 与相应电动机在一个功能区和图区。

2. CA6140 普通车床电气控制原理图其他事项

1）1、2、3 和 4 号图区是主电路部分，其他是控制电路部分，并标有接线横截面积。

2）三个电动机外壳、变压器外壳均与地线 PE 相接，即实行重复接地。

（三）CA6140 普通车床电气控制安装接线图

1. 绘制电气控制安装接线图的意义及要求

电气安装接线图是表达电气控制装置内部电气元件安装接线关系的图，只用来表示电气设备和电器元件的位置、配线方式和接线方式，而不明显表示电气动作原理。它主要用于安装接线、线路的故障诊断与维修，在设备电气不太复杂时，电气安装接线图也表达了电气安装平面布置图的功能，电气安装接线图绘制的原则如下。

1）电气安装接线图的绘制应符合 GB/T 3797—2005《电气控制设备》的规定。

2）在电气安装接线图中，各电气元件的相对位置与实际安装的位置一致。

3）所有电器元件及其接线座的标注应与电气控制原理图中标注相一致，采用同样的文字符号和线号。

4）电气安装接线图与电气控制原理图不同，安装接线图应将同一个电器元件中的各带电部分（如线圈、触点）画在一起，并用细实线框入。如 KM_1 的主触点、2 个辅助常开触点、线圈、接线端标号全部用细实线框在一个框内。

5）原则上都要用细线条绘制，清楚地表示出各电气元件的连接关系和接线方向。

6）电气控制柜外凡是两个及以上个数的电气元件有公共接线时，这几个电气元件用点画线框在一起，如图 2-3-2 中的 SB_1、SB_3 就是这种情况。

7）如果在电气控制原理图中未表达各种导线的型号、规格及截面积时，需要在电气安装接线图中表达清楚各种导线的型号、规格及截面积。

8）在电气控制柜外的电气设备要通过接线端子与电气控制柜内部的设备相连，动力线和测量信号线可以直接连接到电器柜的接线端子上。

9）端子板上各接点按接线号顺序排列，并将动力线、直流控制线、交流控制线分开。

10）凡是标号相同的接线端都要连接在一起，如图 2-3-2 中，接线端子上引脚 4 有两条接线，而 FR_1、FR_2 和 FR_3 这 3 个热继电器各有 1 个接线端 4 相连，变压器 TC 的 3 个 4 号端子相连，之后再接在端子排 4 号引脚的上端，即所有 4 号引脚全部连在一起了。

2. CA6140 普通车床电气控制安装接线图的绘制

CA6140 普通车床设计上，电气控制柜即图 2-1-25 中的 4，根据前述原则，绘制 CA6140 普通车床电气控制安装接线图如图 2-3-2 所示。

（四）电气控制柜的安装配线施工步骤

1. 检查和调整电器元件

根据表 2-3-3 列出的 CA6140 普通车床电器元件，配齐电气设备和电器元件，并逐件对其检验。

1）核对各电器元件的型号、规格及数量。

2）用电桥或万用表检查电动机 M_1、M_2、M_3 各相绕组的电阻，用电阻表测量其绝缘电阻，并做好记录。

3）用万用表测量接触器 KM_1、继电器 KA_1、KA_2、断路器 QF 等电气元件的线圈电阻，记录其电阻数值，检查它们的外观是否清洁完整、有无损伤，各触点的分合情况，接线端子及紧固件有无短缺、生锈，操作的灵活程度等。

4）检查熔断器 FU_1、FU_2、FU_3、FU_4、FU_5、FU_6 的外观是否完整，陶瓷底座有无破裂。

5）检查按钮的常开、常闭触点的分合动作是否正常。

6）用万用表检查热继电器 FR_1、FR_2、FR_3 的常闭触点是否接通，并分别将热继电器 FR_1、FR_2、FR_3 的整定电流调整到 15.4A、0.18A 和 0.48A，表 2-3-3 标出 FR_1 的最大、最小电流分别可调到10A、16A，本设备使用调至15.4A。

2. 制作安装底板

由于CA6140普通车床电气元件数量不太多，车床设计利用图2-1-25中的4所示车床机身的柜架作为电气控制柜。除电动机、按钮、断路器和照明灯外，其他电器元件根据元件安装需要如图2-3-4所示直接用螺钉安装在底板上，也有如图2-3-3d所示导轨安装在底板上的。

3. 选配导线及叉形预绝缘接头

由于各生产厂家不同，CA6140普通车床电气控制柜的配线方式也有所

图2-3-4　把电器元件按照图2-3-2电气安装接线图的布置用螺钉安装在电气柜底板上，并安装塑料线槽，准备接线

不同，但大多数采用明配线。电动机 M_1 的主电路的导线可采用单股塑料铜芯 BV2.5mm^2（红），电动机 M_2 和 M_3 的主电路的导线可采用单股塑料铜芯 BVR1mm^2（红），控制电路采用 BVR1mm^2（黑）。为使接线牢固，与电气设备接线用图2-3-3f所示叉形预绝缘接头。

4. 划安装线及弯电线管

在熟悉电气控制原理后，根据安装接线图，按照安装操作规程，在安装底板上用铅笔划电器元件安装线、线槽线、电线管走向线，并度量尺寸锯割电线管，根据走线方向弯管。

5. 安装电器元件

根据安装线在底板上先钻孔，再安放电器元件和线槽，并用螺钉固定好，即为图2-3-4所示准备接线。

6. 给各元件和导线编号

根据图2-3-1的电气控制原理图，给各电器元件和连接导线做好如图2-3-3a所示的编号标志，给接线编号。

7. 接线并把线路置于线槽

接线时，先接控制柜内的主电路、控制电路，需外接的导线接到图2-3-3c所示的接线端子排上，然后接控制柜外的其他电器设备，如按钮 SB_1 和 SB_2、照明灯 EL、主轴电动机 M_1、冷却泵电动机 M_2。引入车床的导线要用图2-3-3b所示的金属软管加以保护，电气柜内部除非临近设备很短的接线都要放置于图2-3-3e所示线槽中。

对图2-3-4所示底板完成安装接线并给接线编号后的照片见图2-3-5所

图2-3-5　电气柜底板接线完毕照片，检查无误后安装到电气柜内，再接外部设备与接线端子之间的线路

示，之后安装在图 2-1-25 所示的电气柜 4 中，就可以通过接线端子接电气柜外部的设备，如电动机、按钮、空气断路器 QF 等，全部外部设备接线完毕即图 2-3-6 所示，即可进行线路检查、通电运行调试阶段。

（五）电气控制柜的通电运行与调试

1）安装完毕后，测试绝缘电阻并根据安装要求对电器线路、安装质量进行全面检查。

① 常规检查。

对照图 2-3-1 的电气控制原理图、图 2-3-2 的安装接线图，逐线检查，核对线号，防止错接、漏

图 2-3-6　完成外部设备与底板上接线端子的接线，检查无误后进入电气控制柜的通电运行与调试阶段

接，检查各接线端子的接触情况，若有虚接现象应及时排除。

② 用万用表检查。

在不通电的情况下用万用表的欧姆挡进行通断检查，具体方法如下：

a. 检查控制电路：断开 QF，开门断开 SQ_1 和 SQ_2，把万用表拨到 $R \times 100$，调零以后，将两只表笔分别接到熔断器 FU_6 两端，此时电阻应为零，否则该熔断器有断路问题。将两只表笔再分别接到 9、10 两端电阻应为 0，否则应检查按钮 SB_3 是否损坏或接线脱落；将两只表笔再分别接到 10、4 端电阻应为无穷大，否则接线可能有误（如 SB_1 应接常开触点，而错接成常闭触点）或按钮 SB_1 的常开触点粘连而闭合；按下 SB_1 此时若测得一电阻值（为 KM_1 线圈电阻），说明 10、4 支路接线正确；按下接触器 KM_1 的触点架，其常开触点（10-11）闭合，此时万用表测得的电阻仍为 KM_1 的线圈电阻，表明 KM_1 自锁起作用；否则 KM_1 的常开触点（10-11）可能有虚接或漏接等问题。

b. 检查主电路：合上开关 QF，接上主电路上的三根电源线 U、V、W，断开控制电路（取出 FU_6 的熔芯），取下接触器 KM_1 的灭弧罩，将万用表拨到适当的电阻挡，把两只表笔分别接到 L_1-L_2、L_2-L_3、L_3-L_1 之间，此时测得的电阻应为无穷大，若某次测得为零，则说明所测两相接线有短路；用手按下接触器 KM_1 的触点架，使 KM_1 的常开触点闭合，重复上述测量，此时测得的电阻应为电动机 M_1 两相绕组的阻值，且三次测得的结果应基本一致，若有为零、无穷大或不一致的情况，则应进一步检查。

将万用表的两只表笔分别接到 U_{11}-V_{11}、V_{11}-W_{11}、W_{11}-U_{11} 之间，未合上 QF 时，测得的电阻应为无穷大，否则可能有短路问题；合上 QF 后测得的电阻应为电动机 M_1 两绕组的电阻值，若为零、无穷大或不一致，则应进一步检查。

上述检查发现问题时，应结合测量结果，通过分析电气控制原理图，再作进一步检查、维修。

2）电气控制柜的试运行与调试。

经过上面检查无误后，可进行通电试车。

① 先不接三个电动机空操作试车：在合上电源开关 QF 后信号灯 HL 应亮，控制电路即得电，按下起动按钮 SB$_1$，KM$_1$ 应吸合并自锁，按下 SB$_3$ 时 KM$_1$ 应断电释放；接通 SA$_2$ 继电器 KA$_1$ 线圈带电，断开 SA$_2$ 继电器 KA$_1$ 线圈断电，合上开关 SA$_1$ 机床照明灯应亮，断开 SA$_1$，照明灯则灭，这样把全部主电路和控制电路实验运行至正常为止。

② M$_1$ 接三相电但不安装三角带、M$_2$ 接三相电但不接冷却泵、M$_3$ 接三相电但将该电动机从溜板箱上拆卸下来空操作试车：合上 QF 按下 SB$_1$，观察主轴电动机 M$_1$ 的转向、转速是否正确；再合上 SA$_2$ 观察冷却泵电动机 M$_2$ 的转向、转速是否正确；用手按下 SB$_2$ 观察快速进给电动机 M$_3$ 的转向、转速是否正确，若不正确重新检查接线，试验至三个电动机运行正确。

③ 负荷试车在机床电气线路及所有机械部件安装调试正确后，按照 CA6140 普通车床的性能指标，进行逐项试车。

三、任务要点总结

本任务通过对 CA6140 普通车床电气控制部分的读图、组装、调试与故障维修，使学员能够掌握图 2-3-1、表 2-3-1 和表 2-3-2 所示电气控制原理图的画法，掌握图 2-3-2 所示 CA6140 普通车床电气安装接线图的画法，并掌握功能单元的划分和图区的划分原则，提出电气控制安装材料表。这两图一表是企业最常见的标准化、规范化的画法，这是机电设备工程技术人员必须掌握和技能型人才必须熟练识读的画法。在此基础上要求学员掌握电气控制柜的安装配线施工以及电气控制柜的试运行与调试步骤，对机电设备电气组装、调试、维修人员职业生涯成长具有重要意义。

四、思考与训练题

1. 在 CA6140 普通车床现场识读其电气控制原理图和安装接线图，并认知各个电气元件的位置、作用，所用元件哪些触点用到了？哪些没用到？

2. 在 CA6140 普通车床现场运行该普通车床电气控制，进一步识读其控制过程、各个电气元件的作用。

3. 若 CA6140 普通车床主轴电动机 M$_1$ 只能点动，则可能的故障有哪些？在此情况下冷却泵电动机能否正常工作？

4. CA6140 车床的主轴电动机因过载而自行停车后，操作者按起动按钮，但电动机不能起动，分析可能的原因。

任务 2　CA6140 普通车床电气控制故障诊断与维修

> **知识点：**
> - CA6140 普通车床常见电气控制故障诊断与维修准备工作。
> - CA6140 普通车床电气控制故障诊断与维修方法。
>
> **能力目标：**
> - 掌握 CA6140 普通车床电气控制故障分析与维修准备工作。
> - 掌握 CA6140 普通车床电气控制故障诊断与维修 7 中的方法及其技能。

一、任务引入

CA6140普通车床运动形式比较复杂，故障是多方面的，有机械故障和电气故障，电气故障有主轴电动机 M_1 不能正常起动、起动后不能自锁、不能停转等，不管是哪方面的故障，其最终表现都是机床不能正常工作。本任务以CA6140普通车床电气控制常见故障为例进行分析，掌握CA6140普通车床电气控制常见故障的诊断和维修方法。

二、任务实施

（一）CA6140普通车床电气控制柜的故障诊断与维修准备工作

机电设备控制电路多种多样，其故障往往与电气、机械、液压、气动、数控系统等交错在一起，不易分辨，给维修工作带来困难，所以机床维护维修工作者不但要掌握机床控制电路的基本原理，还必须掌握正确的检修方法，才能快速排除故障，正确的维修步骤如下。

1. 熟悉设备，积累资料，做好维修准备工作

平时在设备正常工作时就要熟悉所维修的设备情况，包括电气控制电路、机械传动与控制、液压气压传动与控制、数控系统控制强电和伺服电动机等，对电路要熟悉控制原理图、安装接线图、电气互联图等资料，熟悉电气元件应用层面的工作原理，对资料不全的或不熟悉的设备要绘制和熟悉图样资料，具体要做好以下维修准备工作。

1）有的设备的电气控制原理图在说明书中，图很小，标注不完善，看起来不直观，不便于维修，要亲自动手用比较大的图样画出带功能区、图区的电气控制原理图，图上设备符号、接线端编号与电气控制安装接线图的设备符号、接线端编号一一正确对应。

2）有的设备的电气控制安装接线图在说明书中，图也很小，标注不完善，看起来不直观，不便于检查维修，要亲自动手用比较大的图样画出电气控制安装接线图，该图上设备符号、接线端标号与实物设备上用的电气设备符号、接线端标号要一一正确对应。

3）检查实物设备上设备符号、接线端标号是否脱落。若有脱落要按照电气安装接线图正确补齐全，线路该置于线槽的置于线槽，布线规则有序，便于检查维修。

4）电气控制柜的接线往往很杂，不便于维修，要梳理清楚电气控制柜的接线的来龙去脉，必要时以不同颜色区分好，与所画电气控制原理图上的颜色标记一一对应。

5）通过操作，把电气控制柜所有操作及其动作顺序、与各个电气元件的关系梳理清楚，并把可能的故障及其原因、故障诊断与维修方法罗列出来，吃透其因果关系，为故障诊断与维修打好基础。

2. CA6140普通车床电气控制故障诊断与维修感性认识

当车床发生电气故障后，不要盲目随便动手检修，要通过"问、看、听、摸"来了解故障前后的详细情况，然后根据故障现象初步判断故障所在部位。

"问"是向机床的操作人员询问故障发生前后情况，如询问故障发生时是否有烟雾、跳火、异常声音和气味，有无误操作等因素。

"看"观察熔断器内熔体是否熔断，其他电气元件有无烧毁，电器元件和导线连接螺钉是否松动。

"听"电动机、变压器、接触器及各种继电器，通电后运行时的声音是否正常。

"摸" 将机床电气设备通电运行一段时间后切断电源，然后用手触摸电动机、变压器及线圈有无明显的温升，是否有局部过热现象。

"问、看、听、摸" 是故障外观检查的第一步，再针对检查结果选择比较得力的测试故障方法作进一步检查，用专业维修方法进行故障测试与维修。

（二）CA6140 普通车床比较专业的电气控制故障诊断与维修方法

1. 电压测量法

电压测量法是在电路通电的情况下，用万用表通过检测电路中关键点的电压值，与正常值进行比较来判断故障部位或故障元件的一种方法。一般来说电压相差明显或电压波动较大的部位，就是故障所在部位，再缩小故障范围，快速找出故障元件。该方法不需要拆卸元件和导线，机床处在实际使用条件下，提高了故障识别的准确性，是常用的电气故障诊断方法。

电压测量法可用在测量机床主电路和控制电路故障上，但应注意线路中的交流电压和直流电压分开测量，并根据该线路上的电压值，选择万用表的电压量程，切不可用万用表的电流挡或电阻挡进行带电测量，否则会烧坏万用表。

电压测量法又可以分为：电压分阶测量法、电压分段测量法两种。

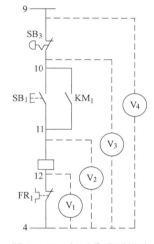

图 2-3-7 电压分阶测量法

1）电压分阶测量法：选电路中某一公共点作为参考点，然后逐阶测量出相对参考点的电压值，若任意相邻两点的电压值差别很大，可视该点即为故障点。

用电压分阶测量法进行故障诊断与维修案例 1：如图 2-3-1 所示，合上 QF 后，按下 SB$_1$，主轴电动机 M$_1$ 不能起动。

用万用表测量交流接触器受电端 U、V、W 点之间的电压，如果是 380V，则电源电路正常，否则是电源或断路器 QF 故障，可分别检查，当电源电压正常后，按下 SB$_1$，主轴电动机 M$_1$ 仍不能起动时，用电压分阶测量法进行故障诊断与维修。以 4 点为参考点，测量 12、11、10 和 9 点的电压，电压分阶测量电路如图 2-3-7 所示，故障维修方法见表 2-3-4。

表 2-3-4 用电压分阶测量法故障诊断与维修结果分析

故障现象	测量状态	V$_1$	V$_2$	V$_3$	V$_4$	故 障 点	排除方法
电源电压正常,按下 SB$_1$ 时 KM$_1$ 不吸合	按下 SB$_1$ 不放开	0V	0V	0V	110V	SB$_3$ 接触不良或接线脱落	更换 SB$_3$ 按钮或将脱落线修好
		0V	0V	110V	110V	SB$_1$ 接触不良或接线脱落	更换 SB$_1$ 按钮或将脱落线修好
		0V	110V	110V	110V	KM$_1$ 线圈接触不良或接线脱落	更换交流接触器 KM$_1$ 或将脱落线重新接好
		110V	110V	110V	110V	FR$_1$ 常闭触点接触不良或接线脱落	更换热继电器 FR$_1$ 或将脱落线重新接好

2）电压分段测量法：设备回路（包括控制回路）在通电的情况下，用万用表电压挡测量各个彼此相连接的设备的电压，根据电压数值来分析判断电路的故障情况。

用电压分段测量法进行故障诊断与维修案例 2：如图 2-3-1 所示，合上 QF 后，按下 SB_1，主轴电动机 M_1 不能起动。

同上所述，在电源电路正常的情况下，按下 SB_1 主轴电动机 M_1 仍不能起动时用电压分段测量法检查，电压分段测量电路如图 2-3-8 所示，故障诊断维修方法见表 2-3-5。

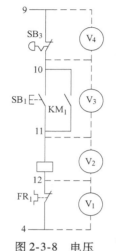

图 2-3-8 电压
分段测量法

表 2-3-5 电压分段测量法故障诊断与维修结果分析

故障现象	测量状态	V_1	V_2	V_3	V_4	故 障 点	排 除 方 法
电源电压正常，按下 SB_1 时 KM_1 不吸合	按下 SB_1 不放开	110V	0V	0V	0V	FR_1 常闭触点接触不良或接线脱落	更换热继电器 FR_1 或将脱落线修好
		0V	110V	0V	0V	KM_1 线圈接触不良或接线脱落	更换交流接触器 KM_1 或将主触点脱落线重新接好
		0V	0V	110V	0V	SB_1 接触不良或接线脱落	更换 SB_1 按钮或将脱落线修好
		0V	0V	0V	110V	SB_3 接触不良或接线脱落	更换 SB_3 按钮或将脱落线修好

2. 电阻测量法

电阻测量法是在电路切断电源后用电表测量两点之间的电阻，通过电阻值对比，进行电路故障诊断的一种方法。例如用万用表测量线路上某点或某个元器件的通和断时的电阻，来判断该元件是否有故障。

用电阻测量法测量电路中的故障点同样简单、直观。但特别要注意的是测量前一定要切断机床电源，否则会烧坏万用表；另外被测电路不应有其他支路并联；适时调整万用表的电阻挡，避免判断错误。这种方法主要用万用表电阻挡对线路通断或元器件好坏进行判断，其方法有电阻分阶测量法和电阻分段测量法两种。

1）电阻分阶测量法是当测量某相邻两阶的电阻值突然增大时，则该跨接点为故障点。

用电阻分阶测量法进行故障诊断与维修案例 3：如图 2-3-1所示，合上 QF 后，按下 SB_1，主轴电动机 M_1 不能起动。

在电源电路正常的情况下，按下 SB_1 主轴电动机 M_1 仍不能起动时用电阻分阶测量法检查，电阻分阶测量电路如图 2-3-9 所示，故障诊断维修方法见表 2-3-6。若故障诊断维修后仍不能解决，则再用电阻分阶测量法进行故障诊断与维修，直到故障排除。

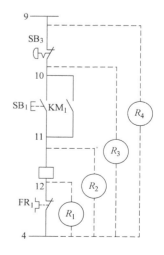

图 2-3-9 电阻分阶测量法

表 2-3-6　电阻分阶测量法故障诊断与维修结果分析

故障现象	测量状态	R_1	R_2	R_3	R_4	故　障　点	排　除　方　法
电源电压正常,按下 SB_1 时 KM_1 不吸合	按下 SB_1 不放开	0Ω	0Ω	0Ω	电阻无穷大	SB_3 接触不良或接线脱落	更换 SB_3 按钮或将脱落线修好
		0Ω	0Ω	电阻无穷大	电阻无穷大	首先是 SB_1、其次是 SB_3 接触不良或接线脱落	首先更换 SB_1、其次更换 SB_3 按钮或将脱落线修好
		0Ω	电阻无穷大	电阻无穷大	电阻无穷大	首先是 KM_1 线圈、其次是 SB_1、再其次是 SB_3 线圈接触不良或接线脱落	首先更换交流接触器 KM_1 或将主触点脱落线重新接好,其次是 SB_1、再其次是 SB_3
		电阻无穷大	电阻无穷大	电阻无穷大	电阻无穷大	首先是 FR_1 常闭触点接触不良或接线脱落,其次是 KM_1、再其次是 SB_1、最后是 SB_3 线圈接触不良或接线脱落	首先更换热继电器 FR_1 或将脱落线修好,其次是 KM_1、再其次是 SB_1、最后是 SB_3 线圈接触不良或接线脱落

2）电阻分段测量法是当测量某相邻两点的电阻值很大时，则说明该两点间即为故障点。

用电阻分段测量法进行故障诊断与维修案例4：如图2-3-1所示，合上 QF 后，按下 SB_1，主轴电动机 M_1 不能起动。

在电源电路正常的情况下，按下 SB_1 主轴电动机 M_1 仍不能起动时用电阻分段测量法检查，电阻分段测量电路如图2-3-10所示，故障诊断维修方法见表2-3-7。若故障诊断维修后仍不能解决，则再用电阻分段测量法进行故障诊断与维修，直到故障排除。

3．万用表短路挡测量法

万用表短路挡测量法是在电路不通电的情况下，用万用表上蜂鸣器挡通过检测电路中关键元件两端是否短路，与正常情况进行比较来判断故障部位或故障元件的一种方法，一般来说该短路的元件不短路或该断路的元件不断路则为故障源，即能快速找出故障元件。该方法有时需要断开并联的支路，但不需要拆卸元件和大量的导线，也是常用的电气故障诊断方法。

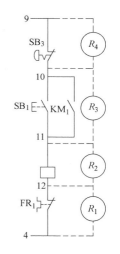

图 2-3-10　电阻分段测量法

表 2-3-7　电阻分段测量法故障诊断与维修结果分析

故障现象	测量状态	R_1	R_2	R_3	R_4	故　障　点	排　除　方　法
电源电压正常,按下 SB_1 时 KM_1 不吸合	按下 SB_1 不放开	0Ω	0Ω	0Ω	电阻无穷大	SB_3 接触不良或接线脱落	更换 SB_3 按钮或将脱落线修好
		0Ω	0Ω	电阻无穷大	0Ω	SB_1 接触不良或接线脱落	更换 SB_1 按钮或将脱落线修好
		0Ω	电阻无穷大	0Ω	0Ω	KM_1 线圈接触不良或接线脱落	更换交流接触器 KM_1 或将主触点脱落线重新接好
		电阻无穷大	0Ω	0Ω	0Ω	FR_1 常闭触点接触不良或接线脱落	更换热继电器 FR_1 或将脱落线修好

万用表短路挡测量法可以分为万用表短路挡分阶测量法和万用表短路挡分段测量法两种。

1) 万用表短路挡分阶测量法是选电路中某一公共点作为参考点,然后逐阶测量出相对参考点的各个元件是否短路,若任意相邻两点的不短路,可视为该点即为故障点。

用万用表短路挡分阶测量法进行故障诊断与维修案例5:如图2-3-1所示,合上QF后,按下SB₁,主轴电动机M₁不能起动。

在电源电压正常的情况下,按下SB₁主轴电动机M₁仍不能起动时用该方法分阶测量。以4点为参考点,测量与12、11、10和9点是否短路,测量电路如图2-3-11所示,故障维修方法见表2-3-8,图表中S表示SOUND,是短路时蜂鸣器发声的意思,以下同。

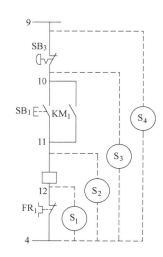

图2-3-11 万用表短路挡分阶测量法

表2-3-8 用万用表短路挡分阶测量法进行故障诊断与维修结果分析

故障现象	测量状态	S_1	S_2	S_3	S_4	故障点	排除方法
电源电压正常,按下SB₁时KM₁不吸合	按下SB₁不放开	不响	不响	不响	不响	FR₁接触不良或接线脱落	更换FR₁热继电器或将脱落线修好
		响	不响	不响	不响	KM₁线圈接触不良或接线脱落	更换KM₁交流接触器或将脱落线修好
		响	响	不响	不响	SB₁接触不良或接线脱落	更换SB₁交流接触器或将脱落线修好
		响	响	响	不响	SB₃接触不良或接线脱落	更换SB₃交流接触器或将脱落线修好

2) 万用表短路挡分段测量法是把电路中相关的几个元件,逐段测量是否短路,若有不短路的两点,可视该点即为故障点。

用万用表短路挡分段测量法案例6:如图2-3-1所示,合上QF后,按下SB₁,主轴电动机M₁不能起动。

用万用表短路挡分段测量法进行故障诊断与维修,在电源电压正常的情况下,按下SB₁主轴电动机M₁仍不能起动时用该方法分段测量。测量与12、11、10和9点是否短路,测量电路如图2-3-12所示,故障维修方法见表2-3-9。

4. 短接测量法

这是用导线将机床上两等电位点短接起来,以确定故障点的方法。短接法简单、实用,查找故障快捷迅速,是电气维修者常用的方法之一,它主要用于判断电路可能出现断路故障的检查,如导线是否虚连、虚焊、触点接触不良等。但在使用过程中一定要注意"等电位"点短接,错误的短接会发生短路事故,由于短接法是带电操作,所以一定要穿戴好绝缘用品,注意操作的安全。

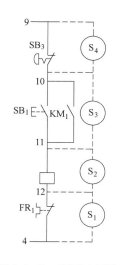

图2-3-12 万用表短路挡分段测量法

表2-3-9　用万用表短路挡分段测量法进行故障诊断与维修结果分析

故障现象	测量状态	S_1	S_2	S_3	S_4	故　障　点	排除方法
电源电压正常,按下SB_1时KM_1不吸合	按下SB_1不放开	不响	响	响	响	FR_1接触不良或接线脱落	更换FR_1热继电器或将脱落线修好
		响	不响	响	响	KM_1线圈接触不良或接线脱落	更换KM_1交流接触器或将脱落线修好
		响	响	不响	响	SB_1接触不良或接线脱落	更换SB_1交流接触器或将脱落线修好
		响	响	响	不响	SB_3接触不良或接线脱落	更换SB_3交流接触器或将脱落线修好

　　短接测量法故障案例7：如图2-3-1所示，在主轴电动机工作的情况下转动位置按钮SA_2冷却泵不工作，怀疑SA_2线路接触不良，该位置开关安装在图2-1-1所示床头箱门内部，不便于拆卸检查，把图2-3-1中11、15两点短接后若冷却泵工作正常，则说明SA_2已坏或线路接触不良，给予拆卸维修；若把11、15两点短接后冷却泵仍不能正常工作，则说明故障在3区泵的接线或泵本身，再给予针对性拆卸维修。

（三）CA6140普通车床常见电气故障及其排除

　　CA6140普通车床在长期的使用、维护和故障诊断与维修过程中，根据前述7种方法积累了丰富的故障诊断与维修经验，提出了表2-3-10所示的CA6140普通车床电气故障诊断与维修方法，供使用维修人员参考。

表2-3-10　CA6140普通车床控制电路常见故障及排除方法

常见故障征兆	故障原因	故障诊断方法	维修方法
主轴电动机不能起动	1. 熔断器FU_6烧断 2. 热继电器FR_1动作 3. 接触器KM_1线圈烧坏 4. 接触器KM_1主触点烧坏	1. 用万用表测量熔断器熔体 2. 按复位键或万用表检查 3. 检查线圈阻值是否正确,检查线圈接点是否松脱 4. 检查接触器主触点是否烧坏	1. 损坏更换 2. 复位或更换 3. 损坏更换 4. 损坏更换
电动机转速很慢有"嗡嗡"声	主轴电动机断相运行	1. 检查三相电源是否正常,有无断相 2. 检查主电路是否断相 3. 检查电动机接线及绕组连接是否可靠	更换相应熔断器把相应接头固定牢靠
主轴电动机不能停车	1. 接触器主触点熔焊 2. 控制线短路	1. 拆开检查主触点 2. 用电阻测量法寻找短路点	1. 更换相应触点 2. 处理短路点
主轴电动机在运行中突然停车	热继电器动作	1. 检查是否过载 2. 三相电压不平衡	1. 检查调整 2. 处理断相
快速移动电动机不起动	1. 熔断器FR_6断 2. 快速移动按钮坏 3. 按钮线脱落	1. 用万用表检查 2. 用万用表检查 3. 拆开快速移动手柄检查	1. 更换 2. 更换 3. 重新接线
冷却泵电动机不起动	1. 熔断器FU_6断 2. 热继电器FR_2动作 3. 按钮SA_2坏或接线脱落	1. 用万用表检查 2. 按复位键或万用表检查 3. 拆开SA_2按钮检查	1. 更换 2. 复位或更换 3. 更换按钮或再接线

三、任务要点总结

本任务主要论述了 CA6140 普通车床电气控制部分的故障诊断与维修准备工作和维修方法，准备工作和维修方法具有很强的可操作性，如果电气设备维修人员缺乏深入实践、踏踏实实从基础实践学起的态度，机床出故障了才想到读图、维修，结果往往事倍功半，其原因是没有做好故障诊断与维修前的准备工作，也没有掌握有关知识点和故障诊断与维修方法。本任务理实一体化论述的电压测量法、电阻测量法、万用表短路挡测量法和短接测量法 7 种方法的总结如图 2-3-13 所示。

常规低压电器控制故障诊断维修方法总结
- 电压测量法
  - 电压分阶测量法：案例如图 2-3-7 所示
  - 电压分段测量法：案例如图 2-3-8 所示
- 电阻测量法
  - 电阻分阶测量法：案例如图 2-3-9 所示
  - 电阻分段测量法：案例如图 2-3-10 所示
- 万用表短路挡测量法
  - 万用表短路挡分阶测量法：案例如图 2-3-11 所示
  - 万用表短路挡分段测量法：案例如图 2-3-12 所示
- 短接测量法：案例如图 2-3-1 中冷却泵不工作，把 SA_2 短接验证其是否有故障

图 2-3-13　常规低压电器电气控制故障诊断与维修方法总结

对图 2-3-13 所示涉及的电路参数测试特别说明的是，具体实施电路参数测试过程中，从图 2-3-1 所示电气控制原理图上确定待测电器元件及其接线端编号，而到图 2-3-5 所示安装到车床电气柜里的电气设备上查找对应的接线端编号进行测试，根据测试结果判断故障源再实施维修。如按图 2-3-10 所示测量 R_1、R_2、R_3、R_4 的阻值，在图 2-3-6 所示电气柜安装板上测量 4、12 两引脚之间的电阻为 R_1，测量 12、11 两引脚之间的电阻为 R_2，测量 11、10 两引脚之间的电阻为 R_3，测量 10、9 两引脚之间的电阻为 R_4，根据表 2-3-6 判断故障源实施维修。

图 2-3-12 所示的 7 种测试方法能够交叉使用，如案例 1 中测量三相电源电压是否正常就用到了电压分段测量法。

四、思考与训练题

1. 对一台 CA6140 普通车床或一台其他普通机床进行电气控制柜的故障诊断与维修准备工作，具体做好如下工作：

1）亲自动手用比较大的图纸画出带功能区、图区的电气控制原理图，图上设备与实际机床上用的电气设备一一对应。

2）把所画电气控制原理图上各个设备的符号用标签标在实际机床上用的电气设备上，与所画电气控制原理图上的符号一一对应。

3）通过实践操作，把电气控制柜所有操作及其动作顺序与各个电气元件的动作逻辑关系梳理清楚，并把可能的故障及其原因、用哪种故障诊断与维修方法进行维修，及其可能的结果罗列出来，吃透其因果关系，为实施故障诊断与维修打好坚实的基础。

2. CA6140 型普通车床为什么先开主轴电动机才能再开冷却泵？

项 目 小 结

本项目主要涉及的知识点和能力目标为：带功能区、图区的 CA6140 普通车床电气控制

原理图的画法和意义、CA6140 普通车床电气安装接线图的画法、CA6140 普通车床电气控制柜的安装和调试步骤、CA6140 普通车床电气控制柜的故障诊断与维修准备工作和比较专业的电气控制故障诊断与维修 4 类 7 种方法。围绕这 5 个主题，展开论述了接触器、继电器的完整标注、电气控制原理图的阅读分析、绘制电气控制安装接线图的要求、电气控制柜的安装配线施工、电气控制柜的通电运行与调试、理实一体化地论述了比较专业的电气控制故障诊断与维修 4 类 7 种方法，这些知识点均有举一反三、触类旁通的效果，适用于其他机电设备电气控制设计、安装、故障诊断与维修，这些知识点和职业能力体现了职业教师健康成长的综合性素质。

模块归纳总结

本模块包括三个项目，对 CA6140 普通车床的床头箱、进给箱、溜板箱、刀架、尾座、导轨副、滑板和电气控制部分的测试、故障诊断与维修，以图文并茂的方式理实一体化地进行了论述。各个项目和任务既有独立性又有关联性，前后呼应，构成了比较完整的模块内容，从零部件拆装原理、测试维修基准、故障诊断、测试维修方法等内容组成和不同深度进行了梳理。

（一）内容组成上有如下特点

1. 拆装、测试与维修工艺上具有比较严密的逻辑性

各个零部件拆装、测试、故障诊断、维修基准选择、维修方法上有很强的逻辑性，体现在图 2-2-96 所示测试与维修工艺基准的逻辑关系上，在符合这些逻辑关系的前提下，各种变通的测试、维修方法也有比较严密的逻辑性，如果违背了这些逻辑性，测试、维修精度就会顾此失彼，维修工作就会事倍功半，总是不能达到车床的各项精度要求。

2. 具有拆装、测试与维修工艺上的可操作性

从测试维修工艺上介绍了在有导轨磨床和没有导轨磨床条件下采用刮削的维修方法，涉及床身导轨、尾座、主轴箱、中滑板、小滑板等各个零部件，测试维修工艺图文并茂，论述翔实，具有很强的可操作性，不同设备条件下实施维修都有可行性。

3. 为满足"双师型"教师的培养，凸现出理论、技术和技能的有机融合性

本着培养专业理论水平高、实践教学能力强，在教育教学工作中起骨干示范作用的"双师型"优秀教师这一目标组织模块内容，既有相关的理论知识点，又有相应的工程技术实践应用，继而延伸到实践能力目标的培养形成，理论、技术和实践技能互相补充，具有多方面的有机融合性，满足"双师型"教师的培养要求。

4. 凸现出理论、技术和技能的可拓展性

模块内容涉及的理论、技术和技能具有典型的代表性，可以举一反三、触类旁通地掌握其他机电设备零部件导轨的组装、测试和维修，具有很强的可拓展性。

（二）内容深度上体现出机床小修、中修和大修的特点

1. 机床小修

机床小修是指机床使用过程中某个零部件损坏，或因操作失误影响了某个零部件的精度，致使机床不能正常生产，需要针对这些零部件进行维修或调整。例如，摩擦离合器的调整、中滑板导轨间隙调整，齿轮断齿、交流接触器线圈烧坏和熔断器烧坏需要更换等。

2. 机床中修

机床中修也称项目维修（简称项修），机床各个部件使用频度不同，其使用寿命也不同，某个部件因频繁使用，精度逐渐丧失，需要专门对该部件进行测试维修叫中修。例如，车床大批量加工某种轴类零件，床鞍底面导轨比上面导轨磨损严重，需要定期对床鞍底面导轨进行测试维修，而其他部件精度还能满足需要，暂时可不维修。

机床电气控制部分因部分电气元件接近了寿命期限、电路老化等原因致使电气控制部分虽然能工作，但可靠性降低，时常出现故障，需要全面测试、更新、维修电气控制部分，提高其可靠性，属于中修。

3. 机床大修

机床大修来源于以下两个方面。

1）机床多个部件因长期使用不同程度地出现了故障，需要对各个部件全面进行测试、维修才能恢复整机正常工作。

2）机床起主要作用的基准部件丧失了精度，维修后其他部件因基准变化也必须重新进行调整和维修，才能使整机正常工作。如床身导轨是机床各个部件最终的主要基准，床身导轨有牵一发而动全身的作用，床身导轨维修后，主轴箱、尾座、床鞍等这些以床身导轨为基准的部件也必须进行测试维修，以便与主要基准床身导轨满足装配精度要求，也就是大修。

机床维修也可以嵌入相关的高新技术，使机床设备升级换代，提高档次。若发挥设备制造厂家的设备和技术潜力，把产业链拓展到维修领域，就是模块六涉及的再制造工程的内容。

（三）CA6140 普通车床电气控制原理图和安装接线图的画法、故障诊断与维修

本模块对 CA6140 普通车床电气控制原理、电气柜安装接线、机电联合运行调试、电气控制故障诊断与维修进行了理实一体化论述，所有知识点可以拓展迁移到其他机电设备电气控制中。

模块三　机电设备升级改造、测试与故障维修

本模块以案例的形式，从实践性层面介绍对传统机电设备进行机电一体化升级改造的工作原理、应用、测试、故障诊断与维修方法，内容涉及计算机开关量控制强电的方式种类、原理、测试、故障诊断与维修方法；传感器控制强电与计算机检测、传统设备的 PLC 升级改造控制、遥控器控制、制动器控制等，融会贯通机电一体化知识点，缩短了理论与实践之间的距离，注重测试与故障维修能力的培养，为更好地从事机电设备升级改造、测试、故障诊断与维修工作打下坚实的基础。

项目一　机电设备计算机开关量控制常用器件、原理与维修

本项目从实践性应用的角度，介绍了对传统机电设备运用计算机开关量控制强电的 5 种方式、工作原理，以及应用、测试、故障诊断与维修方法，具有故障诊断与维修方法直观、实用性强的特点，使强电与弱电控制有机融合，注重测试与故障维修能力的培养。

学习目标：

1. 学习计算机开关量控制强电的工作原理、组成，掌握故障诊断与维修方法。

2. 掌握持续信号控制、脉冲信号控制、固态继电器加交流接触器控制、固态继电器控制和直接用直流继电器控制强电的五个方案的原理、故障诊断与维修方法。

3. 能够举一反三、触类旁通地将这五个方案的原理迁移到液压、气压、电磁铁等机电控制其他领域。

任务1　计算机持续信号、脉冲信号控制强电的原理、测试与故障维修

> **知识点：**
> - 计算机开关量控制强电系统元件的组成、工作原理。
> - 计算机开关量持续信号、脉冲信号控制强电的原理，推广应用。
>
> **能力目标：**
> - 掌握持续信号、脉冲信号控制强电的原理、故障诊断与维修方法。
> - 能够将持续信号、脉冲信号控制强电的原理、故障诊断与维修方法迁移到液压、气压、电磁铁等机电控制其他领域。

一、任务引入

机电设备的功能逐渐由"机械加电气化"向涵盖"技术"和"产品"综合性技术发展的"机电一体化"技术上飞跃。"机电一体化"技术是集机械技术、微电子技术、传感器技术、计算机控制技术以及其他新技术于一体的综合性技术。传统的机电设备可以进行机电一体化升级改造，图 3-1-1 所示为传统的普通车床三相异步电动机手动正转、反转、停转控制电路原理图，可以对卧式机床进行数控化升级改造，使电动机 M 的正转、反转、停转升级

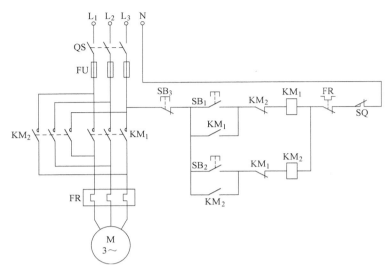

图 3-1-1　接触器联锁的三相交流异步电动
机手动控制正转、反转、停转控制电路

为计算机控制。如何进行电气控制系统的升级改造？升级改造后如何进行故障诊断与维修？下面将进行论述。

二、任务实施

（一）计算机开关量控制简述

机床数控系统大都是由计算机 CPU 控制开关量实现对外设的控制，或外设的开关量信号读入计算机 CPU，不管是 MCS-51 单片机，还是 PC，均是通过并行输入/输出芯片（卡）实现对外设开关量的输入/输出控制。CPU 通过控制程序向接口芯片或接口卡的各个位发出高电平或低电平，即实现对外设的控制；另一方面，外设的高电平或低电平通过接口芯片或接口卡的各个位读入 CPU，就实现了数控系统控制外设和外设的开关量信号读入 CPU。

（二）计算机控制强电的原理

从图 3-1-1 可以看出，要实现由手动控制电动机 M 正转、反转、停转，改为计算机控制电动机 M 正转、反转、停转，只要将 SB_1、SB_2、SB_3 改为计算机能够控制其通断就可实现，其系统设备组成原理如图 3-1-2 所示。

CPU 向图 3-1-2a 的 D_1 位发出高电平，使外设 R_1 输入高电平（计算机运行程序向 D_1 相对 ADDSS 口地址的地线发出 5V，以下同），TLP521 自引脚 1 到引脚 2 有电流，发光二极管导通，光敏晶体管感受到光导通，电阻 R_2 有电压 24V，晶体管 VT 导通，直流继电器线圈 J 带电，其常开触点闭合给交流接触器 KM 的线圈接通 220V 交流电（电压与交流接触器线圈额定电压一致），则其三个主触点闭合，给三相交流异步电动机接通 380V 交流电，电动机正转，数控机床 M03 主轴正转就是这个原理。

CPU 向 D_1 位发出低电平，外设 R_1 输入端则为低电平，TLP521 自引脚 1 到引脚 2 没有电流，发光二极管不导通，光敏晶体管截止，电阻 R_2 有电压 0V，晶体管 VT 不导通，直流继电器线圈 J 不带电，其常开触点断开，交流接触器 KM 的线圈不带电，则其主触点断开，三相交流异步电动机不带电，电动机停转，数控机床 M05 主轴停转就是这个原理。

　　由此看出，把图 3-1-1 所示的手动控制，改为计算机控制的思路是：把 SB$_1$、SB$_2$ 常开按钮改为计算机控制的直流继电器的常开触点，而把 SB$_3$ 常闭按钮改为计算机控制的直流继电器的常闭触点，就实现了图 3-1-1 的计算机控制（在此暂不考虑 SQ）。图 3-1-2 中的 TLP521、R_1、R_2、VT 和续流二极管 VD 集成为一个 16 引脚的芯片 ULN2003，也可以集成为一个 18 引脚的芯片 ULN2803，这两个芯片都是高耐压、大电流达林顿晶体管组成的可直接驱动继电器等负载的芯片，接线原理如图 3-1-3 和图 3-1-4 所示。以图 3-1-3 为例说明控制原理，计算机向 D$_0$ 引脚发出高电平，直流继电器线圈 J$_1$ 就带电，向 D$_0$ 引脚发出低电平，直流继电器线圈 J$_1$ 就不带电，通过直流继电器就实现了控制强电方案。ULN2003 引脚 2 对应 15，引脚 3 对应 14 等，这两个芯片内部有续流二极管 VD，保护直流继电器线圈不被烧坏。图 3-1-3 与图 3-1-4 相似，只是引脚多了两个，电源电压与直流继电器线圈电压一致就可以，5V 和 12V 都行。

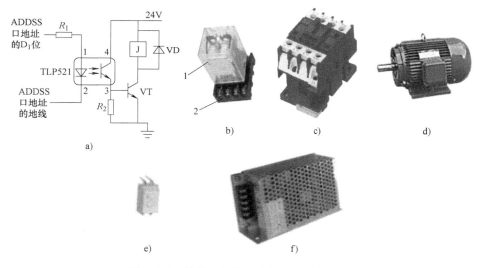

图 3-1-2　计算机控制强电原理与设备组成

a）计算机控制强电原理图　　b）24V 直流继电器 J　　c）220V 交流接触器 KM

d）三相交流电动机　　e）TLP521 光耦合器　　f）开关电源

1—继电器主体　2—继电器底座

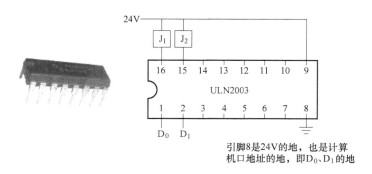

引脚8是24V的地，也是计算机口地址的地，即D$_0$、D$_1$的地

图 3-1-3　计算机与 ULN2003 芯片控制强电接口电路图

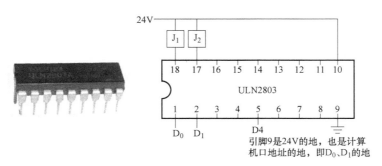

图 3-1-4　计算机与 ULN2803 芯片控制强电接口电路图

（三）计算机持续信号控制强电方案

1. 控制原理

1）图 3-1-5 所示为主电路、控制电路和计算机接口电路图，计算机向 D_1、D_2 引脚发出低电平、向 D_0 引脚发出高电平，则直流继电器线圈 J_1 带电，J_2、J_3 不带电，常开触点 J_2、J_3 断开，而常闭触点 J_1 闭合，给交流接触器 KM_1 线圈接通 220V 交流电，其主触点闭合，给三相交流电动机接通 380V 交流电，电动机 M 正转。

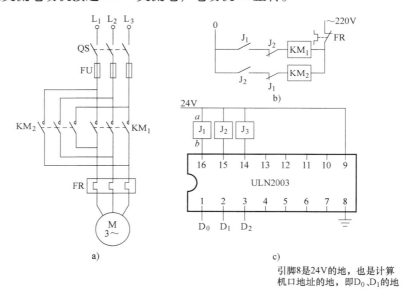

图 3-1-5　计算机持续信号控制强电方案
a）主电路　b）控制电路　c）计算机接口电路

2）计算机向 D_0、D_2 引脚发出低电平、向 D_1 引脚发出高电平，则直流继电器线圈 J_1 和 J_3 不带电，常开触点 J_1 断开，而直流继电器线圈 J_2 带电，常开触点 J_2 闭合，交流接触器 KM_2 线圈带电，其常开触点闭合，电动机 M 反转。

3）计算机向 D_0、D_1 发出低电平，向 D_2 发出高电平，则直流继电器线圈 J_1、J_2 不带电，J_3 带电，常开触点 J_1、J_2 均断开，交流接触器 KM_1 和 KM_2 线圈均不带电，其常开触点断开，电动机 M 停转。

持续信号控制若仅仅为了控制电动机通断电，J_3 就没有必要接，若还有其他主轴制动等控制，就接上 J_3 控制制动等，数控系统设计上充分为用户提供多功能需求。

按上述三种情况，计算机向 D_0、D_1 发出信号后，一直保持不变才能保证电动机运行状态不变，所以称为持续信号控制方案。

数控机床上计算机用持续信号控制主轴电动机正转指令 M03、反转指令 M04、停转指令 M05，其原理就是图 3-1-5 所述的原理。

2. 测试、故障诊断与维修方案

（1）电动机正转、反转都不能运行 如图 3-1-5a 所示，首先逐项检查熔断器 FU、热继电器 FR、电动机是否损坏，执行 M03 或 M04 试车，观察运行情况：

1）检查熔断器 FU 是否烧坏。

2）检查热继电器 FR 是否烧坏或是否复位。

3）将电动机三相接到三相交流电源上，观察电动机是否运转，判断电动机是否烧坏或接线有误。

（2）划分故障区域的测试与维修方案 该方案将图 3-1-5c 所示直流继电器主体拔出，执行正转 M03 指令（或反转 M04 指令），测试底座上直流继电器线圈接线引脚，确定故障所在区域的测试与维修方案。

1）执行 M03 指令，电动机不转的故障测试与维修。将图 3-1-5 所示直流继电器 J_1 主体拔出，计算机向 D_0 引脚发出高电平（如执行 M03 指令），测试底座上直流继电器线圈接线端 a、b 的电压：

① 若为 24V，则故障在继电器 J_1 的主体、J_2 的常闭触点、交流接触器 KM_1、交流电动机部分，即故障在 J_1 主体之后的区域元件坏了或电路接触不良。用替换法即可诊断故障：换 J_1 主体，若电动机正转，则故障是原 J_1 烧坏了；换 KM_1 后若电动机正转，则是 KM_1 烧坏了。更换 J_1 和 KM_1 后，若电动机仍不正转，检查 J_2 常闭触点是否闭合，检查电动机是否烧坏。

② 若为 0V，则故障在 ULN2003、计算机并行输入/输出卡（或并行输入/输出芯片）区域，控制系统出现故障。这时用数字万用表测试 ULN2003 芯片的 8、9 号引脚是否短路。若短路，则该芯片烧坏了，更换即可；若不短路，则可能是计算机并行输入/输出卡（或并行输入/输出芯片）等控制元件损坏，需要维修。

通常，故障在直流继电器及其后续部分的故障比较多。

2）执行 M04 指令，电动机不反转的故障测试与维修。与前述测试与维修原理相似，将 J_2 继电器主体拔出测试底座上线圈接线端的电压。

（3）从三相交流电动机向前检查的测试与维修方案 执行 M03 指令电动机不正转，将图 3-1-5 所示交流电动机 M 接在三相交流电源上，若电动机运转正常，则故障可能在 KM_1、J_2 常闭触点、J_1、ULN2003 直至计算机内部系统。将 KM_1 绕组接在 220V 交流电压上，若主触点吸合正常，则 KM_1 未损坏；再检查 J_2 常闭触点和 J_1 继电器，把 J_1 线圈接在 24V 直流电源上，若常开触点吸合正常，则 J_1 没坏；直至替换 ULN2003，这就是从后向前的故障测试与维修方案。

执行 M04 指令电动机不反转，测试与故障维修与上述相似。

（四）计算机脉冲信号控制强电方案

前述的持续信号控制方案电路简单，但继电器绕组和接口芯片一直带电，影响其使用寿命，为此采用了交流接触器自锁功能，设计了图 3-1-6 所示的脉冲信号控制方案。

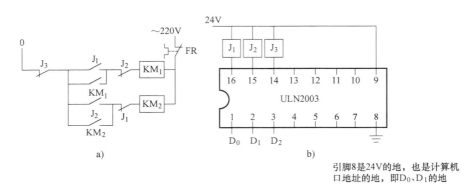

a) b)

引脚8是24V的地，也是计算机
口地址的地，即D_0、D_1的地

图 3-1-6　计算机脉冲信号控制强电方案

a）控制电路　b）计算机接口电路

1. 控制原理

1）主电路如图 3-1-5a 所示，控制电路和计算机接口电路如图 3-1-6 所示，计算机向 D_1、D_2 引脚发出低电平后。向 D_0 引脚发出高电平，则直流继电器线圈 J_2、J_3 不带电，而 J_1 带电，常开触点 J_1 闭合，交流接触器 KM_1 绕组带电，其辅助常开触点自锁，主触点 KM_1 闭合，电动机 M 正转，这时再向 D_0 引脚发出低电平，芯片和 J_1 均不带电，但自锁电动机一直正转。

2）计算机向 D_0、D_1 引脚发出低电平，再向 D_2 引脚发出高电平，则直流继电器线圈 J_1、J_2 不带电，而 J_3 带电，常闭触点 J_3 断开，交流接触器 KM_1、KM_2 线圈不带电，电动机 M 停转。

3）计算机向 D_2、D_0 引脚发出低电平，向 D_1 引脚发出高电平，常闭触点 J_3 和常开触点 J_2 闭合，交流接触器 KM_2 线圈带电，辅助常开触点 KM_2 自锁，电动机 M 反转，计算机再向 D_1 位发出低电平，芯片和线圈 J_2 均失电，但自锁电动机一直反转。

J_1 和 J_2 互锁，控制程序又互锁，按上述三种情况计算机向 D_0、D_1、D_2 引脚发出高电平，电动机运转后计算机又发低电平，高低电平时间很短，电动机运行状态不变，称为脉冲信号控制方案。

2. 测试、故障诊断与维修方案

（1）电动机正转、反转都不能运行　测试、故障维修方法与前述相同。

（2）划分故障区域的测试与维修方案　采用该方案时，将图 3-1-6 所示直流继电器 J_1 主体拔出，向 D_0 引脚发出高电平，用万用表测量直流继电器底座上线圈 J_1 的接线端，若电压读数显示 24V 后很快消失，则故障不在接口芯片和计算机系统，而在继电器、接触器部分，直流继电器 J_1、J_2 和交流接触器的测试检查方法与持续信号相同。

若向 D_0 引脚发出高电平，J_1 继电器线圈输入端电表电压读数为0V，则故障为接口芯片 ULN2003 烧坏，或计算机接口卡接触不良或烧坏，应检查或更换。

1）电动机不能正转，反转正常：故障在 J_1 或 KM_1，同前述检查方法。

2）电动机不能反转，正转正常：故障在 J_2 或 KM_2，同前述检查方法。

（3）从三相交流电动机向前检查的测试与维修方案　向 D_0 引脚发出高电平电动机不正转，将图 3-1-5 所示交流电动机 M 接在三相交流电源上，若电动机运转正常，则故障不在电动机而可能在 KM$_1$、J$_2$ 常闭触点、J$_1$、ULN2003 直至计算机内部系统。将 KM$_1$ 线圈接在 220V 交流电压，若主触点吸合正常，则 KM$_1$ 没坏；再检查 J$_2$ 常闭触点是否正常；然后检查 J$_1$ 继电器，把 J$_1$ 线圈接在 24V 直流电源上，若常开触点吸合正常，则 J$_1$ 没坏；直至替换 ULN2003，这就是从后向前的故障测试与维修方案。

同理，电动机不反转的检查方法与上述相似。

三、知识点和能力目标的迁移及其测试、故障诊断与维修案例

（一）知识点和能力目标的迁移

前述计算机控制强电的两个方案是最常见的方案，是以计算机控制三相交流电动机为例论述其原理、测试、故障诊断与维修方法的，可迁移到其他很多机电设备相关的控制方面，测试、故障诊断与维修方法相似。

1. 迁移到所有涉及三相交流电动机控制的场合

任何机电设备主轴的电动机、润滑泵、冷却泵、风机电动机、自动送料等所有涉及三相交流电动机的场合都能用前述 2 个计算机控制方案实现自动控制。数控系统的指令 M03、M04、M05、M08、M09 其实就是执行上述 6 个方案相应功能。

2. 迁移到液压系统的计算机控制

液压系统的电磁换向阀线圈的得电、失电就是把图 3-1-6 所示的直流继电器线圈 J$_1$、J$_2$ 换成图 3-1-7a 所示的液压三位四通电磁换向阀的线圈，就实现了液压缸的计算机自动控制。

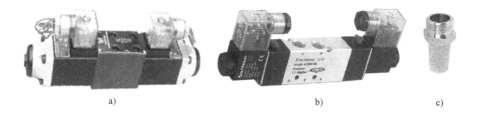

a)　　　　　　　　　　　　　b)　　　　　　　　　c)

图 3-1-7　液压、气动三位四通电磁换向阀

a）液压三位四通电磁换向阀　b）4V230C-08 型气压三位四通气动电磁换向阀　c）气动电磁换向阀放气消声器

3. 迁移到气动系统的计算机控制

气动系统的电磁换向阀线圈的得电、失电也就是把图 3-1-5 或图 3-1-6 所示的直流继电器线圈 J$_1$、J$_2$ 换成图 3-1-7b 所示的三位四通气动电磁换向阀的线圈，该线圈额定直流电压为 24V，就实现了气缸计算机自动控制。图 3-1-7c 所示为气动电磁换向阀放气消声器，拧在阀的放气口上，气体排入大气时用于降低噪声，安装位置如图 5-2-17 所示。

4. 电磁离合器的计算机控制

电磁离合器的功率一般比较大，电磁离合器上电磁铁线圈的得电、失电控制也就是把图 3-1-5b 所示的 KM$_1$ 或 KM$_2$ 换成电磁离合器的线圈（没有图 3-1-5a 所示的控制交流电动机），220V 交流电源换成 24V 直流电源，直流继电器线圈 J$_1$、J$_2$ 换成电磁离合器线圈，就实现了计算机控制电磁离合器。

5. 主轴夹紧、松开的计算机持续信号控制

图 3-1-8 所示为数控车床自动夹紧松开计算机控制原理图，数控系统执行 M10 指令，

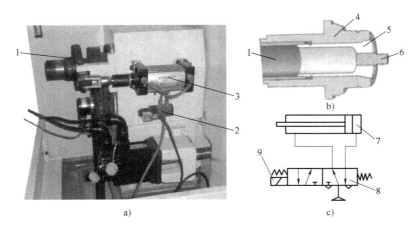

图 3-1-8　数控车床自动夹紧松开计算机控制原理图

a）数控车床自动夹紧气压缸和气动电磁换向阀组成　b）工件夹紧机构简图

c）气动电磁换向阀与气缸夹紧松开原理图（阀线圈接图 3-1-9 所示 M08 和 24V）

1—主轴内拉套　2—二位三通电磁换向阀　3—气缸　4—主轴　5—弹簧夹紧套

6—工件　7—夹紧松开气缸　8—气动二位三通电磁换向阀　9—阀 24V 线圈

气动电磁换向阀线圈带电，换向阀图示位置工作，气体进入气缸 7 左端，活塞杆右移，主轴内拉套向左移动，夹紧工件；数控系统执行 M11 指令，电磁换向阀线圈断电，换向阀图示左边位置工作，气体进入气缸 7 右端，活塞杆左移，主轴内拉套向右移动，松开工件。

（二）数控系统控制外设接口插座的设计、测试与故障维修典型案例

数控系统在设计控制强电上，总是把图 3-1-5c 所示的 a、b 两个接线端留给用户，a 端就是图 3-1-9 所示的引脚 7，即 24V，b 端就是图 3-1-9 所示的引脚 2 即 M03，在 7、2 两个引脚间接入 24V 直流继电器的线圈，执行 M03 指令，则线圈就带电 24V，直流继电器常开、常闭触点就可以控制其他设备了，用户根据需要决定是否接强电部分，其他开关电源、ULN2003 芯片等全部在数控系统中。

1. 数控车床主轴脉冲信号控制计算机接口故障测试维修案例

某数控车床控制系统采用图 3-1-6 所示的脉冲信号控制方案，执行 M03 和 M04 指令电

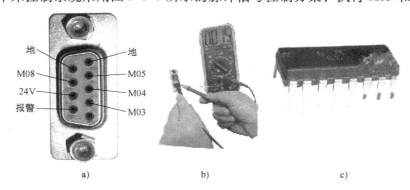

图 3-1-9　数控系统与强电接口及其故障测试

a）图 6-2-3b 中的 11 号插头数控系统与主轴和冷却泵电动机强电控制接口

b）执行 M03 指令测试 M03 与 24V 引脚的电压为 0V　c）ULN2003 烧坏照片

动机都不转，检查熔断器和热继电器均正常，采用划分故障区域的测试与维修方案，如图 3-1-8b 所示，执行 M03 和 M04 指令分别测试 M03 与 24V、M04 与 24V 引脚的电压均为 0V，说明故障很可能不在强电区域，而在计算机接口区域，打开系统发现 ULN2003 芯片已烧坏，如图 3-1-9c 所示，换上新的芯片立即正常工作。

执行 M03 指令主轴电动机不转，执行 M04 指令电动机反转，执行 M03 指令，测试 M03 与 24V 引脚的电压为 24V，说明故障可能在强电部分，给正转直流继电器 J_1 线圈加上 24V 的电压，常开触点不闭合，说明线圈烧坏，换上新直流继电器后立即正常工作。

2. 数控车床主轴持续信号控制强电故障测试与维修综合案例

某数控车床数控系统采用图 3-1-5 所示的持续信号控制方案，执行 M03 指令主轴电动机时转时不转，执行 M04 指令主轴电动机也是时转时不转，切削力稍大就不转，切削力小就时转时不转，采用从三相交流电动机向前检查的测试与维修方案：执行 M03 指令，初步判断电动机正常，观察 KM_1 发现其线圈冒火星，说明其线圈忽而带电忽而断电产生很大的自感电动势，击穿空气产生火星，而该线圈是直流继电器 J_1 的常开触点，接通 220V 交流电，说明 J_1 的常开触点闭合不可靠，这说明 J_1 线圈的电磁吸引力不足，测量线圈电压 24V 结果为 17V，检查图 3-1-2f 所示的开关电源已经老化，更换开关电源后，工作立即正常。

四、任务要点总结

本任务理实一体化地梳理了计算机开关量控制强电的组成和原理，论述了持续信号、脉冲信号控制强电的两个方案及其故障测试与维修方法，这两个方案具有迁移面广、思路清晰、故障诊断方法明了、逻辑性强等特点。如图 3-1-10 所示，一个 ULN2803 可以控制 8 个直流继电器线圈，除了实现 M03、M04、M05 主轴功能外，还可以实现 M10 夹紧工件、M11 松开工件、M08 开冷却液、M09 关冷却液等功能，24V 电压可以是 12V、5V，相应的直流继电器的线圈电压为 12V、5V，其测试、故障维修原理与前述主轴功能的测试、故障维修完全一样。本任务所述故障诊断与维修方法同图 2-3-9、图 2-3-10、图 6-3-6 所述故障诊断与维修方法交叉应用，即构成比较完整的故障诊断与维修理实一体化体系。使学员达到晓原理、通实践、能计算、会调试、悉故障、精维修的学习效果，为更好地从事机电设备测试、故障诊断与维修工作打下坚实的基础。

特别说明：持续信号、脉冲信号控制方案，即使没有计算机控制系统，用 5V 直流电源也能够组织实训，如图 3-1-4 所示，将直流电源的 5V 接 1 号引脚，地线接 8 号引脚，则直流继电器 J_1 带电，继电器 J_1 常开触点闭合，KM_1 线圈带电，电动机正转。

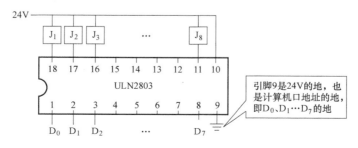

图 3-1-10　计算机开关量控制强电功能拓展方案

五、思考与训练题

1. 对持续信号和脉冲信号控制方案，很多系统都给出了图 3-1-9 所示的数控系统与强电接口，接外设是否一样？对 M05 功能控制程序和外设接线有何不同？

2. 对弱电控制强电为什么要考虑光电隔离措施？

3. 分别用持续信号和脉冲信号控制方案进行接线、控制、测试与故障维修实训。

任务 2　基于固态继电器的计算机控制强电的原理、测试与故障维修

> **知识点：**
> - 固态继电器的工作原理、应用特点。
> - 基于固态继电器的计算机开关量控制强电的原理。
>
> **能力目标：**
> - 掌握基于固态继电器的计算机控制强电的原理、故障诊断与维修方法。
> - 能够将基于固态继电器的计算机控制强电的原理、故障诊断与维修方法迁移到液压、气压、电磁铁等机电控制的其他领域，达到举一反三、触类旁通的学习效果。

一、任务引入

前述计算机持续信号、脉冲信号控制强电都用了直流继电器，其线圈通断电产生自感电动势，容易对电路产生干扰，如何探索消除干扰的计算机控制强电方案，是本任务解决的问题。

二、任务实施

（一）固态继电器的类型

交流固态继电器按开关方式分为电压过零导通型（简称过零型）和随机导通型（简称随机型）；按输出开关元件分为双向晶闸管输出型（普通型）和单向晶闸管反并联型（增强型）；按安装方式分为印制电路板上用的针插式（自然冷却，不必带散热器）和固定在金属底板上的装置式（靠散热器冷却）等。

过零型固态继电器只能用作"开关"切换（从"开关"切换功能而言即等同于普通的继电器或接触器），通常用于机电一体化设备控制的固态继电器都是这种过零型的。

（二）采用过零型固态继电器、交流接触器的计算机控制强电原理与故障维修

1. 控制原理

现把图 3-1-2a 所示的接口电路和直流继电器功能融为一体并具有抗干扰能力的电力电子元件固态继电器，固态继电器英文名称为 Solid State Relay，简称 SSR，它与机电结构的继电器相比，是一种没有机械运动、不含运动零件的继电器，但它具有与机电继电器本质上相同的功能。SSR 是一种全部由固态电子元件组成的无触点开关元件，它利用电子元器件的电、磁和光特性来完成输入与输出的可靠隔离，利用大功率晶体管、功率场效应晶体管、单向晶闸管和双向晶闸管等器件的开关特性，来达到无触点、无电磁干扰、无火花地接通和断开被控电路的目的。

固态继电器目前已广泛应用于计算机外围接口电路，能与 TTL、DTL、HTL 等逻辑电路

兼容，以微小的控制信号直接驱动大电流负载的电力电子装置，广泛应用于电炉加热恒温系统、数控机床、遥控系统、工业自动化装置、仪器仪表、医疗器械、复印机、自动洗衣机等机电设备，以及作为电网功率因数补偿的电力电容的切换开关等。

如图 3-1-11 所示，固态继电器输入端接入 0V，输出端就断开；输入端接入 3 ~ 32V 直流电压，输出端就导通可以接通高达 380V 的交流电压，输入端接入 3 ~ 32V 可由计算机控制实现，即实现了计算机控制强电方案，主电路如图 3-1-5a 所示，控制电路和计算机接口电路原理如图 3-1-12 所示，工作原理如下：

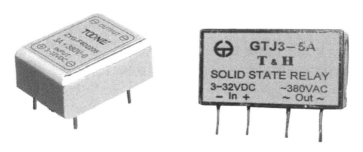

图 3-1-11 固态继电器输入 3 ~ 32V 直流电压，输出接通 380V 交流电压

计算机向 D_1 位发出高电平，向 D_0 位发出低电平，固态继电器 SSR_1 的输出端导通，交流接触器线圈 KM_1 带电，主触点 KM_1 闭合，电动机正转；计算机向 D_0 位发出高电平，向 D_1 位发出低电平，固态继电器 SSR_2 输出端导通，交流接触器线圈 KM_2 带电，主触点 KM_2 闭合，电动机反转；计算机向 D_1、D_0 位都发出高电平，固态继电器 SSR_1、SSR_2 输出端都不导通，交流接触器线圈 KM_1、KM_2 不带电，电动机停转。

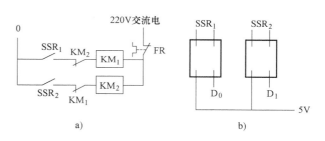

图 3-1-12 采用固态继电器、交流接触器的计算机控制强电原理

2. 固态继电器的参数选择

当加在固态继电器输出两端的电压峰值超过其所能承受的最高电压峰值时，固态继电器内的元件便会被电压击穿而造成损坏，所以选取合适的电压等级和并联压敏电阻可以较好地保护固态继电器，固态继电器输出电压的选择原则如下：

1）交流负载为 220V 的阻性负载时可选取输出电压为 220V 等级的固态继电器。

2）交流负载为 220V 的感性负载或交流负载为 380V 的阻性负载时可选取 380V 电压等级的固态继电器。

3）交流负载为 380V 的感性负载时可选取 480V 电压等级的固态继电器，其他要求特殊、可靠性要求高的场合如电力补偿电容器切换、电动机正反转等均须选取 480V 电压等级的固态继电器。

3. 故障维修

1）电动机正转、反转都不能运行：首先逐项检查熔断器 FU、热继电器 FR、电动机是否损坏，检查一项执行一次 M03 或 M04 指令进行试车，并观察运行情况：

① 检查熔断器 FU 是否烧坏。

② 检查热继电器 FR 是否烧坏或是否复位。

③ 可采用测量绕组直流电阻法、降压限流试验起动电动机法；检测电动机是否损坏。

2）若执行正转指令，电动机仍不能正转，用电表测量图 3-1-12 所示固态继电器输入端的电压，若 SSR_1 输入端的电压为 5V，同时 SSR_2 输入端的电压若为 0V，则故障不在接口芯片和计算机系统，而在固态继电器、交流接触器部分；若 SSR_1 输入端的电压为 0V，同时 SSR_2 输入端的电压也为 0V，则故障在接口芯片和计算机系统。其后维修方法同任务 1 相关内容。

若执行反转指令，电动机仍不能反转，则维修方法与上述相似。

（三）基于过零型固态继电器的计算机控制强电的原理与故障维修

1. 控制原理

如图 3-1-13 所示，对小功率电动机，可以直接用固态继电器输出端接通三相交流电实现对电动机的控制。计算机向 D_0、D_1、D_2 位发出低电平，再向 D_3、D_4、D_5 位发出高电平，则固态继电器输出端 SSR_0、SSR_1、SSR_2 导通，SSR_3、SSR_4、SSR_5 不导通，电动机正转；计算机向 D_3、D_4、D_5 位发出低电平，再向 D_0、D_1、D_2 位发出高电平，则固态继电器输出端 SSR_3、SSR_4、SSR_5 导通，SSR_0、SSR_1、SSR_2 不导通，电动机反转；计算机向 D_0、D_1、D_2、D_3、D_4、D_5 位发出高电平，则固态继电器输出端 SSR_0、SSR_1、SSR_2、SSR_3、SSR_4、SSR_5 都不导通，电动机停转。

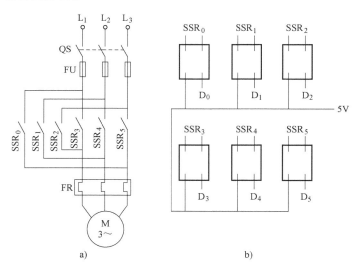

图 3-1-13　基于固态继电器的计算机控制强电原理
a）主电路原理图　b）控制电路原理图

2. 故障维修

1）电动机正转、反转都不能运行：首先逐项检查熔断器 FU、热继电器 FR、电动机是否损坏，检查一项，执行一次 M03 或 M04 指令进行试车，观察运行情况：

① 检查熔断器 FU 是否烧坏。

② 检查热继电器 FR 是否烧坏或是否复位。

③ 将电动机三相接到三相交流电源上,观察电动机是否烧坏。

2)若执行正转指令,电动机仍不能正转,用电表测量图 3-1-13 所示固态继电器 SSR_0、SSR_1、SSR_2 输入端的电压是否为 5V,同时测量 SSR_3、SSR_4、SSR_5 输入端的电压是否为 0V,判断故障是在接口芯片和计算机系统还是在固态继电器和电动机,其后维修方法同图 3-1-12 相似。

若执行反转指令,电动机仍不能反转,维修方法与上述相似。

(四) 基于电隔离器、直流继电器的计算机控制强电原理与故障维修

1. 控制原理

对小功率三相交流电动机,可以用图 3-1-14 所示的用直流继电器的常开触点控制电动机的方案:当计算机向 D_1 位发出低电平后,再向 D_0 位发出高电平,则直流继电器线圈 J_2 不带电,J_1 带电,直流继电器的常开触点 J_1 闭合,电动机 M 正转;当计算机向 D_0 位发出低电平,向 D_1 位发出高电平时,常开触点 J_2 闭合,电动机 M 反转;当计算机向 D_0、D_1 位发出低电平时,则直流继电器线圈 J_1、J_2 不带电,电动机 M 停转。数控车床转位刀架上三相交流电动机就是采用这个原理控制正转、反转和停转的。

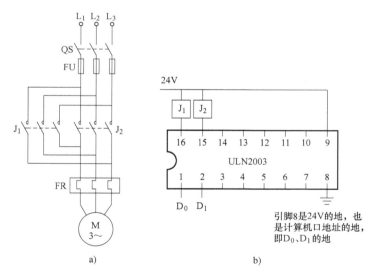

图 3-1-14 基于直流继电器的计算机控制强电原理

a)主电路原理图 b)控制电路原理图

2. 故障维修

1)电动机正转、反转都不能运行:首先逐项检查熔断器 FU、热继电器 FR、电动机是否损坏,检查一项,执行一次 M03 或 M04 指令进行试车,观察运行情况:

① 检查熔断器 FU 是否烧坏。

② 检查热继电器 FR 是否烧坏或是否复位。

③ 将电动机三相接到三相交流电源上,观察电动机是否烧坏。

2)若执行正转指令,电动机仍不能正转,用电表测量图 3-1-14 所示直流继电器 J_1 线圈输入端的电压,若为 24V,同时 J_2 线圈输入端的电压为 0V,则故障不在接口芯片

ULN2003 和计算机系统，而在直流继电器和电动机部分；反之，故障在 ULN2003 或计算机系统。其后维修方法同前述相似。

若执行反转指令，电动机仍不能反转，维修方法与上述相似。

三、任务要点总结

本任务理实一体化地论述了图 3-1-12、图 3-1-13 和图 3-1-14 所示用固态继电器、直流继电器、交流接触器控制交流电动机的原理和应用，介绍了故障诊断与维修，其中图3-1-12所示方案适用于较大功率的电动机控制，而图 3-1-13 和图 3-1-14 所示方案适用于较小功率的交流电动机的控制，数控车床转位刀架控制就是用图 3-1-14 所示方案。三个方案知识点可如图 3-1-8 所示迁移到其他很多工程应用方面，其测试、故障诊断与维修方法相似。

四、思考与训练题

1. 对持续信号和脉冲信号控制方案，很多系统都给出了图 3-1-9 所示的数控系统与强电接口，接口外接设备是否一样？对 M05 功能控制程序和外设接线有何不同？并进行实训。

2. 对弱电控制强电采用固态继电器有何好处？

3. 直接用直流继电器控制强电的方案适合于哪种场合？

4. 采用图 3-1-12、图 3-1-13 和图 3-1-14 所示方案控制三相交流异步电动机的正转、反转、和停转。进行运行调试并熟悉原理，进行故障测试与维修实训。

项 目 小 结

传统机电设备三相交流电动机的控制是类似于图 3-1-1 所示的手动控制，这是"机械加电气化"意义上的电气控制，其故障测试与维修容易看得见、摸得着，测试与维修方法比较简单；项目一介绍的对三相交流电动机进行计算机开关量控制的 5 种方案的工作原理、应用场合、测试、故障诊断与维修方法，是"机电一体化"意义上的三相交流电动机的控制，其故障诊断与维修方法综合性很强，涉及的知识点多，层次较深，是机电一体化设备广泛采用的控制方式，必须理解透彻、达到"晓原理、通实践、悉故障、熟测试、保维修"的学习效果。

对计算机编程控制不太熟悉的读者，在学习本项目中，只要弄清楚计算机或计算机控制系统控制指令与输出引脚电压的关系即可，在测试和维修方面主要是对外部设备而言，文中的测试和故障维修也主要是对这方面论述的。

项目一论述的 5 种方案，以图 3-1-5 所示持续信号控制电动机正反转和图 3-1-6 所示脉冲信号控制电动机正反转最多，持续信号控制电动机正转和停转的电路如图 3-1-15 所示，如用持续信号控制机床冷却液，M08 指令使 D_0 为高电平，线圈 J_1 带电，其常开触点闭合，电动机正转带动冷却泵抽出冷却液；M09 指令使 D_0 为低电平，电动机停转停止抽冷却液。用脉冲信号控制电动机正转和停转的电路如图 3-1-16 所示，原理同前述相似。

文中论述的 5 个方案，及图 3-1-15 和图 3-1-16 所示的两种特殊方案，是以三相交流电动机为控制对象论述的，其原理可以迁移到各种电磁阀等很多设备上，测试与维修方法相似。

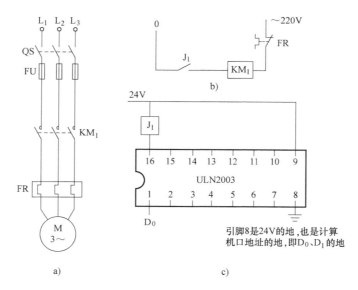

图 3-1-15　计算机持续信号控制电动机正转停转

a）主电路　b）控制电路　c）计算机接口电路

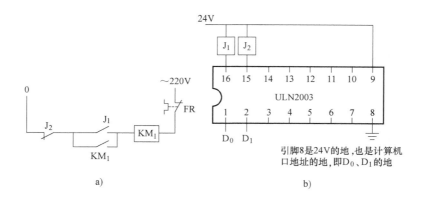

图 3-1-16　计算机脉冲信号控制电动机正转和停转方案

a）控制电路图　b）计算机接口电路图

项目二　机电设备常用电子传感器原理、测试与维修

　　本项目从实践性应用的角度，介绍了机电设备常用行程开关、光电式传感器、电磁式传感器、霍尔传感器、旋转编码器、光纤传感器、电感式传感器、电容式传感器的原理和应用，以案例的形式介绍了这些传感器的使用安装方法、故障诊断与维修方法，直观性强、注重实用，突出测试与故障维修能力的培养，为更好地从事机电设备升级改造、测试与故障维修工作打下坚实的基础。

学习目标：

　　1. 学习行程开关、光电式传感器、电磁式传感器、霍尔传感器控制强电的工作原理、

233

组成，故障诊断与维修方法。

2. 学习光纤传感器、电感式传感器、电容式传感器的原理和应用，熟悉其组成，故障诊断与维修方法。

3. 行程开关、光电式传感器、电磁式传感器、霍尔传感器、旋转编码器、光纤传感器、电感式传感器、电容式传感器的信号读入计算机的应用，故障诊断与维修。

4. 能够将上述传感器的原理和应用进行迁移，达到举一反三、触类旁通的学习效果。

任务1　行程开关、接近开关的原理、应用与故障维修

知识点：
- 行程开关、光电式传感器、电磁式传感器的概念。
- 行程开关、光电式传感器、电磁式传感器的接线和功能。
- 行程开关、光电式传感器、电磁式传感器的原理和应用。

能力目标：
- 掌握行程开关、光电式传感器、电磁式传感器的分类、原理及其组装方法。
- 掌握行程开关、光电式传感器、电磁式传感器控制强电电路原理，故障诊断与维修方法。
- 掌握行程开关、光电式传感器、电磁式传感器的信号读入计算机的应用，故障诊断与维修方法。

一、任务引入

图 3-1-1 所示为传统的卧式车床三相异步电动机手动正转、反转、停转控制电路原理图，当车床滑板超程，碰到行程开关 SQ 时常闭触点断开使电动机断电停转，滑板停止运动，但在数控车床等很多机电设备上，电动机 M 的正转、反转、停转是计算机控制的，行程开关 SQ 的信号也是读入计算机后再执行 M05 等指令控制电动机 M 停转，机电设备上的传感器种类很多，但其主要应用分为控制强电、读入计算机两个方面，本任务介绍行程开关、光电式传感器、电磁式传感器控制强电，及其信号读入计算机系统的测试、故障诊断与维修。

二、任务实施

（一）位置检测常用行程开关、接近开关概述及其分类

1. 行程开关

行程开关如图 3-2-1 所示，其原理是当外界物体碰到行程开关推杆（或碰到轮子压推杆）时，行程开关常开触点闭合，常闭触点断开，使控制电路变化，主电路改变运行状态。它应用于速度不高于 0.4m/min 的工作场合。选用时，应考虑额定电压、额定电流要求以满足控制电路的要求，其控制强电的原理如图 2-3-1 所示相关内容，行程开关的信号读入计算机如图 3-2-2 所示，D_0 为计算机并行输入卡（芯片）的数据位，SQ 断开和闭合时，D_0 位状态在 TTL 电平的 0、5V 变化，计算机 CPU 通过程序即可分辨出 SQ 的状态。

2. 接近开关概述及其分类

接近开关又称无触点接近开关，是理想的电子开关量传感器。当金属检测体接近开关的

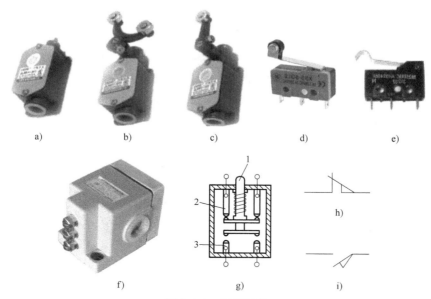

图 3-2-1　行程开关

a）直动式行程开关　b）双轮旋转行程开关　c）单轮旋转行程开关　d）单轮微动开关　e）杠杆式微动开关
f）组合式行程开关　g）具有复式触点的行程开关示意图　h）常闭触点符号　i）常开触点符号
1—推杆　2—常闭触点　3—常开触点

感应区域时，开关就能无接触、无压力、无火花迅速发出电气指令，准确反应出运动机构的位置和行程，即使用于一般的行程控制，其定位精度、操作频率、使用寿命、安装调整的方便性和对恶劣环境的适用能力也是一般机械式行程开关所不能相比的。它广泛应用于各种机电设备，在自动控制系统中可作为限位、计数、定位控制和自动保护环节。接近开关的分类如下：

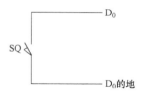

图 3-2-2　行程开关
信号读入计算机

（1）按内部电流流向不同分为 PNP 和 NPN 两类

常用的接近开关有电源线 VCC、地线 GND 和输出信号线 OUT，按内部电流流向不同分为 PNP 型和 NPN 型两大类：

1）PNP 型接近开关：图 3-2-4a 所示为 PNP 型接近开关。当物体靠近接近开关检测面时，电流是从电源流入黑色 GND 端再流入负载，然后流到输出端 OUT，负载上电压即为电源电压 6～36V，负载上黑色 GND 接线端电位高于 OUT 端；当没有金属靠近检测面时负载上电压为 0V，负载中没有电流。

2）NPN 型接近开关：图 3-2-4b 所示为 NPN 型接近开关。当有物体靠近接近开关检测面时，信号输出电流是从电源经接近开关的正极输出端（VCC）流入负载，然后流到接地端黑色 GND，负载上黑色 GND 接线端电位低于 VCC 端；显然与 PNP 型接近开关输出电压电位高低端不同，电流流向相反。

（2）按通直流电还是交流电分

1）直流式接近开关：通直流电使接近开关工作，与外设接口称为直流型输出状态接口。

2）交流式接近开关：通交流电使接近开关工作，与外设接口称为交流型输出状态接口。

（3）按内部电磁场的变化还是电容的变化激发输出状态变化分

1）电感式接近开关：内部由高频振荡、检波、放大、触发及输出电路组成。其中，高频振荡体现在一个高频交变的电磁场上，当外界金属接近传感器检测面时，金属中产生的涡流吸收振荡器的能量，使振荡近于停止，传感器输出状态发生变化。

2）电容式接近开关：内部由高频振荡和放大器组成，由传感器的检测面与大地构成一个电容，当外界金属接近传感器检测面时，回路的电容量发生变化，产生高频振荡，传感器输出状态发生变化。

（4）按外界物体对传感器的作用介质分

1）光电式接近开关：外界任何物体靠近和远离传感器检测面时，通过光的作用使接近开关工作。

2）电磁式接近开关：外界金属物体通过电或磁的作用使接近开关工作，上述的电容式和电感式接近开关就属于此类。

（5）按输出量的性质分

1）开关量接近开关：输出量有逻辑接通、断开两个状态，用于开关量控制。

① 当外界物体没有进入接近开关检测面的感应区域时输出就逻辑断开；外界物体进入接近开关的感应区域时输出就逻辑闭合，称为常开式接近开关。

② 当外界物体没有进入接近开关检测面的感应区域时输出就逻辑闭合；外界物体进入接近开关的感应区域时输出就逻辑断开，称为常闭式接近开关。

2）模拟量接近开关：输出量是模拟量，用于模拟量控制。

在机电设备中，按直流电还是交流电分类以及外界物体对传感器的作用介质分类的角度使用接近开关最多，现从这两个角度介绍其应用。

3. 电磁式和光电式接近开关的主要参数

如图 3-2-3 所示，机电设备常用的电磁式和光电式接近开关，PNP 型与 NPN 型接近开关均有三条引出线，即电源线 VCC、地线 GND 和信号输出线 OUT。如图 3-2-4 所示，PNP 型是指在接近开关接通时，电流是从电源经传感器的输出端进入负载，然后流到接地端，信号输出线 OUT 和 VCC 连接，相当于 OUT 输出高电平的电源线。而 NPN 型传感器是指在接通时，电流是从电源经负载流到传感器的输出端，然后流到接地端，最后进入系统的地，信号输出线 OUT 和 GND 连接，相当于 OUT 输出低电平。

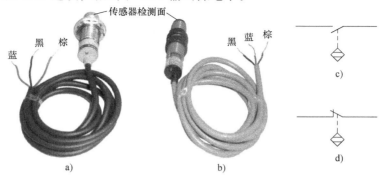

图 3-2-3　常见的电磁式和光电式接近开关

a）LJ18A3-8-Z/BY 型电磁式接近开关　b）G18-3A10NA 型光电式接近开关

c）接近开关常开触点符号　d）接近开关常闭触点符号

PNP 型传感器是高电平有效，电源和负载共用 0V；NPN 型传感器是低电平有效，电源和负载共用 10~36V，注意不要接错线路，否则传感器将被击穿损坏。

从应用的角度讲，接近开关主要参数有工作电压、负载电流和工作距离。

1）工作电压：电源电压，如图 3-2-4 所示为 10~30V。

2）负载电流：流过负载的额定电流，如图 3-2-4 所示两种传感器的负载额定电流均为 200mA，这是选择设计负载的重要依据，超过额定电流将会损坏传感器。

3）工作距离：光电式传感器（电磁式传感器）工作时物体（导磁金属）离传感器的最大距离。图 3-2-4 所示传感器的工作距离为 100mm。

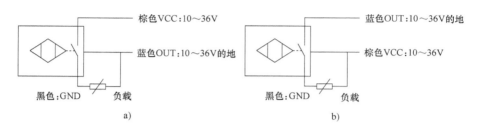

图 3-2-4 PNP 型和 NPN 型接近开关控制电路原理图

a）PNP 型 G18-3A10PA 光电式传感器 b）NPN 型 G18-3A10NA 光电式传感器

（二）常开式直流光电接近开关控制强电的原理、测试、故障维修

1. 光电式接近开关工作原理

图 3-2-4a 所示为 PNP 型 G18-3A10PA 光电式接近开关原理图，物体靠近传感器检测面 100mm 之内就工作。共有三条接线端，棕色接 10~36V 电源的正极，蓝色接电源的地，黑色接线端与蓝色线之间接负载，负载可以是电阻、继电器线圈等，当有物体靠近传感器头部时，10~36V 就加在负载上了，当没有物体靠近或物体距离传感器大于 100mm 时，负载电压为 0。

2. 光电式接近开关控制强电的应用

把图 3-2-5a 直流电压选为 12V，负载为 JQX-13F 型直流继电器 J，其线圈电压为 12V，线圈功率为 0.9W，则线圈电流为 0.9/12＝0.075A，满足额定电流要求，其他线路不变，强

电电路如图 3-2-5b 所示，其常开触点控制 220V 交流白炽灯，则有物体靠近传感器灯亮，物体远离传感器灯灭，图 3-2-5c 为电气系统实物照片。

3. 光电式接近开关控制强电的迁移

将图 3-2-5b 所示的白炽灯换成交流接触器的线圈 KM，接触器主触点给三相交流电动机接通 380V 交流电压，即可控制电动机运转。把图 3-2-4 中的负载换成液压换向阀线圈，即可控制液压缸动作，这一原理和知识点可以迁移到液压系统、气压系统、继电器-接触器控制系统、电磁铁、电磁离合器、电

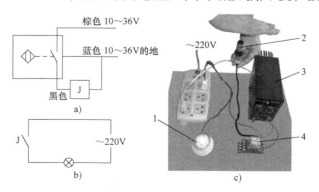

图 3-2-5 用光电式接近开关控制 220V 白炽灯现场实验照片

a）控制白炽灯电路原理图 b）传感器控制白炽

灯主电路图 c）系统实物图

1—白炽灯 2—光电式传感器 3—直流电源 4—12V 直流继电器

磁制动器等很多场合。

4. 光电式接近开关控制强电系统测试、故障诊断与维修

光电式接近开关控制强电故障分为传感器控制电路故障和强电主电路故障，故障现象往往发生在主电路，如白炽灯不亮。当有故障时，用万用表测量图3-2-4所示负载两端，即图3-2-5a继电器线圈J两端电压，当有物体靠近传感器时电压为输入电压；当没有物体靠近传感器时电压为0，则传感器系统没有故障，故障在主电路部分，否则故障在控制电路传感器部分。

（三）常开式直流电磁式接近开关控制强电原理、测试、故障维修

1. 电磁式接近开关工作原理

LJ18A3-8-Z/BY型电磁式接近开关如图3-2-3a所示，其接线与图3-2-4完全一样，当有金属物体靠近传感器头部15mm之内就工作，负载可以是电阻、继电器线圈等。当有金属物体靠近传感器头部时，10～36V就加在负载上了；当没有金属物体靠近或物体距离传感器大于15mm时，负载电压为0。

2. 电磁式接近开关控制强电的应用

其应用原理与光电式接近开关一样，因只对金属物体有感应，所以在金属零件检测方面应用很广。

3. 光电式接近开关控制强电的迁移

其应用原理与光电式接近开关一样，广泛应用于机械、传动液压、气动等场合控制。

4. 电磁式接近开关的组装、控制强电系统测试、故障诊断与维修

光电式、电磁式接近开关的组装如图3-2-6所示，通常把传感器固定在机床床身上，而把外界物体放在一定工作台上，其测试、故障诊断、维修与光电式接近开关一样。

另外，电磁式接近开关感应面及其附近不能有含金属粉末或碎片的堆积物，光电式接近开关工作时，附近不能有其他物体靠近传感器，以免引起误动作。

常闭式直流电磁式接近开关控制强电的原理与上述相似。

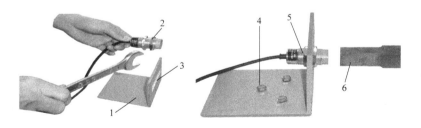

图3-2-6 光电式、电磁式接近开关的组装
1—直角铁板 2—安装螺母 3—安装长条孔 4—安装螺栓 5—拧螺母即固定传感器 6—外界物体

（四）常开式直流接近开关的信号读入计算机、故障诊断与维修

1. 采用分压法信号读入计算机

如图3-2-7所示，将负载设置为两个电阻 $R_1 = 1.4k\Omega$、$R_2 = 2k\Omega$，有物体靠近传感器时，R_1 两端电压为5V、R_2 两端电压为7V，当没有物体靠近传感器时，R_1、R_2 两端电压均为0V。

用PC做信号检测，配备并行输入/输出卡作为信号采集卡，将 R_1 右端的 D_0 接入并行输入/输出卡的 D_0 位，当有物体靠近传感器时，D_0 为高电平5V；当没有物体靠近传感器时，D_0 为低电平0V，读入CPU即可判断出是否有物体靠近传感器。

2. 采用光电隔离法把信号读入计算机

图 3-2-8 为用 TLP521 光电隔离器作接口电路的 G18-3A10NA 型光电式接近开关信号读入 CPU 接口电路图，其他同分压法完全一样。

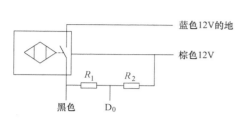

图 3-2-7 G18-3A10NA 型光电式接近开关信号读入计算机分压法接口电路图

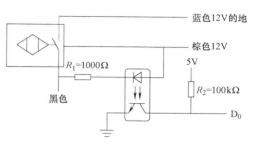

图 3-2-8 G18-3A10NA 型光电式接近开关信号读入 CPU 光电隔离法接口电路图

3. 光电式接近开关信号读入计算机故障诊断与维修

光电式接近开关信号读入计算机，当系统不能正常工作时，用万用表测量图 3-2-7 所示 R_1 两端电压，或图 3-2-8 所示 D_0 与地之间的电压，当有物体靠近传感器时电压为 5V，当没有物体靠近传感器时电压为 0，则传感器系统没有故障，故障在计算机接口卡及其连线部分，否则故障在传感器部分。

4. 电磁式接近开关的信号读入计算机及其故障维修

如同光电式接近开关一样，也是采用前述的分压法和 TLP521 光电隔离法，把传感器信号读入 CPU，即可用程序判断是否有金属物体靠近传感器，其故障诊断与维修方法与光电式接近开关完全相似。

（五）交流式接近开关控制强电的原理、测试、故障维修

1. 交流式接近开关控制强电的原理

图 3-2-9 所示为 G18-2A10LA 交流式光电接近开关，棕色接线端通过负载接在交流 90～250V，蓝色接交流电源的地，额定电流为 400mA。当有物体靠近接近开关感应面时，交流 90～250V 就加在负载上了；当没有物体靠近接近开关感应面时，负载上电压为 0。

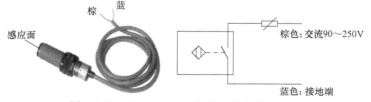

图 3-2-9 G18-2A10LA 交流式光电接近开关

（额定电流 400mA，测试距离 100mm）

图 3-2-10 所示为用 G18-2A10LA 交流式接近开关控制三相交流电动机 M 的电路图。物体靠近传感器感应面时，交流电 110V 加到 CJT1-10 型交流接触器线圈 KM 上，其主触点闭合，接通电动机 M 运转；物体远离传感器感应面时，线圈 KM 断电，电动动机停转，通过线圈 KM 的电流不大于 400mA。

2. 交流式接近开关控制强电的测试、故障诊断与维修

如图 3-2-10 所示，当电动机不转时，用万用表测试线圈 KM 的电压，当有物体靠近时

电压为110V，无物体靠近时电压为0V，说明传感器没有故障，故障在主电路部分；否则故障首先在传感器部分，更换传感器后看是否正常工作再检查主电路部分故障。

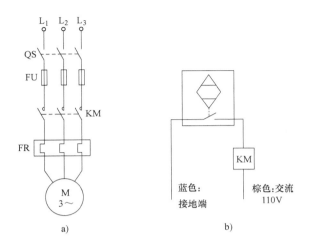

图3-2-10　用交流式光电接近开关控制380V三相交流电动机的实验

a）主电路图　b）控制电路图

三、知识点和能力目标的迁移及其测试、故障诊断与维修案例

图3-2-5是输入直流电源，而图3-2-10是输入交流电源的接近开关，分别是以控制灯泡和电动机论述接近开关的应用的，其他类型的接近开关的使用原理都与其相似。把图3-2-5的继电器线圈变为液压系统的电磁换向阀线圈、气动系统的电磁换向阀线圈、电磁离合器上的电磁铁线圈等，就可以控制液压缸、气压缸和电磁铁动作，即这一原理和知识点可以迁移到液压系统、气压系统、继电器-接触器控制系统、电磁铁、电磁离合器、电磁制动器等很多场合；同理，将图3-2-10的接触器线圈KM和电动机M可以换成其他设备，进行知识点和能力目标的迁移，其故障诊断与维修方法同前述思路一样，这样就达到了举一反三、触类旁通的学习效果。

四、任务要点总结

行程开关、接近开关的种类虽然繁多，但从实践性应用的角度看其组成，各种行程开关都是由常开触点、常闭触点或二者为主体组合构成的低压电器；各种开关量接近开关也是由逻辑上的常开、常闭触点组合构成的。按输入的电源分为直流的和交流的，依据触点的性质和主要参数为依据设计控制电路是正确使用行程开关、接近开关的知识点；其次才可以参考分类性质。前述介绍的接近开关有图3-2-10所示的两线的，图3-2-3所示的三线的，还有图3-2-11所示的四线的，四线的既有常开触点又有常闭触点，根据需要灵活选用。

从实践应用性的角度看，其使用场合分为用来控制强电和计算机通过它检测外设状态这两个方面的知识点。行程开关、接近开关用于控制强电时在控制电路；用于计算机检测时，它介于计算机和外设之间。

从实践应用性的角度看其故障诊断与维修的能力目标，用于控制电路控制强电时故障现

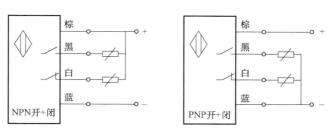

图 3-2-11　四线接近开关（有常开常闭触点）

象往往发生在主电路，先测试主电路的故障再检测控制电路的故障，并进行维修。用于计算机检测时故障现象往往发生在计算机部分，先测试传感器输出端电压是否正常，若正常则故障在计算机部分；若不正常则故障在外设和传感器部分。

五、思考与训练题

1. 行程开关和接近开关各适用于哪种场合？为什么？

2. 采用图 3-2-1、图 3-2-3 所示的行程开关、光电式接近开关和电磁式接近开关控制强电（如灯泡）进行熟悉原理、接线调试和故障测试与维修实训。

3. 采用图 3-2-2、图 3-2-7 和图 3-2-8 所示的行程开关、光电式接近开关和电磁式接近开关信号读入计算机进行熟悉原理、接线调试和故障测试与维修实训。

4. 观察一些宾馆、银行等场所的光电门，阐述其光电式接近开关控制原理。

5. 图 3-2-12 所示为用电磁式接近开关检测机床工作台来回运动的照片，工作台到达右端接近开关时就向左运动，工作台到达左端接

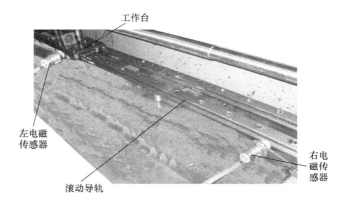

图 3-2-12　机床往复跑合试验台

近开关时就向右端运动，往复运动直到人工停机，请画出其电气控制原理图。

任务 2　霍尔传感器和旋转脉冲编码器的原理、测试与故障维修

知识点：
- 霍尔传感器、旋转脉冲编码器的概念。
- 霍尔传感器、旋转脉冲编码器的参数、接线和功能。
- 霍尔传感器、旋转脉冲编码器的原理和应用。

能力目标：
- 掌握霍尔传感器的用途，以及故障诊断与维修方法。
- 掌握旋转脉冲编码器信号读入计算机的应用、技术参数、故障诊断与维修。
- 掌握霍尔传感器、旋转脉冲编码器的组装、应用。

一、任务引入

在数控机床上加工螺纹要用到旋转脉冲编码器，转位刀架上要用到霍尔传感器，这两种传感器在其他机电设备上，如加工中心机床、数控铣床的分度工作台、工业机器人等用途也很广泛，其原理、正确使用、故障诊断与维修工作量很大，本任务进行论述。

二、任务实施

（一）霍尔传感器的原理、分类及其应用

1. 霍尔传感器的原理及其分类

霍尔传感器是根据霍尔效应原理研制的一种磁场传感器，霍尔效应原理如图 3-2-13 所示，在半导体薄片两端通以控制电流 I，并在薄片的垂直方向施加磁感应强度为 B 的匀强磁场，则在垂直于电流和磁场的方向上，将产生电动势差为 U 的霍尔电压，根据这一原理制成多种霍尔传感器，霍尔传感器分为线性型霍尔传感器和开关型霍尔传感器两种。

（1）线性型霍尔传感器　由霍尔元件、线性放大器和射极跟随器组成，它输出模拟量。

（2）开关型霍尔传感器　由稳压器、霍尔元件、差分放大器、施密特触发器和输出级组成，它输出开关量。

开关型霍尔传感器有多种，有三条引脚的和四条引脚的，在机电设备上常用三条引脚的如图 3-2-14 所示的 A44E910 型，还有 UGN3501、UGN3503 型等多种，其主要区别是电磁参数特性有差别，但使用方法都一样。

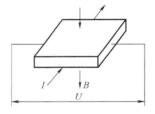

图 3-2-13　霍尔效应原理　　　　图 3-2-14　A44E910 霍尔传感器外形图

2. 霍尔传感器控制强电设计、测试、故障维修

（1）霍尔接近开关工作原理　A44E910 型开关量霍尔传感器如图 3-2-14 所示，人面对 A44E910 标志，自左至右引脚 1、2、3，1 号引脚可以接 4.5～24V 电源，2 号引脚接电源的地，1、3 引脚间额定电流为 20mA。令 1 号引脚接 5V（12V，24V），2 号引脚接 5V 的地（12V 的地，24V 的地），当有磁铁的 N 极靠近有 A44E910 字的一面时，1 脚相对 3 脚的电压为 5V（12V，24V），N 极远离传感器时，1 脚相对 3 脚的电压为 0V。当霍尔传感器烧坏时，1 脚相对 3 脚的电压均为 0V。

（2）霍尔接近开关控制强电工作原理及其实验　根据上述原理，现选用 12V 的直流继电器、220V 交流白炽灯、12V 直流电源、A44E910 霍尔传感器做控制灯实验，如图 3-2-15 所示，磁铁 N 极靠近霍尔传感器有字母数字的一面（或 S 极靠近另一面），1、3 引脚输出 12V 加到直流继电器线圈，常开触点闭合，接通 220V 交流白炽灯就亮，磁铁离霍尔传感器大于 8mm，白炽灯就灭。

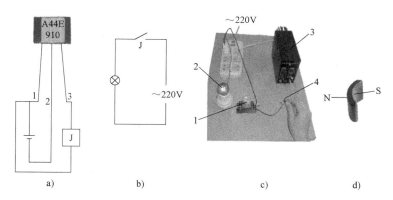

图 3-2-15 开关型霍尔传感器控制 220V 白炽灯现场实验照片

a）控制电路图 b）主电路图 c）现场实验 d）磁铁

1—直流继电器 2—灯泡 3—直流电源 4—磁铁 N 极靠近霍尔传感器有数字的一面

（3）霍尔接近开关控制强电的迁移 其应用原理与光电式接近开关一样，广泛应用于机械、液压气动传动、电磁铁控制等场合。

（4）霍尔接近开关控制强电系统的测试、故障诊断与维修 其测试、故障诊断与维修与光电式接近开关相似。

3. 霍尔传感器的信号读入计算机

同光电式接近开关一样，也是采用前述的分压法和 TLP521 光电隔离法，把传感器信号读入 CPU，有磁铁靠近传感器时动作。

（1）采用分压法把信号读入计算机 如图 3-2-16 所示，1、2 号引脚之间接 12V 直流电压，1、3 号引脚之间接入电阻 R_1、R_2，$R_1 + R_2 \geqslant 12/0.02$，选 750Ω，根据分压定律并取方便选的电阻：$R_1 = 300\Omega$，$R_2 = 450\Omega$。当有磁铁的 N 极靠近传感器有字的表面时 R_1 上电压为 5V；磁铁远离传感器时 R_1 上电压为 0V，即可用计算机测试是否有磁铁靠近传感器。

（2）采用光电隔离法把信号读入计算机 如图 3-2-17 所示为 A44E910 型霍尔传感器用 TLP521 作接口信号读入 CPU 接口电路图，1 号引脚电压与 R_1 的关系：5V 时，$R_1 = 470\Omega$；12V 时，$R_1 = 1.2\text{k}\Omega$；24V 时，$R_1 = 2.2\text{k}\Omega$。

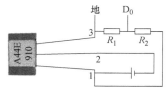

图 3-2-16 G18-3A10NA 型光电式接近开关信号读入计算机分压法接口电路图

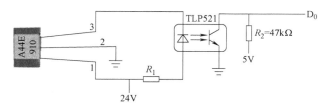

图 3-2-17 A44E901 型霍尔传感器信号读入 CPU 光电隔离法接口电路

（3）霍尔传感器的信号读入计算机的测试、故障诊断与维修 分压法如图 3-2-16 所示，当计算机读不到正确信号时，用万用表测量图 3-2-16 所示的 R_1 两端电压，若不管有没有磁铁靠近传感器 R_1 两端电压均为 0V，则传感器烧坏，需更换传感器；当有磁铁靠近传感器时电压为输入电压 5V；当没有磁铁靠近传感器时电压为 0，则传感器系统没有故障，故障在计算机测试部分，需要检修计算机输入卡（芯片）及其接线等故障。

光电隔离法如图 3-2-17 所示，当计算机读不到正确信号时，用万用表测量图 3-2-17 所示的 R_1 两端电压，若不管有没有磁铁靠近传感器 R_1 两端电压均为 0V，则传感器烧坏，需更换传感器；当有磁铁靠近传感器时电压为输入电压 12V；当没有磁铁靠近传感器时电压为 0V，则传感器系统没有故障；再测试 D_0 与光敏晶体管的接地端的电压，当有磁铁靠近传感器时电压为输入电压 0V；当没有磁铁靠近传感器时电压为 5V，则 TLP521 光电隔离器没有故障，否则光电隔离器烧坏；若 TLP521 没有故障，故障在计算机测试部分，需要检修计算机输入卡（芯片）及其接线等故障。

4. 数控车床四工位转位刀架换刀控制及霍尔传感器信号测试电路

在数控车床上常用四工位转位刀架（具体见模块六），其换刀位置的计算机检测就是用霍尔传感器 A44E910、UGN3120U 等型号的霍尔传感器，每一把刀用一个霍尔传感器检测，其计算机接口电路与图 3-2-17 完全一样，换刀强电控制主电路和控制电路如图 3-1-14a、b 所示，两者综合起来如图 3-2-18 所示，即 LD4-6140 型数控车床四工位转位刀架控制及霍尔传感器信号测试电路。

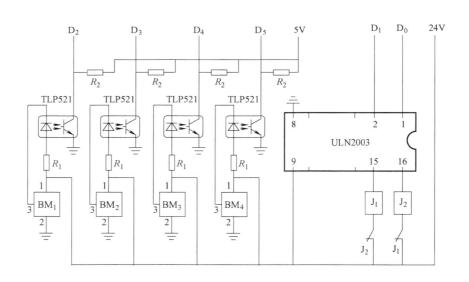

图 3-2-18　LD4-6140 型数控车床四工位转位刀架换刀控制及霍尔传感器信号测试电路

霍尔传感器 BM_1、BM_2、BM_3、BM_4 为 A44E910 型霍尔传感器，1、2、3 为其引脚号，将 4 个霍尔传感器焊接在一个印制电路板上如图 3-2-19 所示。2 号引脚和 ULN2003 芯片的 8 号引脚均是 24V 的地，R_1 为 2.2kΩ，R_2 为 47kΩ，TLP521 芯片的接地线是 5V 的地，J_1、J_2 为 JQX-11F 型 4 对常开常闭触点的直流继电器，D_2、D_3、D_4、D_5 进入计算机接口的位，依次对应检测 1、2、3 和 4 号刀具，具体介绍见模块六转位刀架原理与维修。

（二）旋转脉冲编码器的原理与应用

1. 旋转脉冲编码器的原理及其参数

旋转脉冲编码器如图 3-2-20 所示，它是一种角度（角速度）检测装置，它利用光电或电磁转换原理将输入给轴的角度量转换成相应的电脉冲或数字量。它具有体积小、精度高、工作可靠、接口数字化等优点，广泛应用于数控机床、回转工作台、坐标镗床、伺服传动和机器人等高精度角度测定等机电设备装置中，是一种回转式数字测量元件。按产生脉冲的原理旋转脉冲编码器分为光电式和霍尔效应式的。光电码盘在数控机床上应用较多，而由霍尔效应构成的电磁码盘则可用作速度检测元件，通常装在被测轴上，随被测轴一起转动，可将被测轴的角位移转换为增量脉冲形式或绝对式的代码形式。增量式只测量位移量，如测量单位为 0.01mm，每移动 0.01mm 发出一个脉冲信号；绝对式对于被测量的任意一点位置均由固定的零点标起。每一个被测点都有一个相应的测量值。

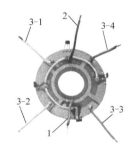

图 3-2-19 LD4-6140 型数控车床转位刀架
霍尔传感器焊接在印制电路盘上
1—霍尔传感器 1 号引脚接 24V
2—传感器 2 号引脚接 24V 的地
3—1-测第 1 号刀霍尔传感器的 3 号引脚，其余同

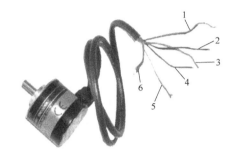

图 3-2-20 旋转脉冲编码器照片及其接线
1—棕色线接 12～24V 2—黑色线 3—橘黄色线
4—蓝色线接 12～24V 的地 5—白色线 6—屏蔽线

如图 3-2-21 所示，光电式旋转脉冲编码器由码盘基片、光敏元件、光源、透光狭缝、透镜、信号处理装置等组成。机械转轴每转过一定角度，光源的光通过狭缝照射到光敏元件上，经过信号处理装置处理后输出脉冲给计算机等测量装置，分析 A、B、Z 相光信号的相位关系，即能计算出机械转轴转过的角度。

如图 3-2-20 所示旋转脉冲编码器，棕色接 12～24V 直流电源的正极，蓝色接 12～24V 直流电源的地，也是 A、B 相 TTL 电平的地，黑色线是 A 相 TTL 电平输出端，白色线是 B 相 TTL 电平输出端，橘黄色线是 Z 相 TTL 电平输出端，屏蔽线接计算机等测量装置的外壳，由于图 3-2-21 所示 Z 相机械轴每转一周透一次光，所以 Z 相机械转轴转一圈才出现一次电平转换。

1）线数：也叫规格，旋转脉冲编码器的线数 n，也称编码器的规格，是码盘基片的长条孔数目，如图 3-2-21 所示，对应弧长叫节距 t。

如果单独用 A 相或 B 相，机械轴每转一圈发出的脉冲数与线数相等，现在市场上提供的规格从 36 线/转到 10 万线/转都有。

如某旋转脉冲编码器码盘基片的长条孔数目为 100，该编码器线数就是 100，那么不管

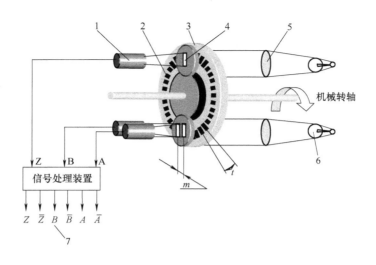

图 3-2-21　旋转脉冲编码器结构原理

1—光敏元件　2—透光狭缝　3—码盘基片　4—光栏板　5—透镜

6—光源　7—处理后的信号脉冲　m—A、B 相的宽度　t—节距

单独用 A 相或 B 相测量脉冲数，机械轴转一圈，输出脉冲数都是 100 个脉冲。

2）倍频：如果用 A 相和 B 相联合测量机械轴转过的角度，A、B 相的宽度 m 取节距 t 的一半，计数脉冲取法如下：

A、B 相数字信号相同时，即 $A=1$ 同时 $B=1$，或 $A=0$ 同时 $B=0$，计为 1；A、B 相信号相反时，计为 0；这样机械轴转一圈，即

$$输出脉冲 f = AB + \overline{AB} \tag{3-2-1}$$

这样输出脉冲数是线数的 2 倍，这种硬件或软件接口方式称为 2 倍频。在旋转脉冲编码器输出上，采用硬件或软件，使得机械轴转一圈输出脉冲数为编码器的线数的 P 倍，则称为 P 倍频。式（3-2-1）表示的 2 倍频脉冲信号如图 3-2-22 所示。

3）分辨率：分辨率是指机械轴旋转一圈，获得输出脉冲的个数，用 f 表示，即

$$f = 线数 n × 倍频 P \tag{3-2-2}$$

若再加 C 相，适当选取节距 t 和 A、B、C 三长条孔的距离，就可达到 4 倍频、8 倍频等。

2. 旋转脉冲编码器的组装与应用

旋转脉冲编码器的组装见图 1-2-53 和模块六相关部分，应用非常广泛。在模块六数控车床车削螺纹功能上讲述旋转脉冲编码器的组装、测试与维修。

三、任务要点总结

本任务从实践性应用的角度介绍了霍尔传

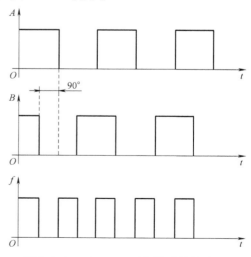

图 3-2-22　由 A、B 两相脉冲信号产生的 2 倍频脉冲 f 波形图

感器和旋转脉冲编码器的结构组成、原理、基本概念及其应用，详细论述了霍尔传感器控制强电及计算机检测故障判别方法，对旋转脉冲编码器理清了三个基本概念：线数、倍频和分辨率，三个概念符合式（3-2-2），数控车床转位刀架和车螺纹用到霍尔传感器和旋转脉冲编码器，本任务为后续模块的学习打下良好基础。

四、思考与训练题

1. 采用图3-2-15、图3-2-16和图3-2-17所示原理熟悉霍尔传感器原理、接线调试和故障测试与维修实训。

2. 深刻理解旋转脉冲编码器线数、倍频和分辨率的概念，理解式（3-2-2）的含义。

任务3　机电设备常用模拟量传感器的原理、标定、测试与故障维修

> **知识点：**
> - 模拟量传感器的原理，标定的概念及其标定方法。
> - 光纤传感器、电感式传感器、电容式传感器的原理。
>
> **能力目标：**
> - 掌握模拟量输出光纤传感器、电感式传感器、电容式传感器的原理、结构及其测量方法。
> - 掌握模拟量传感器的标定方法，信号测量系统的组成，以及其故障诊断与维修方法。
> - 将模拟量传感器标定方法、测量系统组成迁移到其他传感器的应用上。

一、任务引入

机电设备常出现模拟量测试与控制的问题。模拟量是在时间和数量上都连续的物理量，其表示的信号为模拟信号，如温度、电压、电流、长度等。这些模拟量的检测要用模拟量传感器。前述介绍的光电式、霍尔式、电磁式、电感式和电容式的开关量传感器也有与其对应的模拟量传感器。本任务将从实践性应用的角度介绍模拟量传感器的原理、标定、测试与维修。

二、任务实施

（一）光纤传感器的原理、标定及其应用

1. 光纤传感器的原理

图3-2-23所示为用于长度测量的takex光纤传感器。测量时，光纤探头把传感器主体发出的光射向被测物体的表面（在这里以平面为例），光从被测面反射到另一根输入光纤中。当输入输出光纤的位置固定时，其输入光纤接收到发光强度的大小随被测表面与光纤探头之间的距离而变化。当反射表面位置确定后，接收到的反射光发光强度随光纤探头到反射体的距离的变化而变化。显然，当光纤探头紧贴反射片时，接收器接收到的发光强度为零。随着光纤探头与反射面距离的增加，接收到的发光强度逐渐增加，到达最大值点后又随两者的距离增加而减小，接收到光的强弱转化为黑色和蓝色输出线端的模拟电压。

2. 光纤传感器的标定

图3-2-24所示为光纤传感器的标定系统，光纤传感器的棕色和蓝色线接线端接到12V

图 3-2-23　光纤传感器原理

1—被测物体上小平面　2—光纤探头　3—输入输出两根光纤　4—光纤传感器主体

（棕色和蓝色线接 12 ～ 24V，黑色和蓝色线输出电压模拟量）

直流电压，黑色和蓝色端接到电压表的输入端，传感器探头固定在距离测试千分尺座上。如图 3-2-25 所示，旋转千分表手柄，则探头拖板在拖板导轨上左右移动，传感器探头与被测物体玻璃片的相对距离发生变化，则光纤传感器黑色端相对于蓝色端的输出电压发生变化并在电压表上显示出来，标定步骤如下：

1）如图 3-2-25 所示，将光纤探头卡在探头拖板上，使光纤探头与反光玻璃片间距调节到 5mm 左右。

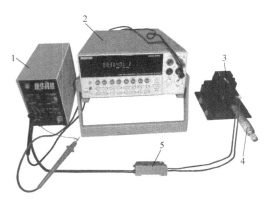

图 3-2-24　光纤传感器的标定

1—电源　2—电压表　3—距离测试千分尺座

4—千分尺　5—光纤传感器

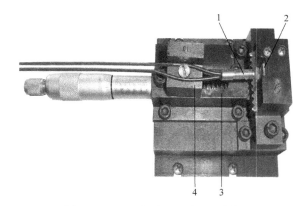

图 3-2-25　距离测试千分尺座结构

1—传感器探头　2—玻璃片相当于被测物体

3—拖板导轨　4—探头拖板

2）接通电源，旋转千分表手柄，将传感器探头推进到与反射镜表面刚好接触的位置，记录下千分表读数。

3）旋转千分表手柄使探头远离玻璃片，每次调节 1mm，并记录下千分表刻度读数和电压表读数值，直到探头离开玻璃片 70mm。

4）在坐标纸上作出距离 ~ 电压的关系曲线。

根据调制特性曲线分段选择线性区，然后在选好的线性区内给出标定曲线，标定步骤类似于前述过程，每隔 0.5mm 记录下输出的电压数值，实验数据见表 3-2-1，画出曲线如图 3-2-26所示。作出光纤探头和玻璃片间距与输出电压值的特性曲线，于是反射镜与光纤探头间的距离可由曲线的多项式拟合出来或分段线性化处理，得到距离是电压的函数 $X = f(u)$。根据此关系式，研制计算机检测系统测得光纤传感器探头距离被测物体的距离。

表 3-2-1　光纤传感器标定实验数据

距离 X/mm	0	5	10	15	20	25	30	35	40
电压 u/V	9.520	8.970	8.355	7.200	6.050	5.350	4.653	4.288	3.810
距离 X/mm	45	50	55	60	65	70	75	80	85	90
电压 u/V	3.470	3.245	2.961	2.731	2.529	2.368	2.266	2.228	2.118	2.070

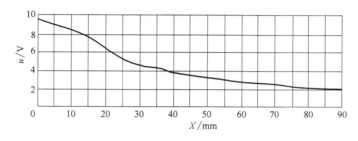

图 3-2-26　光纤传感器距离与电压关系曲线

3．光纤传感器应用案例

图 3-2-27 所示为用光纤传感器测量化学反应玻璃容器中液体液位的计算机检测系统，它由光纤传感器、直流电源、计算机数据采集卡 PCI1750 和工业控制计算机组成，将图 3-2-26所示曲线用多项式拟合出来或分段线性化处理，得到距离是电压的函数的关系式 $X = f(u)$，计算机通过 PCI1750 测得光纤传感器的输出电压，计算出探头距离液面的高度 X，在 CRT 显示器上显示出来，也可以研制基于单片机的测量系统。

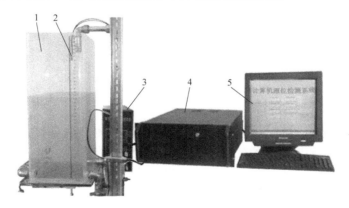

图 3-2-27　用光纤传感器测量液压高度的计算机检测系统
1—液体容器　2—光纤传感器探头　3—直流电源
4—工控机主机及其数据采集卡　5—CRT 显示器

4．光纤传感器的组装

如图 3-2-28 所示，将传感器嵌入到电器安装铁片上，再把铁片用螺钉固定到测试设备固定体上，光纤传感器上的调整旋钮用来调整放大倍数。

5．光纤传感器的故障维修

1）光纤的位置需要调整，反射型的需要有个反射系数高的反射面，对射型的输入光纤和输出光纤需要对中。

2）随着使用时间的增加，LED 发光二极管的发光强度降低，测量出现误差，使光纤测量系统的性能降低。解决办法是更换光纤放大器。

3）光纤探头折断或表面磨损等。解决办法是更换光纤探头。

光纤探头和光纤放大器都是高度集成的，因此不易维修。

（二）电感式速度传感器及其工程应用

图 3-2-29 所示为电感式速度传感器。电感式传感器利用电磁感应原理，将输入运动速度转换成感应电动势输出的传感器。它是一种机电能量变换传感器，只适合进行动态测量。由于它有较大的输出功率，故配用电路较简单，零位及性能稳定，工作频率一般为 10 ~ 1000Hz，适用于振动、转速、转矩等测量，但这种传感器的尺寸和重量都较大。

图 3-2-28 光纤传感器的组装
1—螺钉 2—电器安装铁片 3—传感器
4—放大倍数调整旋钮

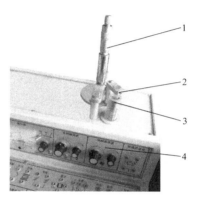

图 3-2-29 电感式速度传感器
1—千分表 2—铁心 3—线圈 4—测量电压仪表

根据电磁感应定律，当 N 匝线圈在均恒磁场内运动时，设穿过线圈的磁通为 Φ，则线圈内的感应电动势 e 与磁通变化率 $\mathrm{d}\phi/\mathrm{d}t$ 有如下关系：

$$e = -N\frac{\mathrm{d}\phi}{\mathrm{d}t} \tag{3-2-3}$$

根据这一原理，可以设计成恒磁通式传感器，构成测量线速度的磁电式传感器，图 3-2-30所示为用于振动速度测量的变磁通式结构的电感式传感器。

当线圈与磁铁间有相对运动时，线圈中产生的感应电动势 e 为 $e = Blv$，可见测量出线圈两端电压 e，就能间接得到物体运动的速度 v，将电压 e 经过 D/A 转换输入计算机，即可显示出速度值。

（三）电容式液位传感器及其应用

1. 工作原理

图 3-2-31 为电容式液位传感器外形图，其原理如图 3-2-32 和图 3-2-33 所示，H 为传感器插入液体深度，L 为两电极相互覆盖部分长度，D、d 为外电极的内径和内电极的外径，液位以上介电常数为 S_2 和液位以下介电常数为 S_1，则电极之间电容为

$$C = \frac{2\pi S_1 H}{\ln \dfrac{D}{d}} + \frac{2\pi S_2 (L-H)}{\ln \dfrac{D}{d}} \tag{3-2-4}$$

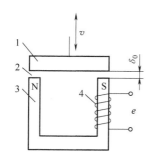

图 3-2-30 电感式传感器

1—运行物体上金属 2—间隙 3—永久磁铁 4—线圈

图 3-2-31 汽车油箱液位电容式传感器

设 C_0 为液面深度 $H = 0$ 时的电容，则液面深度增加到 H 时电容的变化为

$$C_x = C - C_0 = \frac{2\pi(S_1 - S_2)}{\ln(D/d)}H \tag{3-2-5}$$

测出 C_x 就间接测出了液体深度 H，两种介电常数 $(S_1 - S_2)$ 越大，D 与 d 之差越小，传感器就越灵敏。

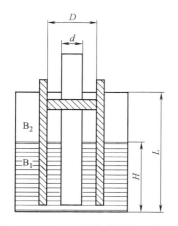

图 3-2-32 电容式传感器的工作原理

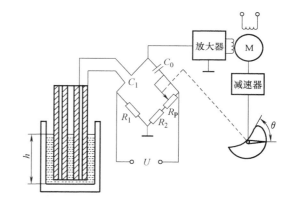

图 3-3-33 车辆油箱液位检测系统图

2. 液位传感器的组装

如图 3-2-33 所示，液位深度测量系统由液位传感器、电阻电容电桥、放大器、两相电动机、减速机及显示器组成，电容式液位传感器作为电桥的一个臂，C_0 为标准电容，R_1、R_2 为标准电阻，R_P 为调整电桥平衡的电位器，它的转轴与显示装置同轴连接并经过减速机由电动机带动。

当油箱没有油时，有

$$\frac{C_{x0}}{C_0} = \frac{R_2}{R_1}$$

可以推出

$$h = \frac{\theta C_0}{RK_1 K_2} \tag{3-2-6}$$

即液位高度 h 与指针转过的角度 θ 成正比，所以指针偏转角度反应了液位高度，即测量液位。

三、任务要点总结

本任务从模拟量的角度着重介绍了光纤传感器、电容式传感器和电感式传感器的原理，并以光纤传感器为案例介绍了模拟传感器的组成、标定方法、测量系统及其故障诊断与维修方法，这是比较典型的模拟量传感器，理清了模拟量传感器的标定及其使用，使用其他模拟量传感器就有了思路，为举一反三、触类旁通地掌握这类传感器理清了概念和思路。另外介绍了基于模拟量输出的电感式速度传感器、电容式液位传感器的原理和应用。

四、思考与训练题

1. 如何标定光纤传感器？
2. 图 3-2-29 和图 3-2-31 所示的传感器为什么是模拟量传感器？

项 目 小 结

在机电设备及自动化控制领域，经常会遇到开关量、数字量、模拟量、离散量和脉冲量这五个物理量概念。

1. 开关量

开关量就是触点的"分"与"合"的状态，一般在计算机及其控制设备中也会用"0"或"1"来表示开关量的状态，分为有源开关量和无源开关量。

1）有源开关量指的是"分"与"合"的状态是带电源的信号，可以理解为脉冲量，其物理特性表现为"分"对应 0V AC、0V DC；"合"对应 220V AC、110V AC、24V DC、5V DC 等。如图 3-2-4 所示，"分"对应负载电压为 0V，"合"对应负载电压为 10～36V。

2）无源开关量指的是"分"与"合"的状态都不带电源的信号，又称为干接点。其物理特性表现为"分"对应电阻为无穷大，"合"对应电阻为 0。如图 3-2-1g 所示行程开关信号就是无源开关量信号。

2. 数字量

初学者容易将数字量与开关量混淆，也容易将其与模拟量混淆。数字量在时间和数量上都是离散的开关量，这些离散的开关量是由 0 和 1 组成的信号，这些开关量经过编码形成有规律的量化后的信号，才是有用的数字量。

如图 3-2-21 所示，旋转编码器任意时刻光敏元件接收的信号都是开关量信号，但只用这些开关量信号无法表达转过的角度，只有把这些开关量信号经过编码形成有规律的量化后的信号，形成数字量才能表达转过的角度，这就体现了旋转编码器测量角度的功能。

3. 模拟量

模拟量是相对开关量而言的，模拟量是在时间上连续变化的物理量，模拟量在连续的变化过程中任意时刻取值都是一个具体有意义的物理量，如温度、电压、电流等。但是经过量化之后又需要转化为需要的数字量，来表达物理量的大小。如图 3-2-24 和图 3-2-25 所示，光纤传感器探头输出的是模拟量电压的大小，要把此模拟量用标定的结果为依据转化成所测距离的数字量才是所需要的结果。

4. 离散量

离散量是将模拟量离散化之后得到的物理量。即任何测试仪器设备对于模拟量都不可能有完全精确的表示，因为它们都有一个采样周期，在该采样周期内，其物理量的数值都是不变的，而实际上的模拟量则是变化的，这样就将模拟量离散化，成了离散量。

5. 脉冲量

脉冲量就是瞬间电压或电流由某一值跃变到另一值的信号量。在量化后，其变化持续有规律就是数字量，如果其由 0 变成某一固定值并保持不变，就是开关量。

可以看出，上述 5 个概念涉及传感器的性质，而离散量和脉冲量的概念各依附于模拟量和开关量，虽然数字量依附于开关量，但二者能够单独应用于工程实际，所以如图 3-2-34 所示按传感器输出信号的性质和执行结果分为开关量、数字量和模拟量传感器。

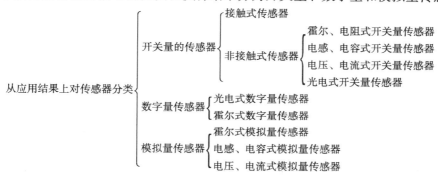

图 3-2-34　从应用结果上对传感器分类

传感器通常分成电容式、电感式、光电式、电阻式等，这是从实现开关量、模拟量和数字量的手段上进行分类的，是实现传感器输出信号性质的手段。在应用传感器时有时暂时可以不考虑这些手段。在选择和设计传感器应用电路时，首先要根据现实测试物理量的需要，按开关式、模拟式和数字式选择传感器，在设计和标定测试系统时也是首先考虑按这三种类型传感器的性质进行设计和实验，至于实现这三种类型传感器的手段，作为使用者不是主要考虑的问题，如选择非接触式传感器主要考虑选光电式还是电磁式的，电磁式选用哪一种往往关系不大。本项目中，机电设备常用电子传感器原理、应用与维修也是按照这一思想分 3 个任务以点带面论述的，这就抓住了问题的主要矛盾。常用的传感器千变万化，但万变不离其宗，都是这一指导思想，这就为认识、理解、使用和维修传感器理清了思路，对如图 1-1-28 所示的传动带跑偏传感器，很容易认识到它属于开关量传感器，也很容易正确使用和维修，至于内部实现开关量的手段可以不必深究。

项目三　机电设备电磁制动器、遥控器和 PLC 控制改造与维修

本项目将介绍机电设备升级改造涉及的计算机控制电磁制动器、直流电源的设计制作、遥控器和 PLC 应用原理及其案例。本项目从实践性应用的角度进行理实一体化论述，详细介绍其工作原理，以及测试、故障诊断与维修方法，具有理论与实践结合，直观、实用性强的特点，为把机电一体化新技术嫁接到传统机电设备上实现设备升级换代打下坚实的基础。

学习目标:

1. 学习直流电源的设计原理与制作,熟悉传统机电设备数控化升级改造中电磁制动器的控制原理、组成,及其故障诊断与维修方法。

2. 掌握用遥控器对传统机电设备进行升级改造的方案设计、升级改造思路、实施步骤及其故障诊断与维修方法。

3. 掌握用 PLC 对传统机电设备进行升级改造的方案设计、升级改造思路、实施步骤及其故障诊断与维修方法。

4. 能够将前述知识点和能力迁移到其他机电设备的升级改造中,达到举一反三、触类旁通的培训效果。

任务1 普通车床数控改造主轴制动机电一体化改造与维修

知识点:

- 数控车床主轴制动原理,计算机脉冲信号控制强电的原理。
- 时间继电器的工作原理及其应用。
- 直流稳压电源的设计制作。

能力目标:

- 掌握计算机脉冲信号控制主轴制动的原理,以及调试与故障维修技能。
- 掌握时间控制电路的原理,以及调式、故障诊断与维修技能。
- 掌握直流稳压电源的原理、设计方法,以及调试、故障诊断与维修技能。

一、任务引入

普通车床主轴电动机采用反接制动时主轴便能立即停转。当普通车床改造为数控车床后,主轴采用计算机 M05 功能控制,由于惯性,主轴仍转动一会儿才停转,影响加工效率。实际工作中需要对电动机发出停转指令后进行二次制动,强迫其立即停车,并且在二次制动后还要及时松开主轴,恢复自由状态,以便安装工件。

有的用户在普通车床改为数控车床后,在主轴电动机上采用脚踩制动,反应速度较慢。脚踩制动不仅耗费体力而且也使生产效率下降。由于电磁制动器制动力矩大、反应速度极快,很短时间内即可完成制动,因此生产率提高了且劳动强度降低了。

电磁制动器是现代工业中一种理想的自动化执行元件,在机械传动系统中主要起传递动力和控制运动等作用,具有结构紧凑、操作简单、响应灵敏、使用寿命长、使用可靠、易于实现远距离控制等优点。它主要与系列电动机配套,广泛应用于冶金、建筑、化工、食品、机床、电梯、轮船、包装等机械中,并应用于断电时(防险)制动等场合。

图 3-3-1 所示为 LL10-16DC 电磁制动器和在车床主电动机上的安装照片,其工作原理为:螺栓固定在车床底座上,拧动螺栓上的两个螺母可使电动机支撑板绕转轴转动,改变两个带轮的中心距,张紧 V 带后再拧紧两个螺母固定支撑板,电磁制动器内置直流 24V 驱动的电磁线圈,接通 24V 直流电源后线圈产生磁场,使得旋转 V 带带轮向左吸引贴在固定的磁轭上,带轮转动立即停止;当线圈断电源时,磁轭上的磁场消失,V 带带轮因没有磁场吸住而回复运转状态,停止制动动作。数控系统可方便地实现对线圈的通电和断电,制动力矩大,反应速度极快,只需安装在旋转轴端或者旋转轮侧端,安装简单,那么如何将脚踩电气

控制系统改为计算机数控系统控制？如何使用时间继电器进行电动机制动动作的时间控制？如何自制简易的24V直流电源？计算机控制主轴制动系统的测试、故障诊断与维修如何进行？本任务将进行论述。

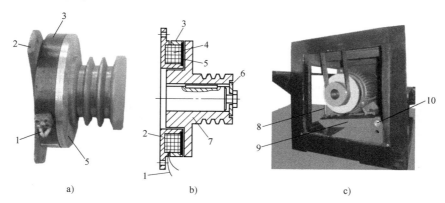

图 3-3-1　干式单片电磁制动器结构及装配在电动机轴上示意图

a）LL10-16DC 型电磁制动器照片　b）电磁制动器剖面图　c）数控车床主电动机安装了制动器

1—接线　2—制动器固定板　3—线圈外壳　4—线圈　5—磁轭　6—电动机轴上的挡铁与螺栓

7—V 带带轮　8—螺栓双螺母张紧传动带机构　9—电动机支承板　10—电动机支承板回转轴

二、任务实施

（一）数控车床主轴制动强电控制电路的设计

1. 主轴制动系统的功能要求

数控车床主轴制动系统要求实现如下功能：当主轴制动信号发出后（一般是主轴停转信号发出的同时发出主轴制动信号），电磁制动器线圈带电，制动预定时间后电磁制动器线圈自动断电，主轴恢复自由状态。

2. 主轴制动系统的功能实现

根据主轴制动系统的功能要求，需要对数控车床的制动系统进行机电一体化改造，使用计算机控制电磁制动器动作，使用时间继电器控制电磁制动器复位，停止制动，如图3-3-2所示为改造之后的数控车床主轴制动控制原理图，主要的电子电器元件如图3-3-3所示。

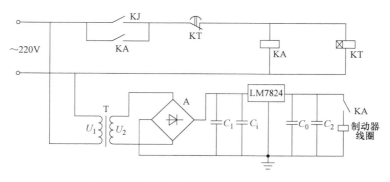

图 3-3-2　数控车床主轴制动控制原理图

图 3-3-2 所示的改造后数控车床主轴制动系统的工作过程如下：数控系统执行主轴停转指令 M05 后，执行制动脉冲信号 M10，此信号控制直流继电器 KJ 线圈带电（原理见模块三项目一任务 1），其常开触点 KJ 闭合，使得交流继电器 KA 和时间继电器 KT 得电，并经 KA 的常开触点闭合自锁，KA 和 KT 一直吸合，直到时间继电器延时时间到，时间继电器的常闭触点 KT 断开，此时，KA 和 KT 同时失电，制动器线圈断电，主轴恢复自由状态，可以方便地人工转动主轴安装工件。

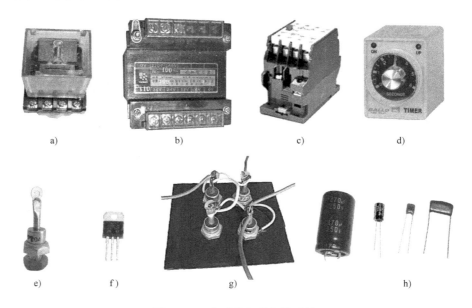

a)   b)   c)   d)

e)   f)   g)   h)

图 3-3-3　主要的电子电器元件

a）OMRONMK2P-Ⅰ型 24V 直流继电器 KJ　b）输出 110V 的 BK-200 型变压器 T

c）线圈电压为 220V 的 JZC-22 型交流继电器 KA　d）ST3PA-B 型时间继电器 KT

e）ZP20A 型整流二极管 VD　f）三端稳压管 LM7824　g）4 个整流二极管　h）电容器 C

交流 220V 电经变压器 T 变压、桥式整流电路 A 整流、$C_1 = 470\mu F$、$C_2 = 100\mu F$ 滤波、LM7824 集成稳压管稳压后为 24V 稳压直流电，经交流继电器 KA 的常开触点，控制制动器线圈。

（二）直流稳压电源的制作

电磁制动器内置直流 24V 驱动的电磁铁，为了使电磁制动器动作，需要提供 24V 直流稳压电源。小功率直流稳压电源通常由电源变压器、整流电路、滤波电路和稳压电路组成，如图 3-3-4 所示。

图 3-3-4　稳压电源的组成

1. 电源变压器

电源变压器的作用是将来自电网的 220V 交流电压 U_1 经变压器输出所需要的 24V 交流

电压 U_2。BK-200 型控制变压器如图 3-3-3b 所示，它支持 380V/220V 交流电压输入，110V/36V/24V/12V/6V 交流电压输出，能满足工业电气控制中常用的电压源需要。

2. 整流和滤波电路

选用 4 个 ZP20A 型二极管组成桥式整流电路，将 24V 交流电压 U_2 变换成脉动的直流电压 U_3。变压器和桥式整流电路的接法如图 3-3-5 所示。滤波电路如图 3-3-6 所示，其作用是把脉动直流电压 U_3 中的大部分波动电压滤除，以得到较平滑的直流电压 U_i。

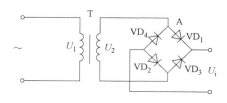

图 3-3-5　整流电路

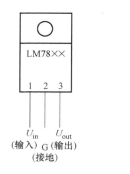

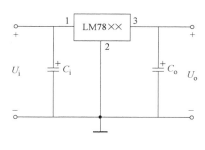

图 3-3-6　固定式三端稳压器的引脚图及典型应用电路

（其中：$C_i = 0.33\mu F$，$C_o = 0.1\mu F$，C_i、C_o 采用漏电流小的钽电容）

3. 稳压电路

由于输入电压 U_1 发生波动、负载和温度发生变化时，滤波电路输出的直流电压 U_i 会随着变化。为维持输出电压 U_i 稳定不变，需要增加一级稳压电路，其作用是当外界因素（电网电压、负载、环境温度）发生变化时，能使输出直流电压不受影响，而维持稳定的输出。采用集成稳压器设计的稳压电源具有性能稳定、结构简单等优点。

集成稳压器的类型很多，在小功率稳压电源中，普遍使用的是三端稳压器。按输出电压类型可分为固定式和可调式。此外，又可分为正电压输出和负电压输出两种类型。此任务选用的是固定式集成稳压器。固定电压输出稳压器常见的有 LM78×× （CW78××）系列三端固定式正电压输出集成稳压器和 LM79×× （CW79××）系列三端固定式负电压输出集成稳压器。三端是指稳压电路只有输入、输出和接地三个接地端子。型号中最后两位数字表示输出电压的稳定值，有 5V、6V、9V、15V、18V 和 24V。稳压器使用时，要求输入电压 U_i 与输出电压 U_o 的电压差 $U_i - U_o \geqslant 2V$。稳压器的静态电流 $I_o = 8mA$。当 $U_o = 5 \sim 18V$ 时，U_i 的最大值为 35V；当 $U_o = 18 \sim 24V$ 时，U_i 的最大值为 40V，它们的引脚功能及组成的典型稳压电路如图 3-3-6 所示。

（三）弱电控制电路设计

数控车床数控系统有主轴制动功能预留脉冲信号接口 M10 和 24V 接线端，执行 M10 则该接线端与 24V 之间的电压为脉冲信号 24V，将图 3-3-3a 中直流继电器 KJ 的线圈接入数控系统 M10 和 24V 接线端，执行 M10 则 KJ 线圈得电，制动器线圈得电 24V 主轴制动，时间继电器 KT 得电，延时 0.2s（人工现场试验，调整合适的延时时间）后延时断开触点 KT 断开，主轴即恢复自由状态，可人工转动主轴安装工件。

数控编程如下：

N0010　　M03；//主轴正转

N0020　　G90；//绝对编程（相对编程都可以）

N0030　　　　⋮

N0040　　　　⋮　　　（零件加工程序）

　　　　　⋮

N0100　　M05；//主轴停转

N0110　　M10；//主轴制动，强电设置好制动延时0.2s松开制动

N0120　　M02；//程序结束

（四）数控车床主轴制动系统故障的诊断与维修

数控车床主轴制动系统的常见故障及诊断维修方法有3种。

1. 制动信号发出，电磁制动器无动作

这就是常见的制动失效故障，造成这种故障的原因较多，可首先进行故障区域诊断。

（1）判别故障所在区域　参照图3-1-6的故障诊断与维修方法，用万用表测量直流继电器KJ底座上线圈的接线端，执行M10若电压读数显示24V后很快消失，则故障不在接口芯片和计算机系统，而在图3-3-2所示的电路和制动器部分；若执行M10电压读数显示一直是0V，则故障在接口芯片和计算机系统，维修方法与图3-1-6方案的维修方法相似。

若故障在图3-3-2所示的电路和制动器部分，则直接将电磁制动器线圈接24V直流电源，若带轮被吸住则说明磁制动器没有损坏，而故障在图3-3-2所示电路部分；若带轮吸不住，则说明至少故障在制动器。

（2）进行故障维修　若故障在图3-3-2所示电路部分，先检查交流继电器KA是否正常工作，有故障就更换；再依次检查图3-3-2所示的变压器、整流、滤波环节是否正常工作，有故障则进行维修。

若故障在制动器部分，则检查其线圈是否烧坏无磁场产生，若线圈烧坏则更换制动器。

2. 制动结束后，电磁制动器不复位

造成这种故障的原因是电磁制动器线圈一直得电，其原因是时间继电器失效或者计算机接口电路出现故障。如果是第一次制动就出现电磁制动器不复位的故障，那么诊断故障时应先检查接口电路中的直流继电器的状态；如果直流继电器一直闭合，说明光电隔离芯片出现故障或者计算机指令有误；如果是使用过程中突然出现该故障，则应该先查看时间继电器是否可用。

3. 制动结束后，主轴仍然转动

出现这种故障的原因是制动时间过短或者电磁制动器磨损严重、制动效果差。可以首先通过时间继电器延长制动时间，如果制动效果仍然不好，则应当更换制动器。

三、任务要点总结

数控车床主轴制动机电一体化改造与维修是将计算机脉冲信号控制强电的技能向电磁铁系统进行的迁移，通过数控车床主轴制动电路的设计与调试、直流电源的制作，能够将相关知识点融会贯通，达到预定的能力目标。

四、思考与训练题

1. 通过本任务的实例一体化探索，进一步归纳理清弱电控制强电的原理、实践应用、测试与故障维修的方法。

2. 时间继电器有哪些类型？本任务用的是时间继电器是通电延时断开还是断电延时断开功能？

3. 在本任务中，如果将电磁制动器更换为液压制动器，如何用计算机进行控制？

任务2　电动葫芦的遥控器控制改造与维修

> **知识点：**
> - 无线遥控器用来改造传统的继电器-接触器控制设备原理。
> - 遥控地址设定方法。
>
> **能力目标：**
> - 掌握 PT2262/PT2272 的应用电路，会用遥控器改造传统的继电器-接触器控制设备。
> - 掌握 PT2262/PT2272 的组装、调试方法。
> - 掌握遥控电动葫芦的故障诊断与维修。

一、任务引入

工业遥控器是利用无线电传输对工业机械进行远距离操作控制或远程控制的电器装置，它由手持式或腰挂式发射器和固定安装于设备上的接收装置组成。操作者通过发射器操作面板将操作指令输入发射器，发射器将指令经过数字化编码、加密后通过无线的方式传递给接收系统，接收系统经解码转换后将控制指令还原，实现对各种机电设备的控制。

用遥控器控制机电设备时，操作人员携带精致、小巧的工业遥控器，实现远距离无线操作，操作距离可达 100m（特殊情况可增加遥控距离），自由选择最佳的操作位置，避免能见度差、危险的操作地点，其操作安全性、可靠性、方便性、智能化、连贯性和工作效率大大提高，劳动强度则得到降低，同时节约人员，降低制造维护成本。遥控器控制受障碍物和天气的影响小，无线电波传输可以穿透障碍物，不易屏蔽，减少了制造与维修成本，且携带自如。

图 3-3-7 所示为传统的按键式电动葫芦，操作手柄通过控制电缆与控制箱相连。由于操作手柄长期悬挂在下面，经常出现控制线掉线、断线，控制手柄碰坏等故障，影响生产，且人距重物较近，容易出现伤害事故。无线遥控技术发展越来越成熟，在工业上应用非常广泛，它解决了长距离布线的难题。

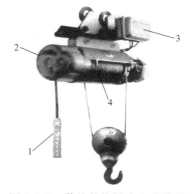

图 3-3-7　传统的按键式电动葫芦
1—按键控制手控盒有前、后、左、右、升、降六个按键功能
2—电动机　3—电器控制箱　4—钢丝绳

二、任务实施

（一）遥控器产品的选择及其应用

1. 遥控器产品的选择

简单功能的工业遥控器如同其他低压电器产品一样已经产品化。如图3-3-8所示，这些遥控器一般不多于6个按键，应用很广泛，接线使用方便。多于6个按键的工业遥控器要根据用户提出的功能要求和数量，专门设计定做，本任务进行论述。

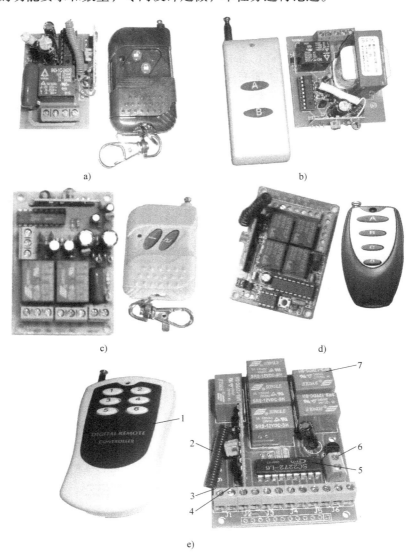

图 3-3-8   几种工业遥控器产品

a）单路输出遥控器，DC 12V 电源   b）带变压器的单路输出遥控器，AC 220V 电源   c）两路
输出遥控器，DC 12V 电源   d）四路输出遥控器，DC 12V 电源   e）六路输出遥控器
1—发射器   2—接收器天线   3—输出接线端子   4—J₁ 继电器输出接线端
5—SC2272 芯片   6—12V 外接电源输入端子   7—SRS-12VDC-SH 直流继电器

2. 遥控器产品的应用

（1）控制灯具 采用自保持模式遥控器，按键按一下打开照明，再按一下关闭照明，夜间开关灯比较方便，远距离控制电器设备通断电也比较方便，其典型接线图如图 3-3-9 所示。

（2）控制电动机 工业用无线遥控器是利用遥控接收板上的小继电器去控制接触器，再去控制单相电动机或三相电动机的正反转，从而实现对图 3-3-11 和图 3-3-12 所示伸缩门、卷帘门、车库门、行车等的起停控制、升降控制或正反转控制，选用图 3-3-8c 所示遥控器，其典型接线图如图 3-3-10 所示。

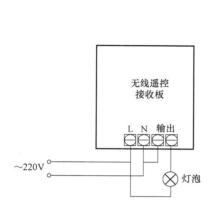

图 3-3-9 用市场上现有遥控器控制灯具接线图

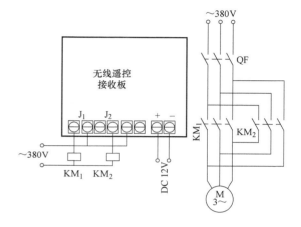

图 3-3-10 三相电动机的正反转控制接线图

图 3-3-11 无线遥控电动伸缩门

（二）无线遥控器设计制作及其应用

1. 认识 PT2262/PT2272 芯片

PT2262（图 3-3-13）/PT2272（图 3-3-14）最多可有 12 位（$A_0 \sim A_{11}$）三态地址端引脚（悬空，接高电平，接低电平），任意组合可提供 531441 个地址码。PT2262 最多可有 6 位（$D_0 \sim D_5$）数据端引脚，设定的地址码和数据码从 17 脚串行输出，可用于无线遥控发射电路。

编码芯片 PT2262 发出的编码信号由地址码、数据码、同步码组成一个完整的码字，解码芯片 PT2272 接收到信号后，其地址码经过两次比较核对后，VT 引脚才输出高电平。与此

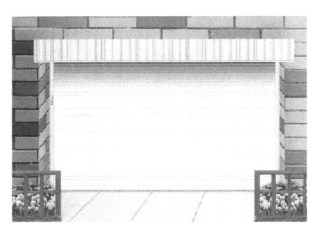

图 3-3-12　无线遥控电动卷帘门

同时，相应的数据脚也输出高电平。如果发送端一直按住按键，则编码芯片也会连续发射。当发射机没有按键按下时，PT2262 不接通电源，其 17 脚为低电平，所以 315MHz 的高频发射电路不工作。当有按键按下时，PT2262 得电工作，其 17 脚输出经调制的串行数据信号，当 17 脚为高电平期间，315MHz 的高频发射电路起振并发射等幅高频信号；当 17 脚为低电平期间 315MHz 的高频发射电路停止振荡，所以高频发射电路完全受控于 PT2262 17 脚输出的数字信号，从而对高频电路完成幅度键控（ASK 调制）相当于调制度为 100% 的调幅。

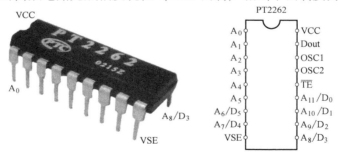

图 3-3-13　PT2262 芯片引脚图

图 3-3-14　PT2272 芯片引脚图

PT2272 解码芯片有不同的后缀，表示不同的功能。它有 L4/M4/L6/M6 之分，其中，L 表示锁存输出，数据只要成功接收就能一直保持对应的电平状态，直到下次遥控数据发生变化时改变；M 表示非锁存输出，数据脚输出的电平是瞬时的而且和发射端是否发射相对应，可以用于类似点动的控制；后缀的 6 和 4 表示有几路并行的控制通道，当采用 4 路并行数据时（PT2272-M4），对应的地址编码应该是 8 位，如果采用 6 路并行数据（PT2272-M6），对应的地址编码应该是 6 位。

2. PT2262/2272 芯片地址编码的设定和修改

在通常使用中，一般采用 8 位地址码和 4 位数据码。这时编码电路 PT2262 和解码电路 PT2272 的第 1~8 脚为地址设定脚，有三种状态可供选择，即悬空、接正电源和接地。3 的 8 次方为 6561，所以地址编码不重复度为 6561 组。只有发射端 PT2262 和接收端 PT2272 的地址编码完全相同才能配对使用。遥控模块的生产厂家为了便于生产管理，出厂时遥控模块的 PT2262 和 PT2272 的八位地址编码端全部悬空，这样可以很方便地选择各种编码状态。如果想改变地址编码，只要将 PT2262 和 PT2272 的 1~8 脚设置相同即可。例如，将发射机的 PT2262 的第 1 脚接地，第 5 脚接正电源，其他引脚悬空，那么接收机的 PT2272 只要第 1 脚接地，第 5 脚接正电源，其他引脚悬空就能实现配对接收。当两者地址编码完全一致时，接收机对应的 D_1~D_4 端输出约 4V 互锁高电平控制信号，同时 VT 端也输出解码有效高电平信号。将这些信号加一级放大，便可驱动继电器、功率晶体管等进行负载遥控开关操纵。设置地址码的原则是：同一个系统地址码必须一致；不同的系统可以依靠不同的地址码加以区分。

3. 发射、接收电路

（1）由 PT2262 构成的六键发射电路　采用 PT2262 芯片设计的用于改造传统的按键电动葫芦的六键发射电路如图 3-3-15 所示，发射器外形如图 3-3-16 所示。

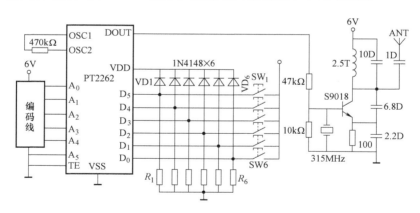

图 3-3-15　用 PT2262 芯片设计的发射电路

（2）用 PT2272 芯片设计的接收电路

采用 PT2272 芯片设计的用于改造传统的按键电动葫芦接收电路如图 3-3-17 所示，接收器电路板如图 3-3-18 所示。电动葫芦遥控器改造电路图如图 3-3-19 所示。

（三）电路改造

1. 控制键（对应继电器）分配

改造后的电动葫芦仍保留"前、后、

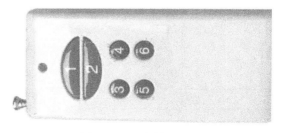

图 3-3-16　发射器实物

左、右、升、降"的六个遥控器按键，控制按键对应的继电器见表3-3-1。

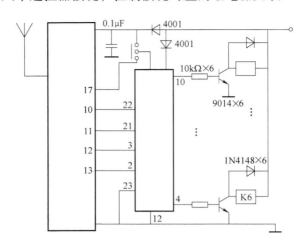

图3-3-17　接收电路

图3-3-18　接收器电路板

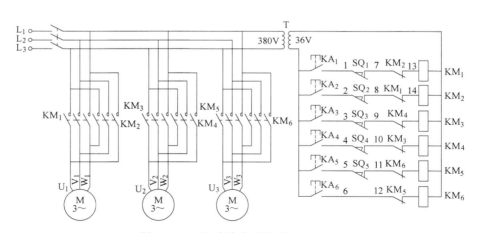

图3-3-19　电动葫芦遥控器改造电路图

表3-3-1　遥控电动葫芦按键分配表

键号	继电器	方向
"1"	KA_1	前
"2"	KA_2	后

（续）

键号	继电器	方向
"3"	KA_3	左
"4"	KA_4	右
"5"	KA_5	升
"6"	KA_6	降

2. 强电与无线遥控接收板电路的连接

无线遥控接收板与强电连接图如图3-3-20所示，比较改造前后电路可以看出：

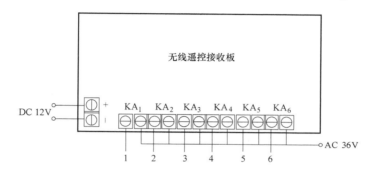

图3-3-20　无线遥控接收板与强电连接图

1）改造后的遥控接收板需要12V直流电源，12V直流电源的输入电压为220V/110V，应把原先的控制变压器改换为有交流220V（或交流110V）输出和交流36V输出的变压器。

2）比较控制电路可以看出，改造后的电路仅仅是用遥控板上的继电器 $KA_1 \sim KA_6$ 的常开触点代替了改造前操作手柄的按键，改造时只需把操作手柄的线从控制箱端子上拆下，把对应继电器的常开触点接入相应端子即可。

（四）常见故障及其维修

对图3-3-7所示传统的按键电动葫芦进行遥控改造后，其常见故障及其维修见表3-3-2。

表3-3-2　遥控电动葫芦常见故障及其维修

常见故障	故障原因	处理方法
遥控距离变近	电池电压低	更换电池
遥控无效	天线被金属物包住或与金属接触	拉出天线并与金属物隔开
	遥控发射器损坏	更换遥控发射器
仅某个方向遥控无效	该方向限位开关损坏	更换限位开关
	遥控接收板上相应小继电器损坏	更换相应继电器

三、任务要点总结

本任务介绍了简易的遥控器在传统低压电器设备改造中的应用，着重对用PT2262和PT2272芯片设计遥控器用于改造传统的按键电动葫芦的原理、设计进行了理实一体化论述。用遥控器改造传统低压电器成本低、操作方便、省时省力、故障率低，具有广阔的应用前景和推广价值。

四、思考与训练题

1. 同一车间有两台电动葫芦，能否用这种无线遥控接收板改造？若能，怎样避免它们间的互相干扰？

2. 无线遥控接收板上的天线能否封闭在控制箱内？若不能应怎样处理？

3. 请用市场上现有的遥控器产品控制电风扇旋转和停转。

任务3　CA6140型车床PLC改造和触摸屏应用

> **知识点：**
> - PLC 的概念和工作原理。
> - PLC 梯形图的画法、编程方法。
> - 触摸屏及其应用。
>
> **能力目标：**
> - 掌握根据机电设备的功能确定 PLC 输入、输出（I/O）点数。
> - 能够根据机电设备的功能正确制定具有触摸屏的 PLC 控制方案。
> - 根据机电设备的 PLC 控制方案，能够画出梯形图并设计控制程序。

一、任务引入

随着 PLC 技术的发展，PLC 功能越来越强大。应用 PLC 对机床进行数控化改造在机电行业得到广泛应用。

二、任务实施

（一）采用 PLC 控制车床的功能及总体方案设计

1. 车床的功能要求

根据通常加工零件的工艺要求，它能够车削外圆、内圆、端面、螺纹、螺杆以及车削定型端面等。车床的动作一般是 X 轴方向、Z 轴方向快进、工进、快退。在加工过程中能进行自动操作、手动操作的转换，车外圆与车螺纹等转换，并且能进行单步操作。

2. 车床 PLC 控制方案设计

根据 PLC 控制车床的功能要求，确定系统总体方案如图 3-3-21 所示，选用 CPU224 模块，如图 3-3-22 所示。普通车床数控化改造工作就是将刀架、X 轴、Z 轴方向进给改为数控控制。伺服元件常用伺服电动机或步进电动机，控制常用数控系统。由于伺服电动机和数控系统价格较高，而采用价格较为便宜的 PLC 配合步进电动机实行开环控制完全满足车床工艺要求。Z 向脉冲当量取 0.01mm，X 向脉冲当量取 0.005mm。

选用晶体管输出型的 PLC，驱动步进电动机的脉冲信号由编程产生，通过程序产生不同频率脉冲实现变速，由程序设定的脉冲个数实现定位。X、Z 向动作可通过输入手动操作或程序自动控制。车螺纹的脉冲信号由主轴脉冲发生器产生，经 PLC 程序变频得到所需导程的脉冲。刀架转位、车刀进退可由手动或自动程序控制。

3. PLC 数控系统需解决的问题

要将 PLC 用于控制车床动作，必须解决以下四个问题。

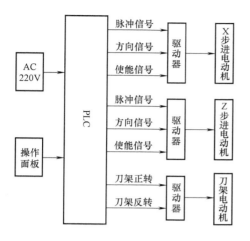

图 3-3-21　基于 CPU224 模块控制的车床 PLC 控制方案

图 3-3-22　CPU224XP 实物图
1、2—通信接口　3、4—I/O 指示灯
5、6—接线端子

1）如何产生伺服机构所需的脉冲信号、方向信号、起停信号。

2）X、Z 两方向的动作怎样协调。

3）如何对进给系统调速。

4）车螺纹如何实现内部联系传动及螺纹导程的变化。

晶体管输出的 PLC 有两个高速脉冲输出端口，利用高速处理指令可输出斜率可调、频率可变、个数可定的脉冲，完全可以满足对驱动电动机调速及定位的要求。PLC 丰富的指令系统、灵活的编程方式，再配用可视的人机端口（如触摸屏或文本）作输入，步进电动机作输出，完全可以满足一般机床速度可调、位置可设、多方向协调驱动的要求。

（二）PLC 控制车床设计

1. PLC 输入、输出（I/O）点数确定

车床的操作包括起动；总停；X、Z 向的快进，工进，快退；刀架的正、反转；手动、自动；单步；车螺纹转换。因此，输入需 14 点，输出需 9 点。

PLC 集成 14 输入/10 输出共 24 个数字量 I/O 点，2 输入/1 输出共 3 个模拟量 I/O 点，可连接 7 个扩展模块，最大扩展至 168 路数字量 I/O 点或 38 路模拟量 I/O 点。22KB 字节程序和数据存储空间，6 个独立的高速计数器（100kHz），2 个 100kHz 的高速脉冲输出，2 个 RS485 通信/编程口，具有 PPI 通信协议、MPI 通信协议和自由方式通信能力。PLC 还新增多种功能，如内置模拟量 I/O、位控特性、自整定 PID 功能、线性斜坡脉冲指令、诊断 LED、数据记录及配方功能等，是具有模拟量 I/O 和强大控制能力的新型 CPU。西门子 CPU224XP 典型接线图如图 3-3-23 所示，I/O 连接原理图如图 3-3-24 所示。

2. 操作面板设计

操作面板采用图 3-3-25 所示的触摸屏，接线简单，只通过一条 RS232 通信线连接 PLC 及触摸屏，操作方便，所有按键及参数设定修改都通过图 3-3-26 所示的触摸屏来组态实现。

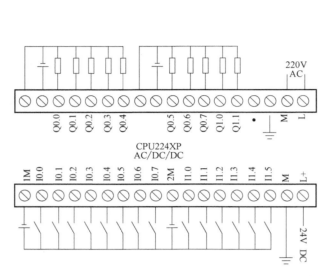

图 3-3-23　CPU224XP 典型接线图

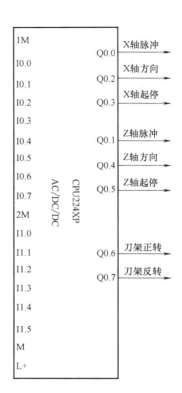

图 3-3-24　I/O 连接原理图

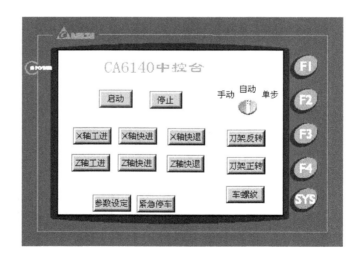

图 3-3-25　操作面板组态图

3. 驱动程序（梯形图）设计

（1）总程序结构设计　手动、自动、单步、车螺纹程序的选择采用跳转指令实现。图3-3-27所示是总程序框图。若使 I1.2 为 ON（I1.3、I1.4、I1.5 为 OFF），执行手动程序；若 I1.2 为 OFF，I1.3 为 ON，程序跳过手动程序，指针跳转到标号 1 处，执行自动程序。

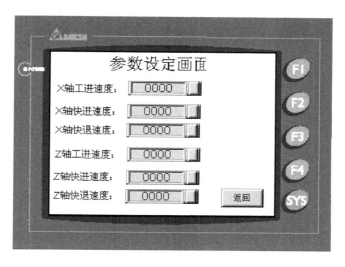

图 3-3-26 参数设定组态图

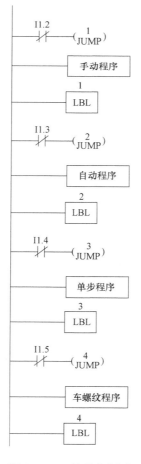

图 3-3-27 总程序框图

（2）手动程序梯形图设计　手动程序、自动程序需根据具体零件设计，这里仅以 X 向快进、工进、快退的动作为例加以说明，其梯形图如图 3-3-28 所示。

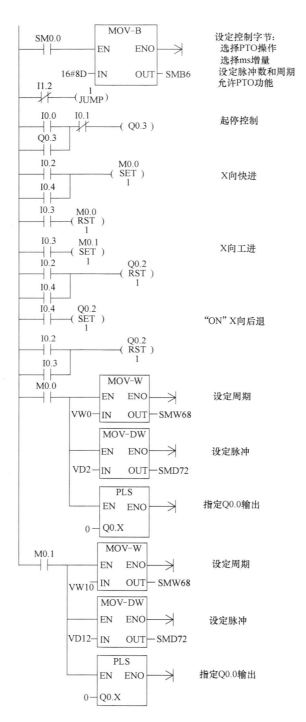

图 3-3-28　X 向手动程序梯形图

在执行手动程序状态下，使 I0.0 为 ON 时，Q0.3 接通，使能步进电动机驱动。使 I0.2 为 ON，辅助继电器 M0.0 接通，由 Q0.0 输出脉冲，脉冲频率由 VW0 设定，脉冲个数由 VD2 设定，驱动 X 向快进。当使 I0.3 为 ON 时，M0.0 断开，M0.1 接通，由 Q0.0 输出脉冲，脉冲频率由 VW10 设定，脉冲个数由 VD12 设定，实现工进。使 I0.4 为 ON 时，M0.0、Q0.2 同时接通，电动机快速反转，实现快退。

三、任务要点总结

对车床数控化的改造方案之一是采用现成的数控系统，它的价格较贵且系统较复杂。用 PLC 作为车床的数控系统，有成本低、系统简单、调整方便等优点，必将会得到广泛应用。

我国现有大量可用的普通车床，在此基础上改造，不但可以节省资金，还可提高生产效率，当前大多厂家有意向对车床进行数控化改造。

四、思考与训练题

1. 怎样确定 PLC 的点数？
2. PLC 编程应注意哪些问题？

项 目 小 结

本项目包括三个任务，任务 1 是对项目一知识点的拓展升级应用，任务 2 和任务 3 介绍对传统机电设备进行遥控器和 PLC 升级改造的技术，这些知识点均可用于对传统机电设备进行升级改造。对遥控器熟悉接线及其对外设的控制结果即可应用，而对 PLC 则要求掌握引脚功能、接线、梯形图绘制和程序设计。

模块三知识点和能力目标总结

机电一体化技术是综合计算机与信息技术、自动控制技术、传感检测技术、伺服传动技术和机械技术等交叉学科的系统技术，目前正向光机电一体化技术方向发展，应用范围越来越广。本模块从应用的层面理实一体化地介绍了这些知识点，并用于对传统机电设备进行升级改造、测试与故障维修。本模块完全克服了以学科体系为核心对知识点论述的缺点，代之理实一体化地以职业岗位体系为核心对知识点和能力目标进行了综合论述。项目一是手动控制强电过渡到计算机控制强电的 5 个方案，是现行机电设备弱电控制强电广泛应用的知识点；项目二包括开关量、数字量和模拟量传感器的原理、标定与应用；项目三用计算机、遥控器和 PLC 对传统机电设备进行升级改造。本模块具有理论与实践结合直观、实用性强的特点，是把机电一体化新技术嫁接到传统机电设备上实现设备升级换代广泛应用的知识点和技能，有典型代表性，其原理可以迁移到各种电磁阀、电磁铁等很多设备上，测试与维修方法相似。

模块四　机电设备的数显升级改造及其故障维修

传统的机电设备由于存在机械传动误差，或在使用一段时间后由于机械磨损致使传动误差增大，丧失了机械传动精度，不能满足加工精度要求。常用的解决方法是用光栅或球栅进行数显升级改造。用光栅或球栅升级改造后，可直接测量运动部件的位移，克服了机械传动误差对加工精度的影响，提高了设备的加工精度。本模块将介绍常用于机电设备数显升级改造的光栅、球栅的基本原理、参数选择、组装、调试维护和维修方法，还介绍用光栅传感器改造 X6132 卧式铣床、T4240 双柱坐标镗床、DD7031 高速电火花小孔加工机床的案例，用球栅改造 T68 卧式镗床的案例，使读者熟悉机电设备数显升级改造，为从事设备数显升级改造工作打下基础。

项目一　光栅位移传感器的原理及其在机电设备升级改造中的应用

本项目将介绍光栅位移传感器的原理及其基本概念，对 X6132 卧式铣床进行数显改造总体方案的制订、设备选择、组装与测试步骤、调试与维修等知识点和技能，还介绍如何用光栅改造 T4240 双柱坐标镗床、DD7031 高速电火花小孔加工机床，使读者对用光栅进行数显升级改造有比较全面的认识。

学习目标：

1. 了解光栅位移传感器的原理、组成、结构特点、参数选择和应用场合。
2. 掌握光栅位移传感器系统产品的组成、性能指标、操作面板的功能与操作方法。
3. 掌握用光栅位移传感器系统对机电设备进行升级改造的原理、组装、调试和维修。

任务1　光栅位移传感器系统的原理、组成和应用

知识点：
- 光栅位移传感器系统的基本概念。
- 光栅位移传感器系统的组成、工作原理和应用案例。

能力目标：
- 掌握光栅位移传感器的规格、光栅数显表的功能、组装和应用场合。
- 掌握用光栅位移传感器对机电设备数显升级改造的组装、调试和维修方法。

一、任务引入

传统的中、小型机电设备在使用一段时间后，由于机械磨损致使传动误差增大，不能满足加工精度要求。常用的解决方法是用光栅位移传感器进行数显升级改造。升级改造后可直接测量运动部件的位移，克服了机械传动误差对加工精度的影响，提高了设备的加工精度。将光栅位移传感器技术应用到机电设备中，或用光栅位移传感器产品改造传统的机电设备是

本任务的主要内容。

二、任务论述

（一）光栅位移传感器的工作原理及其应用

1. 光栅位移传感器的工作原理

如图 4-1-1 所示，光栅位移传感器由一对光栅副中的主光栅（即标尺光栅）、副光栅（即指示光栅）、光源、光电接收器等组成。主、副光栅均在玻璃上刻有相同距离的平行条纹，每毫米长度上有条纹 25、50、100、250 条等，称为线数，常用 n 表示。

将主、副光栅靠近并相对转动成一微小角度 θ，当平行光照射到光栅时，在光的干涉与衍射共同作用下产生黑白相间（或明暗相间）的规则条纹图形，称为莫尔条纹，其排列方向与光栅条纹几乎垂直，经过光电器件转换使黑白（或明暗）相间的条纹转换成正弦波变化的电信号，再经过放大器放大和整形电路整形后，得到两路相差为 90° 的正弦波或方波，送入光栅数显表计数显示。

用 B 表示莫尔条纹宽度，W 表示光栅条纹宽度，则有如下关系：

$$B \approx \frac{W}{\theta} \qquad (4\text{-}1\text{-}1)$$

已知 B 远远大于 W，光栅移动一个距离 W，莫尔条纹就移动一个 B。通过光电元件读出的莫尔条纹的数量就是光栅移动过条纹的数量，即可用来测量直线位移。

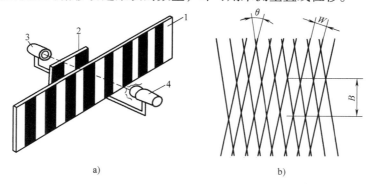

图 4-1-1　光栅条纹的形成

a）主副光栅组成、线数的概念　b）莫尔条纹

1—标尺光栅　2—指示光栅　3—光电接收器　4—光源

2. 光栅位移传感器的倍频

如图 4-1-2 所示，当标尺光栅 1 相对于指示光栅 2 沿 X 方向移动时，莫尔条纹就沿 Y 向移动。当在 Y 方向放置一个光电元件 S_1 时，则光栅相对移动一个节距 W，S_1 的光电信号就变化一个周期。如果沿 Y 方向在宽度 B 范围内放置 p 个光电元件 S_1、S_2、…、S_p，则各个光电元件将输出 p 个相位依次为 $360°/p$ 的光电信号。对这些光电信号进行整形处理后，光栅每移动一个位移 W 就获得 p 个等间距的计数脉冲，实现 p 细分，就称为 p

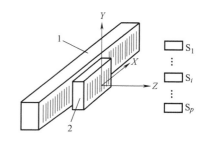

图 4-1-2　光栅位移传感器倍频的概念

1—标尺光栅　2—指示光栅

倍频。

3. 光栅位移传感器的分辨率

线数 n 与倍频 p 综合反应的光栅位移传感器测量直线位移的精度，是一项典型的技术性能指标，称为分辨率 f，其关系为

$$f = np \tag{4-1-2}$$

（二）光栅位移传感器的产品及其应用

1. 光栅位移传感器数显产品的组成

将光栅位移传感器产品化，把位移量用数字显示器显示，就得到图 4-1-3 所示的双坐标光栅数显产品。单坐标、三坐标等光栅数显产品都已形成专业化批量生产，用户可根据机电设备的需要，选择合适规格的传感器和数显表、坐标数、组装到机电设备上，调试好就可使用。

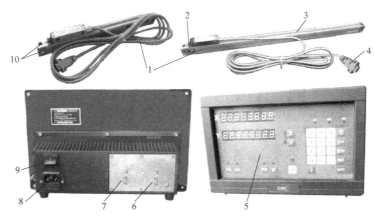

图 4-1-3　两坐标光栅位移传感器及其数显表
1—光栅位移传感器　2—光栅固定塑料板　3—标尺光栅长条口有两片胶皮封口
防止进切屑、灰尘等杂物　4—传感器与数显表接头　5—数显表界面　6—数显表
Y 坐标传感器插头　7—数显表 X 坐标传感器插头　8—数显表 220V 交流电插头
9—数显表开关　10—传感器两个方向都有长条安装孔，安装时便于调整位置

2. 光栅位移传感器主要参数选择

（1）坐标选择　通常一个直线坐标用一条光栅尺，因此设备有几个直线坐标就需要选几条光栅尺。如果设备某个坐标直线位移要求不严格，则该坐标可以不用光栅尺。

（2）长度选择　光栅尺长度通常为设备坐标行程再加 50～80mm，使指示光栅的行程略大于机床工作台的行程，指示光栅不能顶到标尺光栅的端部。

（3）分辨率选择　光栅位移传感器系统的分辨率通常不低于机电设备机械传动系统设计的分辨率，甚至要高出半个数量等级以上。在能够满足加工精度要求的情况下，才考虑与机械传动系统设计的分辨率相同。例如，铣床工作台机械传动系统分辨率为 0.01mm，可选择光栅尺的分辨率为 0.005mm。某老式坐标镗床的机械传动系统设计分辨率为 0.001mm，加工产品的精度都是在 0.001mm 数量级上，可以选择分辨率为 0.001mm 的光栅尺系统。

3. 光栅位移传感器使用注意事项

1）光栅位移传感器与数显表插头座插拔时应关闭电源后进行。

2）尽可能外加保护罩，并及时清理溅落在尺上的切屑和油液，严格防止任何异物进入光栅传感器壳体内部。

3）定期检查各安装联接螺钉是否松动。

4）为延长防尘密封条的使用寿命，可在密封条上均匀涂一薄层硅油，注意勿溅落在玻璃光栅刻划面上。

5）为保证光栅位移传感器使用的可靠性，可每隔一定时间用酒精乙醚混合液（体积分数各50%）擦拭光栅尺面及指示光栅面，保持玻璃光栅尺面清洁。

6）光栅位移传感器严禁剧烈振动及摔打，以免破坏光栅尺，如光栅尺断裂损坏应更换。

7）不要自行拆开光栅位移传感器，更不能任意改动主光栅尺与副光栅尺的相对间距。否则，一方面可能破坏光栅位移传感器的精度；另一方面还可能造成主光栅尺与副光栅尺的相对摩擦，损坏铬层也就损坏了栅线，从而造成光栅尺报废。

8）应注意防止油及水污染光栅尺面，以免破坏光栅尺线条纹分布，引起测量误差。

9）光栅位移传感器应尽量避免在有严重腐蚀作用的环境中工作，以免腐蚀光栅铬层及光栅尺表面，破坏光栅尺质量。

4.常见故障现象及判断方法

（1）接电源后数显表无显示

1）检查电源线是否断线，插头接触是否良好。

2）数显表电源熔丝是否熔断。

3）供电电压是否符合要求。

（2）数显表不计数

1）将传感器插头换至另一台数显表，若传感器能正常工作说明原数显表有问题。

2）检查传感器电缆有无断线、破损。

（3）数显表间断计数

1）检查光栅尺安装是否正确，光栅尺所有固定螺钉是否松动，光栅尺是否被污染。

2）插头与插座是否接触良好。

3）光栅尺移动时是否与其他部件刮碰、摩擦。

4）检查机床导轨运动副精度是否过低，造成光栅工作间隙变化。

（4）数显表显示报警

1）没有接光栅传感器。

2）光栅传感器移动速度过快。

3）光栅尺被污染。

（5）光栅传感器移动后只有末位显示器闪烁

1）A或B相无信号或只有一相信号。

2）有一路信号线不通。

3）光敏晶体管损坏。

（6）移动光栅传感器只有一个方向计数，而另一个方向不计数（即单方向计数）

1）光栅传感器A、B信号输出短路。

2）光栅传感器A、B信号移相不正确。

3）数显表有故障。

（7）读数头移动发出"吱吱"声或移动困难

1）密封胶条有裂口。

2）指示光栅脱落，标尺光栅严重接触摩擦。

3）下滑体滚珠脱落。

4）上滑体严重变形。

（8）新光栅传感器安装后，其显示值不准

1）安装基面不符合要求。

2）光栅尺尺体和读数头安装不合要求。

3）严重碰撞使光栅副位置变化。

三、任务要点总结

本任务介绍了光栅位移传感器的原理、组成、基本概念和参数等，对线数、倍频和分辨率进行了重点论述。可以看出，对同一分辨率的光栅位移传感器系统，其线数不一定相同，其倍频也不一定相同，所以倍频和分辨率应依据使用决定。选择光栅位移传感器产品时，可以不考虑线数和倍频，而主要考虑分辨率，本任务为学习机电设备数显升级改造奠定了基础。

四、思考与训练题

1. 分析光栅位移传感器的线数、倍频和分辨率的关系。

2. 光栅位移传感器的主要参数有哪些？如何选择？

3. 对某机电设备光栅位移传感器系统进行现场实训，认识标尺光栅、指示光栅、数显表、电路接线等。

4. 熟悉国家机械行业光栅位移传感器标准，并用标准指导机电设备数显升级改造。

任务 2　用光栅位移传感器系统对 X6132 卧式铣床进行升级改造

知识点：

- 光栅位移传感器机械行业标准及其相关知识点。
- 用光栅位移传感器升级改造机电设备的方案制订、组装、调试维修等知识点。

能力目标：

- 掌握用光栅位移传感器改造传统机电产品的方案制订、组装、调试、故障维修方法。
- 掌握与光栅位移传感器机械行业标准有关的技能。

一、任务引入

图 4-1-4 所示为 X6132 卧式铣床，工作台尺寸为 320mm × 1325mm，工作台 X 坐标长度为 1320mm、Y 坐标宽度为 400mm、Z 坐标高度为 450mm；工作台 X 坐标行程为 800mm、Y 坐标行程为 320mm、Z 坐标行程为 400mm。工作台最大回转角度为 ±45°，主轴转速为 18 级，主轴转速范围为 30 ~ 1500r/min，主传动电动机功率为 7.5kW，进给电动机功率为 1.5kW，机床外形尺寸长、宽、高分别为 2294mm、1770mm、1610mm。

该机床三个坐标均为 T 形丝杠传动，存在机械误差，在长期加工汽车零件后其加工精度分散较大，需要用光栅位移传感器进行数显改造。

二、任务实施

（一）总体方案的设计

1. 光栅位移传感器长度的选择

根据 X6132 卧式铣床三个坐标的长度加坐标行程再加 50～80mm 作为光栅位移传感器的长度，选 X、Y、Z 三个坐标的光栅位移传感器的长度分别为 850mm、400mm、450mm，这样光栅位移传感器的有效行程便能够满足机床行程的需要，相应地选择显示三坐标的数显表即可。

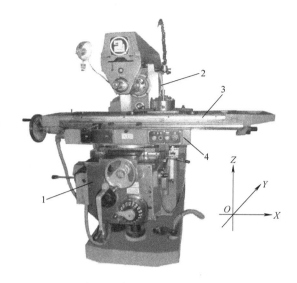

图 4-1-4　X6132 卧式铣床
1—升降工作台　2—立柱　3—直线运
动工作台　4—回转工作台

2. 光栅位移传感器分辨率的选择

X6132 卧式铣床三坐标的手动分辨率都是 0.01mm，即手轮转动一个格，工作台运动 0.01mm。选择三个坐标的光栅位移传感器的分辨率都是 0.005mm，汽车零件的加工精度也是 0.01mm 的数量级，满足加工要求。

3. 光栅位移传感器组装位置的确定

如图 4-1-4 所示，批量铣削工件上的槽和平面与 X 坐标平行，且有 Z 坐标深度要求，需要 X、Y、Z 三坐标直线运动，回转工作台固定不再回转。对 X 坐标，把标尺光栅组装到直线运动工作台 3 的背面，而把指示光栅组装到回转工作台上，不影响加工操作。对 Z 坐标，把标尺光栅组装到立柱 2 的右侧面，而把指示光栅组装到升降工作台 1 上。对 Y 坐标，把标尺光栅组装到升降工作台 1 的右侧面，而把指示光栅组装到回转工作台 4 上。以上标尺光栅均与相应坐标的导轨平行组装。

（二）光栅尺与机床的组装

1. X 坐标光栅位移传感器的组装测试

如图 4-1-5 所示，把百分表座固定在垂直导轨上，表针指向光栅尺侧面，X 方向手动工作台，表针读数误差在 0.10mm 之内即可，否则在光栅尺两端垫薄金属片，达到精度要求即可。如图 4-1-6 所示，把百分表座固定在垂直导轨上，表针指向光栅尺上表面，X 方向手动工作台，表针读数误差在 0.10mm 之内即可，否则在光栅尺两端处垂直长条孔松开螺栓，上下移动光栅尺，达到测试合格的位置后拧紧螺栓。

2. Y 坐标光栅位置传感器的组装测试

如图 4-1-7 所示，把百分表座固定在回转工作台上，表头指向光栅尺侧面，Y 方向手动工作台，表针读数误差在 0.10mm 之内即可，否则同图 4-1-5 所示的处理方法相同。如图 4-1-8 所示把百分表固定在工作台上，表头指向光栅尺上表面，Y 方向手动工作台，表针读数误差在 0.10mm 之内即可，否则与图 4-1-6 所示的处理方法相同。

图4-1-5　铣床 X 坐标标尺光栅组装后在垂直面内测试与导轨的平行度

1—标尺光栅一端　2—回转工作台

图4-1-6　机床 X 坐标标尺光栅组装后在水平面内测试与导轨的平行度

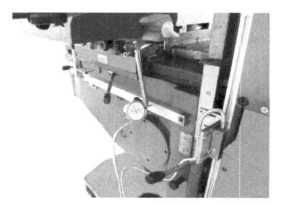

图4-1-7　机床 Y 坐标光栅尺组装后水平面内测试与导轨的平行度

　　3. Z 坐标光栅传感器的组装测试

　　如图4-1-9所示，把百分表座固定在回转工作台上，表头指向光栅尺开口面，Z 方向手动工作台，表针读数误差在0.10mm之内即可，否则同图4-1-5所示的处理方法相同；如图4-1-10所示把百分表座固定在回转工作台上，表头指向光栅尺侧表面，Z 方向手动工作台，表针读数误差在0.10mm之内即可，否则与图4-1-6所示的处理方法相同。

　　（三）其他组装

　　1. 光栅尺、读数头与机床的组装

　　如图4-1-11所示，把指示光栅固定塑料板6插入指示光栅和标尺光栅尺之间，其厚度为0.8mm，即读数头和光栅尺之间的间隙，把直角固定板分别用螺钉固定在床身导轨和指示光栅上，再抽出固定塑料板即完成安装。

　　2. 显示器、防护罩和读数头组装

　　显示器通过支架5固定在铣床立柱上，X 坐标光栅尺9要用防护罩7保护，缝隙中垫胶皮垫8，三个坐标的光栅尺引线插头分别插入显示器插孔4中，显示器用三相插头接入220V交流电源，显示器接地螺钉2引出线与机床外壳联接，机床外壳已经接地。

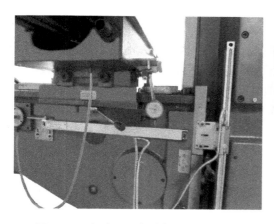

图 4-1-8 机床 Y 坐标光栅尺组装后在
垂直面内测试与导轨的平行度

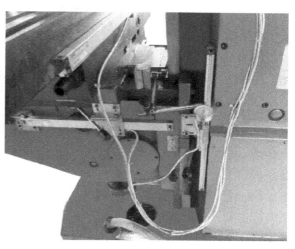

图 4-1-9 机床 Z 坐标光栅尺组装后测试与导轨的平行度

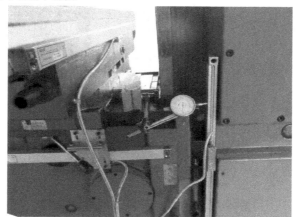

图 4-1-10 机床 Z 坐标光栅尺组装后测试与导轨的平行度

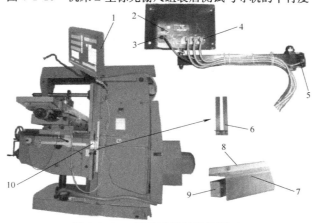

图 4-1-11 其他元器件组装图示

1—显示器 2—显示器接地螺钉 3—220V 电源线插头 4—X、Y、Z 三坐标光栅尺显示器插孔
5—显示器支架 6—指示光栅固定塑料板 7—X 坐标光栅尺防护罩 8—盖板密
封胶皮垫 9—X 坐标光栅尺 10—Z 坐标读数头安装 L 形固定架

将指示光栅固定塑料板 6 插在光栅尺和读数头之间，其厚度为 0.8mm，即光栅尺和读数头之间的缝隙，通过 L 形固定架把读数头固定在 Z 坐标滑板上。

（四）机床运行精度与光栅尺显示对比测试

如图 4-1-12 所示，把百分表支架 2 固定在 X 坐标工作台上，表头指向 Y 坐标滑板，用手逆时针微转动 X 坐标手动刻度盘 4 的手把，当百分表指针移动时停止转动，再转动百分表盘 3 使指针指向 0，显示器显示清零。这时再顺时针微微逐格转动 X 坐标手动刻度盘 4 的手把，发现转动一格时，工作台应该向右移动 0.01mm，但百分表盘 3 和显示器读数是 0，再转动一格仍然是 0，再转动一格（是第 3 格了）百分表盘 3 和显示器读数才是 0.01mm，转动到第 7 格时，百分表盘 3 和显示器读数是 0.05mm，说明机床 X 坐标丝杠反向间隙误差是 0.02mm，显示器和百分表读数一致，说明光栅尺真实反映了工作台的实际位移，其他两个坐标也有这样的调试结果，说明采用光栅位移传感器对铣床进行数显改造提高了机床的精度。

图 4-1-12　铣床数显改造后 X 坐标精度测试
1—显示器　2—百分表支架　3—百分表盘　4—X 坐标手动刻度盘

（五）光栅数显系统的功能

图 4-1-12 所示卧式铣床三坐标数显升级改造系统使用比较简明，操作方便，常用的功能如下：

1. 置位和清零

输入当前显示坐标的数值，或坐标显示值清零。

2. 增量/绝对显示方式

按 "I/A" 键显示器在增量显示方式和绝对显示方式之间变换。

3. 半径/直径显示方式

按 "R/D" 键显示器在显示半径和显示直径方式之间变换。

4. 显示值除以 2 方式

按 "1/2" 键显示器在显示实际长度和实际长度的一半之间变换。

5. 正向/反向显示计数方式

按 "C + / −" 键显示器在显示正向和负向坐标之间变换。

6. 米/寸制显示方式

按"mm/in"键显示器在显示米制和英制数值之间变换。

（六）光栅数显系统的维护措施、故障及其维修

如图4-1-11所示，光栅位移传感器常安装在有切屑的场合，需要加常见维护罩并密封，避免切屑和液体进入，读数头插入抽出要关闭电源。

光栅数显系统常见故障及其维修见表4-1-1，如果采用表中方法这些故障仍不能排除就要与设备生产厂家联系解决。

表4-1-1　光栅数显系统常见故障及其维修

故　　障	维修方法
开机后,光栅显示器没有任何显示,或移动指示光栅显示数据不变	(1)检查是否断线,电源插头是否牢固 (2)检查熔丝是否熔断 (3)检查供电电压是否符合要求
工作中显示器数码管不进位	(1)将插头换至另一路或更换数显表,若更换后能正常工作说明数显表有故障 (2)重新检查读数头是否安装正确 (3)检查光栅位移传感器输出信号是否正常
数显数字间断计数	(1)检查光栅位移传感器及其读数头是否安装正确 (2)检查光栅位移传感器工作中是否碰撞其他零件 (3)检查机床导轨运动部件的精度是否过低造成光栅位移传感器工作间隙变化

三、任务要点总结

本任务主要介绍了用光栅位移传感器对 X6132 卧式铣床进行数显改造的原理、组装和测试方法，并介绍了数显表的主要操作功能，也简单介绍了用光栅位移传感器对老式双柱坐标镗床、高速电火花小孔加工机床的数显改造。实践证明，数显改造后加工精度提高，操作简便，深受用户好评。本任务为机电设备数显改造奠定了基础。

四、思考与训练题

1. 制订对 X6132 卧式铣床进行数显改造的方案应考虑哪些问题？如何确定有关参数？

2. 用光栅位移传感器对机床进行数显改造为什么克服了机械传动误差？

3. 选择铣床、镗床、插床等设备，制订用光栅位移传感器进行数显改造的方案，并进行现场实训，认识组装原理，对数显改造形成比较完整的感性认识。

项 目 小 结

本项目介绍了光栅位移传感器的原理及其基本概念，对线数、倍频和分辨率的概念进行了分析梳理。式（4-1-2）和式（3-2-2）有不同之处，前者用于测试直线位移的光栅位移传感器，而后者用于测试角位移的旋转编码器。本项目论述了用光栅位移传感器对传统机电设备进行数显改造总体方案的制订、参数的选择、组装与测试步骤、调试与维修等知点和技能。方案的制订主要包括坐标的选择、行程的确定、分辨率的确定以及组装方式和防护措施。光栅位移传感器的分辨率一般高于传统机电设备的分辨率，高多少视加工精度要求而定。如 X6132 卧式铣床的分辨率为 0.01mm，加工零件的精度以 0.01mm 为数量级，则光栅位移传感器的分辨率可选 0.005mm。

项目二 球栅位移传感器的原理及其在机电设备升级改造中的应用

本项目将介绍球栅位移传感器的原理、特点、组装配件及其应用场合，并理实一体化地论述对 T68 卧式镗床进行数显改造总体方案的制订、部件选择、组装与测试步骤、调试与维修等知识点和技能，使读者对用球栅进行机电设备数显升级改造有比较全面的认识，为从事重型机电设备数显升级工作改造打下良好的基础。

学习目标：
1. 了解球栅位移传感器系统的原理、组成、结构特点、规格选择和应用场合。
2. 掌握球栅位移传感器系统产品的组成、性能指标、操作面板的功能与操作方法。
3. 掌握用球栅位移传感器系统对机电设备数显改造的原理、组装、调试和维修。

任务 1 球栅位移传感器系统的原理、组成和应用

知识点：
- 球栅位移传感器系统的概念、组成和工作原理。
- 球栅位移传感器系统的功能、应用案例。

能力目标：
- 掌握球栅位移传感器的规格、球栅数显表的功能和应用场合。
- 掌握用球栅位移传感器对机电设备数显升级改造的组装、调试和维修。

一、任务引入

有些机电设备工作行程比较大，工作环境比较恶劣，如在有切削液、油污、切屑、灰尘和振动等恶劣环境下工作的重型机床。这些设备存在机械误差，或在使用一段时间后，由于机械磨损致使传动误差增大，机械传动精度下降，不能满足加工精度要求，但这些设备不便于用光栅位移传感器进行数显升级改造，因为切削液、油污、切屑、灰尘容易进入并损坏光栅传感器，而要用图 4-2-1 所示的球栅位移传感器进行升级改造。球栅位移传感器可以直接测量运动部件的位移，克服了机械传动误差对加工精度的影响，提高了设备的加工精度。因此，将球栅位移传感器技术应用到机电设备中，或用球栅位移传感器及其与之配套的数显表改造传统的机电设备，是机电设备行业常遇到的技术改造工作。球栅位移传感器及其数显系统可应用于直线移动导轨机构，是目前国际上最新一代长度测量传感器。球栅位移传感器适用于各种机床的加工测量。它具有以下优点。

1）采用全密封结构，球栅尺的高精度钢球和线圈均被完全密闭，可以在水中或油中工作。

2）尺体为金属结构，保护良好，不会因冷却水、切削液、金属粉末或尘土等的影响而污损，抗污染能力强。

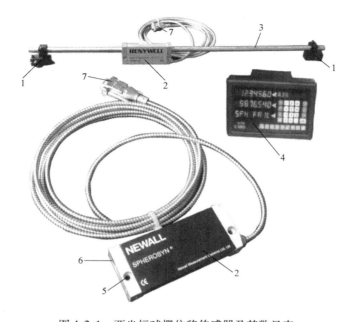

图 4-2-1 两坐标球栅位移传感器及其数显表

1—球栅尺专用安装支架 2—球栅读数头 3—球栅尺 4—球栅数显表 5—球栅读数头安装螺钉孔

6—球栅尺插入孔 7—球栅读数头接线与球栅数显表连接插头

3）壳体刚性强、密封好，使用喷气枪清洗机床时，直接喷射到球栅尺也不会被损坏。

4）基准钢球的线胀系数与钢铁相同，对车间温度变化不敏感。

5）能在强磁场和强辐射条件下工作，可用于原子反应堆。

6）耐振动，安装简便，不用日常维护，可实现移动量的精确显示，可应用于各种机床的加工测量。

由于球栅位移传感器具有抗污染能力强，即使在油、水中也能正常工作；无需拼接便可直接实现最长 8m 整体尺，拼接可达 30m 有效测量长度，可以从 0.5 ~ 30m 任意选用；可在 0 ~ 50℃环境下正常工作等特点，因此特别受到大中型、重型机电设备及需要进行超常测量和检测企业的欢迎。

二、任务实施

（一）球栅位移传感器的工作原理及其应用

1. 球栅位移传感器的工作原理

如图 4-2-2 所示，球栅位移传感器主要由两部分组成，尺身及读数头。尺身由不锈钢管制造，管内装满了经过特殊处理的钢球，这些钢球每粒都经过多层加工及处理，并于严密控制的环境下装入导管内，然后密封。读数头则是由多组线圈围绕着一个纤维线轴制成，每组线圈都有激发及接收信号的功能，并密封于读数头内，完全隔绝了冷却剂、油污、灰尘及铁屑的侵害。当电流经过线圈时，会产生电磁作用，当读数头沿钢管移动时，因管内球的截面积变化，导致各个钢球因切面的不同而生出不同磁场反馈，此时读数头内的截取线圈侦测出这些不同的反馈，并于读数头沿尺身移动时截取相应的输出信号，反映出移动的位移。

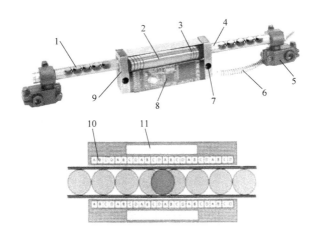

图 4-2-2　球栅位移传感器测量原理

1—镀铬合金球　2—励磁线圈　3、10—励磁线圈　4—不锈钢管，即尺身　5—安装支架

6—信号电缆　7—安装固定孔　8—集成了 DSP 的采集电路，即读数头

9—安装基准面　11—励磁线圈

2. 球栅位移传感器主要参数的选择

（1）坐标的选择　通常一个直线坐标用一条球栅尺，设备有几个直线坐标就选几条球栅尺，如果设备某个坐标直线位移要求不严格，该坐标可以不用球栅尺。

（2）长度的选择　球栅尺长度的选择通常要设备坐标行程再加 50～80mm，预留出一定长度使指示球栅不能顶到球栅尺头部。

（3）分辨率选择　球栅的分辨率有 0.001mm、0.005mm、0.01mm、0.02mm、0.05mm 等多种。球栅位移传感器系统的分辨率通常不低于机电设备机械传动系统设计的分辨率，甚至要高出不低于半个数量等级，在能够满足加工精度要求的情况下，才考虑与机械传动系统设计的分辨率相同。如大型镗床工作台机械传动系统分辨率为 0.01mm，可选择球栅尺的分辨率为 0.005mm 的球栅。

（二）球栅位移传感器的组装

1. 球栅尺两端的安装

图 4-2-3 所示为球栅尺固定方块支架结构，该结构可以实现球栅尺三个直线运动坐标的移动，也可以实现球栅尺三个旋转运动坐标的转动，由球栅系统生产厂家提供，安装非常方便。

图 4-2-4 所示为球栅尺固定角支架结构，该结构可以实现球栅尺三个直线运动坐标的移动，实现球栅尺旋转坐标的转动不如图 4-2-3 所示的支架灵活，但也能满足安装要求，由球栅系统生产厂家提供，安装也比较方便。

2. 球栅尺读数头的安装

球栅尺读数头的安装与光栅位移传感器指示光栅的安装一样，不再论述。

3. 球栅尺水平安装抗弯曲支承

当球栅尺长度超过 2m 并且水平安装时，为防止球栅尺因重力弯曲，要采取中间支承措施。图 4-2-5 所示为长球栅尺中间托架，托架上的滚轮支架在弹簧作用下一直趋向于在中间垂直位置。当读数头自左向右移动时，把托架压向右方，读数头越过托架后，托架自然恢复到中间垂直位置；当读数头自右向左移动时，情况正好相反。球栅尺中间托架由球栅生产厂家做好，用户按照要求安装使用即可。

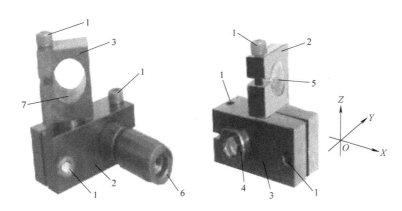

图 4-2-3　球栅尺固定方块支架结构

1—内六角圆柱头螺钉　2—球栅尺固定方块（可以在支架固定方块上沿 Z 方向移动）　3—支架固定方块，孔 7
中插金属圆柱，固定在机电设备机体上　4—内六角圆柱头螺钉把支架固定方块固定
在机电设备机体上　5—球栅尺安装孔　6—球栅尺安装件　7—孔

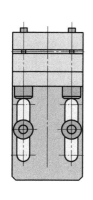 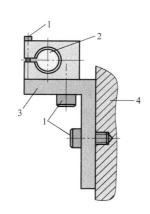

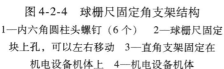

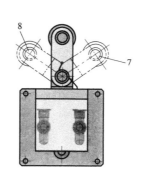 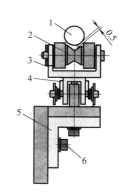

图 4-2-4　球栅尺固定角支架结构　　　　　图 4-2-5　长球栅尺中间托架

1—内六角圆柱头螺钉（6 个）　2—球栅尺固定　　　1—球栅尺　2—V 形滚轮　3—V 形滚轮支架　4—弹性扭簧
块上孔，可以左右移动　3—直角支架固定在　　　5—固定直角架　6—内六角圆柱头螺钉　7—球栅读数头自
机电设备机体上　4—机电设备机体　　　　　　左向右移动时 V 形滚轮支架被压向右侧　8—球栅读
　　　　　　　　　　　　　　　　　　　　　　数头自右向左移动时 V 形滚轮支架被压向左侧

三、任务要点总结

本任务论述了球栅位移传感器的工作原理、组成、基本概念和参数等，球栅与光栅的原理结构不同，完全隔绝了冷却液、油污、灰尘及铁屑的侵害，具有抗振动、抗污染能力强，即使在油、水中也能正常工作。球栅无需拼接便可直接实现最长 8m 整体尺，拼接可达 30m 有效测量长度，可以从 0.5～30m 任意选用，可在 0～50℃ 环境下正常工作，因此特别受到

大中型、重型机械行业及需要进行超常测量和检测企业的欢迎；但由于国外生产的球栅数显尺经过层层环节，成本大，所以销售价格也比较高。

四、思考与训练题

1. 分析球栅位移传感器的分辨率等参数及其显著优点。

2. 选择球栅位移传感器的主要参数有哪些？如何选择？

3. 对某机电设备球栅位移传感器系统进行现场实训，认识球栅尺、球栅读数头、数显表、电路接线等，对球栅位移传感器有比较完整的感性认识。

任务 2　用球栅位移传感器改造 T68 型卧式镗床实例

> **知识点：**
> - 球栅位移传感器机械行业标准有关知识点。
> - 用球栅位移传感器改造机电设备有关知识点。
>
> **能力目标：**
> - 掌握用球栅位移传感器改造传统机电产品的安装、调试、故障维修方法。
> - 掌握与球栅位移传感器机械行业标准有关的技能

一、任务引入

图 4-2-6 所示为用球栅数显改造的 T68 卧式镗床，该机床用于加工孔、平面、螺纹、槽等表面，是工艺范围比较宽的通用机床，三个坐标 X、Y、Z 的行程为 1140mm、850mm、755mm，工作台面尺寸（长×宽）为 1000mm×800mm，主轴转速 18 级，进给量也有 18 级，主传动电动机功率为 9.3kW。该机床三个坐标均为 T 形丝杠传动，存在机械误差，频繁加工汽车零件过程中加工精度分散，需要用球栅位移传感器进行数显改造。

二、任务实施

（一）总体方案的设计

1. 球栅位移传感器长度的选择

如图 4-2-6 所示，T68 卧式镗床三个坐标 X、Y、Z 球栅尺的工作行程选 1200mm、880mm、790mm，球栅尺长度选 1300mm、950mm、930mm。

2. 球栅位移传感器分辨率的选择

T68 卧式镗床三坐标的手动分辨率都是 0.01mm，即手轮转动一个格，工作台运动0.01mm，选择三个坐标的球栅位移传感器的分辨率都是 0.005mm，通常加工零件的精度也是 0.01mm 的数量级，满足加工要求。

3. 球栅位移传感器组装位置的确定

如图 4-2-6 所示，根据加工工件的要求，需要两两垂直的三坐标 X、Y、Z 直线运动，对 X 坐标，把标尺球栅组装到床身 2 上，而把指示球栅组装到滑板 4 的下面；对 Z 坐标，把标尺球栅组装到床身 2 的左侧面，而把指示球栅组装到升降主轴箱 8 上；对 Y 坐标把标尺球栅组装到滑板 4 上，而把指示球栅组装到工作台 5 上。以上标尺球栅均与相应坐标的导轨平行组装。

这样的组装位置能保护球栅位移传感器不进铁屑、灰尘和切削液等杂物。

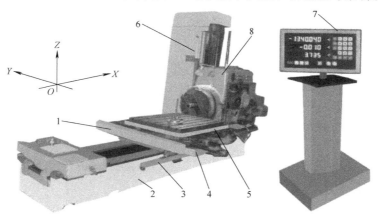

图 4-2-6　T68 卧式镗床数显改造总体图

1—Y 坐标球栅尺保护罩　2—床身　3—X 坐标球栅尺保护罩滑板　4—滑板
5—工作台　6—镗床立柱　7—三坐标球栅显示器（放大图）　8—升降主轴箱

4. 球栅位移传感器在机床上的固定方法

如图 4-2-3 所示，用固定方块支架结构固定球栅尺两端，因球栅尺长度小于 2m，不必采用图 4-2-5 所示的中间托架机构。

（二）球栅位移传感器在 T68 卧式镗床上的组装

1. 球栅尺读数头的组装

图 4-2-7 所示为 T68 卧式镗床 Y坐标球栅尺的组装方法，在 Y 坐标滑板上安装 L 形固定板，用两个螺钉把 L 形固定板组装到滑板上，再用内六角头螺栓和螺母把读数头固定在 L 形固定板上。

2. 球栅尺的组装

如图 4-2-7 所示，组装完读数头后，手摇 Y 坐标手柄，把滑板向 −Y方向移动，使读数头位于接近 −Y 的极限位置，向读数头孔中插入球栅尺，另一端扶水平，初步固定好球栅尺固定角支架 3，再手摇手柄把滑

图 4-2-7　T68 卧式镗床 Y 坐标球栅尺组装

1—球栅尺读数 L 形固定板　2—镗床 Y 坐标滑板　3—球栅尺固定角支架　4—镗床 Y 坐标导轨　5—Y 坐标球栅尺　6—球栅尺读数头　7—球栅尺另一端固定角支架　8—加工制作的球栅尺保护罩

板移动向 +Y 方向接近极限位置，初步固定好球栅尺固定角支架 3。

与图 4-2-3 所介绍的方式相似，球栅尺在固定角支架 3 中，在六个自由度有活动余地，这样在 Y 坐标上来回移动滑板，微调固定角支架 3，也适当微调读数头，使读数头在球栅尺上运行顺畅，没有变形和刮痕，拧紧固定角支架 3，拧紧读数头螺钉即完成组装。

3. Z 坐标和 X 坐标球栅尺与显示器的组装

图 4-2-8 所示为 Z 坐标球栅尺和读数头组装图，图 4-2-9 所示为 X 坐标球栅尺和读数头

组装图，其组装方法与 Y 坐标一样。

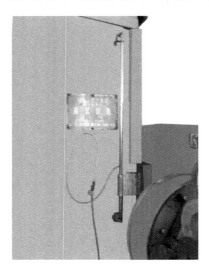

图 4-2-8　T68 卧式镗床 Z 坐
标球栅尺组装

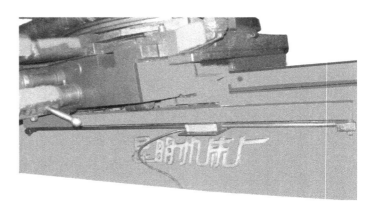

图 4-2-9　T68 卧式镗床 X 坐标球栅尺组装

4. 球栅尺与显示器的组装

如图 4-2-10 所示，1 号引脚为 220V 交流电源线插头，2、3、4 号引脚各为 X、Y、Z 坐标球栅尺接线插头，5 号引脚为显示器外壳地线，与机床床身接在一起再接入大地，6 为显示器外壳。

（三）　机床运行精度与球栅位移传感器显示对比测试

测试方法与图 4-1-12 所示的用光栅对卧式铣床进行升级改造的测试方法完全相同，在此不再论述。

（四）　球栅数显系统的功能

T68 卧式镗床球栅位移传感器数显改造后数显表如图 4-2-11 所示，系统使用比较简明，操作方便，常用的功能如下：

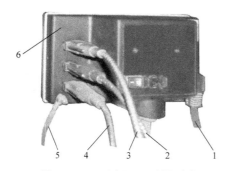

图 4-2-10　球栅尺显示器引脚
1—球栅显示器 220V 电源插头　2、3、4—X、Y、Z
三坐标球栅位移传感器接线插头　5—显示
器外壳接地线　6—显示器外壳

图 4-2-11　数显器操作按键及其显示信息

1. 置位、清零

输入当前显示坐标的数值，或坐标显示值清零。

表 4-2-1　T68 卧式镗床球栅位移传感器数显改造故障维修

故障现象	原因分析
当开机后，球栅尺没有任何显示	（1）电源线未接好，如电源线松脱、熔丝已烧断等 （2）检查熔丝是否烧断，但更换新的保险管后仍然没显示，新保险管没有再被烧断，而数显表仍然无反应，这极可能是由于数显表受极大的高电压冲击（如停电，转用发电机供电时，用户忘记关球栅尺，而使球栅尺受发电机在开动时的不正常超高电压影响）引起的；数显表设有双重熔丝以免球栅尺受损坏，在数显表内开关电源的第二重熔丝可能已被烧断，需要更换。由于数显表内的开关电源采用特殊熔丝，用户自行修理很困难，因此请到电生产公司，由专业维修人员进行修理
当开机后，数显箱没有显示变动	（1）电压太低，数显表最低需要 90V 才能工作 （2）表内电源模块老化，需要更换
数显箱有显示，但经常自动减小，然后又自动重开	（1）电压太低，应检查电源电压是否在 90V 以上 （2）表内电源模块老化，需要更换
显示数不正常跳动，即是机床不动，有时显示数也跳动	（1）球栅尺未接地线或地线不良，有严重电信干扰 （2）机床未接地线或地线不良
显示出现"SPH FAIL"No Signal	显示出现"SPH FAIL"，表示球栅尺没有信号传送到数显箱，原因是： （1）球栅尺读数头接线被夹断或拉断 （2）机床没有正确地接地线或错将电源"火"线接到机床外壳，漏电时，球栅尺已全被烧坏，需要换新球栅尺
读数不准确	（1）机床的导轨间隙太大，应将机床调校 （2）机床误差补偿设置不正确 （3）若不是以上原因，请找生产商检查
按键后没有反应	严重的不合理按键程序，应将数显表关后重开
球栅尺中一轴跳数或不正常显示	将球栅尺各轴调换，确认故障原因是尺还是数显箱，并对生产商说明状况
当开机后，显示出现"BAT FAIL"	表示数显表关机已超过一个月，在存储的各参数已随充电池没电而消失，需要重新设置，返回正常显示
球栅尺的读数偶然有很大误差，误差量是 12.7mm 或其倍数	（1）机床的马达地线不良，马达起动及停机时引起严重电波干扰应检查机床地线是否接妥 （2）球栅尺读数头接线的插头有油渍，引致地线接触不良，应检查插头是否有油渍，如有油渍，应用酒精将油渍清除 （3）球栅尺读数头的接线与机床的马达电源线扎在一起，马达开关时的电波干扰球栅尺，请切勿将球栅尺的接线与机床的任何电线扎在一起

2. 增量坐标/绝对坐标显示方式

按"abs/inc"键显示器在增量显示方式和绝对显示方式之间变换。

3. 半径/直径显示方式

按"R/D"键显示器在显示半径和显示直径方式之间变换。

4. 显示值除以 2 方式

按 1/2 键显示器在显示实际长度和实际长度的一半之间变换。

5. 正向/反向显示计数方式

按"C＋/－"键显示器在显示正向和负向坐标之间变换。

6. 米/寸制显示方式

按"in/mm"键显示器在显示米制和英制数值之间变换。

（五）T68 卧式镗床球栅位移传感器数显改造故障维修

T68 卧式镗床球栅位移传感器数显改造故障维修见表 4-2-1。

三、任务要点总结

本任务主要介绍了用球栅位移传感器对 T68 卧式镗床进行数显改造的原理、组装和测试方法，并介绍了数显表的主要功能和操作方法。因 T68 卧式镗床是大型机床，工作台行程比较大，工作环境恶劣，加工受力大、振动厉害，不适合用光栅位移传感器进行数显升级改造，而适合用球栅位移传感器进行数显改造。实践证明，数显改造后加工精度明显提高，操作简便，深受用户好评。

四、思考与训练题

1. 为什么选用球栅位移传感器对 T68 卧室镗床进行数显改造？

2. 用球栅位移传感器对机床进行数显改造时球栅尺和读数头如何安装？

3. 选择大型铣床、镗床等设备，制订用球栅位移传感器进行数显改造的方案，并进行现场实训，认识球栅系统的组装原理，对数显改造形成比较完整的感性认识。

项 目 小 结

本项目介绍了球栅位移传感器的工作原理、特点、组装附件及其在 T68 卧式镗床数显改造中的应用，论述了用球栅位移传感器对传统机电设备进行数显改造总体方案的制订、参数的选择、组装与测试步骤、调试与维修等知识点和技能。方案的制订主要包括坐标的选择、行程的确定分辨率的确定以及组装方式和防护措施的选择。光栅位移传感器分辨率一般高于传统机电设备分辨率，高多少视加工精度要求而定。如 T68 卧式镗床的分辨率为 0.01mm，加工零件的精度以 0.01mm 为数量级，则光栅位移传感器的分辨率可选 0.005mm。

模块归纳总结

本模块比较全面地介绍了光栅位移传感器、球栅位移传感器的原理、基本参数、组成、特点、对设备进行升级改造的组装和测试方法，两种传感器用途基本一样。光栅测量位移的实质是将光栅栅距作为一把标准尺子对位移量进行测量，光栅移动产生的莫尔条纹与电子电路以及单片机结合起来完成对位移量的自动测量。球栅尺是目前国际上最新一代长度测量传感器，它适用于各种机床的加工测量，尤其适用于重型机电设备。球栅尺的精密钢球和线圈均被完全密闭，可以在水中或油中工作，不会因冷却水、切削液、金属粉末或尘土等的影响而污损，抗污染能力强，壳体刚性强、密封好。使用喷气枪清洗机床时，直接喷射到球栅尺也不会损坏，基准钢球的线胀系数与钢铁相同，对车间温度变化不敏感，能在强磁场和强辐射条件下工作，可用于原子反应堆，具有耐振动、安装简便、不需要日常维护等优点。整体球栅尺可做到 8m，拼接可做到 30m；环境要求低，使用寿命长，光栅的使用寿命一般是 3

年，而球栅的使用寿命可在 10 年以上。长期来看，球栅的优势更多，所以安装球栅位移传感器的效益要好于光栅位移传感器。

本模块分别介绍了用光栅位移传感器和球栅位移传感器改造 X6132 卧式铣床和 T68 卧式镗床的案例，理实一体化地论述了总体方案的制订、组装和测试方法，以及故障诊断与维修方法。

光栅位移传感器和球栅位移传感器系统属于模块三项目二中介绍的数字量传感器，本书所涉及的传感器是机电设备中广泛使用的传感器。通过对模块三中的项目二和模块四的学习，使学员对传感器的分类、使用及内在联系有进一步的理解。本书所涉及的传感器的分类及应用如图 4-2-12 所示。

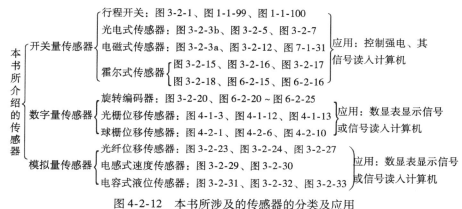

图 4-2-12　本书所涉及的传感器的分类及应用

模块五　机电设备液压及气动系统的组装测试与故障维修

本模块将介绍机电设备常用的液压及气动控制系统的组成、组装、测试、维护、故障诊断与维修方法，以及液压系统和气动系统的控制操作方法、应用案例、日常维护保养及其技术要求，将分析产生故障的原因，梳理出故障排除方法；结合模块三和模块六的知识点和能力目标，论述将数控技术与气动技术相结合，对机电设备进行升级改造的综合性技术，及气动系统故障测试与维修方法。

项目一　液压系统常用设备的组装、测试与故障维修

本项目从生产实际应用的角度出发，论述液压系统的组成及其组装、清洗、调试和日常维护与保养的操作方法与技术要求，分析产生故障的原因，提出故障的排除方法。液压系统故障的产生原因比较复杂，故障的分析诊断往往较为困难。本项目将结合典型应用案例对其进行理实一体化论述。

学习目标：

1. 掌握液压系统的组成及其组装方法和技术要求。
2. 掌握液压系统的清洗、调试方法和技术要求。
3. 掌握液压系统的日常维护方法。
4. 能够正确分析液压系统故障原因，判断其部位，能制订维修方案，并能最终排除故障。

任务1　液压系统常用设备及其组装

> **知识点：**
> - 液压站的结构、应用场合及其组装工艺。
> - 液压站系统的组装、测试与故障维修方法。
>
> **能力目标：**
> - 正确认识液压站的分类，适用场合。
> - 正确使用液压系统组装工具，进行组装、测试与故障维修。
> - 正确进行液压系统的维护与保养。

一、任务引入

液压系统的组装包括液压泵与电动机的组装、控制元件的组装、液压管路的组装、液压缸的组装及辅助元件的组装。泵的组装要保证电动机与泵的同轴度要求，使泵运转顺畅。各液压元件的组装实质就是通过管路与管接头或者集成块将液压系统各单元或元件按照技术要求连接起来，达到使用要求。下面主要介绍液压系统安装的具体实施方法和注意事项。

二、任务实施

（一）组装前的准备

1. 安装前的技术准备工作

液压系统安装前要准备好液压系统控制原理图、电气控制原理图、管道布置图、液压元件、辅件、管件清单和有关元件样本等，以便组装人员随时查阅具体内容和技术要求。

2. 设备准备与质量检查

（1）设备准备　按照液压系统控制原理图和液压件清单，核对液压件的数量，确认所有液压元件的质量状况。尤其要严格检查压力表的质量，核对压力表的合格证和校验日期，对校验时间过长的压力表要重新进行校验，确保其准确可靠。

（2）质量检查　液压元件在运输或库存过程中极易被污染和锈蚀，库存时间过长也会使液压元件中的密封件老化而丧失密封性。有些液压元件由于存在制造质量问题，达不到使用要求，所以必须对元件进行严格的质量检查。

1）检查机械精度。检查各类液压元件型号是否与其清单一致。检查所有液压元件上的调整螺钉、调节手轮、锁紧螺母和附带的密封件表面质量是否完好；检查板式连接元件的连接平面是否符合平面度要求，安装密封件的沟槽尺寸加工精度。管式连接元件的联接螺纹口不准有毛刺、破损和活扣现象，板式阀安装底板的连接平面不准有凹凸不平缺陷，联接螺纹不准有破损和活扣现象等。

2）检查使用寿命。液压元件通常都有其保存寿命。例如，液压元件的密封圈时间太长会老化，必要时要进行拆洗、更换，并进行性能测试。

3）检查是否有锈蚀。不少液压元件长时间不用或保存不当会生锈，使用前一定要进行锈蚀检查。箱内部不准有锈蚀，装油前油箱内部一定要清洗干净。检查电磁阀中的电磁铁心及外表等是否生锈，由于锈蚀会影响工作效果，若有锈蚀必须清洗或更换。

4）检查密封性。检查各种密封件外观质量是否符合要求，查看所领密封件的保管期限。蓄能器质量要符合要求，所带附件要齐全。对存放时间过长的蓄能器要严格检查其质量，不符合技术指标和使用要求的蓄能器不准使用。

5）检查空气过滤器。空气过滤器用于过滤空气中的粉尘，通气阻力不能太大，必须保证箱内压力为大气压。所以空气过滤器要有足够大的通过空气的能力。

6）检查连接件。管子和管接头的材料、通径、壁厚和接头的型号规格及加工质量都要符合设计要求，不准有缺陷，管子内、外壁表面不得有腐蚀或显著变色，管子表面凹入程度达到低于管子直径的10%。软管表面没有伤皮或老化现象，法兰密封面没有气孔、裂缝、毛刺、径向沟槽，法兰密封沟槽尺寸、加工精度要符合设计要求。

（二）组装过程的实施

1. 液压泵与电动机组件的组装、精度测试与调整维修

（1）液压泵和电动机的组装形式　液压站的结构形式按泵的安装位置可分为上置立式、上置卧式和旁置式。

1）上置立式：图5-1-1所示为上置立式液压泵和电动机的组装图。泵装置立式安装在油箱盖板上，沉入油箱，管路和泵等均在油箱内部，便于收集漏油，外形整齐，主要用于定量泵，不调节流量。

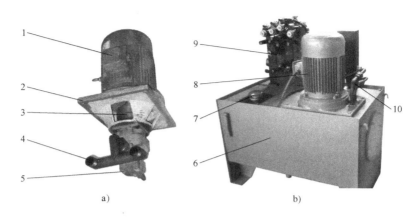

图 5-1-1　上置立式组装的液压泵与电动机

a）电动机和液压泵组装成一体　b）液压站

1、8—电动机　2—法兰　3—联轴器　4—吸油管口　5—液压泵　6—油箱　7—过滤器　9—阀与集成块　10—管路

2）上置卧式：图 5-1-2 所示为上置卧式液压泵和电动机的组装图。泵装置卧式安装在油箱盖板上，多用于变量泵系统，便于流量调节，管道露在外面，便于安装和维修。液压泵通常用直角支座或法兰进行安装。

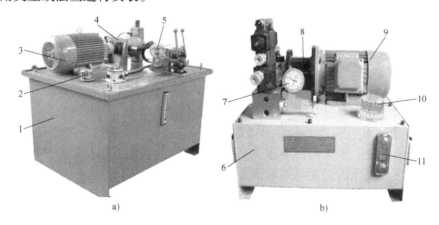

图 5-1-2　上置卧式组装的液压泵与电动机

a）采用直角支架组装电动机和液压泵的液压站　b）采用法兰组装电动机和液压泵的液压站

1、6—油箱　2、10—过滤器　3、9—电动机　4—直角支架　5、7—压力表　8—法兰　11—温度计

3）旁置式：图 5-1-3 所示为旁置式液压泵和电动机液压站。泵装置卧式安装在油箱旁单独的基础上。旁置式可装备用泵，主要用于油箱容量大于 250L，电动机功率在 7.5kW 以上的液压系统，便于流量调节，管道露在外面，便于安装和维修。液压泵通常用直角支座或法兰连接到电动机轴上。

上置卧式和旁置式组装的液压泵传动轴不能承受径向力和轴向力，因此不允许在轴端直接安装带轮、齿轮、链轮等，常用电动机直接通过弹性联轴器来传动。液压马达的安装与液压泵相似，某些马达允许承受一定的径向或轴向负荷，但不应超过规定的允许值。

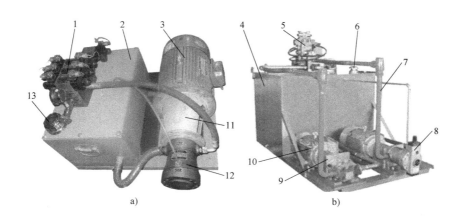

图 5-1-3　旁置式液压泵和电动机液压站

a) 采用法兰组装电动机和液压泵的液压站　b) 采用直角支座组装电动机和液压泵的液压站

1、5—阀与集成块　2、4—油箱　3、10—电动机　6、13—过滤器　7—管路　9—直角支座　8、12—液压泵　11—法兰

（2）液压泵与电动机的连接方式、技术要求与维修

1）直角支座的连接方式、技术要求与维修。图 5-1-4 所示为采用直角支座安装方式的液压泵与电动机，要测试的项目如下：

① 如图 5-1-4a 所示，测试直角支座上泵安装孔对电动机输出轴的同轴度，要求不大于 0.10mm，如果超差则对直角支座底面进行刮削。

② 如图 5-1-4b 所示，测试直角支座上泵安装端面对电动机输出轴的垂直度，要求不大于 0.05mm，如果超差则对直角支座底面进行刮削。

③ 直角支座的止口中心高度允许比电动机的中心高度略高 0~0.8mm，这样在组装调整泵与电动机的同轴度时，可只垫高电动机的底面，允许在电动机与底座的接触面之间垫入金属垫片（垫片数量不得超过 3 个，总厚度不大于 0.8mm），要顾及同轴度和垂直度综合效果垫金属片。

④ 液压泵吸油口的安装高度，一般距离油面不大于 500mm。无自吸能力的液压泵，需要加低压液压泵（0.4~0.7MPa）向液压泵吸油口供油；也可设置高位油箱，使液压泵吸油口安置在油箱油面以下 300~400mm。

⑤ 安装液压泵时还应注意：进、出口与旋转方向一致，不得反接；安装联轴器时，不要用力敲打，以免损伤泵的转子。在安装时，液压泵、电动机、支座、底座各元件相互接合面上必须无锈、无凸出斑点和油漆层，在这些接合面上应涂一薄层防锈油。

2）法兰连接方式、技术要求与维修。图 5-1-5 所示为采用法兰联接方式的液压泵与电动机，泵输出轴与电动机轴采用联轴器连接，将连接后的泵轴和电动机输出轴置于法兰内部，组装精度测试的项目如下：

① 如图 5-1-5a 所示，在离开法兰端面 80mm 处测试电动机输出轴对泵安装孔的同轴度，要求不大于 0.08mm，如果超差则对法兰安装平面进行刮削。

② 如图 5-1-5b 所示，测试泵轴安装孔对法兰止口孔的同轴度，要求不大于 0.05mm，如果超差则对与电动机相连的法兰安装内孔进行刮削维修。

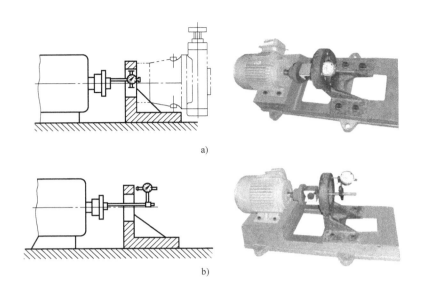

图 5-1-4　直角支座安装泵测试同轴度和垂直度
a）测试直角支座上泵安装孔对电动机输出轴的同轴度
b）测试直角支座上泵安装端面对电动机输出轴的垂直度

③ 如图 5-1-5c 所示，测试泵轴安装孔对法兰安装孔端面的垂直度，这样在组装调整泵与电动机的同轴度时，可只垫高电动机的底面，允许在电动机与底座的接触面之间垫入金属垫片（垫片数量不得超过 3 个，总厚度不大于 0.8mm），要顾及同轴度和垂直度综合效果垫金属片。

2. 液压缸的组装、精度测试与调整维修

（1）液压缸的分类及其结构形式　液压缸的形式多种多样，分类方法也各不相同。按照液压缸的安装方式分为铰接式液压缸和固定式液压缸；按照运动形式可分为推力液压缸和摆动液压缸。在生产中应用最多的是推力液压缸，根据液压力作用方式不同，它有单作用和双作用之分；根据结构形式不同，有柱塞、活塞、伸缩式之分；根据组合方式不同，有串联、增压和齿条活塞式之分。

1）铰接式安装的单作用活塞杆液压缸。图 5-1-6 所示为铰接式单作用活塞杆液压缸。工作过程中，缸体和活塞杆随着车厢的倾斜绕铰接端作相应的转动，活塞杆又有轴向运动。如图 5-1-6c 所示，液压缸进油口进油时，活塞杆伸出顶起车厢卸货，卸完货进油口慢慢回油，活塞杆在车厢压力的作用下缩回缸体内，这就是单作用活塞杆液压缸。

2）铰接式安装的双作用活塞杆液压缸。图 5-1-7 所示为铰接式双作用活塞杆液压缸，这种液压缸的缸体两头都可以进油和出油，液压缸的内部组成如图 5-1-7a 所示。

3）固定式双活塞杆液压缸。图 5-1-8 所示为缸筒固定式安装的双活塞杆液压缸，活塞两侧都有活塞杆伸出，根据安装方式不同又分为活塞杆固定式和缸筒固定式两种安装形式。

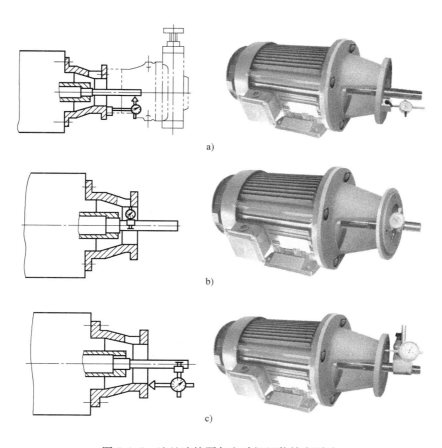

图 5-1-5　法兰连接泵与电动机组装精度测试

a）电动机输出轴对泵安装孔同轴度测试示意图和外形图　　b）泵轴安装孔对法兰止口孔的同轴度测试示意图和外形图

c）泵轴安装孔对法兰安装孔端面的垂直度测试示意图和外形图

两个铰接式安装
的单活塞液压缸

图 5-1-6　五征牌四轮自卸车上的铰接式单作用活塞杆液压缸

a）带两个摆动式液压缸的五征牌自卸车　　b）摆动液压缸外形　　c）单作用液压缸图形符号

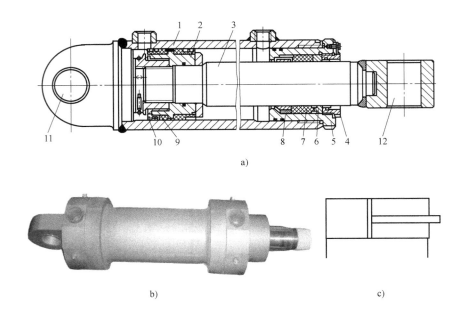

a)

b)   c)

图 5-1-7   铰链双作用活塞杆液压缸

a) 双作用活塞杆液压缸结构   b) 双作用活塞杆液压缸的外形照片   c) 图形符号

1—缸体 2—活塞 3—活塞杆 4—螺母 5—端盖 6、8—导向套

7—V 形密封圈 9—Y 形密封圈 10—支承环 11、12—摆动式液压缸组装孔

a)   b)

图 5-1-8   缸筒固定式安装的双活塞杆液压缸

a) 双活塞杆液压缸外形图   b) 图形符号

（2）液压缸组装及其注意事项   液压缸安装时，要做好专用的密封件保护工作，并将进出油口用专用材料填平，以保证活塞装入缸筒时密封件不会被切坏。

1）检查活塞杆是否弯曲，特别对长行程液压缸。活塞杆弯曲会造成缸盖密封损坏，导致泄漏、爬行和动作失灵，并且加剧活塞杆的偏磨损。

2）液压缸轴线应与导轨平行，特别注意活塞杆全部伸出时的情况。若二者不平行，则会产生较大的侧向力，造成液压缸卡死、换向不良、爬行或液压缸密封破损失效等故障。一般可以导轨为基准，用百分表调整液压缸，使活塞杆（伸出）的侧素线与 V 形导轨平行，上素线与平导轨平行，公差为 0.04 ~ 0.08mm/m。

3）活塞杆轴线对两端支座的安装基面的平行度误差不得大于 0.05mm。

4）对行程较长的液压缸，活塞杆与工作台的连接应保持浮动（以球面副相连），以补偿安装误差产生的卡死和补偿热膨胀的影响。

3. 控制阀组装基本知识

（1）相关控制阀的基本知识

1）三位四通电磁换向阀。图 5-1-9 所示为直流湿式三位四通电磁换向阀，当两边电磁铁都不通电时，阀芯 3 在两边对中弹簧 4 的作用下处于中位，P、T、A、B 口互不相通；当右边电磁铁通电时，推杆 6 将阀芯 3 推至左端，P 与 B 通，A 与 T 通；当左边电磁铁通电时，P 与 A 通，B 与 T 通。必须指出，由于电磁铁的吸力有限（120N），因此电磁换向阀只适用于流量不太大的场合，当流量较大时，需采用液动或电液动控制。

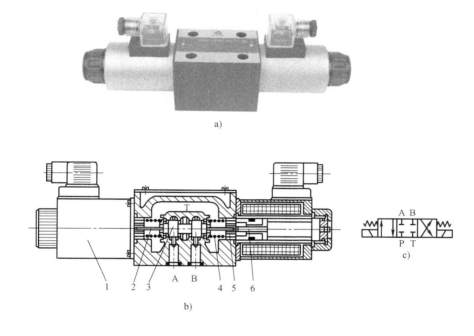

图 5-1-9　直流湿式三位四通电磁换向阀

a）实物照片　b）结构原理图　c）符号

1—电磁铁　2、6—推杆　3—阀芯　4—弹簧　5—挡圈

2）叠加板结构先导型溢流阀。图 5-1-10 是基于 ZDB/Z2DB 型压力控制阀的叠加板结构先导型溢流阀，用以限制系统压力。它由阀体 1 和 1 个或 2 个插装式压力阀 7 组成。油路 A 中压力作用在阀芯 3 上；同时在阀芯 3 上产生一个降压，阀芯 3 向弹簧移动而打开，油液从 A 口流向 O 口，使系统压力保持在弹簧 6 的设定值。

3）叠加型溢流阀。图 5-1-11 所示为叠加型电磁流量阀，利用电磁阀切换节流阀的旁路状态，以控制工作机的快慢速动作。

（2）液压阀的组装形式及其特点　液压控制阀的连接形式有集成块式、叠加式和插装式等，其中集成块式和叠加式较为常用。

1）集成块式液压阀的组装。液压集成块由集成式液压元件（如叠加阀）构成。集成式液压元件组成液压系统时，不需另外的连接块，它以自身的阀体作为连接体直接叠合而成，其特点如下：

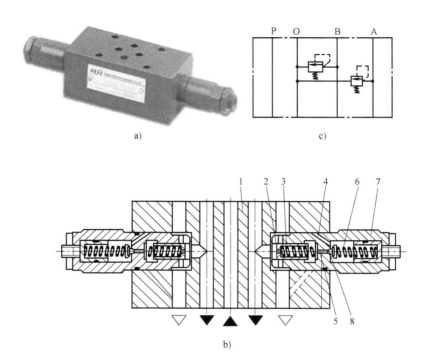

图 5-1-10　ZDB/Z2DB 叠加板结构先导型溢流阀

a）实物照片　b）结构原理图　c）符号

1—阀体　2、5—节流孔　3—阀芯　4—回油孔　6—弹簧　7—插装式压力阀　8—锥阀阀芯

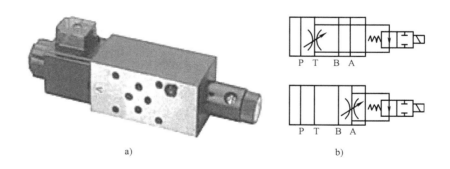

图 5-1-11　叠加型电磁流量阀

a）外形图　b）图形符号（常开型）

① 液压系统结构紧凑，安装方便，装配周期短。

② 当液压系统有变化，改变工况需要增减元件时，组装方便迅速。

③ 元件之间实现了无管连接，消除了因油管、管接头等引起的泄漏、振动和噪声。

④ 整个系统配置灵活，外观整齐，维护保养容易。

⑤ 标准化、通用化和集成化程度高。

2）集成块式控制阀组装原理。液压集成块由集成式液压元件（如叠加阀）构成。用集成式液压元件组成液压系统时，不需另外的连接块，它以自身的阀体作为连接体直接叠合而成。

　　液压集成块的作用要看集成块中都包含了哪些集成元件，集成元件不同，则其作用也不同。如果集成块中包含了溢流阀、节流阀和换向阀，这样，它就有调压、调速和换向的作用，图 5-1-12 所示是组装完毕的集成块式液压控制阀。

图 5-1-12　液压集成块
1—联接螺栓　2—集成块　3—液压阀

　　① 阀块所有各油流通道内，尤其是孔与孔贯穿交叉处，都必须仔细去净毛刺，用探灯伸入到孔中仔细清除、检查。阀块外周及各周棱边必须倒角去毛刺。加工完毕的阀块与液压阀、管接头、法兰相贴合的平面上不得留有伤痕，也不得留有划线的痕迹。

　　② 阀块加工完毕后必须用防锈清洗液加压清洗。各孔流道，尤其是对不通孔应特别注意洗净。槽的清洗应分粗洗和精洗。清洗后的阀块，如暂不装配，应立即将各孔口盖住，可用大幅的胶纸封在孔口上。

　　③ 向集成块上安装液压阀时，要核对它们的型号、规格。各阀都必须有产品合格证，并确认其清洁度合格。

　　④ 核对所有密封件的规格、型号、材料及出厂日期（应在使用期内）。

　　⑤ 装配前再一次检查阀块上所有的孔道是否与设计图一致、正确。

　　⑥ 检查所用的联接螺栓的材质及强度是否达到设计要求以及液压件生产厂规定的要求。阀块上各液压阀的联接螺栓都必须用指示式扭力扳手拧紧。拧紧力矩应符合液压阀制造厂的规定。

　　⑦ 凡有定位销的液压阀，必须装上定位销。

　　⑧ 阀块上应钉上金属标牌，标明各液压阀在设计图上的序号，各回路名称，以及各外接口的作用。

　　⑨ 阀块装配完毕后，在装到阀架或液压系统上之前，应将阀块单独先进行耐压试验和功能试验。

　　3）叠加阀的组装。叠加阀的组装如图 5-1-13 所示。叠加阀自成体系，每一种通径系列的叠加阀，其主油路通道和螺钉孔的大小位置数量都与相应通径主换向阀相同。因此，同一通径系列的叠加阀都可以叠加起来组成不同的系统。通常一个系统（指控制一个执行部件）可以叠成一叠。在一叠中，系统中的主换向阀（它不属于叠加阀，而是常规阀）安装在最上面，与执行部件连接用的底板块放在最下面；而压力流量和单向控制的叠加阀安装在主换向阀和底板之间，其顺序按系统动作要求予以安排即可。

　　4. 管路的组装

　　（1）管路的选择

　　1）中高压管路因承受压力相对较高，通常采用冷拔无缝钢管，材料为 10 钢或 15 钢，绝不能用锈蚀严重的管子。

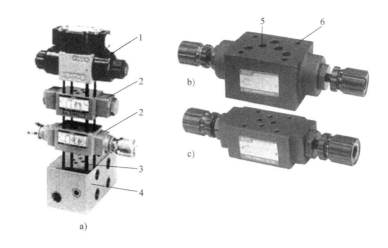

图 5-1-13　叠加阀的组装

a）叠加阀组装　b）、c）不同油路孔和螺柱安装孔的叠加阀

1—主换向阀　2—叠加阀　3—螺柱　4—底板　5—油路孔　6—螺柱安装孔

2）低压管路因承受压力相对较低，通常采用拉制纯铜管，走向弯曲时便于配管；也有采用冷拔无缝钢管或不锈钢管的。

3）活动部位连接时应采用胶管接头。

（2）管路布置的要求

1）管道的敷设排列和走向应整齐一致，层次分明；尽量布置成水平式或垂直式，管路要尽量短，尽可能减少拐弯、接头或小角度弯管；应采用大圆弧，以减少压力损失，避免产生振动和噪声。

2）尽量避开高温辐射及冷却水喷淋等温度太高或太低之处，特别是胶管接头。

3）管路布置应不影响主机等设备的运转，管道的配置必须使管道、液压阀和其他元件装卸、维修方便。管路布置要安全可靠，系统中任何一段管道或元件应尽量能自由拆装而不影响其他元件。

4）安装发生抵触时，应小管让大管，低压管让高压管。

5）管道在相互平行、交叉时不能接触，至少应隔开 10mm 的距离；平行管道的接头要错开安装，以免影响安装和拆卸。

6）配管时必须使管道有一定的刚性和抗振性能，应适当配置管道支座和管夹。弯曲的管子应在起弯点附近设支座或管夹，管道不得与支座或管夹直接焊接。

7）管道的重量不应由阀、泵及其他液压元件和辅件承受，管道也不应支承较重元件的重量。

8）为便于拆卸清洗管道，应适当安装活接头，但要少用，以减少泄漏的可能性。

（3）确定管子长度　在现场测定管子的长度，要注意弯管半径大小的影响；连接管路时，应使管子有足够的变形余量，避免使管子受到拉力；要考虑各类不同的管接头接入管路后的影响。管子长度应逐段确定、切断、预装，以方便在现场根据实际情况调整。切下的短管要尽量用在各个需要短管的地方，必要时可用直通管接头接长，但管段上接头宜少不宜多。

（4）切断管子

1）液压系统管子直径小于50mm时可用砂轮切割机切割，直径大于或等于50mm的管子一般应采用机械加工方法切割。如果用气割，则必须先车去因气割形成的组织变化部分，同时可车出焊接坡口。除回油管外，压力油管道不允许用滚轮式挤压切割器切割，管子切割表面必须平整，无毛刺、氧化皮、焊渣等，切口表面与管子轴线应垂直。

2）将管子垂直锯断，管端面与管轴线的垂直度公差为±3°，断面平面度误差不大于1mm，锯断后不得影响钢管锯断处的圆度和直径，切口要平整。

3）如图5-1-14所示，用锉刀、刮刀等管口修边器在钢管的端口，内、外表面轻度去毛刺，允许的倒角为$C0.2$。

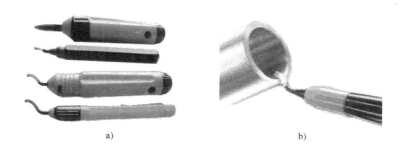

a)   b)

图5-1-14　管口修边器及其去管口毛刺
a) 管口修边器　b) 用管口修边器修管口毛刺

4）用干净的压缩空气或其他方法清除管内附着的杂物及浮锈。

（5）管子弯曲

1）外径小于30mm的管子可采用冷弯法；管子外径在30～50mm时，可采用冷弯或热弯法；管子外径大于50mm时一般采用热弯法。大口径管子可用直角接头替代。弯管时，要用图5-1-15所示的弯管机，弯曲半径要为管径的4倍以上。

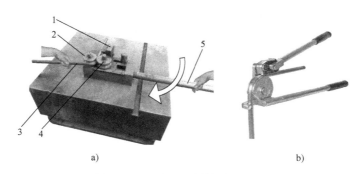

a)   b)

图5-1-15　液压金属管手工折弯
a) 钢管手工折弯　b) 铜管手工折弯
1—导轨　2—导轮　3—钢管　4—压轮　5—施力手柄

2）管路弯曲处的圆度（长短径变化）应小于管径的 15%，弯曲外侧壁厚减薄量不应超过管壁厚度的 20%，内侧不能出现折皱、扭伤、压瘪等现象。

3）若弯曲处管端有接头，则管端应有一段直管与接头相连，且从直管末端到弯曲处的长度至少为螺母高度的 2 倍，以免影响安装。

（6）管接头的连接

1）扩口式管接头。扩口式管接口结构如图 5-1-16 所示，由接头体 4、螺母 1 和导套 2 组成。这种管接口适用于壁厚不大于 1.5mm 的钢管、铜管和尼龙管的连接。其工作压力较低，多用于低压液压系统中。扩口式管接头的安装方法如下：

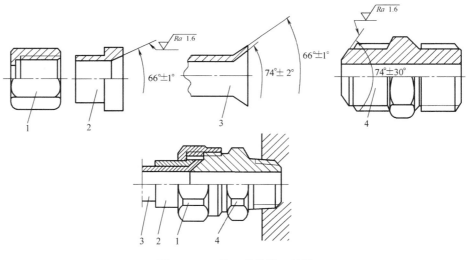

图 5-1-16　扩口式管接口结构
1—螺母　2—导套　3—油管　4—接头体

① 把管子垂直其轴线割断。

② 清理管内外的毛刺，不要划出凹槽清洁管口，否则扩口时会损坏管子扩口的表面。

③ 将螺母和扩口衬套套在钢管上。

④ 用扩口的工具或机器对管子进行扩口，其中，扩口与管接头的最大直径相等。正确的扩口尺寸应该介于管接头前端内外径尺寸之间。扩口用的锥体必须与管子同轴，扩口前锥体表面清理干净，不要划出凹槽。

⑤ 如图 5-1-16 所示，把扩口后的钢管压在接头体上，用手旋转螺母，用扳手紧固螺母直到油管一动不动地压在接头体上，如果要求必须加固时，可以多旋转 1/4 圈。

2）卡套式管接头。图 5-1-17 所示为卡套式管接头，它由接头体 1、卡套 3 和螺母 2 三个基本零件组成。卡套 3 左端内带有刃口，两端外圆均带有锥面。装配时，首先将被连接的油管 4 垂直切断，再将螺母 2 和卡套 3 套在管子上，然后将管子插入接头体 1 的内孔，卡套卡进接头体内锥孔与管子之间的空隙内，最后将螺母旋在接头体上，使其内锥面与卡套的外锥面靠紧。装好的管接头卡套中部稍有拱形凸起，尾部（右端）也径向收缩抱紧管子，卡套因中部拱起具有一定弹性，有利于密封和防止螺母松动。

这种接头的特点是拆装方便，能承受大的冲击和振动，使用寿命长，但对卡套的制造质量和钢管外径尺寸精度要求较高。卡套式管接头有许多种接头体，使用时可查阅卡套式管接

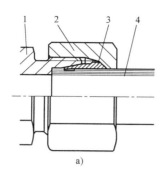
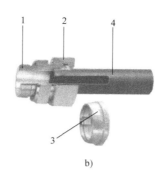

a)

b)

图 5-1-17　卡套式接头

a）接头剖面图结构　b）接头实物照片

1—接头体　2—螺母　3—卡套　4—油管

头的有关标准。卡套式接头的安装步骤如下：

① 在螺母的螺纹上，预安装接头体的螺纹和锥面上，然后在卡套上涂少量的油脂。

② 将螺母和卡套推上钢管，并确认卡套没有装反。

③ 将钢管压紧在预安装接头体内，应尽量保证管子与接头体的同轴度。将螺母拧入预安装接头，再用扳手拧紧，直到卡套抱紧钢管。这时，将明显感觉到拧紧力的增加。然后用扳手继续将螺母拧紧 1/4～1/2 圈。对于直径大于 $\phi12mm$ 的钢管要用加长的扳手。

注意：预装力不宜太大，使卡套的内刃刚好嵌入管子外壁即可，卡套不应有明显的变形。在进行管路连接时，再按规定的拧紧力装配。在拧紧螺母时不要使钢管被带动旋转。

④ 检查钢管是否在卡套前端受挤后形成了一个明显的突起，并已将卡套前沿包住，如已形成而且卡套在钢管上不能前后移动，则只能略微转动。此时，预安装结束。

⑤ 为了避免在卡套收紧时，钢管收缩变形，钢管壁厚不能太薄。对于 $\phi8～\phi15mm$ 的钢管，壁厚应大于 1mm；$\phi16～\phi18mm$ 钢管，壁厚应大于 1.5mm；$\phi20～\phi35mm$ 的钢管，壁厚应大于 2mm；$\phi38～\phi42mm$ 的钢管，壁厚应大于 2.5mm。如必须选用薄壁管，则应在钢管内塞衬套，增加连接处壁厚。

⑥ 卡套式接头在管路中的最后安装：如需采用卡套密封，应先将卡套密封套在卡套上，然后将预安装过卡套的钢管插入需连接的接头体。用扳手将螺母拧在接头体上，先将螺母拧至感到有阻力，再拧紧大约 1/2 圈即可。

3）焊接式管接头。如图 5-1-18 所示，把螺母 2 套在接管 4 上，在油管端部焊接接管 4，靠旋紧螺母 2 把接管 4 与接头体 1 连接起来，接头体 1 的另一端可与另一油管或元件连接，接管 4 与接头体 1 结合处加密封垫圈 3 或 O 形密封圈以防漏油。

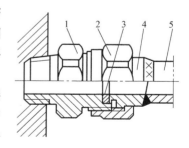

图 5-1-18　焊接式管接头

1—接头体　2—螺母　3—垫圈

4—接管　5—油管

油管与接管的焊接采用钨极氩弧焊或氩弧焊封底后再用电弧焊充填，当压力超过 21MPa 时，应同时在管内部通 5L/min 的氩气；管壁厚 >2mm 时，外圆应切 35° 坡口，并在对口处留 3mm 间隙；管壁厚

≤2mm时，不切坡口，对口处留2mm间隙。

4）高压胶管接头的安装注意事项如下：

① 对于胶管，既不能过度弯曲，也不能在根部弯曲，至少要在其直径的1.5倍处开始弯曲。

② 胶管移动到极端位置时不得拉得太紧。

③ 尽量避免胶管的扭转变形。

④ 胶管应尽可能远离热辐射构件，必要时应安装隔热板。

⑤ 应避免胶管外部损伤，如使用中同构件表面的长期摩擦等。

⑥ 若胶管因自重引起变形时，应在相应位置设置支托件。

5）管接头处预防泄漏的措施。在液压系统中，无论是金属管接头，还是软管接头，都容易产生泄漏。对于卡套式管接头，大多因管道受到较大的外力或冲击力，使卡套松动或管端面变形造成泄漏。此时，应检查卡套是否不圆，刃口有无缺损，管端是否完好，以及卡套螺母的压紧程度等。同时还要消除管道外力。对于扩口式管接头，大多因扩口过度、质量不合要求或多次拆卸，致使扩口变形或裂纹等造成泄漏，此时可将前端截去重新扩口。在一些用O形密封圈靠端面或外径密封的场合，其泄漏原因有以下几种：O形密封圈老化或变形而造成泄漏；O形密封圈装配不到位，使两平面连接时压不平或O形密封圈被切割造成泄漏；O形密封圈未压实，弹性变形量不足而造成泄漏；O形密封圈止口槽过深而造成泄漏。对此，需重新选择外径相同和截面较粗的O形密封圈，也可将带有止口槽的密封平面进行切削或磨削加工，以减小止口槽深度，使O形密封圈有足够的弹性变形量（压缩量一般应为0.35~0.65mm）。对于采用耐油胶板、羊毛毡、软钢纸板、组合密封垫圈或密封胶的管接头处泄漏。无论是何材质，首先应检查其密封件有无破损、变形、老化和表面粗糙度值过大等情况，然后采取相应的措施。

6）管夹的安装。

① 管夹的垫板一般直接或通过角钢等支座焊在结构件上，在混凝土楼板面或墙侧支座上用膨胀螺栓固定。

② 管夹安装时要注意找平，即安装面在同一个高度上。

③ 管径≤ϕ10mm时，管夹的间距为0.5~1m；管径为ϕ10~ϕ25mm时，管夹的间距为1~1.5m；管径为ϕ25~ϕ50mm时，管夹间距为1.5~2m，但在直角拐弯处，两边应各用一个管夹。预安装完毕并检查合格后，对管路打印配合记号，每件一个编号，列成表格备用。待管路拆下清洗后，按编号复原。

7）注意事项。

① 安装前所有钢管可先按要求进行酸洗处理，特别是与卡套式管接头连接的钢管应先酸洗，然后将卡套预先紧固在管端。

② 所有管接头应先用煤油清洗干净待装，里面的O形密封圈应暂时取出保管，待正式安装时再放上。

③ 施工中要保持泵、分配器等设备的油口、管接头、管端等开口处清洁，不能让水、灰尘等异物进入。

④ 管路应在自由状态下敷设，焊装后的管路不得施加过大的径向力强行固定和连接。

⑤ 轴承座的油孔要事先检查，内部油路是否畅通，油口螺纹是否同接头相配。

5. 压力表的安装

（1）压力表的选择　扩口式管接头液压系统中最常用的压力表有机械弹簧式和数显式两种。图 5-1-19a 所示为机械弹簧式压力表及其开关，一般情况下，压力表的准确度等级可选 2.5～4 级即可。压力表的准确度等级的数值等于压力表最大误差占量程的百分数。液压系统的最高工作压力不应超过压力表量程的 3/4，系统正常工作压力等于压力表量程的 2/3～3/4，压力表低于 1/3 量程部分准确度较低，不宜使用。

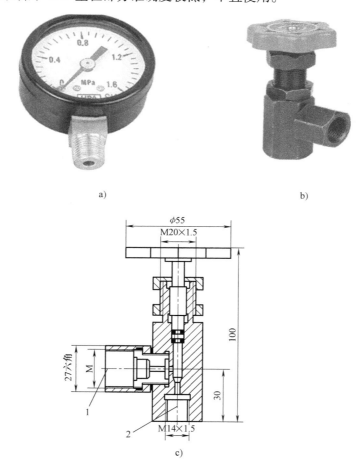

a)　　　　　　　　　　　　　b)

c)

图 5-1-19　压力表及其开关结构图
a）压力表　b）压力表开关　c）压力表开关结构图
1—压力表螺纹联接口　2—压力油接口

（2）压力表开关　图 5-1-18b 所示为压力表开关，用来连接压力表和测量点的油路，开关通道上设有阻尼孔，当有压力冲击时起到缓冲作用，防止压力表指针剧烈摆动，以保护压力表。

压力表开关按所测点的数目不同可分为一点、三点和六点等多种。按连接方式不同又可分为管式连接和板式连接两种。图 5-1-19b 所示为 KF 型压力表开关的外形图，图 5-1-19c 所示是 KF 型压力表开关的结构图，其图示状态是开关关闭状态，液压油接口 2 和压力表螺纹联接口 1 被阀杆堵死，转动手轮可以打开开关，同时也可以调节阀口开度。KF 型压力表开关也可以起到小型截止阀和节流阀的作用。

（3）压力表安装的注意事项　压力表在使用前必须经过计量部门校验合格，才能投入使用。应注意定期检验，在有效期内使用。压力表安装的注意事项如下：

1）压力表的安装位置应符合安装状态的要求，表盘一般应垂直安装，安装位置的高低应便于工作人员观测。

2）压力表安装处与测压点的距离应尽量短。

3）压力表应安装在便于操作维修的地点，为便于检验，压力表要安装在具有缓冲作用的压力表开关上。

4）安装压力表时应在接头上加垫片，而不要采取缠麻丝或直接上到压力表开关上，要保证密封性完好，不能出现泄漏现象。

5）安装在现场的压力表，一般选用表面直径为 100mm 的即可，如安装位置较高，照明条件差时，可选用表面直径为 150mm 或 200~250mm 的压力表。

（4）压力表的安装方法　首先用图 5-1-20 所示的压力表接头把压力表开关液压油接口和阀块连接在一起，如图 5-1-21 所示，在压力表螺纹接口内放入垫片，然后旋入压力表，拧紧即可。

图 5-1-20　压力表接头

图 5-1-21　压力表安装在阀块上

6. 空气过滤器的安装

图 5-1-22 所示是 EF 型空气过滤器。液压系统工作时，油箱内油面会上下波动，在油箱盖板上垂直安装空气过滤器，可以保持油箱内外的空气联通，维持油箱内的压力和大气压力平衡，以避免泵出现气穴现象，并过滤空气防止空气中杂物进入油液引起液压系统故障。

安装时先将过滤器上盖旋下，将过滤器连同密封垫片放入油箱盖板上的过滤器安装孔，对好四个螺钉孔，将四个螺钉均匀拧紧，最后旋上滤清器上盖。

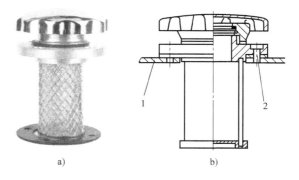

a) 　　　　　　b)

图 5-1-22　EF 型空气过滤器
a）外形图　b）安装图
1—油箱盖板　2—四个固定螺钉

7. 油过滤器的安装

（1）油过滤器的选用　选用油过滤器要考虑下列几点：

油过滤器应根据液压系统的技术要求，按过滤精度、通流能力、工作压力、油液粘度、工作温度等条件选定其型号。

1）能在较长时间内保持足够的通流能力。

2）滤心具有足够的强度，不因液压的作用而损坏。

3）滤心耐蚀性能好，能在规定的温度下持久地工作。

4）滤心清洗或更换方便。

（2）油过滤器的安装及注意事项

1）安装在泵的吸油管道上。泵的吸油路上一般都安装有表面型油过滤器，滤去较大的杂质微粒以保护液压泵，油过滤器的过滤能力应为泵流量的两倍以上，压力损失小于 0.02MPa。

2）安装在泵的出口处。目的是滤除可能侵入泵以外元件的污染物，其过滤精度应为 $10\sim15\mu m$，且能承受油路上的工作压力和冲击压力，压降应小于 0.35MPa，同时应并联旁通安全阀以防油过滤器堵塞。

3）安装在系统的回油路上。这种安装起间接过滤作用，油过滤器不受高压作用，一般与油过滤器并联安装一个背压阀，当油过滤器堵塞达到一定压力值时，背压阀打开。

4）单独过滤系统。大型液压系统可专设一液压泵和油过滤器组成独立的过滤回路。

液压系统中除了整个系统所需的油过滤器外，还常常在一些重要元件（如伺服阀、精密节流阀等）的前面单独安装一个专用的精油过滤器来确保它们的正常工作。

5）油过滤器在使用过程中，必须定期清洗，以免堵塞。

6）图 5-1-23 所示为一个线隙式油过滤器，安装时将油过滤器出口螺纹和液压泵吸油管入口处的螺纹（见图 5-1-1 和图 5-1-2 中的油过滤器）联接起来。安装好后，油过滤器要在最低液面以下，距离箱壁要有 3 倍管径以上的距离。

图 5-1-23　线隙式油过滤器

三、任务要点总结

本次任务的主要内容是液压系统的组装，包括液压泵的安装、控制元件的安装、执行元件的安装和管理系统的安装。泵的安装着重介绍了安装时如何测量和保证泵的同轴度方法和措施。控制元件介绍了集成块的组装和叠加阀的组装，管路系统的组装介绍了管路的选择、布置、连接及注意事项。通过学习，要求掌握液压系统的组装技术。

四、思考与训练题

1. 液压站的结构形式有哪几种？分别应用于何种场合？

2. 安装液压泵时如何保证泵和电动机的同轴度要求？

3. 安装时如何操作才能避免阀体的扭曲变形？

4. 如何选择和布置液压管路？

任务2　液压系统的清洗、调试与维护

> **知识点:**
> - 液压系统污染的途径和危害。
> - 液压系统的清洗、调试和维护方法。
>
> **能力目标:**
> - 掌握液压系统的清洗方法。
> - 掌握液压系统的调试和维护方法。

一、任务引入

机电设备运行之前或大修之后,液压系统往往遭受污染,新液压元件中可能含有毛刺、切屑、飞边、灰尘、焊渣和油漆等污染物,元件也可能在储存、搬运过程中被污染,油箱的制作过程中可能积聚锈、漆片和灰尘等,在软管、管道和管接头的安装过程中都有可能将污染物带入系统,被污染的液压设备投入运行后很有可能发生故障,而且早期发生的故障往往都很严重,有些元件(如泵、马达)有可能会遭到致命性的损坏。污染物可能堵塞压力阀和流量阀等元件的小节流孔而干扰功率传递,导致阀的动作失调和不安全。小于元件机械间隙的极细小的颗粒可能在间隙中聚积,最终阻碍润滑油液向运动零件间的小间隙流动,颗粒进入运动零件表面之间可能破坏润滑油膜,引起零件表面磨料磨损。密封件和相互运动的表面可能由于污染的存在而损坏。大的污染物可能把叶片卡在转子槽中,导致泵或马达咬死。为确保液压系统的洁净,必须将预安装后的管路拆下清洗,清洗有煤油清洗和酸洗两种。清洗合格后都要对液压系统进行必要的调整试车,使其在满足各项技术参数的前提下,按实际生产工艺要求进行必要的调整,使其在重负荷情况下也能运转正常。

二、任务实施

(一) 第一次清洗

液压系统第一次清洗是在预安装(试装配管)后,将管路全部拆开进行的。第一次清洗应保证把大量的、明显的、可能清洗掉的金属毛刺与粉末、砂粒灰尘、油漆涂料、氧化皮、油渍、棉纱及胶粒等污物全部清洗干净,否则不能进行液压系统的第一次组装。

1. 煤油清洗

(1) 清洗的对象　铜管、不锈钢管,预安装前已经经过酸洗处理,且现在内壁无锈蚀、氧化皮的钢管,在预装时弄脏的管接头等。

(2) 清洗的方法　将需要清洗的管子及接头拆下,管子用布(要不掉毛纱)蘸煤油把管内擦净,两端及接头浸泡在煤油中清洗,然后管内涂机油或填满润滑脂,两端密闭好待装。

(3) 清洗的要求　清洗后不得有目测可见的污染物(如切屑、纤维状杂质、焊渣等),要特别注意焊接处的内壁焊渣必须彻底清洗干净。

2. 酸洗对象

1) 预安装前未经酸洗的钢管。

2）虽已经过酸洗，但现在锈蚀严重的钢管。

3. 酸洗施工顺序

（1）脱脂　用氢氧化钠、硫酸钠等脱脂剂，除去配管上粘附的油脂。

（2）水洗　用温水清洗管材上的污物。

（3）除锈　在质量分数为20%～30%的稀盐酸或10%～20%的稀硫酸溶液中浸渍和清洗30～40min，其溶液温度为40～60℃。在酸洗液中应轻轻振动或敲打，以促使氧化皮脱落，除去管壁上的锈斑、轧制切屑等。

（4）水洗和高压水冲洗　用清水冲洗上述作业中产生的附着物，管内部用高压水冲洗。

（5）中和　在10%的苛性钠（苏打）溶液中浸渍和清洗15min，溶液温度为30～40℃，中和管材上残存的酸液。

（6）干燥　为了有效地进行干燥应将管材浸在热水里或进行蒸汽干燥，应使管材干透。

（7）防锈　在清洁干燥的空气中干燥后，涂上防锈油。

（8）检查　对酸洗后的管材进行检查，看是否清洗干净。

（9）包装和保管　酸洗后立即用塑料或塑料带封住管的开口部，以免异物、水分等进入。

4. 酸洗注意事项

1）酸洗前管子的焊接作业已全部完成。

2）拆卸、运输、酸洗时，注意不要碰伤管路、螺纹及密封面，用胶带或塑料管堵住封口。

3）酸洗前应清除干净焊接时的焊渣、溅出物和管子上的清漆等物。

4）各螺纹部位应用塑料带、橡胶带等耐酸材料加以保护，或在脱脂、水洗后螺纹处涂上油后再在酸液中除锈，以防酸液侵蚀。

5）酸洗时注意不要使管子的配合记号消失或模糊。

6）清洗后的管路应尽快正式安装，将所有管路按打印的配合记号逐段连接。

7）按前述方法紧固全部管接头，所有配管的固定应牢固，不能松动。

（二）第二次清洗

液压系统的第二次清洗是液压系统安装完毕后，在试车前必须对管道、流道等进行的循环清洗。其作用是将第一次安装后残存的污物，如密封碎块、不同品质的洗油和防锈油及铸件内部冲洗掉的砂粒、金属磨合下来的粉末等清洗干净，使系统清洁度达到设计要求。清洗时要把系统连接成清洗回路后进行。

对于刚从制造厂购进的液压设备，若确认已按要求清洗干净则可只对在现场加工、安装部分进行清洗。

1）清洗液要选用低粘度的专用清洗油，或本系统同牌号的液压油。不允许使用煤油、汽油、酒精或蒸汽等清洗介质，以免腐蚀液压元件、管道和油箱。清洗油的用量通常为油箱内油量的60%～70%。

2）在主回路的回油管处临时接一个回油过滤器。根据液压系统的不同清洗循环阶段，分别使用30μm、20μm、10μm的滤芯；伺服系统用20μm、10μm、5μm滤芯，分阶段分次清洗。清洗后的液压系统必须达到净化标准，不达净化标准的系统不准运行。

3）液压系统清洗前，首先将油箱清洗干净，用绸布或乙烯树脂海绵擦干，然后加入清洗用油。不要用棉纱等擦油箱。

4）清洗工作以主管道系统为主。将液压阀的排油回路在阀的入口处临时切断，液压缸进出油口隔开，将主管路连接临时管路，并使换向阀换向到某一位置，使油路循环，如图5-1-24所示，复杂的液压系统可以按工作区域分别对各个区域进行清洗。

5）清洗时，运转泵的同时加热清洗油，使油温维持在50～80℃，持续12h左右，以便清除管道内的橡胶泥渣。为增加清洗效果，清洗时可以用换向阀作一次换向，其作用是使泵作转停的间歇运动。此外，还可以用锤子轻敲管路焊接部位。

6）清洗后，将清洗油排净。只有确认清洗油排净后，才算清洗完毕。

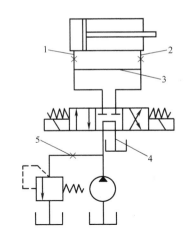

图 5-1-24　液压系统第二次清洗回路
1、2、5—清洗时临时断开　3—清洗时临时接管　4—清洗时在此处临时安装过滤器

7）确认液压系统净化达到标准后，将临时管路拆掉，恢复系统，并按要求加油。每隔 3～5min 断续空转系统，反复进行 2～3 次，然后连续空转系统 10min，观察回油管处安装的临时滤网中是否有杂质。如果没有杂质，即可进入试车程序。

（三）液压系统调试前的准备与检查工作

1. 调试前的准备工作

1）需调试的液压系统必须在循环冲洗合格后，才可进入调试状态。

2）液压驱动的主机设备全部安装完毕，运动部件状态良好并经检查合格后，才可进入调试状态。

3）控制液压系统的电气设备及线路全部安装完毕并检查合格。

4）熟悉调试所需的技术文件，如液压控制系统原理图、管路安装图、系统使用说明书、系统调试说明书等。根据以上技术文件，检查管路连接是否正确、可靠，选用的油液是否符合技术文件的要求，油箱内油位是否达到规定高度，根据原理图、装配图认定各液压元器件的位置。

5）清除主机及液压设备周围的杂物，调试现场应有明显的安全设施和标志，并由专人负责管理。

6）参加调试的人员应分工明确，统一指挥。必要时，应对操作者进行培训。

2. 调试前的检查工作

1）根据系统原理图、装配图及配管图检查并确认每个液压缸由哪个支路电磁阀操纵。

2）电磁阀分别进行空载换向，确认电气动作是否正确、灵活，是否符合动作顺序要求。

3）将泵吸油管、回油管路上的截止阀开启，泵出口溢流阀及系统中安全阀手柄全部松开，将减压阀置于最低压力位置。

4）流量控制阀置于小开口位置。

5）按照使用说明书要求，向蓄能器内充氮。

（四）液压系统的调试

1. 起动液压泵

1）用手转动电动机和液压泵之间的联轴器，确认无干涉并转动灵活。继续转动，直至泵的出油口出油且不见气泡时为止。

2）点动电动机，检查判定电动机转向是否与液压泵转向标志一致。确认后连续点动几次，无异常情况后按下电动机起动按钮，液压泵开始工作。

2. 系统排气

起动液压泵后，将系统压力调到 1.0MPa 左右，分别控制电磁阀换向，使油液分别循环到各支路中，拧动管道上设置的排气阀，将管道中的气体排出。当油液连续溢出时，关闭排气阀。液压缸排气时可将液压缸活塞杆伸出侧的排气阀打开，电磁阀动作，活塞杆运动，将空气挤出，升到上止点时，关闭排气阀。打开另一侧排气阀，使液压缸下行，排出无杆腔中的空气，重复上述排气方法，直到将液压缸中的空气排净为止。

3. 系统耐压试验

系统耐压试验主要是指现场管路，液压设备的耐压试验应在制造厂进行。对于液压管路，耐压试验的压力应为最高工作压力的 1.5 倍。工作压力≥21MPa 的高压系统，耐压试验的压力应为最高工作压力的 1.25 倍。当系统自身液压泵可以达到耐压值时，可不必使用电动试压泵。升压过程中应逐渐分段进行，不可一次达到峰值，每升高一级时，应保持几分钟，并观察管路是否正常。试压过程中严禁操纵换向阀。

4. 空载调试

试压结束后，将系统压力恢复到准备调试的状态，然后按调试说明书中规定的内容，分别对系统的压力、流量、速度、行程进行调整与设定，可逐个支路按先手动后电动的顺序进行，其中还包括压力继电器和行程开关的设定。手动调整结束后，应在设备机、电、液单独无负载试车完毕后，开始进行空载联动试车。按说明书规定的空运转时间进行试运转，检查空运转有无异常。此时要随时了解油过滤器的滤芯堵塞情况，并注意随时更换堵塞的滤芯。

5. 负载试车

液压泵运转正常后，需调整压力控制元件。一般首先调整系统压力控制阀——溢流阀，从压力为零时开始，逐步提高压力，加载可以利用执行机构移到终点位置，也可用节流阀加载，使系统建立起压力。压力升高要逐级进行，每一级为 1MPa，并稳压 5min 左右，最后达到规定压力值，然后依次调整各部回路的压力控制阀。主回路液压泵的安全溢流阀调定压力一般大于液动机所需工作压力的 10%～25%。快速运动液压泵的压力阀的调定压力，一般大于所需压力 10%～20%。卸荷压力一般应小于 0.1MPa，如果用卸荷液压油供给控制油路，压力应保持在 0.3～0.6MPa 范围内。压力继电器的调定压力一般应低于供油压力 0.3～0.5MPa。

注意：不准在执行元件运动状态下调节系统压力。调压前应先检查压力表，无压力表的系统不准调压；压力调节后应将调节螺钉锁住，防止松动。调试过程中出现的故障应及时排除，排除故障必须在泄压后进行。若焊缝需要重焊，必须将该件拆下，除净油污后方可焊接。

负载试车时应检查系统是否能完成预定的工作任务，运转性能是否良好，速度降低是否不超过10%，有无振动、冲击、噪声、爬行和油液温升过高等不良现象。

液压设备开始运行后，应逐渐加大负载，如情况正常，才能进行最大负载试车。最大负载试车成功后，应及时检查系统的工作情况是否正常，对压力、噪声、振动、速度、温升、液位等进行全面检查，并根据试车要求出记录，整理后纳入设备档案。

6. 液压系统的验收

液压系统试车过程中，应根据设计内容对所有设计值进行检验，根据实际记录结果判定液压系统的运行状况，由设计单位、用户、制造厂、安装单位进行交工验收，并在有关文件上签字。

（五）液压系统的维护

1. 液压系统的日常检查与维护

1）保持油液的清洁。使用液压系统时应注意油箱与外界的隔离封闭，防止粉尘污物和水分的侵入。

2）排除系统中的气体。有排气装置的系统应进行排气，无排气装置的系统往复运转多次使之自然排出气体。

3）保持一定的油温。液压系统只适于在某一温度范围内工作，工作温度一般为30~60℃。温度过高时应设法冷却，并使用粘度较高的液压油。温度过低时，应进行预热，或在连续运转前进行间歇运转，使油温逐步升高后，再进入正式工作运转状态。

4）检查油面，保证系统有足够的油量。确保回油口低于油箱最低液面10cm以下。

5）检查所有液压阀、液压缸、管件是否有泄漏。

6）检查液压泵或马达运转是否有异常噪声。

7）检查液压缸运动全行程是否正常平稳。

8）检查系统中各测压点压力是否在允许范围内，压力是否稳定。

9）检查系统各部位有无高频振动。

10）检查换向阀工作是否灵敏可靠。

11）检查各限位装置是否变动。

12）经常观察蓄能器的工作性能，若发现气压不足或油气混合，要及时充气和修理。

2. 液压系统的定期检查与维护

1）油液应定期更换，一般为半年至一年，在高温和多粉尘的环境下要缩短换油时间，加油时应进行过滤。

2）定期检查冷却器和加热器的工作性能。

3）高压软管、密封件要定期更换。

4）主要液压元件应定期进行性能测定，实行定期更换维修制。

3. 液压系统的综合检查

综合检查大约一年一次，主要检查液压系统各元件和部件，判断其性能和使用寿命，并对产生故障的部位进行检修，对经常发生故障的部位提出改进意见。综合检查的方法主要是分解检查，要重点排除一年内可能发生故障的工作因素。

定期检查和综合检查均要做好记录，以作为设备出现故障查找原因或设备大修的依据。

三、任务要点总结

本任务介绍了液压系统污染的途径和污染的危害，给出了对液压系统清洗的方法和注意事项，介绍了液压系统调试和维护的方法和步骤。液压系统调试的内容包括调试前的准备工作、空载调试和负载调试。液压系统的维护包括日常维护、定期维护和综合维护。通过学习，要求掌握液压系统的调试和维护方法。

四、思考与训练题

1. 什么时候用煤油清洗管件？
2. 什么时候用酸清洗管件？
3. 第二次清洗在什么时候进行？目的是什么？
4. 液压系统调试前要做哪些准备工作？
5. 如何调试一台新的液压设备？
6. 液压系统的维护工作包括哪些内容？

任务3 液压系统的故障诊断、维修及其典型案例

知识点：
- 液压系统发生故障的现象，液压系统发生故障时的诊断和排除方法。
- KZ5 – B 型可调多轴钻床液压系统的组装。
- KZ5 – B 型可调多轴钻床液压系统的调试和故障排除方法。
- M1432A 外圆磨床液压系统的故障分析与排除方法。

能力目标：
- 掌握液压系统的故障诊断与排除方法。
- 掌握 KZ5 – B 型可调多轴钻床液压系统故障诊断与排除方法。
- 掌握 M1432A 外圆磨床液压系统的组装、调试、故障诊断与排除方法。

一、任务引入

液压设备是由机械、液压、电气等装置组合而成的，出现的故障也是多种多样的，某一种故障现象可能是由许多因素影响后造成的。因此，若想分析液压故障则必须能看懂液压系统原理图，先对原理图中各个元件的作用有详细的了解，然后根据故障现象进行分析、判断，针对许多因素引起的故障原因需逐一分析，抓住主要矛盾，才能较好地解决和排除。液压系统中工作液在元件和管路中的流动情况，直观上是很难判断的，所以给分析、诊断带来了较多的困难，因此要求操作人员具备较强的分析判断故障的能力。在机械、液压、电气诸多复杂的关系中找出故障原因和部位，并及时、准确排除。磨床和钻床是机械制造企业常用的加工设备，现以 KZ5-B 型可调多轴钻床和 M1432A 磨床为例说明液压系统组装调试和维

修的方法。

二、任务实施

(一) 液压系统故障诊断方法

1. 简易故障诊断法

简易故障诊断法是目前现场采用最普遍的方法，它是维修人员凭个人经验，利用简单仪表根据液压系统的故障现象，采用问、看、听、摸的方法了解系统的工作情况，对系统进行分析、判断，确定系统产生故障的原因和部位。以下是具体做法：

（1）问　通过对设备操作者的询问，了解系统最近工作出现哪些异常现象，如液压泵工作是否正常；液压油更换和清洁度检测的时间及结果；滤芯清洗和更换情况；近期是否对液压元件进行过调节；近期是否更换过密封元件；故障前后液压系统出现过哪些不正常现象；以前该系统出现过何种故障，是如何排除的等。

（2）看　到现场查看压力表显示的压力，执行元件运动的速度，油箱的油位和油液的洁净情况，系统有无泄漏和振动情况。

（3）听　液压系统有无异常噪声，如泵工作的声音是否正常，系统工作有无冲击声。

（4）摸　触摸液压泵、液压缸、液压阀、油箱、管路的温升、振动、爬行及联接处的松紧程度判定液压系统的工作状态。

总之，简易诊断法虽然只是一个简易的定性分析，但它对快速判断和排除故障，具有较广泛的实用性。

2. 液压系统原理图分析法

液压系统原理图分析法是工程技术人员根据液压系统原理图分析和查找液压传动系统故障的方法。它要求工程技术人员要掌握液压知识，能看懂液压系统原理图，知道各图形符号所代表元件的名称、功能，对元件的原理、结构及性能也应有详细的了解。结合液压系统动作循环表对照分析，就能够分析和判断液压系统故障发生的原因。

3. 排除法

液压系统发生故障时，有时很难立即找出故障发生的原因和部位。为了避免盲目性，技术人员应对液压系统的原理进行逻辑分析或因果分析，对故障发生的原因和部位逐一排除，最后找出发生故障的原因和部位。

(二) KZ5-B 型可调多轴钻床液压系统的组装、故障诊断与维修

1. 液压系统的组装

图 5-1-25 所示为 KZ5-B 型可调多轴钻床，由机械和液压两部分组成。钻床主轴的数量和主轴间距离可以任意调整。在加工范围内，一次进给可同时加工 2 ~ 16 孔。钻床液压系统由动力部件（液压泵）、执行部件（液压缸）、控制部件（控制阀）和辅助部件（油箱、管路、油过滤器）组成。系统原理图如图 5-1-26 所示，钻床工作时的动作过程如下：①快进：电磁换向阀电磁铁 1DT 通电，换向阀处于左位，液压油进入液压缸下腔，液压缸上腔油经电磁节流阀和换向阀的左位回油箱，活塞快速上移；②工进：当工作台碰到行程开关后，电磁节流阀电磁铁 3DT 通电，液压缸上腔通过节流阀回油，实现回油节流调速，活塞工进；

③快退：工进结束，活塞触碰行程开关，电磁换向阀电磁铁 2DT 通电，电磁换向阀处于右位，3DT 断电，液压油经电磁节流阀和换向阀的左位进入液压缸上腔，下腔经电磁换向阀进回油箱，实现快退。电磁换向阀起到换向和卸荷的作用，电磁节流阀起到节流调速的作用，溢流阀起调节系统压力的作用。

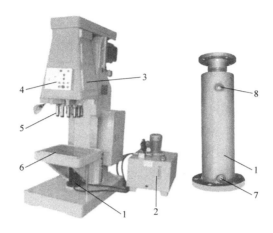

图 5-1-25 KZ5-B 型可调多轴钻床及固定推力液压缸外形图

1—推力液压缸 2—液压站 3—传动箱 4—控制面板

5—钻夹 6—工作台 7、8—进出油口

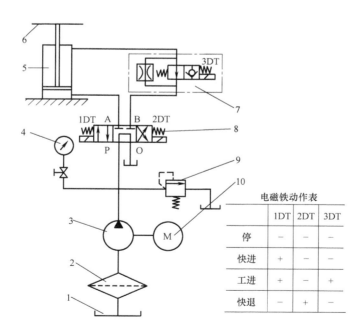

电磁铁动作表			
	1DT	2DT	3DT
停	-	-	-
快进	+	-	-
工进	+	-	+
快退	-	+	-

图 5-1-26 可调多轴钻床的液压站系统原理图

1—油箱 2—XU-B16X100 型油过滤器 3—YB$_{1-6}$ 型叶片泵 4—Y-60 型压力表 5—液压缸

6—工作台 7—MFS-T-02-A2 型单向节流阀 8—4WE6G50/AW2 型双向电磁换向阀

9—Y-F6D-P/O 型溢流阀 10—Y90L-4（B5）/1.5 型电动机

液压系统组装时要注意液压元件的清洗和元件接口的方向。液压系统在正式运行前必须进行调整试车，使其在正常运转状态下能够满足生产工艺对设备提出的各项要求，并达到设备设计时的最大生产能力。当液压设备经过维修保养或重新装配之后，也必须进行调试才能使用。液压系统在运行过程中可能会出现泄漏、温升过高、压力不正常等故障。要通过分析故障现象，制订排除故障的方案，并能将故障排除。

在可调多轴钻床的液压系统安装前必须做好本项目任务1所述的安装前的准备工作。

图5-1-27所示为可调多轴钻床的液压站，主要由油箱、液压阀组、空气过滤器、电动机、液压泵组成。

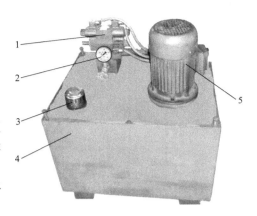

图5-1-27　可调多轴钻床的液压站
1—液压阀组　2—Y-60型压力表　3—空气过滤器
4—油箱　5—Y90L-4（B5）/1.5型电动机

2. 液压泵的组装

可调多轴钻床的液压站的液压泵为立式安装，具体安装步骤如下：首先将法兰端面上的4个孔与电动机端面上的4个螺栓孔对齐，将4根螺栓从上面插入，螺母从下端旋入，然后用扳手拧紧；在电动机轴上装上半个弹性联轴器，在液压泵的轴上装上另外半个联轴器；将液压泵端盖上的螺栓孔和泵轴上的联轴器分别与法兰上的螺栓孔和电动机轴上的联轴器对齐对准，将联轴器的联接螺母拧紧，再从上面插入螺栓，拧紧螺母，将液压泵固定在法兰上。泵的安装最关键的是要保证泵轴和电动机轴的同轴度误差在$\phi0.1mm$以内。其调整方法见本项目任务1，调整完毕后，在泵支架与底板之间钻、铰定位销孔，再装入联轴器的弹性耦合件，然后用手转动联轴器，此时，电动机、泵和联轴器都应能轻松、平滑地转动，无异常声响。

3. 液压阀的组装

图5-1-27所示是可调多轴钻床的液压站的叠加阀组，最上面是常规换向阀，其下依次是电磁节流阀、溢流阀，最下面是底板。

可调多轴钻床的液压站阀组安装步骤是：如图5-1-27所示，按照顺序依次将溢流阀、电磁节流阀、换向阀叠放在底板上，相应油口对齐，各个安装螺栓孔对准底板上表面的四个螺纹孔，将四根螺钉插入，均匀拧紧；将底板下表面四个螺纹孔与油箱盖板安装位置的四个安装孔对齐，用螺钉拧紧，叠加阀组安装完成。

4. 液压辅助元件的安装

本系统属于中低压系统，液压泵与阀组、液压泵与油过滤器之间的连接可采用铜管扩口连接，回油管路一定要插入液面10cm以下。液压站与液压缸之间采用橡胶软管连接。管路的安装方法和注意事项见本项目任务1。

5. 可调多轴钻床液压系统的清洗和调试

（1）清洗　按照本项目任务1介绍的方法进行清洗和调试。油箱内充入液压油（建议使用N32液压油，如果冬季液压泵噪声大可加注稀油）。

（2）调试　系统调试要由熟悉操作规程的专职人员进行，步骤如下：

1）接通电源点动电动机，观察电动机转向是否正确（自电动机冷却风扇端看，电动机应顺时针旋转）。

2）电动机转向无误后，观察液压泵转向是否正常，重复起动、停止数次。

3）操作液压缸动作，使液压缸全程往返运动 3~5 次，排尽液压缸内的气体。

4）负载调试，逐渐增加液压油的工作压力，每次增加 1MPa，直到 5MPa，不得超过 6.3 MPa，

5）观察管接头及密封处有无泄漏。

6. 可调多轴钻床液压系统故障诊断与排除

KZ5-B 型可调多轴钻床液压系统的故障现象、产生原因与排除方法见表 5-1-1。

表 5-1-1　　KZ5-B 型可调多轴钻床液压系统的故障现象、产生原因及排除方法

故障现象	产生原因	排除方法
压力调不上去	液压泵内零件损坏	修复与更换液压泵
	液压泵壳有气孔砂眼	换泵体
	管道有泄漏	更换管路、接头、密封圈等,克服泄漏
	液压缸泄漏	更换液压缸泄漏处的密封圈,克服泄漏
	溢流阀故障	更换调压弹簧或清洗溢流阀阀芯
	换向阀卡死于中位,使泵卸荷	清洗或更换换向阀
	管路连接错误,使泵卸荷	更正管路连接
	压力表或其开关堵塞,系统有压力,但表不显示	清洗压力表或其开关
噪声大	液压油粘度过大	换粘度较低的液压油
	液压泵吸油管阻力过大	更换或清洗吸油管和滤油器
	吸油管或泵轴密封不严	更换吸油管或泵轴密封圈
	液压油含有气泡	排除液压油中的气泡
	泵与电动机同轴度没调好	重新调整泵与电动机的同轴度
	溢流阀振动或系统共振	更换大容量溢流阀,加固管路固定
油温过高	液压泵内泄漏严重,效率低	检修液压泵
	系统不工作时,泵不卸荷	清洗或更换换向阀,使泵卸荷
工进速度不稳定	液压泵、液压缸、管路泄漏过大	更换泄漏处的密封圈,排除泄漏
	液压油中气泡杂质太多	更换液压油
	溢流阀堵塞	清洗溢流阀
	油温过高,致使液压油粘度降低	排除导致油温过高的因素
	油箱中油面过低	补充加油

（三）M1432A 外圆磨床液压系统的组装、故障诊断与维修

图 5-1-28 所示的 M1432A 外圆磨床是常见的磨削加工设备，用于磨削圆柱形或圆锥形外圆和内孔，加工精度为 IT5~IT7 级，表面粗糙度在 $Ra0.08~1.25\mu m$ 之间。其液压系统实现了工作台自动往复运动功能，砂轮架横向快速进、退功能，尾架顶尖由液压缸驱动的进退功能，工作台微量抖动功能及导轨、丝杠副的自动润滑功能，现结合图 5-1-29 所示的 M1432A 型外圆磨床液压系统的原理图，分析其工作原理、特点，分析和判断液压系统产生

故障的原因，并正确排除故障。

1. 分析 M1432A 外圆磨床液压系统的工作原理

工作台纵向运动由 HYY21/3P-25T 形液压操纵箱控制，它由开停阀、先导阀、换向阀、节流阀和停留阀组成。

1）工作台向右移动。如图 5-1-29 所示，先导阀和换向阀阀芯均处于右端，开停阀的芯处于右位。此时主油路为：进油路：泵 19→换向阀 2 右位（P→A）→液压缸 22 右腔；回油路：液压缸 22 左腔→换向阀 2 右位（B→T_2）→先导阀 1 右位→开停阀 3 右位→节流阀 5→油箱。

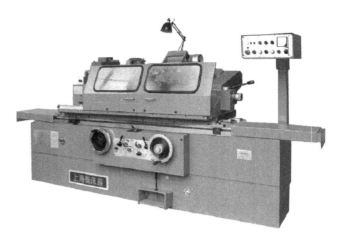

图 5-1-28　M1432A 万能外圆磨床

液压缸驱动工作台向右运动，其速度由节流阀 5 来调节。

2）工作台向左移动。当工作台右移至预定位置时，工作台左边的挡块 7 通过拨动杠杆来推动先导阀 1 的阀芯左移，工作台开始换向。先导阀的阀芯逐渐左移，阀芯中段右边制动锥 A 将逐渐关小回油路上通向节流阀 5 的通道（D_2→T），使工作台减慢速度，实现预制动；当先导阀的阀芯继续向左移动至其右部环形槽把 a_4 点与高压油路 a_2 相通时，先导阀芯左部环槽也把 a_3 到 a_1 油路接通至油箱，控制油路被切换。这时抖动缸推动先导阀向左快速移动（快跳）。其油路是：进油路：泵 19→精滤油器 21→先导阀 1 左位（a_2→a_4）→抖动缸 6 左端；回油路：抖动缸 6 右端→先导阀 1 左位（a_3→a_1）→油箱。

因抖动缸直径很小，只需很小的流量就可以使之快速移动，通过杠杆使先导阀芯快跳至左端，迅速打通换向阀右端的控制油路，同时换向阀左端的回油路也迅速打通（畅通）。

这时的控制油路是：进油路：泵 19→精油过滤器 21→先导阀 1 左位（a_2→a_4）→单向阀 I_2→换向阀 2 右端；回油路：换向阀 2 左端回油路在阀芯左移过程中有三次改变。

第一次改变：换向阀 2 左端→b_1→a_3→先导阀 1 左位→a_1→油箱。换向阀芯因回油畅通而迅速左移，实现第一次快跳。当换向阀芯快跳至制动锥 C 的右侧关小主回油路（B→T_2）通道时，工作台被迅速制动（终制动）。换向阀芯继续快速左移，当移动到阀芯中部台阶处于阀体中间沉割槽的中心处时，液压缸两腔都通液压油，工作台便停止运动。

第二次改变：换向阀芯继续左移，则其阀芯左端回路变为换向阀 2 左端→节流阀 J_1→先导阀 1 左位→油箱。这时换向阀芯左移的速度由节流阀（停留阀）J_1 调节。由于换向阀体中心沉割槽的宽度大于阀芯中部台阶的宽度，所以在阀芯慢速左移期间，液压缸两腔一直保持联通，使工作台能够在端点保持短暂的停留。其停留时间在 0 ~ 5s 内，由节流阀 J_1、J_2 调节。

第三次改变：当换向阀芯慢速左移至其左端环形槽将油路（b_4→b_1）连通时，换向阀左端控制油的回油路变为换向阀 2 左端→b_4→换向阀 2 左端环形槽→b_1→先导阀 1 左位→油箱。由于换向阀左端回油畅通，换向阀芯 2 实现第二次快跳，使主油路迅速切换，工作台

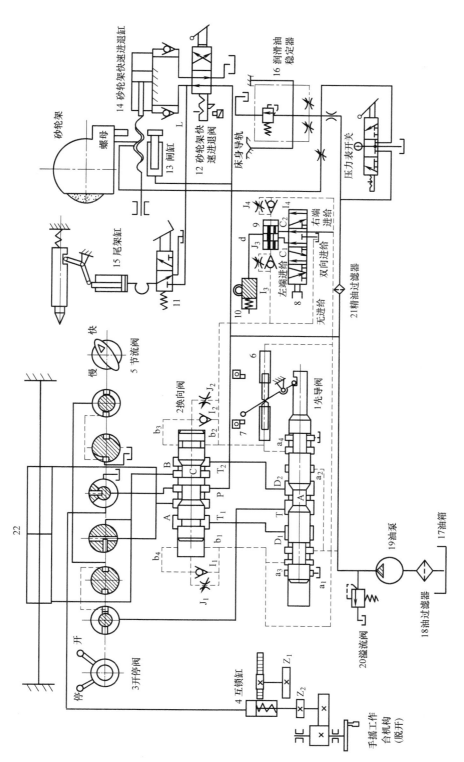

图 5-1-29　M1432A 外圆磨床液压系统原理图

则迅速反向启动（左行）。这时的主油路为：进油路：泵19→换向阀2左位（P→B）→液压缸22左腔；回油路：液压缸22右腔→换向阀2左位（A→T_1）→先导阀1左位（D1→T）→开停阀3右位→节流阀5→油箱。

当工作台左行到位时，工作台上的挡块又碰杠杆推动先导阀右移，重复上述过程。实现工作台的自动换向。

2. 工作台液动、手动互锁

工作台液动与手动互锁的功能是由互锁缸4来实现的。如图5-1-29所示，当开停阀3处于右位时，在液压油的作用下，互锁缸4的活塞压缩弹簧使齿轮Z_1和Z_2脱开，这样，当工作台液动（往复运动）时，手轮不会转动。

当开停阀3处于左位时，互锁缸4接油箱，弹簧推动活塞使Z2与Z1啮合，工作台就可用手摇机构移动。

3. 尾架顶尖的夹紧与松开

尾架顶尖只有在砂轮架处于后退位置时才能松开。为便于操作，采用脚踏式二位三通阀11来操纵，由尾架缸15来实现。由图5-1-29可知，只有当快动阀12处于左位，砂轮架处于后退位置，脚踏式二位三通阀11处于右位时，才有压力油通过尾架阀进入尾架缸，推动杠杆，拨开尾顶尖松开工件。当快动阀12处于右位（砂轮架处于前端位置）时，油路L为低压（回油箱），这时脚踏式二位三通阀11也无液压油进入尾架缸15，顶尖也就不会推出，尾顶尖的夹来自弹簧力。

4. 砂轮架的快进、快退运动

砂轮架的快进、快退是由手动二位四通换向阀12（快动阀）来控制，由砂轮架快速进退缸14来实现的。在图5-1-29所示位置时，快动阀12处于右位，液压油进入快速进退缸14右腔，砂轮架快进到前端位置，快进终点位置的重复精度是靠活塞与缸体端盖相接触来保证的；当快动阀12处于左位时，砂轮架快速进退缸14左腔接入系统，砂轮架快退到最后端位置。为防止砂轮架在快速运动到达终点处产生冲击，在快动缸两端设缓冲装置，并设有抵住砂轮架的闸缸13，用以消除丝杠和螺母间的间隙。

快动阀12的下面装有一个自动启、闭头架电动机和冷却电动机的行程开关和一个与内圆磨具联锁的电磁铁。当快动阀12处于右位使砂轮架处于快进时，快动阀12的手柄压下行程开关，使头架电动机和冷却电动机起动。当翻下内圆磨具进行内孔磨削时，内圆磨具压另一行程开关，使联锁电磁铁通电吸合，将快动阀锁在左位（砂轮架在退的位置），以防止误动作，保证安全。

5. 砂轮架的周期进给

砂轮架的周期性进给运动是由选择阀8、进给阀9、进给缸10通过棘爪、棘轮、齿轮、丝杠来实现的。选择阀8可以根据加工需要安排砂轮架在工件左端或右端时进给，也可在工件两端都进给（双向进给），也可以不进给，共四个位置可供选择。

图5-1-29所示为选择阀8处于双向进给状态，周期进给油路：液压油从a_3点→J_4→进给阀9右端；进给阀9左端→I_3→a_4→先导阀1→油箱；进给缸10→d→进给阀9→c_1→选择阀8→a_4→先导阀1→油箱，进给缸柱塞在弹簧力的作用下复位。当工作台开始换向时，先导阀换位（左移）使a_4点变高压、a_1点变为低压（回油箱），此时周期进给油路为：液压油从a_4点→J_3→进给阀9左端；进给阀9右端→I_4→a_3点→先导阀1→油箱，使进给阀右

移；与此同时，液压油经 a_4 点→选择阀 8→c_1→进给阀 9→d→进给缸 10，推进给缸柱塞左移，柱塞上的棘爪拨棘轮转动一个角度，通过齿轮等推砂轮架进给一次。在进给阀活塞继续右移时堵住 c_1 而打通 c_2，这时进给缸右端→d→进给阀→c_2→选择阀→a_3→先导阀 a_1→油箱，进给缸在弹簧力的作用下再次复位。当工作台再次换向，再周期进给一次。若将选择阀转到其他位置，如右端进给，则工作台只有在换向到右端才进给一次，其进给过程不再赘述。从上述周期进给过程可知，每进给一次是由一股液压油（压力脉冲）推进给缸柱塞上的棘爪拨棘轮转一角度。调节进给阀两端的节流阀 J_3、J_4 就可调节压力脉冲的时期长短，从而调节进给量的大小。

6. 抖动缸的功用

抖动缸 6 的作用有两个：其一是帮助完成先导阀 1 换向过程中的快跳；其二是当工作台需要作频繁短距离换向时实现工作台的抖动。

当砂轮进行切入磨削或磨削短圆槽时，要求工作台作频繁短距离换向（抖动）。这时将换向挡铁靠得很近或夹住换向杠杆，当工作台向左或向右进给时，挡铁带杠杆使先导阀阀芯向右或向左移动一个很小的距离，使先导阀 1 控制的进油路和回油路仅有一个很小的开口。通过此小开口的液压油不可能使换向阀阀芯快速移动。这时，由于抖动缸柱塞直径很小，所通过的液压油流量足以使抖动缸快速移动。抖动缸的快速移动推动杠杆带先导阀快速移动（换向），快速打开控制油路的进、回油口，使换向阀也迅速换向，从而使工作台作短距离频繁往复换向（抖动）。

（四）M1432A 外圆磨床液压系统常见故障诊断与维修

1. 液压泵起动时工作台产生冲击现象

（1）故障原因　液压泵关闭的瞬间，系统的压力较高，使液压泵和电动机反转，部分液压油倒流回油箱，此时空气极易进入系统。当液压泵起动时，液压油进入液压缸的一腔，另一腔存在空气，由于空气有压缩性，就会使工作台产生冲击。

（2）故障排除　于进入操纵箱的主油路上设置单向阀，防止泵关闭时液压油倒流。

2. 换向时工作台无停留或停留时间太长，需用手拨先导阀才能换向

（1）故障原因

1）新更换或维修的先导阀芯的开档尺寸 $62^{+0.5}_{+0.3}$mm 偏小，其尺寸如图 5-1-30 所示。

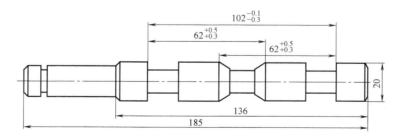

图 5-1-30　M1432A 万能外圆磨床先导阀图

2）辅助油路的压力不够。

3）导轨面的润滑油量不够，或润滑油太粘稠。

4）由于油液受到污染，油液中的污物把换向阀回油孔道堵塞。

（2）故障排除

1）一方面可以通过磨削先导阀的制动锥，使开档尺寸达到 $62^{+0.5}_{+0.3}$ mm。磨削时要注意保持锥角不变，适当增加制动锥长度。边磨边试，调试合适即可，避免过度修磨，影响换向精度。此法适于有换向冲击的场合。另一方面，通过车削开档尺寸 $102^{-0.1}_{-0.3}$ mm 的端面，也可以增加 $62^{+0.5}_{+0.3}$ mm 的开档尺寸。车削量的大小取决于无停留时间的长短，一次车削量不要超过 0.2mm。此法适于无换向冲击的场合。换向时，哪一边无停留，就加工哪一边的 $62^{+0.5}_{+0.3}$ mm 开档尺寸。

2）适当提高辅助液压油的压力。

3）调节润滑油稳定器的节流螺钉，增加润滑油的流量，建立起稳定的润滑油膜，使工作台换向平顺。

4）清洗操纵箱，疏通被堵塞的油孔，按规定及时更换液压油。

3. 工作台换向停留不稳定

（1）故障原因

1）换向阀 2 两端单向阀 I_1、I_2 密封不严，有泄漏，导致换向阀 2 换向过快，甚至不停留。

2）停留阀 J_1、J_2 的阀芯与阀体孔配合间隙过大，泄漏较大，导致工作台停留时间过短。

3）停留阀节流口开得太小。

4）停留阀阀口被污物堵塞，使得工作台停留时间过长。

（2）故障排除

1）单向阀阀芯与阀座配合不严，可研磨阀座接合面，更换钢球，然后将操纵箱端盖夹持于台虎钳上，注意应在钳口处垫铜皮。将钢球放入阀孔，插入钢棒，然后用锤子敲击钢棒，使钢球与阀座严密结合。

2）重新配制停留阀，使阀芯与阀体的间隙为 0.008～0.012mm。

3）整修停留阀阀芯的三角槽，适当加大开口量。

4）清洗停留阀，清除污物，并保持液压油清洁。

4. 工作台换向时砂轮架轻微抖动

（1）故障原因

1）系统压力不稳或过高，工作台换向时引起较大压力波动，致使砂轮架微量抖动，造成磨削火花增加。

2）液压系统中进入空气。

（2）故障排除

1）清洗、调整溢流阀，使其压力稳定在 0.9～1.1MPa，同时在闸缸和快速进退缸的后腔油路上设置止回阀。

2）排除进入系统的空气，并找出进入空气的原因，加以排除。

5. 工作台换向精度低，同速换向超过 0.04mm，异速换向超过 0.2mm

（1）故障原因

1）先导阀阀芯上 $62^{+0.5}_{+0.3}$ mm 开档尺寸过大。

2）先导阀阀体沉割槽边缘损伤。

3）阀体内孔被拉毛严重，形成较深的沟槽。

4）系统中混入空气。

（2）故障排除

1）工作台某侧换向精度低，与先导阀同侧的开档尺寸 $62^{+0.5}_{+0.3}$mm 过大有关。这种情况维修比较困难，一般应该重做一个阀芯，要保证其开档尺寸为 $62^{+0.5}_{+0.3}$mm。

2）边缘损伤较轻时，可对阀体进行维修，但这种维修工作困难较大；损伤较大就必须更换操纵箱。

3）沟槽较浅时，研磨阀体内孔，然后重新配置阀芯；沟槽较深时，研磨困难，应更换操纵箱。

4）找出进入空气的原因，加以排除，并排除进入系统的空气。

6. 工作台反向起步不稳定，起步时，有迟缓现象

（1）故障原因

1）先导阀被推至正中位置时，主缸通过先导阀的回油口开口量太小，导致工作台换向后的起步迟缓。

2）换向阀两端的节流阀 I_1、I_2 节流口开度太小，使得换向阀阀芯移动速度太慢。

（2）故障排除

1）将换向阀阀芯两端的环形槽向两端方向车削微量，提前接通第二次快跳油路（b_4—b_1 或 b_3—b_2），加快起步速度；修磨先导阀阀芯制动锥，修磨时，要保持锥角，增加锥长。以上两种方法都要逐渐维修，逐步试验，不可过度维修。

2）调节换向阀两端的节流阀 I_1、I_2 的调节螺钉，逐步加大阀口开度，逐步进行调试，直至达到满意效果。

7. 工作台往返运动速度相差较大

工作台往返运动速度的测定方法：调好工作台两挡铁的位置（一般相距 1m），用秒表测定工作台往返时间，要求相差不超过 10%。

（1）故障原因

1）主缸两端密封件松紧程度不一致，使缸两端的泄漏和摩擦力不相等；或者液压缸一端管件连接不好或有损坏，导致一端泄漏较大。

2）放气阀配合不严密，产生泄漏。

3）放气阀未关闭。

（2）故障排除

1）逐步拧紧速度较快端的密封盖螺钉，直至达到要求。这表明是回路管件有问题，应进行维修或更换。

2）维修排气阀，使其配合严密。

3）系统排气结束后，立即关闭排气阀。

8. 工作台存在换向冲击

（1）故障原因

1）换向阀阀芯与阀体配合间隙过大快跳结束过迟。

2）换向阀 2 两端的单向阀 I_1、I_2 密封不严，有泄漏，导致换向阀 2 换向过快，甚至不停留。

3）新修或新配的换向阀或先导阀的制动锥锥角过大，换向时流量变化过快，引起液压冲击。

4）系统中进入大量气体。

5）液压缸活塞杆端部的紧固螺母松动，换向时活塞杆与固定它的支架发生撞击。

6）换向阀两端的节流阀 I_1、I_2 调整不当或锁紧螺母松动，节流口发生变化。

（2）故障排除

1）研磨换向阀孔，重新配置阀芯，要求间隙为 $0.008 \sim 0.012$mm。

2）单向阀阀芯与阀座配合不严，可研磨阀座接合面，更换钢球，然后将操纵箱端盖夹持于台虎钳上，钳口必须垫铜皮。将钢球放入阀孔，插入钢棒，然后用锤子敲击钢棒，使钢球与阀座严密结合。

3）减小换向阀和先导阀阀芯制动锥角，或增加制动锥长度，减缓制动时流量的变化速度，防止液压冲击。

4）检查放气阀及放气管，如有故障应及时排除。

5）适当拧紧松动的固定螺母和防松装置，起动工作台，观察是否存在撞击现象，直至调整到无撞击现象为止。

6）重新调整节流阀，直至工作台换向平稳为止，然后拧紧锁紧螺母。

9. 砂轮架快速进退运动不稳定

（1）故障原因

1）砂轮架导轨的滚柱框损坏或滚柱精度不够。

2）快速进退缸内壁或活塞拉毛。

3）快速进退缸内进气。

4）系统压力不够。

（2）故障排除

1）更换损坏的滚柱框，还要测量每根滚柱的尺寸，要求同组直径差小于 0.002mm，圆度误差小于 0.002mm，如有滚柱短缺，应补全。如新更换的滚柱直径与原滚柱直径差大于 0.002mm，就要更换同一导轨上的一组滚柱。

2）用磨石或金相砂纸修研活塞和液压缸壁。若损坏较重，则要研磨液压缸壁，再为其配制新活塞。

3）拨动砂轮架接头手柄，使砂轮架快速往返多次，排出缸内气体。再检查油路上是否有泄漏现象，如有，则须加以排除。

4）检查系统有无泄漏，如有泄漏导致系统压力过低，则须加以排除。再检查溢流阀调整是否得当，否则重新调整溢流阀，调整压力为 $0.9 \sim 1.1$MPa。

10. 砂轮架快速进退时，定位不准

（1）故障原因

1）砂轮架垫板上的定位螺钉的位置调整得不精确。

2）砂轮架垫板上的定位螺钉和防松螺钉松动。

（2）故障排除

1）重新调整砂轮架垫板上的定位螺钉的位置。调整时，先将砂轮架垫板前端的开槽防松螺母松开，再松开方头定位螺钉，快速引进砂轮架至行程终点与前端盖接触。把测量位置精度用的千分表安置于工作台平台上，使测头与砂轮架前端平面垂直接触。把千分表的指针调至零位，拧紧方头定位螺钉，观察千分表，当指针退回 0.02～0.03mm 时，说明活塞与端盖间有 0.02～0.03mm 的间隙，然后拧紧防松螺母。调整后反复进退 10 余次，观察千分表指针变动情况，要保证重复定位精度不大于 0.002mm。

2）先用指示表检查砂轮架快速引进时的定位精度，再检查定位螺钉的松动情况。调整方法同上。

11. 砂轮架快速进退时有冲击现象

（1）故障原因

1）活塞与缸体孔配合间隙过大。

2）液压缸前后端的单向阀密封不严，回油不经三角节流槽缓冲，而从单向阀直接回油箱。

3）液压缸内的活塞锁紧螺母松动。

4）缸盖内孔与活塞杆配合间隙过大，产生泄漏。

（2）故障排除

1）配置新活塞，使活塞直径与液压缸内径配合间隙在 0.02～0.04mm 之间。

2）修研单向阀阀座或更换圆度不良的钢球，使之封油良好。

3）拆下液压缸后盖，拧紧锁紧螺母。

4）更换缸盖，缸盖孔与活塞杆的配合间隙控制在 0.01～0.02mm 之间

12. 尾架液压缸动作不灵活

（1）故障原因

1）液压系统压力不足，造成尾架套行程不足或缩不回去。

2）尾架液压缸内的活塞被卡住，不能作用到底。

3）拨动套筒的球头拨杆被卡住。

4）尾架套筒与体壳孔之间存在污物或被拉毛，导致尾架套筒伸缩困难。

5）尾架套筒与体壳孔之间缺少润滑油，或因切削液进入致使产生锈蚀。

（2）故障排除

1）系统压力不足，应该调整溢流阀。若是因泄漏引起的，则应该排查泄漏点，再予以排除。

2）修研活塞外圆，使其运动顺畅。脚踏尾架踏板时，活塞应移动到位。

3）将尾架后盖拆下，对球头拨杆及尾架套筒孔接触处的拉毛处进行修锉，直至传动自如。

4）将尾架套筒与体壳孔之间存在的污物清洗干净，用磨石或金相砂纸修研拉毛处。尾架套筒与体壳孔之间保持 0.005～0.01mm 的间隙。

5）按要求在尾架套筒与体壳孔之间定时加注润滑油。若发现产生锈蚀现象，则应将尾架套筒拆下，用金相砂纸抛光锈蚀。清洗后，涂上润滑油，再重新装配，拨动手柄，使尾架伸缩数次，直至套筒能够在弹簧力作用下顺利伸出为止。

三、任务要点总结

本任务结合理实一体化论述了液压系统的组装、典型案例，介绍了液压系统的组装、测

试和故障诊断方法，并给出了液压系统中常见故障的维修方法。本任务主要以可调多轴钻床液压系统为例，介绍了液压系统的组装、调试、维护等方面的知识。通过对本案例的学习，进一步掌握液压系统的组装、调试和维护等方面的技能。

四、思考与训练题

1. 液压站液压泵如何安装？
2. 液压站控制阀如何安装？
3. 液压站液压缸工作速度不稳的原因是什么？
4. 液压系统噪声大的原因有哪些？如何排除？
5. 液压系统压力不正常的原因有哪些？如何排除？
6. 液压系统动作不正常的原因有哪些？如何排除？

项 目 小 结

本任务结合典型案例介绍了液压系统常用元件的组装、清洗方法，以及故障的诊断方法，并给出了液压系统中常见故障的维修方法。本任务主要以可调多轴钻床液压系统和外圆磨床为例，介绍了液压系统的组装、调试、维护等方面的知识。通过对本案例的学习，进一步掌握液压系统的组装、调试和维护等方面的技能。

项目二　气动系统的组装调试与故障维修

本项目紧密结合工业生产实际，介绍气动系统的组成、元件的作用、组装与调整技术，分析气动元件故障诊断与排除方法，并且通过普通车床数控化改造控制气动夹紧和送料装置的案例，扩展应用模块三和模块六的知识点，论述数控系统控制电磁换向阀的设计原理，介绍其故障及诊断与维修方法，将数控技术与机械和气动技术相结合，并综合应用于机电设备的升级改造过程，理实一体化地论述气动元件和系统的组装、故障诊断和维修技术。

学习目标：

1. 掌握气动系统元件的组成、作用、组装方法和技术要求。
2. 气动控制的原理，以及气动系统在普通车床数控改造中的应用。
3. 能够正确分析气动系统故障原因和部位，并能制订维修方案，并最终排除故障。

任务1　气动系统常用设备的组装调试与故障维修

知识点：

- 气动系统的基本组成、作用，以及其安装、调试、故障诊断与维修方法。
- 气动系统在数控机床中的应用。

能力目标：

- 正确认识气动系统的组成、作用，能够进行组装、调试与故障维修。
- 掌握气动系统与数控技术相结合后在车床数控化改造中的应用。
- 掌握气动系统的维护与保养方法及故障诊断与维修方法。

一、任务引入

气压传动是以压缩空气为工作介质进行能量传递和信号传递的工业技术。气压传动的工作原理是利用空气压缩机把电动机或其他原动机输出的机械能转换为空气的压力能，然后在控制元件的作用下，通过执行元件把压力能转换为直线运动或回转运动形式的机械能，从而完成各种机械运动动作，并对外做功。本任务主要介绍气动系统的组成、特点，系统的组装、调试、故障诊断与维修方法。

二、任务实施

（一）气动系统的认知

1. 气压传动的组成及工作原理

气压传动系统和液压传动系统类似，也是由四部分组成。

（1）气源装置　图 5-2-1 所示是压缩空气站设备组成及布置示意图，其主体部分是图 5-2-2 所示的空气压缩机，它将原动机供给的机械能转变为气体的压力能，经过后续装置处理后，获得纯净的高质量的压缩空气给气压系统供气。

（2）控制元件　控制元件用来控制压缩空气的压力、流量和流动方向，以便使执行机构完成预定动作，它包括各种压力控制阀、流量控制阀和方向控制阀等。

（3）执行元件　执行元件是将气体的压力能转换成机械能的能量转换装置。它包括实现直线往复运动的气缸和实现连续回转运动或摆动的气马达或摆动马达等。

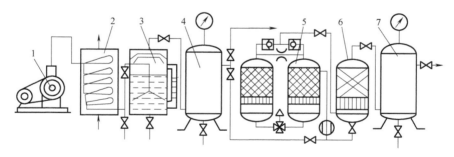

图 5-2-1　压缩空气站设备组成及布置示意图
1—空气压缩机　2—空气冷却器　3—油水分离器
4、7—贮气罐　5—空气干燥器　6—空气过滤器

（4）辅助元件　辅助元件能够保证压缩空气的净化、元件的润滑、元件间的连接及消声等，它包括过滤器、油雾器、空气干燥器、管接头及消声器等。图 5-2-3 所示为空气冷却器，自空气压缩机出来的气体温度相对较高，通过空气冷却器的管路，而管路外边流通比较冷的液体，使得管路内的气体得以降温。图 5-2-4 所示为油水分离器，经过冷却后的空气进入油水分离器后，凝结成部分水油融为一体的液体。油水分离器的作用是利用水和燃油的密度差，利用重力沉降原理把水和油分离开，以使比较纯净的

图 5-2-2　空气压缩机

气体进入图 5-2-5 所示的空气贮气罐。贮气罐是指专门用来储存气体的设备，同时起稳定系统压力的作用，根据承受压力不同可以分为高压贮气罐、低压贮气罐和常压贮气罐。图 5-2-6 为空气干燥器，它是通过电加热使空气中的水分汽化逸出，以获得规定湿含量的纯净空气。

图 5-2-3　空气冷却器

图 5-2-4　油水分离器

经过空气干燥器后的气体再进入图 5-2-7 所示的空气过滤器，滤去空气中的杂质，即得到比较纯净的高质量的气体，再进入贮气罐，之后供气给气压系统。

图 5-2-5　空气贮气罐

图 5-2-6　空气干燥器

图 5-2-7　空气过滤器

图 5-2-1 所示的压缩空气站是非常完善的气压供气系统，根据具体应用场合可以有所简化和变通。

2. 气压传动的优缺点

气动技术在国外发展很快，在国内也已广泛应用于机械、电子、医药、冶金、航空和交通运输等各个行业。气动机械手、组合机床、加工中心、生产自动线、自动检测和实验装置等已大量涌现，它们在提高生产效率、自动化程度、产品质量、工作可靠性和实现特殊工艺等方面显示出极大的优越性。气压传动与机械、电气、液压传动相比有以下特点：

（1）气压传动的优点

1）工作介质是空气，与液压油相比可节约能源，而且取之不尽、用之不竭。气体不易堵塞流动通道，用后可将其随时排入大气，不污染环境。

2）空气的特性受温度影响小，在高温下能可靠地工作；不会发生燃烧或爆炸；温度变化时，对空气的粘度影响极小，故不会影响传动性能。

3）空气的粘度很小（约为液压油的万分之一），所以流动阻力小，在管道中流动的压力损失较小，便于集中供应和远距离输送。

4）相对液压传动而言，气动动作迅速、反应快，一般只需 0.02~0.3s 就可达到工作压力和速度。液压油在管路中的流动速度一般为 1~5m/s，而高压气体的流动速度至少为 10m/s，有时甚至达到音速，排气时还能达到超音速。

5）气体压力具有较强的自保持能力，即使压缩机停机，关闭气阀，其装置中仍然可以维持一个稳定的压力。液压系统要保持压力，一般需要能源泵继续工作或增加蓄能器，而气体可以通过自身的膨胀性来维持承载缸的压力不变。

6）气动元件可靠性高、使用寿命长。电气元件可运行百万次，而气动元件可运行 2000~4000 万次。

7）工作环境适应性好，特别是在易燃、易爆、多尘埃、强磁、辐射、振动等恶劣环境中。

8）气动装置结构简单、成本低、维护方便，过载时能自动保护。

（2）气压传动的缺点

1）由于空气的可压缩性较大，气动装置的动作稳定性较差。外部负载变化时，对工作速度的影响较大。

2）由于工作压力低，气动装置的输出力或力矩受到限制。在结构尺寸相同的情况下，气压传动装置比液压传动装置输出的力要小得多。气压传动装置的输出力不宜大于 10kN。

3）气动装置中的信号传动速度比光、电控制速度慢，所以不宜用于信号传递速度要求十分高的复杂线路中。实现生产过程的遥控也比较困难，但对一般的机械设备，气动信号的传递速度是能满足工作要求的。

4）噪声较大，尤其是在超音速排气时要加消声器。

（二）气动系统主要元器件的安装、维修

1. 减压阀的安装、维修

减压阀（又称调压阀）是一种将出口压力调节在比进口压力低的设定值上，并保持稳定不变的压力控制阀，按调压方式分为直动式和先导式两种，图 5-2-8 所示为 QTY 型减压阀。

（1）减压阀的安装　安装减压阀要按照气流的方向，先安装空气过滤器，然后安装减压阀，减压阀后面安装油雾器。减压阀安装时要注意以下问题：

1）按照减压阀上箭头指示的气流方向安装，不可把入口和出口接反。

2）减压阀最好垂直安装，调节手轮在上，以方便操作。减压阀后面安装压力表，压力表的安装位置以方便观察为宜。

3）安装前要把减压阀上的油污洗净，把管道内的脏物吹净，以防污染系统。

4）减压阀拆开后重新装配前，将减压阀内有相对运动的零件表面涂一层润滑油，特别注意阀杆与膜片的同轴度，以防工作中阀杆被卡住。

5）减压阀长时间不用时，要旋松调压手轮，避免膜片长期受力产生塑性变形，影响减压阀的性能。

（2）减压阀的常见故障及维修方法　减压阀的常见故障及维修方法见表 5-2-1。

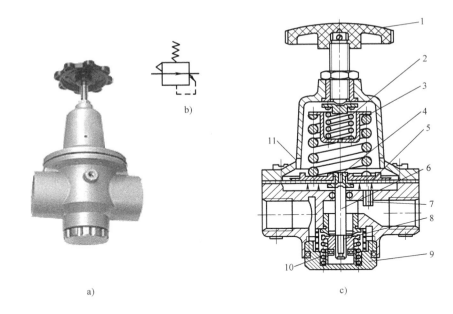

图 5-2-8　QTY 型减压阀的外形、结构及其职能符号

a）外形图　b）符号　c）结构图

1—手柄　2、3—调压弹簧　4—溢流口　5—膜片　6—阀杆
7—阻尼孔　8—阀芯　9—阀座　10—复位弹簧　11—排气孔

表 5-2-1　减压阀的常见故障及维修方法

常见故障	原　因	维修方法
平衡状态下,空气从溢流口溢出	进气阀座和出气阀座有杂质	拆下清洗
	阀杆顶端和溢流阀座之间密封不严	更换密封圈
	阀杆顶端和溢流阀座之间研配不严密	重新研配或更换
	膜片破裂	更换膜片
压力调不高	调压弹簧断裂	更换弹簧
	膜片破裂	更换膜片
	膜片有效受压面积与调压弹簧,设计不合理	重新设计膜片受压面积和调压弹簧
调压时压力爬行,升高缓慢	过滤网堵塞	拆下过滤网清洗
	下部密封圈阻力大	更换密封圈,检查有关部件
出口压力发生激烈波动或不均匀变化	阀杆或进气阀芯上的 O 形圈损伤	更换阀杆或进气阀芯上的 O 形圈
	进气阀芯与阀底座之间导向接触不好	修或更换阀芯

2. 流量控制阀的安装、维护和使用

流量控制阀是通过改变阀的通流截面积来实现流量控制的元件，流量控制阀包括节流阀、单向节流阀、排气节流阀和快速排气阀等。

图 5-2-9 所示为圆柱斜切型节流阀，压缩空气由 P 口进入，经过节流后，由 A 口流出。旋转阀芯螺杆就可改变节流口的开度，这样就调节了压缩空气的流量。由于这种节流阀的结构简单、体积小，故应用范围较广。

用流量控制阀控制气缸内活塞的运动速度，比控制液压缸的运动速度要困难得多，特别是在极低速控制中，要按照预定行程变化来控制速度，只用气动很难实现。因为空气具有可压缩性，只有气缸运动的速度大于或等于 30mm/s 才能对气缸的速度进行有效控制；另外，

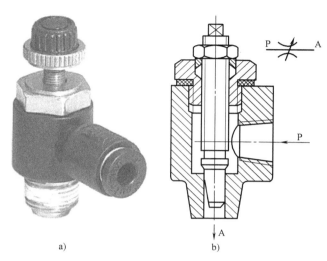

图 5-2-9 圆柱斜切型节流阀及其结构符号
a）外形图 b）结构图及其符号

若外部负载变化很大，仅用气动流量阀控制也不会得到满意的调速效果。因此，为了提高其运动平稳性，可以采用气液联动式，有时也可使用平衡锤或连杆机构使气缸运行平稳。在控制气缸速度时要注意如下几点：

1）认真检查气动系统管路中，特别是管接头处、元件与管件连接处有无泄漏，严禁气动系统出现气体泄漏现象。

2）流量控制阀与气缸间的管路尽量短，原则上流量控制阀应安装在气缸管接口处。

3）为了使气缸运行平稳还有如下要求：

① 对空气质量的要求。要使用清洁干燥的压缩空气，空气中不得含有机溶剂的合成油、盐分、腐蚀性气体等，以防缸、阀动作不良。安装前，连接配管内应充实吹洗，不要将灰尘、切屑、密封带碎片等杂质带入缸、阀内。

② 对使用环境的要求。在灰尘多、有水滴的场所，杆侧应带伸缩防护套，安装时，不要出现拧扭状态。不能使用伸缩防护套的场所，应选用带强力防尘圈的气缸或防水气缸。

③ 关于气缸的润滑。给油润滑气缸，应配置流量合适的油雾器。

④ 关于气缸的负载。凡是只能承受轴向负载的活塞杆，使用时要避免在活塞杆上施加横向负载以及偏心负载，有横向负载时，活塞杆上应加导向装置，或选用导杆气缸。

3. 方向控制阀的安装、维护

方向控制阀是气压传动系统中通过改变压缩空气的流动方向和气流的通断，来控制执行元件起动、停止及运动方向的气动元件。

根据方向控制阀的功能、控制方式、结构方式、阀内气流的方向及密封形式等进行分类，方向控制阀的分类见表 5-2-2。

表 5-2-2　方向控制阀的分类

分类方式	形　式
按阀内气体的流动方向	单向阀、换向阀
按阀芯的结构形式	截止阀、滑阀
按阀的密封形式	硬质密封、软质密封
按阀的工作位数及通路数	二位三通、二位五通、三位五通等
按阀的控制操纵方式	气压控制、电磁控制、机械控制、手动控制

图 5-2-10 所示为二位五通差压控制换向阀的结构原理图，阀的右腔始终与进气口 P 相通，在没有气控信号 K 时，控制活塞 13 上的气压力将推动阀芯 9 左移，其通路状态为 P 与 A、B 与 O 相通，A 口进气、B 口排气。当有气控信号 K 时，由于控制活塞 3 的端面积大于控制活塞 13 的端面积，作用在控制活塞 3 上的气压力将克服控制活塞 13 上的压力及摩擦力，推动阀芯 9 右移，气路换向，其通路状态为 P 与 B、A 与 O 相通，B 口进气、A 口排气。当气控信号 K 消失时，阀芯 9 借右腔内的气压作用复位。采用气压复位可提高阀的可靠性。

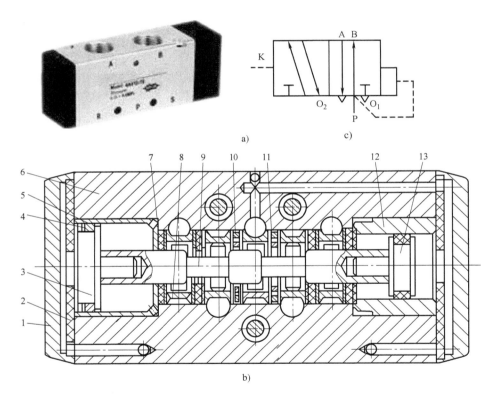

图 5-2-10　二位五通差压控制换向阀的结构原理图
a）阀外形图　b）阀结构原理图　c）阀表示符号
1—端盖　2—缓冲垫片　3、13—控制活塞　4、10、11—密封垫　5—衬套
6—阀体　7—挡片　8—隔套　9—阀芯　12—活塞套

（1）方向控制阀的安装　方向控制阀的安装方式有板式连接和管式连接两种方式，其中板式连接方式具有便于装拆和维修的优点，ISO 标准也采用了板式连接方式，并发展成集成板式连接方式，所以优先选用板式连接方式。管式安装由于具有阀的占用空间小，并可集

成安装，故也得到了应用。安装时，要根据实际情况选用适合的安装方式。

方向控制阀的安装要注意以下事项：

1）安装前按阀的产品使用说明书和出厂标牌等核对实物合格后再进行安装。注意阀的使用条件，如气压范围、电源条件（交直流、电压大小）、功能、通径等。

2）安装前必须彻底清除管道内的粉尘、铁锈等污物。

3）安装时首先在试验台上进行通气、通电试验，检查阀的换向性能是否正常。

4）安装时，电磁阀应接地线，以保证安全。

5）安装时注意阀的安装位置，标明气流方向等。按产品说明书的要求核对是否安装完毕。

（2）方向控制阀常见故障及排除方法

1）方向阀的故障现象主要表现为动作不良和泄露。其原因主要是压缩空气中的冷凝水、混入尘埃、铁锈、润滑不良、密封圈质量差等，见表5-2-3。

表5-2-3　方向阀的常见故障及排除方法

故　障	原　因	排除方法
阀不能换向	润滑不良,滑动阻力和始动摩擦力大	改善润滑
	密封圈压缩量大或膨胀变形	适当减小密封圈压缩量,改进配方
	尘埃或油污等被卡在滑动部分或阀座上	清除尘埃或油污
	弹簧卡住或损坏	重新装配或更换弹簧
	控制活塞面积偏小,操作力不够	增大活塞面积和操作力
阀泄漏	密封圈压缩量过小或有损伤	适当增大压缩量,或更换受损坏密封件
	阀杆或阀座有损伤	更换阀杆或阀座
	铸件有缩孔	更换质量好的阀,提高铸件质量
阀产生振动	压力低(先导式)	提高先导操作压力
	电压低(电磁阀)	提高电源电压或改变线圈参数

2）先导电磁阀故障及排除方法。先导电磁阀的故障可分为铁心的机械故障、异物等侵入后引起的故障和由电气原因引起的故障，其排除方法见表5-2-4。

表5-2-4　先导电磁阀的故障及排除方法

电源	故障	原因	排除方法
交流	蜂鸣声	动、静铁心吸合时接触不良	检查动、静铁心的接触状况,必要时更换
		尘埃等进入吸合面使接触不良	清除尘埃等
		分磁环损坏	更换分磁环组件
		电源电压低	提高电源电压
		弹簧力偏大	更换弹簧
交流与直流	不能正常动作	活动铁心锈蚀,不能移动	铁心除锈
		电源电压低	提高电源电压或改变线圈参数
		尘埃等进入活动铁心的滑动部分使运动恶化	清除尘埃
		通径孔加工大,密封面过宽	按设计图样尺寸公差加工检查
	线圈烧毁	环境温度高、温升高	选用耐高温产品
		尘埃、油污等夹在吸合面间,造成吸合不良	清除尘埃、油污
		使线圈电流升高、线圈绕制质量不好	更换线圈,提高质量
		线圈受潮	采用防潮线圈

（续）

电源	故障	原因	排除方法
交流与直流	泄漏	密封垫损坏	更换并适当提高密封垫硬度
		阀口有损伤或密封面过宽	更换阀座，提高阀口加工质量
		弹簧力太小	适当提高弹簧力

对杆不回转型气缸，在活塞杆上安装附件时，应避免在活塞杆上承受转矩。

4. 气缸的安装、维护

（1）气缸的安装

1）安装固定式气缸时，负载与活塞杆的轴线要一致，安装耳环式以及耳轴式气缸时，应保证气缸的摆动以及负载的摆动在一个平面内。否则，轻则密封件偏磨，造成漏气，使气缸使用生存的年限降低；重则气缸不动作。有时，气缸还会出现打击动作，可能造成人身伤害以及装置的毁伤。

2）气缸现场安装时，要防止钻孔的切屑末从气缸的进气口混入缸内。

3）脚座式气缸若在脚座上有定位孔，可用于定位。

4）耳轴式轴承支座的安装面离轴承的间隔较大时，要注意安装面的安装螺钉不得受力太大而损坏。

5）用固定式气缸使连接臂作圆弧运动时，可在臂上开长形孔，所开长形孔应考虑到在导向套上受的横向负载不要超过划定值。

6）销轴之类的回转要涂上润滑脂，以防止烧结。

7）不得分解耳轴式气缸。耳轴轴心与气缸的轴心分解后再组装难于保证良好配合，会导致气缸动作不良。

8）在活塞杆端部旋入螺钉或安装附件时，活塞杆必须全部缩回。

9）拧紧配管螺纹时，用力要合适，以免损坏接口螺纹或漏气。

（2）气缸的维护

1）缸筒以及活塞杆的滑动部位不得受损伤，以防气缸动作不良、损坏活塞杆密封圈等造成漏气。

2）缓冲阀处应留出适当的维护调整空间，磁性开关等应留出适当的安装调整空间。

3）气缸若长期不工作，应至少一个月动作一次，并涂油保护以防生锈。

三、任务要点总结

本任务简要介绍了气压系统的组成、元件工作原理、故障诊断及气压系统常见故障的维修方法。本任务主要以数控加工中心气动系统原理图为案例，介绍了气压系统的组装、调试、维护等方面的知识。通过对本案例的学习，进一步掌握气压系统的组装、调试和维护等技能。

四、思考与训练题

1. 根据图 5-2-1 所示的压缩空气站设备组成逐一了解设备的工作原理、用途、安装调试方法，该压缩空气设备多用于哪种场合？

2. 图 5-2-7 所示的空气过滤器与图 5-2-15 所示的气源处理装置功能上有何异同？各用

于哪种场合？

3. 气压传动有何优缺点？

任务2 普通车床气动夹紧与送料装置的数控化改造及其故障的诊断与维修

知识点：

- 数控系统控制气动系统装置的原理、设计方案。
- 普通车床气动夹紧与送料装置的数控化改造及其故障的诊断与维修。

能力目标：

- 掌握数控系统控制气动系统的原理，能制定正确的设计方案。
- 掌握普通车床气动夹紧与送料装置的数控化改造方法，以及故障的诊断与维修技术。
- 能够将数控系统控制气动装置的知识点举一反三、触类旁通，推广到其他应用场合。

一、任务引入

本任务论述了对 J_1BNC320B 卧式车床进行类似于模块六所述的数控化改造后，再增加数控系统控制的气动回转卡盘自动夹紧、控制气缸自动送料机构及其电气控制装置，还介绍了气动控制部分改造的功能、组成、原理、故障诊断与维修。

二、任务实施

（一）J_1BNC320B 型卧式车床数控改造有关部件及其功能简介

1. 管件工件

毛坯尺寸为 $\phi16\text{mm} \times 8\text{mm}$ 的长无缝钢管穿过主轴内孔后，采用数控车床车削成右端带内孔和外圆有倒角，长度为 29mm 的短管，如图 5-2-11 所示。

图 5-2-11　J_1BNC320B 型卧式车床数控改造后总体

1—由长钢管车削成右端带内孔外圆有倒角的长 29mm 的短管　2—气缸及其夹紧装置　3—直排刀架
4—回转气缸　5—电气控制柜　6—SS-09T 山森车床数控系统　7—已经完成 X、Z 两坐标数控改造的车床

图 5-2-12　直排刀架、气动夹紧自定心卡盘、气缸及气动夹紧装置
1—外圆和内孔倒角的车刀及其固定架　2—扩内孔的钻头及其固定架　3—带锥面楔的直线运动气缸　4—锥面楔及其复位弹簧　5—夹紧工件的机械手　6—长无缝钢管工件　7—气动夹紧自定心卡盘　8—切断车刀及固定架

2. 直排刀架、气动夹紧自定心卡盘、气缸及气动夹紧装置简介

如图 5-2-12 所示，1 为工件外圆和内孔倒角的车刀及其固定架，2 为扩内孔的钻头及其固定架，3 为带锥面楔的直线运动气缸，其工作原理如图 5-2-13 所示。当气缸活塞杆向左运动时，锥面楔使得夹紧工件的机械手右端向外扩张，而左端向内收夹紧钢管工件；当气

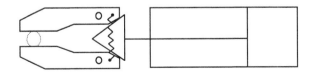

图 5-2-13　带锥面楔的气缸、锥面楔、拉簧及夹紧工件机械手工作原理示意图

缸活塞杆向右运动时，锥面楔及弹簧使得机械手右端向内收缩，而左端向外扩张松开工件。图 5-2-12 中 4 为锥面楔及复位弹簧，5 为夹紧工件的机械手，6 为长无缝钢管工件，7 为图 5-2-14a 所示的气动自定心卡盘，8 为切断车刀及其固定架。

3. 气动夹紧自定心卡盘、回转气缸及气动控制元件组装关系简介

图 5-2-14 所示为 K54-250 楔式气动夹紧自定心卡盘、P20-200 双活塞回转气缸及气动控制元件的组装关系，1 为气动自定心卡盘内锥套，2 为气动自定心卡盘卡爪，3 为气动自定心卡盘体，用六个螺栓联接到车床主轴上替代原自定心卡盘，组装之后如图 5-2-14b 所示，将气动回转气缸 8 用螺栓组装到车床主轴尾部，回转气缸活塞杆的另一端与气动自定心卡盘的内锥套 1 用轴连接起来。当气动回转气缸 8 的活塞杆拉动卡盘内锥套 1 向-Z 方向运动时，三个卡爪自动定心收缩夹紧圆柱工件外圆；当气动回转气缸 8 的活塞杆推动卡盘内锥套 1 向 +Z 方向运动时，三个卡爪自动定心向外扩张放松夹紧的圆柱工件外圆。所以，只要控制回转气缸活塞缸向 −Z 和 +Z 方向运动，就是控制了气动自定心卡盘夹紧和放松无缝钢管工件。

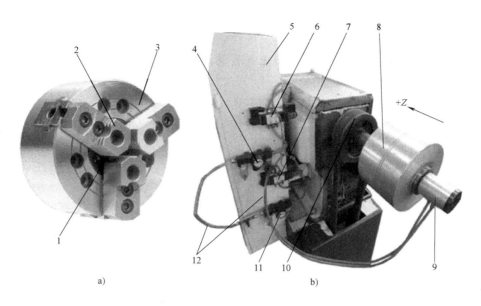

图 5-2-14 K54-250 楔式气动夹紧自定心卡盘、P20-200 双活塞回转气缸及气动控制元件的组装关系

a) K54－250 楔式气动自定心卡盘 b) P20-200 双活塞回转气缸及气动控制元件

1—气动自定心卡盘内锥套 2—气动自定心卡盘夹紧卡爪 3—气动自定心卡盘体

4—直线运动气缸气源处理装置 5—电气控制柜 6—气动自定心卡盘电磁换向阀 7—气动夹紧气缸电磁换向阀

8—气动回转气缸 9—回转气缸进出气联接体 10—V 型带轮 11—回转气缸气源处理装置 12—通气塑料管路

图 5-2-15 所示为气动系统用到的三联体元件及其组成，1 为空气入口接入通气体的管路，2 为气压表，工作过程中气压不得超过 0.8MPa，3 为油雾润滑器，加润滑油前先关闭气源，按说明书要求加油至要求的刻度再装配好，4 为含有润滑油雾的出气口，5 为调压旋钮，6 为空气过滤器放水螺旋堵塞，当工作一段时间后内部有杂质和水分时，人工拧开放水螺旋堵塞清除水分和杂物，7 为空气过滤器，内部有滤芯，当有杂物堵塞过滤芯影响过滤效果时可以更换过滤芯。

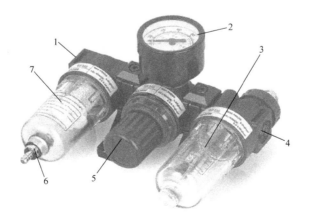

图 5-2-15 气源处理装置组成及其作用

1—进气口 2—气压表 3—油雾润滑器 4—出气口

5—调压旋钮 6—放水螺旋堵塞 7—空气过滤器

图 5-2-16 所示为油雾润滑器的工作原理,来自空气过滤器的空气因管路直径比较大,流速较慢,向右进入直径比较小的油雾润滑器出气管时气体的流速升高,根据液压流体力学伯努利方程原理其压力就降低,容器中的液态润滑油就向上运动并汽化为油雾被吸出排入气体中从气体出口进入电磁换向阀和气缸中润滑机械运动副。

图 5-2-14 所示的数控车床数控气动夹紧送料装置具有热量少、温升低、压力不太高和回转气缸需要润滑等特点,图 5-2-7 所示的空气过滤器改为图 5-2-15 所示的具有喷油雾性能的空气过滤油雾润滑器,图 5-2-1 所示的比较完善的气压供

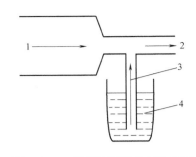

图 5-2-16 油雾润滑器的工作原理
1—来自空气过滤器的空气进入油雾润滑器 2—油雾润滑器出气管气体中有润滑油雾 3—液态润滑油气压降低就汽化排入气体中 4—液态润滑油

气系统简化为图 5-2-17 所示的气动系统组成,空气压缩机 1 的排气量为 $1.5m^3/min$,压力表的表压力调为 $0.6 \sim 0.8MPa$,能满足数控车床气动夹紧和送料需要。

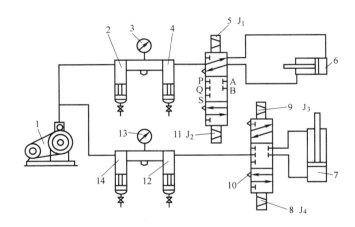

图 5-2-17 数控车床气动夹紧和送料系统组成
1—空气压缩机 2—回转气缸空气过滤器 3—回转气缸压力表 4—回转气缸油雾润滑器 5—回转气缸夹紧工件控制电磁换向阀线圈 J_1 6—回转气缸 7—直线运动气缸 8—直线运动气缸夹紧工件控制电磁换向阀线圈 J_4 9—直线运动气缸放松工件控制电磁换向阀线圈 J_3 10—消声器 11—回转气缸放松工件控制电磁换向阀线圈 J_2 12—直线运动气缸油雾润滑器 13—直线运动气缸压力表 14—直线运动气缸空气过滤器

图 5-2-17 所示的电磁换向阀就是图 3-1-7b 所示 4V230C-08 型气压三位四通电磁换向阀的内部通道分布图。当电磁换向阀上方线圈 5 即 J_1 通 24V 电时,图示位置的通气通道工作,A、Q 导通,回转气缸 6 活塞杆向左运动夹紧工件,B、S 导通气体排入大气中;当电磁换向阀线圈 11 即 J_2 通 24V 电时,图示另一端位置的通气通道工作,A、P 导通,回转气缸 6 活塞杆向右运动放松工件,B、Q 导通气体排入大气中。当电磁换向阀两端线圈均断电时,图示中间位置通道全部封闭,气缸活塞杆不运动。

（二）气缸及气动卡盘的数控系统控制与数控加工程序

选用 SS-09T 山森车床数控系统，将图 3-1-8、图 3-1-9 和图 3-1-10 所示数控系统控制原理应用于数控车床回转气缸夹紧放松工件和直线运动气缸夹紧放松工件，将数控系统设置为持续信号控制方式，M03、M04、M05、M08、M09 指令的意义如图 6-2-5 所述，使用 M10、M11、用于主轴夹紧和松开，把 M21、M79 用于直线运动气缸控制机械手夹紧和松开工件，原始钢管长度能切断 15 次，得图 5-2-18 所示气动控制部分数控电气控制原理图，短管数控加工程序思路如图 5-2-19 所示的框图。

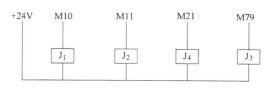

图 5-2-18 气动电磁换向阀线圈数控系统控制接口电路图

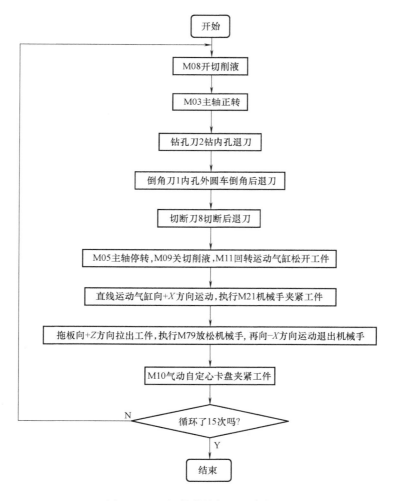

图 5-2-19 短管数控加工程序框图

（三）回转气缸及气动卡盘控制系统故障诊断与维修

气动卡盘、回转气缸和直线运动气缸的故障诊断与维修见表 5-2-5。

表5-2-5 气动卡盘、回转气缸和直线运动气缸的故障诊断与维修

故障现象	故障原因	维修方法
气动自定心卡盘夹不住工件	加工件轴向夹持尺寸短	增大夹持工件的长度
	压力不足	增大输入压力
	缺少润滑	加注润滑油
	气体管路扭曲,通气不畅	调整通气管路,保证畅通
零件加工精度不合格	长期使用后卡爪夹持面磨损	重新修镗自定心
	更换卡爪时,1、2、3号卡爪顺序装错	按正确顺序重新安装卡爪
	卡爪修复不标准	重新修复卡爪
	卡爪夹持面或工件表面不清洁	装夹工件时,保持卡爪夹持面和工件表面清洁
	卡爪过渡盘精度不符合精度要求	按精度要求配置过渡盘
气动自定心卡盘无动作	系统压力低或没有气体进入回转气缸	查看气体管路并调整压力,按图3-1-7相关的维修方法实施电气控制维修
	无电源输入或电源输入不正确	按图3-1-7相关的维修方法实施电气维修
	卡盘体内缺润滑油	对卡盘加油润滑
夹持工件的机械手不动作或夹持不住工件	系统压力低、夹持不住工件或机械手不动作	查看气体管路并调整压力,按图3-1-7相关的维修方法实施电气维修
	无电源输入或电源输入不正确	按图3-1-7相关的维修方法实施电气维修
	直线气缸内润滑不良	对直线气缸检查油雾润滑
	机械手不松开工件或松开不到位	拉簧掉了,更换拉簧

三、任务要点总结

本任务是模块三项目一中的任务1在气压控制方面的具体应用,理实一体化地介绍了气动系统与数控技术相结合用于普通车床数控改造的原理、控制方案、编程加工及其故障诊断与维修,通过对本任务学习,进一步掌握气压系统与数控技术相结合在机械加工自动控制中的应用原理、故障诊断与维修技能,并能够拓展到其他应用场合。

项 目 小 结

本项目理实一体化地论述了气动系统的组成,以及组装、调试与故障维修方法,并结合典型案例,论述了气动系统与数控技术相结合用于普通车床数控改造的原理、控制方案、编程加工及其故障诊断与维修。本项目是模块一项目一知识点在气压传动方面的具体运用,所以学习过程中与模块一项目一的知识点结合起来学习更加清晰。本项目综合论述了气压传动基础设备的组成及其维护维修、油雾润滑原理及其应用、数控系统控制强电、车床用回转气缸、直线气缸、数控编程等综合性知识点,通过对本案例的学习,掌握这些综合性知识点的原理、故障诊断与维修,加深理解这些知识点的内在联系,达到举一反三、触类旁通的学习效果。

模块归纳总结

机电设备气压传动系统气压一般为0.2~1.0MPa,因此气缸不能作为大功率的动力元

件；而液压系统压力远大于气压传动系统的压力，液压缸就可以作为大功率的元件。从介质上讲，空气是用之不竭的，用过的气体可以直接排入大气，处理方便，不会污染，而液压油则相反。空气粘度小，阻力小于液压油，但空气的压缩率远大于液压油，所以它的工作平稳性和响应方面就差很远。液压缸是液压系统中最重要的执行元件，它将液压能转换机械能，并与各种传动机构相配合，完成各种机械运动。液压缸具有结构简单、输出力大、性能稳定可靠、使用维护方便、应用范围广泛等特点。

所以图 5-2-14 所示数控车床气动系统用于气动卡盘夹紧、直线气缸控制机械手夹紧工件等受力小的场合，而图 5-1-26 可调多轴钻床钻削力很大需要用液压系统，同样图 5-1-29 M1432A 外圆磨床液压系统压力很大，也需要用液压系统。液压系统元件和气压系统元件有很多相似之处，图 5-2-17 和图 5-2-18 所述的控制方法完全可以用于液压控制系统，并且与模块一项目一中相关知识点的维修思路相同。这些"模块"、"项目"和"任务"所涉及的多门学科、多项技术和多种技能就纵贯横穿、有机融合，把"理论＋实践＋技能"一体化的项目导向、任务驱动体现在相关培训模块中，向深度、广度发展，突出了专业实践职业能力的综合提高，为学习者提供宽广的职业生涯发展空间。

模块五与模块六项目二知识点和能力目标的衔接与提升总结

模块六是在模块二机械部分测试、拆装、调整与维修之后再进行数控化升级改造，升级改造的内容根据设备功能需要而定，以满足生产需要为原则；模块五项目二是在模块六的基础上扩展了功能，把气动送料、气动主轴夹紧、加工用数控系统进行控制，扩展了数控系统的控制功能；模块二、模块六和模块五项目二所介绍的测试、拆装、调整维修及及升级改造逐渐提高，将多门学科、多项技术和多种技能有机融合，知识点和能力目标不断得以提升，符合中等职业学校专业教师职业生涯发展趋势，也符合装备制造业技能型人才职业成长规律，是装备制造业再制造技术的发展趋势。

模块六　基于再制造工程理念的 CA6140 普通车床的数控化改造、测试与故障维修

再制造是指以产品全生命周期理论为指导，以提升废旧产品的性能为目标，以优质、高效、节能、节材、环保为准则，以先进技术和产业化生产为手段，进行修复、改造废旧产品的一系列技术措施或工程活动的总称。再制造属于战略性新兴产业，能显著推动循环经济的发展，是实现经济与环境资源效益双赢的生产技术模式。机床再制造是用先进制造技术等高新技术对旧机床进行测试、修复改造，把高新技术嫁接到旧机床上，使机床的机械精度、运动精度和加工精度得到提升，加工效率提高，劳动强度降低。主要包括对传统机床的机械精度进行测试恢复与提升、数控系统和伺服系统的选取、再制造装置的选取，以及整机测试、维修、提升改造与调试等内容。

本模块以目前国内常用的 CA6140 普通车床为案例，理实一体化地论述功能较齐全的进给伺服系统、主轴电动机、冷却电动机、数控转位刀架等动力伺服系统、旋转脉冲发生器和数控系统的组装、测试、故障诊断与维修，为对传统机电设备进行数控化升级改造打下良好基础。

通过本模块学习掌握传统的"机械加电气化"的机电设备向涵盖"技术"和"产品"综合性技术发展的"机电一体化"设备在组成和功能上的飞跃。"机电一体化"设备具有自动检测、自动处理信息、自动显示记录、自动调节与控制、自动诊断与保护等功能是具有智能化特征的机电一体化设备，而不是机械技术、微电子技术以及其他新技术的简单组合和拼凑。

项目一　进给伺服系统的组装、测试与调整

本项目介绍 CA6140 普通车床数控化组装 Z、X 两坐标进给伺服系统方案的制订、方案优缺点比较分析、系统组成、组装方法、精度测试、调试方法和技能，对其他机床的数控化组装起到借鉴作用。

学习目标：

1. 掌握再制造技术的内涵意义，理解传统的"机械加电气化"设备向涵盖"技术"和"产品"综合性技术发展的"机电一体化"设备功能上的飞跃。

2. 掌握卧式车床进给运动传动链过渡到数控车床进给伺服系统的原理，进给伺服系统总体方案的制订。

3. 掌握 Z、X 两坐标进给伺服系统步进电动机、机械减速箱、滚珠丝杠参数选择，与数控系统参数的匹配。

4. 掌握 Z、X 两坐标进给伺服系统的组装工艺，调试与精度测试方法。

任务 1　Z 坐标进给伺服系统的组装、测试与调整

知识点:

- CA6140 普通车床 Z 坐标进给运动传动链过渡到数控车床伺服进给系统的原理,Z 坐标进给伺服系统理论参数的协调关系。
- Z 坐标进给伺服系统组装工艺、测试调整方法。

能力目标:

- 正确制订 Z 坐标进给伺服系统数控化组装的方案。
- 掌握 Z 坐标伺服系统数控化组装工艺、操作要点和技能。
- 掌握 Z 坐标进给伺服系统组装测试项目、精度测试与调整技能。

一、任务引入

CA6140 普通车床如图 6-1-1 所示,使用几年后,其机械精度已经降低,如将其淘汰则造成设备资源浪费,并且污染环境。现用机床再制造的理念将机械部分维修提高精度后再进行数控化升级改造,在利用原车床机械部件的基础上,通过组装部分零部件,可使车床恢复或超过其原有的加工精度,提高加工效率,减轻工人的劳动强度。应用数控技术对机床进行再制造,可以充分发挥设备的潜力,节约资源,减少环境污染,使机床制造产业链延伸,在机电设备加工制造行业有比较广阔的应用前景。

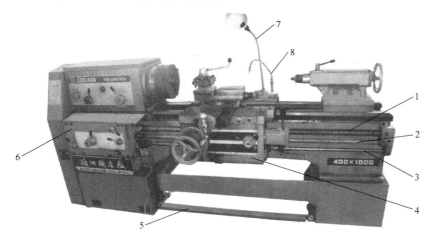

图 6-1-1　CA6140 普通车床

1—形丝杠　2—光杠　3—起动杠　4—溜板箱　5—脚踩主轴制动

6—进给箱　7—照明灯　8—切削液管

二、任务实施

(一) Z 坐标机械运动传动链改造成数控伺服进给系统方案的制订

卧式车床数控化组装 Z 坐标进给伺服系统方案的制订,主要是 Z 坐标数控进给伺服系统的设计计算、滚珠丝杠选型、减速步进电动机选型,支撑、连接及组装方式,常有三个方案:

1. 方案 1

如图 6-1-2 所示,利用图 6-1-1 所示原来的 Z 坐标 T 形丝杠、溜板箱、进给箱,在 T 形

丝杠右端连接减速步进电动机，主轴的起动和制动都不变，步进电动机组装如图 6-1-3 所示，该方案成本低，但传动阻力较大，精度较低，适于粗加工精度要求不太高的场合。

图 6-1-2　方案 1 不换丝杠，仅加两个坐标的步进电动机和数控系统

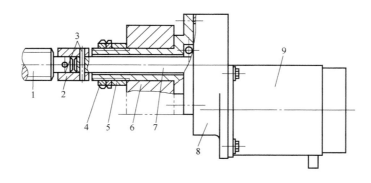

图 6-1-3　*Z* 坐标步进电动机组装图
1—T 形丝杠或滚珠丝杠或圆柱接杆　2—套筒联轴器　3—锥销　4—十字花紧固螺母　5—套筒
6—车床原 T 形丝杠支承座　7—齿轮减速箱输出轴　8—齿轮减速箱　9—步进电动机

2. 方案 2

如图 6-1-4 所示，把光杠、起动杠和溜板箱拆去，T 形丝杠换成滚珠丝杠，丝杠左端借用图 6-1-5 所示原进给箱丝杠支承结构，在 T 形丝杠右端连接减速步进电动机，连接方式也如图 6-1-3 所示。该方案传动摩擦力较小，精度提高，但右端安装减速步进电动机，机床结构增大。

3. 方案 3

如图 6-1-6 所示，把原机床的 T 形丝杠、光杠、起动杠、溜板箱和进给箱全部撤掉，T 形丝杠换成滚珠丝杠，丝杠左端用机床改造配件左支承座 4，右端也用机床改造配件右支承座 9，中间加滚珠丝杠附件。该方案结构紧凑，传动摩擦力小，精度提高，加工效率提高，适应于精加工的场合。采用该方案时应注意滚珠丝杠的长度在满足机床行程的前提下，两端再加图 6-1-6 所示的接杆 5 和接杆 9。

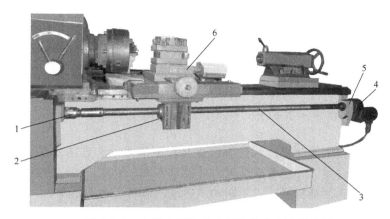

图 6-1-4　方案 1 描述 Z 坐标数控化改造结构图

1—图 6-1-3 所示的原机床丝杠支承结构　2—滚珠丝杠附件　3—滚珠丝杠　4—带长输出轴的减速步进电动机，如图 6-1-3 组装图　5—机床原 T 形丝杠支承座　6—立式数控转位刀架

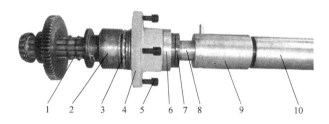

图 6-1-5　机床原 T 形丝杠左端装配结构图

1—滑移齿轮及其外齿轮联轴器　2—内齿轮轴，与 1 外齿轮啮合把转动传递给丝杠 10
3—推力球轴承 2907　4—丝杠固定座　5—弹簧垫片及内六角头螺栓　6—推力球轴承 2960
7—十字花紧固螺母　8—进给箱输出轴（与 2 为一体）　9—套筒联轴器　10—T 形丝杠

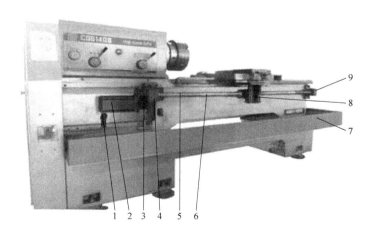

图 6-1-6　Z 坐标丝杠左中右全换附件结构

1—步进电动机 7 芯航空插头另一端接驱动器　2—混合式步进电动机 110BYG3504
3—长输出轴齿轮减速箱　4—左支承座　5—滚珠丝杠接杆　6—滚珠丝杠
7—护罩　8—滚珠丝杠一套附件　9—右支承座及接杆附件

（二）Z坐标进给系统组装三个方案精度及受力特点分析

方案1用T形丝杠传动精度不高，传动效率低，摩擦力大，丝杠承受向右和向左的轴向力，分别由图6-1-5所示推力球轴承3和6承担，因左端有两个推力球轴承，所以丝杠向右热伸长，减速箱内部的从动齿轮轴向移动，不影响步进电动机转子轴的精度。

方案2换成滚珠丝杠，传动精度和效率都提高，摩擦力小，丝杠承受向右和向左的轴向力，分别由图6-1-5所示的推力球轴承3和6承担，但机床结构增大，丝杠热伸长与方案1相同。

方案3换成滚珠丝杠，传动精度和效率都提高，摩擦力小，如图6-1-10所示，滚珠丝杠承受向右和向左的轴向力，分别由两个推力球轴承51205承受，丝杠的热伸长向左，使减速箱内从动齿轮轴向移动，结构紧凑，不影响步进电动机转子轴的精度。

以上三个方案综合比较，方案1优势不大，方案2结构欠紧凑，方案3优势最大，应选用方案3进行数控化改造。

（三）Z坐标机械进给系统零部件的选择

1. 步进电动机、减速齿轮箱和滚珠丝杠的选择

在机床数控化组装时，需要根据机床的精度确定合适的脉冲当量，该车床数控化组装后为经济型数控车床，Z坐标脉冲当量选 $\delta_Z = 0.01\text{mm}$，根据车床的型号、切削负载、加工工件的工艺等选择步进电动机的型号。表6-1-1列出了常用的三相混合式步进电动机的技术参数，表6-1-2列出了不同规格的机床在改造时适用的齿轮减速箱传动比，齿轮减速箱分长输出轴（图1-2-15为长输出轴的结构）和短输出轴，表6-1-3列出了车床数控改造时常用的滚珠丝杠，三者需要理论上设计计算，满足式（6-1-1）脉冲当量和式（6-1-2）惯性的要求。

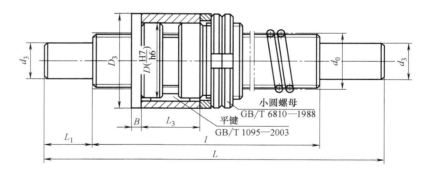

图6-1-7 滚珠丝杠有关尺寸图示

表6-1-1 三相混合式步电动机的技术参数表

型号	步距脚	相数	驱动电压/V	相电流/A	保持转矩/(N·m)	空载起动频率/(步/s)	转动惯量/(kg·cm²)	相电感/mH
110BYG3500	0.6°	3	220	2.6	7	1600	7.2	7.4
110BYG3501	0.6°	3	220	3	11	1600	11.3	10.0
110BYG3502	0.6°	3	220	3	17	1600	15.8	14.1
110BYG3503	0.6°	3	220	3	19	1600	16.8	16.7
110BYG3504	0.6°	3	220	3	21	1600	18.5	14.5
130BYG3501	0.6°	3	220	4	27	1400	33.3	15
130BYG3502	0.6°	3	220	4	38	1200	48.4	20
130BYG3503	0.6°	3	220	4	45	1000	55.5	22

表 6-1-2　车床数控改造时常用齿轮减速箱

车床型号	Z 轴减速箱传动比	Z 轴配用电动机	X 轴减速箱传动比	X 轴配用电动机
C6132/C616	1:1	110BYG3502	4:3	110BYG3501
C6136/C618	1:1	110BYG3503	4:3	110BYG3501
CA6140/C620	1:1	110BYG3504	4:3	110BYG3501
C6150	1:1	130BYG3502	4:3	110BYG3502
C6530	1:1	130BYG3503	4:3	110BYG3503

表 6-1-3　车床数控改造时常用的滚珠丝杠

规格代号 $L \times l$	L_1	L_2	L_3	D	D_3	d_3	B	小圆螺母 GB/T 810 —1988	平键 GB/T 1095 —2003	基本额定负荷	
										动载荷/kN	静载荷/kN
$\dfrac{2004}{330 \times 280}$	25	76	47	30	42	14	8	M30×1.5	4×4×30	4.9	11.1
$\dfrac{2004}{410 \times 330}$	25	76	47	30	42	17	8	M30×1.5	4×4×30	4.9	11.1
$\dfrac{2004}{490 \times 410}$	25	73	47	30	42	17	8	M30×1.5	4×4×30	4.9	11.1
$\dfrac{2506}{750 \times 700}$	25	107	72	45	62	17	8	M45×1.5	6×6×50	10.4	22.2
$\dfrac{2506}{1020 \times 960}$	30	107	80	50	62	20	8	M45×1.5	6×6×50	10.4	22.2
$\dfrac{3206}{1020 \times 960}$	30	117	76	50	72	20	11.5	M50×2	6×6×50	12.0	27.4
$\dfrac{4006}{1200 \times 1130}$	35	122	81	60	80	25	10	M60×2	6×6×55	13.2	37.4
$\dfrac{4006}{1500 \times 1430}$	35	122	81	60	80	25	10	M60×2	6×6×55	13.2	37.4
$\dfrac{4006}{1700 \times 1630}$	35	122	81	60	80	25	10	M60×2	6×6×55	13.2	37.4

$$\delta_Z = \frac{\alpha T}{360° \mu} \tag{6-1-1}$$

$$\frac{1}{4} \leqslant \frac{J_d}{J_m} \leqslant 1 \tag{6-1-2}$$

式中　α——步进电动机的步距角；

　　　T——丝杠螺距；

　　　μ——变速箱传动比；

　　　J_m——步进电动机转子的转动惯量；

　　　J_d——步进电动机带动的整个负载折合到电动机轴上的转动惯量。

机床数控化改造行业对普通机床数控化改造用步进电动机、齿轮箱和滚珠丝杠已经设计试验成功，形成了系列标准配置，大大简化了用户机床数控化改造的设计计算。CA6140 卧式车床工作行程为 1000mm，选择表 6-1-1 中的 110BYG3504 型步进电动机，表 6-1-2 中该电动机对应传动比 1:1 的减速箱，表 6-1-3 中 4006 型总长 1200mm、螺旋长度为 1130mm 的滚珠丝杠，丝杠尺寸如图 6-1-7 所示，满足式（6-1-1）和式（6-1-2）的要求，车床数控改造中减速箱即使传动比为 1:1 通常也不使用直接连接方式，而是采用传动比为 1:1 的齿轮箱连接，以减小切削力和热变形对电动机轴的冲击，因此又称为减速步进电动机，如图 6-1-8 所示。

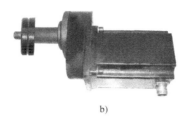

a)   b)

图 6-1-8　两种输出轴结构形式的减速步进电动机

a）带短输出轴齿轮减速箱的减速步进电动机　b）带长输出轴齿轮减速箱的减速步进电动机

2. 改造附件的选择

为配合车床的数控化组装，国内机床数控化改造行业对普通车床数控化改造按标准化、系列化设计制造了专用的改造附件，用户按机床型号（如 C6132、C6136、CA6140 等）选用即可。表 6-1-4 列出了 CA6140 卧式车床数控改造 Z 坐标附件清单。

表 6-1-4　车床数控化改造 Z 坐标附件清单

	Z 坐标轴滚珠丝丝杠母座,固定滚珠丝杠丝母		T 形支承座,用于连接丝母座和方板
	Z 坐标轴左端支承座,固定 Z 轴减速步进电动机	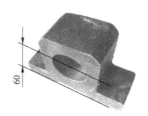	Z 坐标滚珠丝杠右端支承座如图 6-1-9 所示

（续）

Z 坐标大拖板下面的方板,固定 T 形支承座

滚珠丝杠接杆

滚珠丝杠右端支承组件,包含丝杠接杆,装配关系如图 6-1-10 所示

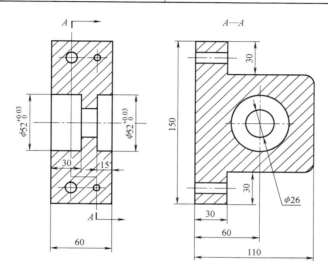

图 6-1-9 Z 坐标滚珠丝杠接杆右支承座尺寸图

3. 车床精度及其附件说明

（1）关于 Z 坐标滚珠丝杠支承座安装基准面 在原车床设计制造上,图 6-1-6 所示左支承座 4 和右支承座 9 的安装基准面是床身上同一个平面,并且在垂直面内与导轨平行,所以图 6-1-9 所示右支承座孔与底面距离为 60mm,表 6-1-4 中的附件 3 左支承座的孔与安装底面的距离也是 60mm,在附件设计制造上已经保证两个附件该尺寸一致,组装前应详细检查,若尺寸不一致就精刮削底面,直到高度误差不超过 0.06mm。

（2）Z 坐标滚珠丝杠受力分析 因滚珠丝杠主要承受轴向力的作用,所以要有承受正反两方向力的推力球轴承,按方案 2 进行装配,图 6-1-5 两个推力球轴承 3 和 6 分别使丝杠承受向右和向左的轴向力,力都作用在丝杠固定座 4 上,而丝杠右端如图 6-1-3 所示装配长输出轴减速步进电动机,只有两个角接触球轴承,丝杠热伸长向右伸长,所以应尽量不使步进电动机与丝杠直接连接,以免热伸长对步进电动机轴有影响。

表 6-1-4 中附件 6 的具体组装结构如图 6-1-10 所示。

（四）Z 坐标机械进给系统的组装

1. 左、右支承座的组装

把图 6-1-10 所示深沟球轴承 4 组装到右支承座内,如图 6-1-1 所示,现场测量原机床床鞍底面距离 T 形丝杠中心线为 101mm,安装 Z 坐标滚珠丝杠左右端支承座的内孔距床鞍底面也选 101mm,如图 6-1-11 所示,分别用直角尺测量孔中心距离床鞍底面的距离为 101mm,初步确定两个支承座在高度方向上的位置,每个支承座各用两个 M10 内六角螺栓

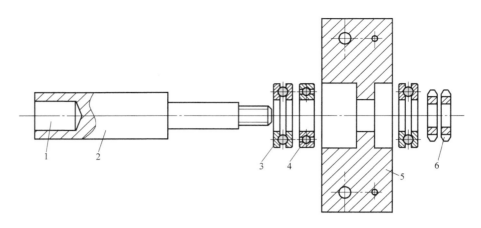

图 6-1-10　滚珠丝杠轴右端支承组件装配图

1—接杆上与滚珠丝杠连接的孔　2—滚珠丝杠接杆　3—推力球轴承 51205（两个）

4—深沟球轴承 6205　5—滚珠丝杠右端支承座　6—十字花紧固螺母（两个）

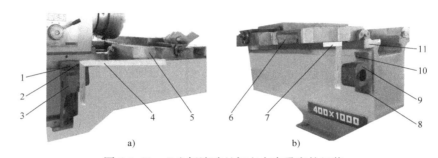

a)　　　　　　　　　　　　b)

图 6-1-11　Z 坐标滚珠丝杠左右支承座的组装

a）左支承座组装　b）右支承座组装

1、10—左右支承座各组装 2 个 M10 内六角头螺栓　2、8—左右支承座上下两个 φ8mm
锥销，机电联合调试合格后现场钻铰锥孔组装锥销　3—左支承座　4、7—直角尺

5、6—床鞍　9—右支承座　11—车床导轨

固定到机床床身上。

2. 方板及 Z 坐标滚珠丝杠的组装

如图 6-1-12 所示，组装步骤如下：

1）将方板 8 固定在床鞍底面上，其位置就是原溜板箱的位置，用原来联接溜板箱的 5 个 M10 内六角螺栓联接方板与床鞍，并按图 6-1-12 的顺序要求组装好螺栓，床鞍上固定溜板箱的 2 个 φ8mm 内螺纹锥销继续用来固定方板和床鞍，并组装好锥销。

在滚珠丝杠组装前，应先把左右两个支承座组装到机床床身上。

2）在台式钻床上钻 φ5mm 的锥销孔 4、5，再用锥铰刀铰孔，打入联接锥销；将丝母座 7、平垫片和两个十字花螺母 6 套到丝母上，将图 6-1-10 所示推力球轴承 3 组装到右端接杆上。机电联合调试合格后再组装锥销。

3）两人将上述丝杠及其附件抬起，右端组装到右支承座孔内，左端对准左支承座孔，另一位操作者将减速步进电动机推入左支承座孔，并用铜棒轻轻敲击减速机使之与左支承座贴合好，使输出轴插入左端接杆孔内，用勾头扳手拧紧减速步进电动机输出轴上两个十字花

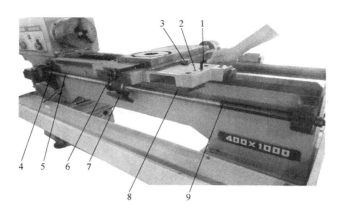

图 6-1-12　Z 坐标滚珠丝杠及方板的组装

1—床鞍上安装溜板箱的 5 个 M10 内六角头螺栓用来固定方板　2—床鞍上固定溜板
箱的 2 个 φ8mm 锥销孔　3—旋盖式油杯　4—减速步进电动机输出轴与左
接杆联接锥销　5—左接杆与丝杠联接锥销　6—平垫片和两个十
字花螺母　7—丝母座　8—方板　9—丝杠与右接杆联接锥销

紧固螺母。

4）在右端支承座上组装另一个 51205 推力球轴承，用十字花扳手拧紧右端两个十字花螺母，达到用手转动滚珠丝杠松紧合适，使丝杠既能灵活地正反转动，又能在转动过程中无异响、无顿挫感为止。

3. Z 坐标滚珠丝杠接杆与导轨垂直面内平行度的测试

对图 6-1-1 所示车床导轨大修之后，用深度游标卡尺测试床鞍底面至 T 形丝杠下表面的距离为 122.56mm，T 形丝杠外直径为 42.24mm，则床鞍底面至 T 形丝杠中心线距离计算为 122.56mm − 21.12mm = 101.44mm，左右接杆直径都是 φ34.28mm，则 Z 坐标换滚珠丝杠后床鞍底面至接杆上素线距离为 101.44mm − 17.14mm = 84.30mm。如图 6-1-13 所示，加工一方钢块，测量高度为 84.30 ± 0.03mm，配合塞尺检验，左右丝母座处接杆与钢块之间缝隙相差不超过 0.06mm 即可，若不相等则松开螺栓上下微微移动丝杠支承座直到测试达到要求为止。

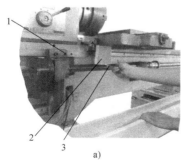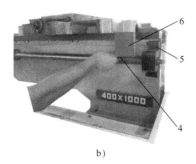

图 6-1-13　滚珠丝杠与导轨垂直面内平行度测试

a）床鞍移到左端用塞尺和钢块测试滑板底面与接杆上素线距离

b）床鞍移到右端用塞尺和钢块测试滑板底面与接杆上素线距离

1、5—机电联合调试合格后再组装固定锥销　2、6—方钢块　3、4—塞尺

4. Z 坐标滚珠丝杠与导轨水平面内平行度的测试

如图 6-1-14 所示，把磁性表座固定在床鞍底面，百分表针指在滚珠丝杠接杆侧面素线上，推动床鞍在导轨上运动（跨过丝杠时拉起指针），左右丝母座处接杆的跳动量相差不超过 0.08mm 即可，否则刮研左右支承座底面直到测试达到要求为止。

5. Z 坐标滚珠丝杠附件的组装

已经组装好方板及滚珠丝杠后，如图 6-1-15 所示，组装滚珠丝杠附件，步骤如下：

1）一人用双手把持住 T 形支承座和丝母座，使二者平面自然贴紧，同时 T 形支承座上平面与方板也自然贴紧，另一人用 4 个 M8 内六角头螺栓及弹簧垫圈和平垫片 4 把 T 形支承座联接固定到方板上。

2）用 4 个 M8 内六角螺栓及弹簧垫圈和平垫片 2 把 T 形支承座和丝母座组装联接。

3）把图 6-1-12 所示的滚珠丝杠平垫片和两个十字花螺母 6 组装到丝母上。

6. Z 坐标滚珠丝杠与车床导轨水平面内和垂直面内平行度测试

Z 坐标滚珠丝杠组装后再进行滚珠丝杠与车床导轨水平面内和垂直面内平行度测试，如图 6-1-16a 所示，仍用图 6-1-13 所示方钢块，用塞尺测量丝母两边丝杠距离床鞍下表面的距离，丝杠与钢块之间缝隙

图 6-1-14　滚珠丝杠与导轨水平面内平行度测试
1—床鞍　2—磁性表座
3—滚珠丝杠接杆　4—百分表

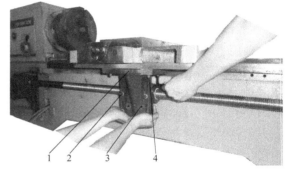

图 6-1-15　Z 坐标滚珠丝杠及其附件的组装
1—床鞍下 T 形支承座　2—联接 T 形支承座和丝母的 4 个 M8 内六角螺栓及弹簧垫圈平垫片　3—T 形支承座与丝母座的两个固定锥销孔　4—联接 T 形支承座和方板的　4 个 M8 内六角头螺栓及弹簧垫圈和平垫片，人工用内六角扳手拧紧

相差不超过 0.06mm 即可，否则松开 T 形支架上与丝母座联接的 4 个内六角螺栓，上下微微移动丝母座，直到测试合格为止。

如图 6-1-16b 所示，手持扳手转动丝杠接杆右端方头，用百分表测试丝杠水平面内的跳动不超过 0.06mm 即可，否则松开 T 形支架上与方板联接的 4 个内六角头螺栓，在水平面内微微转动 T 形支架，直到测试合格为止。

三、任务要点总结

本任务论述了 CA6140 卧式车床数控化组装 Z 坐标三个组装方案及其优缺点，介绍了车床数控化组装附件及其参数的关系，论述了方案 3 的组装工艺、组装精度测试方法、调整维修方法等。Z 坐标滚珠丝杠的三个组装方案都有承受两个方向轴向力的推力轴承，该方案对

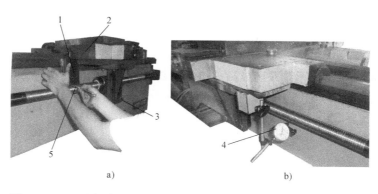

a) b)

图 6-1-16　Z 坐标滚珠丝杠与导轨在垂直面和水平面内的平行度测试
a）垂直面内用塞尺测试　b）水平面内百分表测试
1—方钢块　2—大滑板　3—T 形支架上内六角螺栓　4—百分表　5—塞尺

其他机床数控化组装有借鉴意义。

图 6-1-13 和图 6-1-14 所示的测试调整是对左右支承座的初步测试调整，要求精度较低（0.08mm），而图 6-1-16 是对左右支承座的精确测试调整，要求精度较高（0.06mm），这还不是最后的机电联合调试，还不能组装图 6-1-15 所示两个固定锥销。

四、思考与训练题

1. 普通车床 Z 坐标进给伺服系统数控化组装方案有哪些？分析车削外圆时，各个方案滚珠丝杠受力情况及其优缺点。

2. 如图 6-1-6 所示，车床 Z 坐标滚珠丝杠数控化组装时，如何确定滚珠丝杠在水平和垂直方向的位置？

3. 按三个方案对普通车床 Z 坐标进给伺服系统进行数控化组装，应掌握哪些相关知识点，培养哪些组装、测试技能？

任务 2　X 坐标进给伺服系统的组装、测试与调整

知识点：
- CA6140 普通车床 X 坐标由普通车床进给机构过渡到数控车床进给机构的原理，X 坐标进给伺服系统理论参数的协调关系。
- X 坐标进给伺服系统的组装、正确位置的保证措施、参数的测量确定方法。

能力目标：
- 能够制订 X 坐标进给伺服系统数控化改造的方案。
- 掌握 X 坐标伺服系统数控化改造的改造原理与技能。
- 掌握 X 坐标伺服系统的精度测试与调整技能。

一、任务引入

前述内容介绍了 CA6140 普通车床 Z 坐标数控化改造方案、组装工艺、测试方法相关的知识点和技能。普通车床的数控化组装绝大多数是 X、Z 两个坐标都进行改造。本任务将理

实一体化介绍 X 坐标进给伺服系统数控化组装方案、工艺、测试方法等知识点和技能。

二、任务实施

（一）X 坐标机械进给系统改造成数控进给系统方案的制订

X 坐标数控化组装方案的制订，主要是 X 坐标进给伺服系统滚珠丝杠的选型、减速步进电动机的选型及其参数设计计算，选用支承联接用零件及其组装方法。原则上，在不影响精度的前提下，尽量用上原普通车床的零件，常有三个方案：

1. 方案 1

利用图 6-1-1 所示的原车床 X 坐标 T 形丝杠，使丝杠通过套筒联轴器与减速步进电动机联接。该方案成本低，但传动摩擦力较大，精度较低，适于粗加工精度要求不高的场合。

2. 方案 2

如图 6-1-17 所示，依托原 X 坐标 T 形丝杠座 1 进行机械传动数控化组装，把 T 形丝杠换成图 6-1-18a、b 所示的两个组件，在图 6-1-17 所示的 T 形丝杠座 1 的左端加工直径为 $\phi 28.4$mm，深度为 8.7mm 的沉孔，把图 6-1-18a、b 所示的两个组件组装起来，如图 6-1-18c

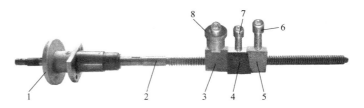

图 6-1-17　原 CA6140 普通车床 X 坐标 T 形丝杠结构组件
1—T 形丝杠座，固定在床鞍上　2—T 形丝杠　3、5—T 形丝母
4—消隙斜铁　6、7—M8 内六角螺栓　8—中滑板
与丝母联接座及其专用螺栓

所示，再组装到床鞍上成为图 6-1-19 所示组件，该方案传动摩擦力较小，精度较高，但加工制造工作量稍大。

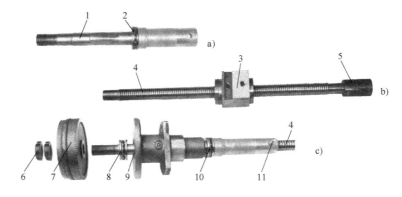

图 6-1-18　方案 2 数控改造后组件
a）滚珠丝杠接长轴　b）滚珠丝杠组件　c）组装后的丝杠传动组件
1—滚珠丝杠接杆　2、8、10—推力球轴承 51102　3—滚珠丝杠丝母座
4—滚珠丝杠　5—套筒联轴器　6—十字花螺母　7—刻度盘　9—丝杠座
加工内孔放推力球轴承　11—接杆与滚珠丝杠连接锥销

3. 方案 3

国内机床数控化改造应按标准化、系列化设计制造的配件进行改造，用图 6-1-20 所示

的专业化组件代替图 6-1-18c 所示的组件，其他部分完全同方案 2，该方案组件大都是专业化生产，结构紧凑，加工质量和精度有可靠保证，传动摩擦力小，精度提高，加工效率较高，适于精加工的场合。

（二）X 坐标进给系统组装三个方案的精度及受力特点分析

方案 1 用 T 形丝杠，传动精度低，传动效率低，摩擦力大。如图 6-1-17 所示，加工外圆丝杠主要承受向左的轴向力因没有推力轴承，轴向刚性差，丝杠的热伸长方向不确定，因丝杠与步进电动机转子轴是经过直齿轮变速的两根轴，所以不影响电动机轴的精度。

方案 2 换成滚珠丝杠，传动精度和效率都得到提高，摩擦力小，丝杠承受的向左和向右的轴向力也分别由图 6-1-18 所示的推力球轴承 8 和 10 承受，丝杠轴向刚度提高，其热伸长向右，不影响电动机轴的精度。

方案 3 换成滚珠丝杠，传动精度和效率都得到提高，摩擦力小，丝杠承受的向左和向右的轴向力也分别由图 6-1-20 所示的推力球轴承 2 和 4 承受，轴端固定座内有深沟球轴承承受径向力，所以受力结构比较优越，丝杠刚度最好，其热伸长向左，减速箱内部从动齿轮轴向移动，不影响步进电动机转子轴的精度。

以上三个方案综合比较，方案 1 优势很小，方案 2 自行加工制造量较大，方案 3 优势最大，一般选用方案 3 进行数控化改造。

图 6-1-19　方案 2 组装后图示

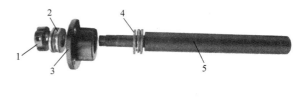

图 6-1-20　X 坐标接杆数控化组装配件组成图

1—十字花紧固螺母 2 个　2、4—推力球轴承 602

3—轴端固定座，内有深沟球轴承 6003RS

（见表 6-1-5）　5—X 坐标数控化组装用滚珠丝杠接长轴

（三）X 坐标机械进给系统零部件的选择

1. 步进电动机、减速齿轮箱和滚珠丝杠的选择

该车床数控化改造后为经济型数控车床，X 坐标脉冲当量选 $\delta_X = 0.005\text{mm}$，理论上满足式（6-1-3）脉冲当量和式（6-1-4）惯性的要求：

$$\delta_X = \frac{\alpha T}{360°\mu} \tag{6-1-3}$$

$$\frac{1}{4} \leqslant \frac{J_d}{J_m} \leqslant 1 \tag{6-1-4}$$

CA6140 普通车床 X 坐标工作行程为 200mm，这里选择表 6-1-1 的 110BYG3502 型步进电动机，表 6-1-2 中，该电动机对应传动比为 4:3 的减速箱，减速箱与步进电动机组装后成为图 6-1-8a 所示的短输出轴的减速步进电动机，选表 6-1-3 中 2004 型总长 490mm、螺旋长度为 330mm 的滚珠丝杠，丝杠尺寸如图 6-1-7 所示，满足式（6-1-3）和式（6-1-4）的要求，

2. 改造附件的选择

按照方案 3 选表 6-1-5 中的车床数控化改造 X 坐标附件。

（四） X 坐标机械进给系统的组装

1. X 坐标滚珠丝杠的组装

图 6-1-17 所示 T 形丝母 3 内孔中心线上表面的距离就是滚珠丝杠丝母座内孔中心线至上表面的距离，测试方法如图 6-1-21a 所示。用游标卡尺测量上平面至内孔上素线的距离为 $s=17.61mm$，测量方槽深度为 5.43mm；如图 6-1-21b 所示测量内孔直径 $d=17.29mm$，则上平面至内孔中心线的距离为 $H=s+0.5d=17.61mm+8.645mm=26.255mm$，现场测量中滑板上两孔中心距为 32.26mm，表 6-1-5 中的丝母座再按图 6-1-22 所示方法加工。

如图 6-1-23 所示，将加工后的丝母座、平垫片、两个十字花螺母组装到丝母上，形成 X 坐标滚珠丝杠组件，再把该组件一端组装到 X 坐标接杆内孔，在台式钻床上钻孔，用锥铰刀铰孔，轻轻装入 $\phi5mm$ 的圆锥销 2，凭感觉销子长度合适而暂时不紧固，即形成 X 坐标滚珠丝杠及接杆组件。

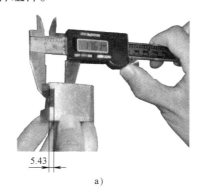 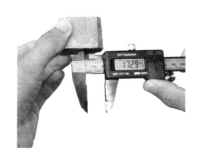

图 6-1-21　测量 T 形丝母内孔中心线距上表面的距离
a）测量上素线距离上表面的距离为 17.61mm　b）测量内孔直径为 17.29mm，计算出所求距离为 26.255mm

表 6-1-5　CA6140 卧式车床数控改造 X 坐标附件清单

 X 坐标滚珠丝杠丝母座，还要按图 6-1-21 所示加工槽和两个螺纹孔

 X 轴减速电动机固定支承座

（续）

X 坐标轴端固定座，内有深沟球轴承 6003RS

推力球轴承 602

深沟球轴承 6003RS

图 6-1-19 所示的 X 坐标滚珠丝杠接杆组件，右端接滚珠丝杠

X 坐标轴端固定座保护盖，可最后组装

2. 床鞍上 X 坐标滚珠丝杠与减速步进电动机输出轴孔的加工

如图 6-1-24a 所示，拆下中滑板、T 形丝杠丝母座，凭目测在床鞍上平面内划直线 1 与

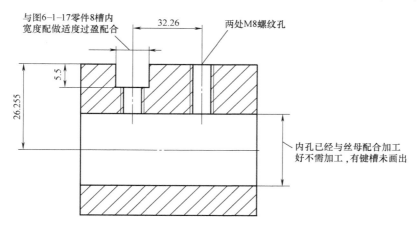

与图 6-1-17 零件 8 槽内宽度配做适度过盈配合

32.26

两处 M8 螺纹孔

5.5

26.255

内孔已经与丝母配合加工好不需加工，有键槽未画出

图 6-1-22　对丝母座再加工

图 6-1-23　在立式钻床上钻铰锥孔，组装 φ5mm 圆锥销 2，把丝杠组件和接杆组件组装在一起，形成 X 坐标滚珠丝杠及接杆组件

1—丝杠组件　2—φ5mm 圆锥销　3—接杆组件

丝杠中心线平行，拆下 T 形丝杠及其附件，在床鞍端部的孔上用图 6-1-21 的方法测得孔中心与上表面的距离为 25.62mm。

如图 6-1-24b 所示，在床鞍另一端面上，画垂直线与平面 2 垂直并且与直线 1 相交，在该线上测量确定钻孔位置 3，与平面 2 的距离为 25.62mm，在摇臂钻床上钻 $\phi34 \sim \phi36mm$ 的孔（注意，套筒联轴器的外径为 $\phi30mm$）。

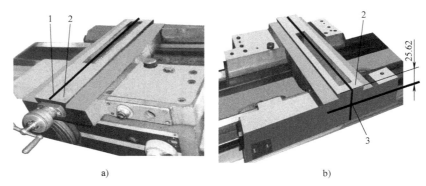

图 6-1-24　床鞍上 X 坐标滚珠丝杠与减速步进电动机输出轴孔的测试与加工

a）划线确定孔在水平面内的位置　b）划线确定孔在垂直内的位置

1—在床鞍上平面划线与 T 形丝杠中心线平行　2—床鞍上平面

3—划线确定钻 $\phi34mm$ 孔的位置

3. 床鞍上 X 坐标进给系统的组装

组装步骤如下：

1）将图 6-1-23 所示的圆锥销 2 拔出，把接杆组件和丝杠组件分开。

2）如图 6-1-25a 所示，先把丝杠丝母组件一端插进床鞍上孔中，把丝杠丝母组件放入床鞍槽中，把接杆组件组装到床鞍孔中，用内六角扳手拧紧 3 个内六角螺栓。

3）如图 6-1-25b 所示，用铜棒顶住丝杠一端并敲击，使另一端进入接杆组件内孔中。

4）组装图 6-1-23 所示的圆锥销 2，把接杆组件和滚珠丝杠组件联接起来。

图 6-1-25　X 坐标接杆组件与滚珠丝杠组件的组装

a）把滚珠丝杠组件和接杆组件组装到大滑板上，并用内六角扳手拧紧接杆组件上的固定座螺栓

b）把滚珠丝杠组件的一段用铜棒顶住敲击，使另一端进入接杆组件内孔中，组装好圆锥销

4. 中滑板的组装

如图 6-1-26 所示，组装步骤如下：

1) 在大滑板、中滑板导轨和镶条上抹上润滑油，并把中滑板组装到床鞍上。

2) 把镶条组装到两个滑板狭缝中，并在两头组装上两个固定螺钉 1 和 5，用手正反方向推动中滑板运行均匀顺畅，并从待组装零件 2 的孔中看见丝母座上方槽处于孔中央位置。

3) 把中滑板和丝杠丝母座用图 6-1-17 所示的组件 8 联接起来，用图 6-1-26 所示的内六角螺栓 3 联接丝母座和中滑板，把压配式注油杯 4 组装到中滑板孔中。

4) 用扳手转动接杆组件方头，正反转动受力均匀、中滑板运行平稳、无时紧时松的感觉为好，否则调整镶条等零件。

图 6-1-26　中滑板的组装
1、5—镶条及其两个固定螺钉　2—滑板与丝杠联接座及其专用螺栓（如图 6-1-17 所示的组件 8）　3—M8 内六角螺栓　4—压配式注油杯　6—中滑板

5. X 坐标减速步进电动机固定支承座的组装

前述组装好后，再组装减速步进电动机固定支承座，步骤如下：

1) 加工一个图 6-1-27b 所示的定位阶梯轴套，左端有内孔与滚珠丝杠端部 $\phi17$mm 的轴配合松紧适度，外直径为 $\phi22$mm；右端与图 6-1-27c 所示的固定支承座的光滑定位内孔 5 配合松紧适度（孔中部若有凸起可车削去掉，或车削图 6-1-27b 所示的定位阶梯轴套粗端中间部位不影响组装）。

2) 按图 6-1-27a 使中滑板尽力靠近固定支承座 2，把固定支承座左端与滚珠丝杠轴端配合联接，装配固定支承座使光滑定位内孔 5 与定位阶梯轴套右端外圆配合好，端面贴紧在床鞍平面上，则此时固定支承座的位置由滚珠丝杠确定，由此确定固定支承座的正确位置。

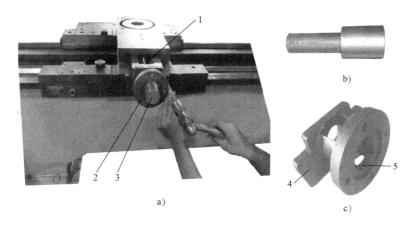

图 6-1-27　X 坐标减速步进电机固定支承座的组装
a) 组装现场照片　b) 组装定位阶梯轴套（细端有内孔）　c) X 坐标减速步进电动机固定支承座
1—滚珠丝杠端部插入阶梯轴套孔中　2—固定支承座　3—定位阶梯轴套
4—固定支承座平面（贴合到滑板上，没有螺栓孔）　5—固定支承座光滑定位内孔

3）用样冲在固定支承座平面 4 上的合适位置打 4 个凹空准备钻孔，取下固定支承座，在台钻上钻 4 个 $\phi 8.6mm$ 的孔，再把固定支承座装配到定位阶梯轴套上，用样冲通过 4 个孔在床鞍上打 4 个凹空，卸下固定支承座，在床鞍平面上的 4 个凹空位置钻孔，攻 M8 螺纹。

4）用 4 个 M8 内六角螺栓加弹簧垫片和平垫片把固定支承座装配到床鞍平面上。

6. 减速步进电动机的组装

减速步进电动机的组装步骤如下：

1）把图 6-1-27 所示的定位阶梯轴套 3 取出，将图 1-2-41b 所示的套筒联轴器组装到滚珠丝杠和减速步进电动机输出轴上，如图 6-1-28 所示，用 4 个 M8 内六角头螺栓、弹簧垫片和平垫片把减速步进电动机组装到固定支承座上。

2）用 $\phi 5mm$ 的锥销把滚珠丝杠和套筒联轴器联接在一起。

3）在减速步进电动机输出轴和套筒联轴器联接的位置，钻铰 $\phi 5mm$ 的锥销孔 3，打入锥销联接好，则初步完成 X 坐标进给伺服系统的组装。

三、任务要点总结

本任务介绍了 CA6140 普通车床数控化组装 X 坐标进给伺服系统三个组装方案及其优缺点，重点对方案 3 的组装方法、保证精度采取的措施、测试方法进行了论述。X 坐标滚珠丝杠的位置由丝母座尺寸、附件等保证，其加工精度要求较高，再根据滚珠丝杠的位置采用定位阶梯轴套的组装方法确定步进电动机固定支承座的位置，X 坐标滚珠丝杠的三个组装方案都有承受两个方向轴向力的推力轴承，对其他机床的数控化组装有借鉴意义。

图 6-1-28　X 坐标减速步进电机的组装
1—用内六角头螺栓和弹簧垫片把固定支
承座和减速步进电动机联接
2—用锥销把套筒联轴器和丝杠联接　3—在套筒联轴器和减速
步进电动机输出轴部位钻铰锥销孔打入 $\phi 5mm$ 锥销
4—机电联调合格后钻铰两锥销孔组装两内螺纹锥销
5—航空插头中三条线接驱动器

四、思考与训练题

1. 普通车床 X 坐标进给伺服系统数控化组装有哪些方案？分析论述车削端面时，各个方案丝杠受力情况及其优缺点。

2. 说明 X 坐标把 T 形丝杠换成滚珠丝杠过程中，采取哪些措施能保证滚珠丝杠的正确位置？

3. 按三个方案对普通车床 X 坐标进给伺服系统进行数控化组装，掌握相关知识点，培养锻炼组装、测试的能力。

项 目 小 结

项目一理实一体化地论述了 CA6140 普通车床数控化组装 Z、X 两坐标进给伺服系统的方案制订、优缺点分析、组装和测试方法等，总结要点如下：

1. 在机电一体化产品中，把输出量能够以一定的准确度跟随输入量的变化而变化的系统称为伺服系统。而把机械位移量作为输出量的伺服系统称为进给伺服系统。常见的进给伺服系统有三种形式：

1）步进伺服系统。采用步进电动机为进给动力的进给伺服系统称为步进伺服系统，通常为开环步进伺服系统。

2）交流伺服系统。采用交流伺服电动机为进给动力的进给伺服系统称为交流伺服系统，通常为半闭环或闭环控制伺服系统。

3）直流伺服系统。采用直流伺服电动机为进给动力的进给伺服系统称为直流伺服系统，通常也为半闭环或闭环控制伺服系统。

图 6-3-1 所示 DD-200T 数控系统也支持直流伺服系统和交流伺服系统，CA6140 普通车床数控改造后，加工常规精度的零件，选用经济型数控车床常用的步进伺服系统方案。

2. 在保证机械部分精度的前提下，尽量利用原机床的相关零部件和机床数控改造行业设计制造的标准化、系列化的零部件，使得两坐标滚珠丝杠的位置仍然是原普通车床 T 形丝杠的位置，位置确定后再组装相关的其他零部件。

3. Z 坐标滚珠丝杠两端丝母座位置确定并组装好后，再组装中间的丝杠附件处于自然位置；而 X 坐标滚珠丝杠是首先组装好接杆、接杆与滚珠丝杠联接的锥销、中滑板及其镶条、联接丝母座与中滑板。这就确定了滚珠丝杠的正确位置，再采用定位阶梯轴套措施确定步进电动机固定支承座的位置，这样就能保证机械组装精度、调试方便、进给伺服系统运行均匀顺畅。

4. 两坐标滚珠丝杠的总有一端都有两个推力轴承承受两个方向的轴向力，而另一端用角接触球轴承，这样滚珠丝杠热胀冷缩向一端变化，轴向刚度比较好。如图 6-1-4 所示，推力轴承在左端远离右端的热源步进电动机，而图 6-1-6 所示的推力轴承在右端远离左端的热源步进电动机。

5. 图 6-1-15 所示两个固定内螺纹锥销 3 和图 6-1-28 所示两个固定内螺纹锥销 4 要等机电联合调试合格后再组装，而图 6-1-12 的两个螺纹锥销 2 可在组装好螺栓后就组装。

项目二　动力伺服系统的设计原理、组装与测试

本项目介绍 CA6140 普通车床数控化组装主轴电动机、冷却电动机、电动刀架动力伺服系统、主轴脉冲发生器、行程开关和数控系统的原理、组装、测试与调整。对相关知识点理进行梳理，为实际操作奠定理论基础；夯实能力目标，为其他普通机电设备的数控化改造提供经验。

学习目标：

1. 掌握普通车床数控化组装主轴电动机、冷却电动机、电动刀架动力伺服系统、主轴脉冲发生器、行程开关和数控系统的设计原理、组装方法。

2. 掌握普通车床数控化组装主轴电动机、冷却电动机、电动刀架动力伺服系统、主轴脉冲发生器、行程开关和数控系统的测试方法与调整。

3. 能够将上述原理、知识点、组装方法与调整技能进行迁移，达到举一反三、触类旁通的学习效果。

任务1　主轴电动机、冷却电动机动力伺服系统的设计、组装

> **知识点：**
> ● 普通车床改造为数控车床后，主轴电动机、冷却电动机动力伺服系统的设计原理、电气原理图、安装布置图和接线图画法，主轴制动器的原理与控制。
> ● 主轴电动机、冷却电动机动力伺服系统电气控制柜的组装步骤。
> **能力目标：**
> ● 掌握数控车床动力伺服系统持续信号控制的设计方法，掌握原理图、平面布置图和接线图的画法。
> ● 掌握数控车床动力伺服系统持续信号控制电气柜的组装步骤。

一、任务引入

图6-1-1所示的CA6140普通车床主轴电动机是人工操纵起动杠控制的，冷却电动机也是由人工操作的，在将该车床的主轴和冷却电动机改为数控系统控制后，数控技术潜力得到进一步发挥，加工效率得到提高，劳动强度明显降低。在此对主轴电动机和冷却电动机的数控系统控制设计原理、组装与调整作理实一体化论述。

二、任务实施

（一）基于数控系统控制的带功能区、图区的数控车床电气控制原理图设计

1. 数控系统控制主轴电动机的功能确定

原CA6140普通车床主轴电动机如图6-2-1所示，为Y132M-4-B3型三相异步电动机，功率为7.5kW，转速为1450r/min，主电动机通过V带轮把转动传给主轴5，交换齿轮4与主轴同转速，主轴通过交换齿轮把转动传给进给箱，再通过丝杠带动拖板运动车削螺纹，改为数控车床后进给运动由数控系统控制步进电动机实现，主轴转速仍用原来的变速齿轮、摩擦离合器等。

原CA6140普通车床冷却电动机为AOB-25型三相异步电动机，功率1.5kW，转速3000r/min，只有正转、停转没有变速和反转，改为数控系统控制后功能不变。

确定数控改造后，主轴电动机的控制要求如下：

1）数控系统控制主轴正转、反转、停转，变速仍用原来的齿轮和离合器变速。

2）为提高工作效率，降低劳动强度，撤销原脚踩制动，改为图6-2-2所示的数控系统控制的ZD-15型电子制动器制动。

3）为了提高系统的抗干扰性能，主轴电动机和冷却电动机及交流接触器均安装灭弧器。

2. 数控系统与外设控制接口、主轴电动机与冷却电动机的数控系统控制电路设计

（1）数控系统与外设控制接口及其主电路设计　如图6-2-3b所示，数控系统与外设接口都预留好，用户根据需要选择是否使用，若使用则设计安装与设备连接线路即可，控制主轴电动机和冷却电动机选择接口11，具体接线端的意义如图3-1-9a所示，内部是按持续信号设计的，其意义见图3-1-5所示的相关内容，设计主轴电动机与冷却电动机数控系统电气控制主电路原理如图6-2-4所示。

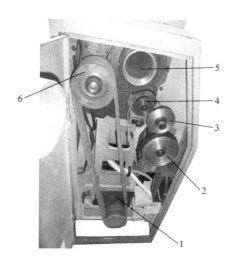

图 6-2-1　CA6140 卧式车床主电动机
及其交换齿轮传动系统

1—主电动机　2、3、4—交换齿轮　5—主轴　6—V 带轮

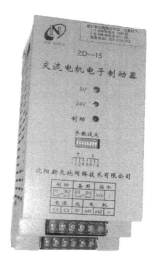

图 6-2-2　已获实用新型专利的 ZD—15
交流电动机电子制动器产品

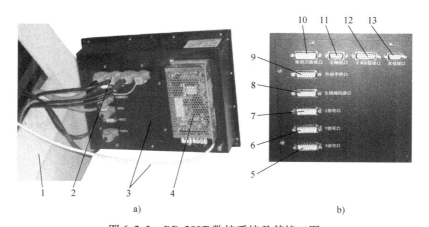

a)　　　　　　　　　　　　　　　　　b)

图 6-2-3　DD-200T 数控系统及其接口图

a) 数控系统接口与外设接线图　b) 数控系统接口分布及其功能

1—车床外罩　2—主轴接口 9 针凹形插头　3—数控系统及来自变压器 TC$_1$ 的电源线

4—开关电源　5—X 步进电动机驱动器接口　6—机箱预留 Y 步进电动机接口　7—Z 步进电动机驱

动器接口　8—主轴脉冲编码器接口　9—手摇脉冲发生器接口　10—电动刀架接口

11—主轴及冷却电动机控制接口　12—S、M 功能接口　13—其他接口

（2）控制电路设计　根据图 3-1-5 所示持续信号控制的意义，数控系统内部已经设计好
ULN2803 芯片及其与计算机接口电路，用户只要按图 3-1-9a 所示的接线端向外接控制电路
即可，设计数控系统接口电路如图 6-2-5a 所示，控制电路如图 6-2-5b 所示，图 6-2-5 的图
区号接着图 6-2-4 的图区号继续编排。

（3）电气控制原理图上线路编号　图 6-2-4 和图 6-2-5 电气控制原理图都有引脚编号，
数控系统、制动器、步进电机和驱动器上接线引脚已经有标注符号，不少编号就用这些接线
符号作为编号，如 M03、M04、M05、B$_1$、B$_2$、C 等等，产品说明书中都有标注。

（4）其他控制电路设计　变压器 TC_1 输出供步进电动机驱动器用的电压220V，供数控系统用的电压220V，变压器 TC_2 输出110V交流电，24V控制灯，220V为风扇输出电压，如图6-2-4所示，绝大部分电气元件在相关模块已经介绍，这里介绍图6-2-6所示的灭弧器，其并联在三相电动机和交流接触器线圈上，接通断开线路时能削弱自感电动势引起的电弧。

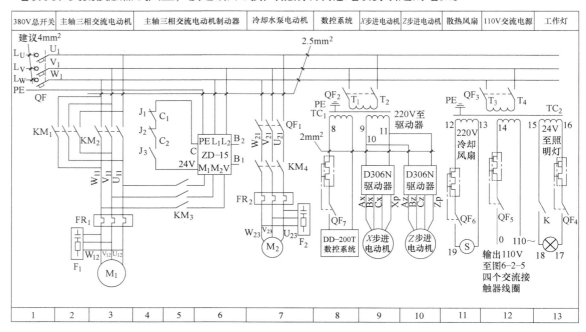

图 6-2-4　主轴电动机和冷却电动机数控系统控制主电路原理图

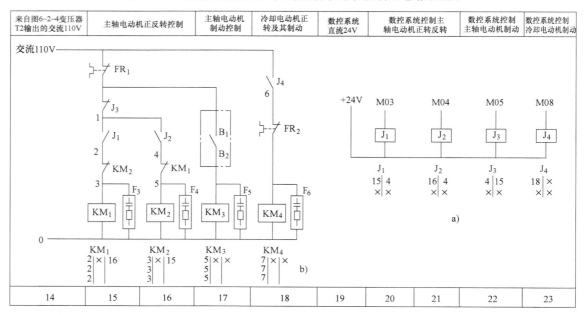

图 6-2-5　数控系统接口控制电路图

a）来自图6-2-3b11号插头的数控系统接口电路　b）控制电路图

图 6-2-6　三相交流电动机灭弧器和交流接触器线圈灭弧器

a）三相交流电动机灭弧器　b）交流接触器线圈灭弧器

主轴旋转脉冲编码器和转位刀架的电气控制接线已经接好，产品说明书上有原理图和安装接线图，图 6-2-4 和图 6-2-5 中不涉及。

（二）CA6140 车床数控改造电气控制安装接线图的设计

因 CA6140 普通车床数控化改造后电气设备较多，电气控制柜内部设备的安装位置并不全在底板上，所以不能如图 2-3-2 所示把电气设备平面安装布置图和电气控制接线图合二为一，而应分别设计电气设备平面安装布置图和电气控制接线图。

1. CA6140 车床数控化改造电气设备平面安装布置图设计

根据前述 CA6140 普通车床数控改造电气控制原理图 6-2-4 和图 6-2-5 功能分析、设备选用，为了安全，在数控化改造后的车床上增加了护罩，并在车床主轴箱后部设计有电气控制柜，因设备较多，变压器 TC_1 较重，放在电气控制柜底平面上，而变压器 TC_2 较轻，放在电气控制柜底板右下方位置，ZD-15 电子制动器较重，也放在电气控制柜底板左下方位置，两个步进电动机驱动器较轻，放在电气控制柜底板左上方位置，画出 CA6140 普通车床数控化改造电气控制柜设备平面安装布置图如图 6-2-7 所示。

三相交流电机、步进电动机等设备均安装在电气控制柜外部，图 6-2-6a 所示的三相交流电动机灭弧器也安装在三相交流电动机接线盒里的接线柱上，不再在图 6-2-7 中画出。

2. CA6140 车床数控化改造电气控制设备接线图设计

图 2-3-2 所示 CA6140 普通车床电气控制安装接线图把电气控制柜之外的设备全部经过接线端子连接，而数控设备购买时设计厂家已

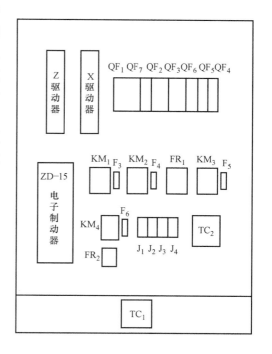

图 6-2-7　CA6140 车床数控化改造电气控制柜设备平面安装布置图

经把控制柜内部的个别设备和之外相应的设备的接线设计好，甚至接线也接好，只要把插头插到接线接口即可，所以并不需要把电气控制柜之外的全部设备经过接线端子连接，现对电气控制接线图设计考虑的几个特殊设备接线设计问题分析如下：

（1）步进电动机与驱动器的接线　虽然 X、Z 坐标步进电动机是电气控制柜之外的设备，但购买来的步进电动机与驱动器的接线已经接好，如图 6-2-8 所示，用户只要把航空插头 1 插入步进电动机接线端，把接线另一端的 Az、Bz、Cz 和 Zp 对应接到驱动器接线端即可，所以在图 6-2-11 接线图上两个步进电动机不再经过接线端子，Zp 是步进电动机的地线接在驱动器外壳上。

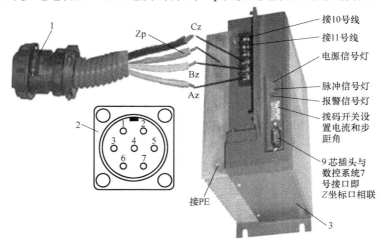

图 6-2-8　Z 坐标步进电动机驱动器与变压器、数控系统、步进电机的接口

1—图 6-1-6 元件 1 和图 6-1-28 元件 5（即 7 芯航空插头）　2—7 芯航空插头的引脚标号　3—步进电动机驱动器

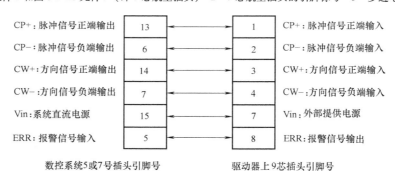

CP+：脉冲信号正端输出	13	⟷	1	CP+：脉冲信号正端输入
CP−：脉冲信号负端输出	6	⟷	2	CP−：脉冲信号负端输入
CW+：方向信号正端输出	14	⟷	3	CW+：方向信号正端输入
CW−：方向信号负端输出	7	⟷	4	CW−：方向信号负端输入
Vin：系统直流电源	15	⟷	7	Vin：外部提供电源
ERR：报警信号输入	5	⟷	8	ERR：报警信号输出

数控系统 5 或 7 号插头引脚号　　　　　　　驱动器上 9 芯插头引脚号

图 6-2-9　驱动器上 9 芯接头与数控系统上 15 芯接头引脚号对应连接关系

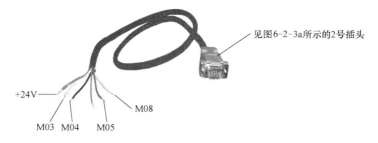

图 6-2-10　主轴电动机、冷却电动机控制接口线路要经过接线端子

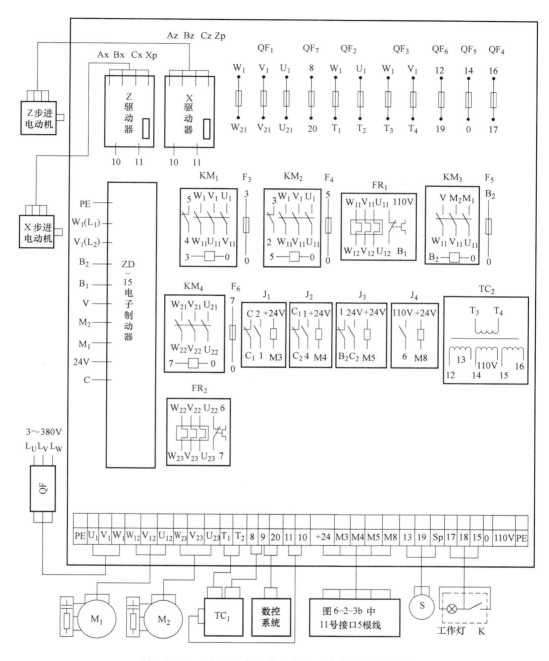

图 6-2-11　CA6140 车床数控化改造电气控制接线图

（2）数控系统与驱动器的接线　购买来的数控系统与驱动器的接线也已经接好，图 6-2-9 所示为驱动器与数控系统接线引脚对应关系，对 Z 坐标接线，只要把该接线 15 芯插头插到图 6-2-3b 所示数控系统的 7 号插头，把该接线 9 芯插头插到图 6-2-11 所示 Z 驱动器对应插头即可，X 坐标接线完全一样，所以在图 6-2-11 接线图上也不再经过接线端子，也没有画出该接线。

（3）主轴电动机、冷却电动机数控系统控制信号的接线要经过接线端子　图 6-2-10 所示为供货厂家已经提供数控系统控制主轴电动机和冷却电动机的接线，其中 + 24V、M03、M04、M05 和 M08 分别接到图 6-2-11 的 + 24V、M3、M4、M5 和 M8 接线端子，再经过接线端子接至 4 个直流继电器的线圈，注意 + 24V 与电子制动器上 24V 是不同的接线端。

（4）变压器 TC_1 输入输出接线都要经过接线端子　变压器 TC_1 安装在电气控制柜底平面上，经过接线端子 T_1、T_2 输入 380V 交流电压，输出 220V 电压经 10、11 两个接线端子给驱动器；输出 220V 电压经 8 接线端子接至熔断器 QF_7 至接线端子 20，与 9 号接线端子给数控系统供电。

（5）主轴电动机、冷却电动机的主电路接线要经过接线端子　图 6-2-11 所示主轴电动机 M_1、冷却电动机 M_2 的主电路接线要经过接线端子，两个电动机的灭弧器直接接在电动机接线柱上，不再安装在控制柜内部。

（6）变压器 TC_2 接线要经过接线端子　变压器 TC_2 输出三组交流电：一组 220V 经过熔断器 QF_6 接至 19 与 13 号接线端子给冷却风机供电；另一组 24V 经过熔断器 QF_4 接至 17 与 15 号接线端子跨接工作灯及开关 K；还有一组 110V 给 4 个交流接触器线圈供电，为了便于交流接触器线圈供电接线和电压检测，接至 110V 接线端子，再经过这两个接线端子给交流接触器线圈供电。因变压器等多个设备有地线，为接线方便，在最右端接线端子再设接地线端子 PE。

（7）空气断路器 QF 要经过接线端子　空气断路器 QF 给整个车床系统供电，安装在图 6-2-30 数控车床左边，经过接线端子 U_1、V_1、W_1 给系统供电。

根据上述思路，设计 CA6140 车床数控化改造电气设备接线图如图 6-2-11 所示，W_1（L_1）是制动器上的标注，表示 L_1 的接线接在 W_1 上，V_1（L_2）相似；Sp 是冷却风机的地线，与两处 PE 均是接地；24V 是指制动器一个接线端，+ 24V 是指图 6-2-11 所示的接线端。

（三）CA6140 车床数控化改造电气控制柜安装、配线施工

1. 检查和调整电器元件

根据表 6-2-1 列出的 CA6140 普通车床数控化改造电器元件表，配齐电气设备和电器元件，并逐件对其检验，检验内容与模块二项目三任务 1 的相关内容相同。

表 6-2-1　电器控制主要电器元件表

图上符号	名称	型号	规格	件数
M_1	主轴电动机	Y132M-4-B3-TH	7.5kW、380V、50Hz	1
M_2	冷却电动机	A0B-25-TH	0.09kW、380V、50Hz	1
D306N 驱动器	步进电动机驱动器	D306N	可设置电流和步距角	2
KM_1、KM_2	正反转交流接触器	CJX22501	线圈 110V、50Hz	2
KM_3	冷却泵交流接触器	CJX20910	线圈 110V、50Hz	1
FR_1	主电动机热继电器	NR4-63	触点电流 63A、电压 380V	1
FR_2	冷却泵电动机热继电器	NR2-25	触点电流 25A、电压 380V	1
$J_1 \sim J_4$	直流继电器	RJ2S-C-D24	线圈电压 24V、触点电流 8A	4
TC_1	变压器	E600W-D306	380V、50Hz、100VA 输出两组 220V	1

（续）

图上符号	名称	型号	规格	件数
TC_2	变压器	GCT-609	380V、50Hz、100VA 输出 两 110V、220V、24V	1
F_1、F_2	三相交流电机灭弧器	SM-2-B	图 6-2-5a	2
$F_3 \sim F_6$	交流接触器线圈灭弧器	TM-2-B	图 6-2-6b	1
QF	断路器	AM2-40	380V、40A	1
QF_1	断路器	DZ47-60	三极	1
QF_2、QF_3	断路器	DZ47-60	二极	2
$QF_4 \sim QF_7$	断路器	DZ47-60	单极	4
ZD-15	电子制动器	ZD-15	输入交流 380V,适用电机 功率 15kW,工作电流 45A	1

2. 制作安装底板

由于 CA6140 普通车床数控化改造电气元件数量较多,不再使用图 2-1-25 所示的车床机身的柜架作为电气控制柜,而是专门设计了数控车床外罩,并带有图 6-2-13 所示的比较大的电气控制柜,电气控制柜带有底板安装电器元件设备。电动机、按钮、断路器和照明灯等安装在电气控制柜外部,驱动器、变压器和制动器如图 2-3-4 所示直接用螺钉安装在底板上,直流继电器、交流接触器等如图 6-2-12b 所示用图 2-3-3d 所示导轨安装在底板上。

3. 选配导线及叉形预绝缘接头

由于各生产厂家不同,所以 CA6140 普通车床电气控制柜的配线方式也有所不同,但大多数采用明配线。电动机 M_1 的主电路的导线可采用单股塑料铜芯 BV2.5mm^2（红）、电动机 M_2 和 M_3 的主电路的导线可采用单股塑料铜芯 BVR1mm^2（红）、控制电路采用 BVR1mm^2（黑）。为使接线牢固,电气设备接线可采用图 2-3-3f 所示叉形预绝缘接头。

4. 在电气控制柜底板上安装电器元件、划线

根据图 6-2-7 所示 CA6140 普通车床数控化改造电气控制柜设备平面安装布置图将全部设备和线槽放置在电气控制柜底板上,因线路比较复杂,水平方向考虑安装 4 根线槽、4 根导轨,如图 6-2-12a 所示现场实物安排合适,布局合适后用铅笔在底板上划线作为安装设备位置的依据。

5. 安装导轨和线槽

根据划线如图 6-2-12b 所示钻孔安装导轨和线槽,对变压器 TC_2、驱动器、制动器 QF_7 至接线端子 20,与 9 号接线端子给数控系统供电,按照图 6-2-7 所示在电气控制柜下平面上安装变压器 TC_1。

6. 在导轨上安装电器设备、接线、给各元件和导线编号

为了接线方便,要把底板从柜子中取出平放在桌子上按照图 6-2-11 所示电气接线图接线,接线过程中也要查看图 6-2-4 和图 6-2-5 所示的电气控制原理图,接线过程中注意给各元件和连接导线做好图 2-3-3a 所示的号码管标志,给接线编号,全部底板接线完毕后如图 6-2-12c 所示。

7. 车床照明、冷却风扇的组装

根据机电设备电气工作有关安全规定,机床等设备和移动设备上的照明应使用安全电压，一般机床照明灯适合于36V（包括36V）以下的交流安全电压，本车床变压器TC_2输出24V电压用于照明灯、TC_2输出220V用于冷却风扇。

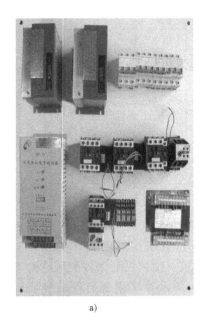

a)   b)   c)

图6-2-12　CA6140普通车床数控改造电气控制柜组装步骤

a）在电气控制柜安装底板上合理布局电器元件并划线

b）固定导轨线槽，用螺钉固定四件电器，再在导轨上安装交流接触器和继电器等电器元件

c）按照图6-2-11所示电气接线图，查看图6-2-4和图6-2-5所示的电气控制原理图接线后的电气控制柜底板接线照片

8. 将底板安装在电气控制柜中，安装其他外部设备，并给设备和导线编号

如图6-2-12c所示完成底板接线后，把底板安装到车床电气控制柜中，再完成其他内部和外部设备安装，如把变压器TC_1安装在电气控制柜下水平面板上，继续进行其他设备的接线及其编号，全部接线完毕检查无误后给线槽加盖板，即得图6-2-13所示数控车床电气控制柜，即可进行机电联合运行调试。

三、任务要点总结

本任务理实一体化地论述了CA6140普通车床数控化改造后数控系统控制强电电气控制原理图、电气控制柜设备平面安装布置图和电气控制接线图的设计方法、设计要点、电气控制柜内部及外部设备布置和接线处理方法、电气控制柜的组装、接线步骤。本任务是模块三项目一所述内容在数控系统控制电气上的典型应用案例，数控机床弱电控制强电的持续信号控制原理具体应用，使读者对正确理解和应用模块三知识点。

图6-2-4和图6-2-5是基于数控系统控制的电气控制原理图，与图2-3-1不同的是手动

图6-2-13　将图6-2-12c所示电气控制柜底板安装到电气控制柜上并完成内部和外部设备接线后的照片

控制动力设备（如按下 SB$_1$ 按钮，KM$_1$ 线圈带电，电动机 M$_1$ 正转）变为数控系统控制动力设备，如数控系统执行 M03，则直流继电器 J$_1$ 常开触点闭合，KM$_1$ 线圈带电主触点闭合，电动机 M$_1$ 正转。

四、思考与训练题

1. 动力伺服系统的控制应用了模块三项目一任务 1 持续信号控制的原理，对脉冲信号、固态继电器控制等控制方案进行分析，并组织实训。

2. 对照图 6-2-11 分析电气控制柜组装步骤，并组织实训。

3. 对照图 2-3-2 和图 6-2-11，分析普通车床电气控制接线图和数控车床电气控制接线图的异同点。

4. ZD-15 交流电动机电子制动器是交流电动机制动控制的新产品，对照图 6-2-4 和图 6-2-5 论述正转、反转和停转控制中的互锁关系。

5. M05 和 M09 指令都是控制电动机停转的指令，对照图 6-2-4 和图 6-2-5 分析设计上如何充分发挥其控制意义，对外部设备控制的异同点？控制原理如何？

任务 2　转位刀架、旋转脉冲编码器和行程开关的组装、测试与调整

> **知识点：**
> - 数控车床转位刀架、旋转脉冲编码器和行程开关的原理、相关电力电子器件的选择和计算，组装配件。
> - 数控系统与转位刀架、旋转脉冲编码器和行程开关接口的认识与应用。
>
> **能力目标：**
> - 掌握转位刀架机械、电器和霍尔传感器控制测试电路的工作原理和组装技能。
> - 掌握旋转脉冲编码器、行程开关的组装原理、调试。

一、任务引入

图 6-1-1 所示的 CA6140 普通车床加工效率低，加工精度低，车床工艺范围有限，改为数控车床后增加了数控转位刀架、主轴旋转脉冲编码器和行程开关，具有数控加工螺纹、超程保护、回机械原点等功能，加工效率、加工精度和安全可靠性均得以提高，劳动强度大大降低，扩大了数控车床的工艺范围，在此进行理实一体化论述。

二、任务实施

（一）LD4-6140 转位刀架的组装

1. 转位刀架的分类及其选择

数控车床转位刀架分卧式数控转位刀架和立式数控转位刀架，每种转位刀架又分几把刀的转位刀架，用户只需根据机床的型号和加工工艺要求，选择数控转位刀架的类型和刀位数即可。立式数控转位刀架一般为四工位，现在只有少数厂家生产六工位转位刀架。卧式数控转位刀架有电动机控制换刀和液压控制换刀两种形式。一般的车床数控改造过程中，由于不

配液压站，只选用电动机控制的数控转位刀架。数控车床上常用的四种电动刀架见表6-2-2。卧式数控转位刀架通常采用图6-2-14所示的后置式安装，即安装在具有倾斜导轨的数控车床导轨的中滑板上，正进行加工的刀具就容易展现在操作者的视野内；而立式数控转位刀架通常采用图6-1-4所示的前置式安装，即安装在水平导轨数控车床导轨的中滑板上靠近操作者的位置，正在进行加工的刀具就容易展现在操作者的视野内，这种安装方式有利于最大限度地发挥刀架上刀具功能，使车削工件的回转半径达到最大。卧式数控转位刀架通常用于较大规格的数控车床，而立式数控转位刀架大小车床都能用。如果卧式和立式数控转位刀架安装在相反的车床上，则当前正

图 6-2-14 卧式数控转位刀架
通常采用后置式安装
1—倾斜导轨上的床鞍 2—倾斜导轨上的中滑板
3—安装在中滑板上的卧式数控转位刀架

加工的刀具不容易展现在操作者的视野内，安装刀具不方便和不利于加工工件达到比较大的回转半径，机床难以发挥出较大的作用，CA6140普通车床数控化组装选用图6-2-15所示的LD4-6140立式数控转位刀架及其控制器，其尺寸参数和重复定位精度说明书都有介绍。

表 6-2-2 数控车床上常用的四种转位刀架

名 称	外形照片	特 点
外置电动机立式四工位数控转位刀架		LD4系列电动刀架采用蜗杆传动，上下齿盘啮合，螺杆夹紧，具有转位快、定位精度高、切向力矩大等优点。同时采用无触点霍尔传感器发信号，使用寿命长。该系列电动刀架是用户经常采用的经济型数控车床配套产品
内置电动机立式四工位数控转位刀架		TLDB4型电动刀架采用行星齿轮传动，三齿盘定位，内置电动机，凸轮锁紧。该刀架外形美观、结构紧凑，避免了刀架电动机与机床尾架的干涉，结构较为复杂
内置电动机卧式六工位数控转位刀架		该电动刀架采用蜗杆传动，精密端齿盘啮合定位，转动平稳，换刀时间短，切向扭矩大，无触点发信盘，使用寿命长

（续）

名　　称	外形照片	特　　点
内置电动机卧式八工位数控转位刀架	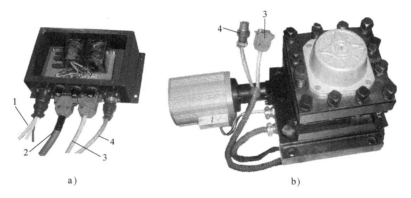	该电动刀架采用无触点发信，对销反靠，端齿精定位，偏载能力强，大直径螺纹夹紧。电动机内藏密封性能好，刀盘可带喷水装置。适用于C6132以上型号的车床

图 6-2-15　LD4-6140 立式数控转位刀架及其控制器

a）取下上盖展现刀架控制器内的电器　b）LD4-6140 立式数控转位刀架外观

1—三相 380V 电源输入航空插头　2—与图 6-2-3b 数控系统 10 号插头相联

3—15 芯接插件　4—航空插头

2. LD4-6140 立式数控转位刀架的组装

（1）转位刀架机械部分的组装　把 CA6140 普通车床中拖板上的原刀架拆去，把 LD4-6140 数控转位刀架放置在中滑板原刀架合适位置处，如图 6-2-16 所示，用内六角扳手顺时针拧转蜗杆端部的六角内孔，至刀架回转体转动，露出四个螺栓孔 1 的位置。再以这四个孔的中心为准，在中滑板上钻孔并攻 4 个 M12 螺纹内孔，用四个 M12 内六角头螺栓把转位刀架固定在中滑板上，然后逆时针转动内六角头螺栓至刀架回转体转至与下刀座平行，如图 6-2-17 所示，即完成转位刀架机械部分的组装。

（2）转位刀架控制器及与数控系统的组装

1）刀架控制器的组装如图 6-2-17 所示的 1 号设备，用 6 个螺钉将其固定在机床电

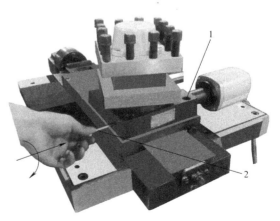

图 6-2-16　LD4-6140 数控转位刀架的组装

1—下刀架座上有 4 个内孔，拧 4 个 M12
内六角头螺栓把刀架组装到中滑板上
2—顺时针旋转内六角扳手则刀架回转体上升顺时
针转动；反之刀架回转体逆时针转动并下落

器控制柜外侧，4 个接线插头端朝下。

2）如图 6-2-15a 所示，数控转位刀架控制器的 4 个接线插座的接线方式如下：

1 号插头为 380V 三相交流电源接线插头，内部 1 号引脚接机壳地，其他 2、3、4 号引脚接三相 380V 电源的 Lu、Lv、Lw 动力电源母线；2 号插头与图 6-2-3b 所示的数控系统上接口 10 相连，还有 3 号 15 芯插件、4 号航空插头，数控转位刀架出厂时这些插头及其接线已全部焊接好，用户对应插上后拧紧固定螺钉即可，具体接线之间的对应关系产品说明书上有详细介绍，在此不再介绍。

3. LD4-6140 立式数控转位刀架的机械电器控制原理

LD4-6140 立式数控转位刀架作为数控车床的一个重要组成部件，对加工精度和加工效率有很大的影响，该刀架的优点是转位准确可靠，运行安全平稳，转位换刀时间短，缩短了加工过程的辅助时间，重复定位精度高，防水，防油，防屑，密封性能良好，夹紧定位强度大，能承受重负荷切削。LD4-6140 立式数控转位刀架主要组成元件见表 6-2-3，图 6-2-18 所示为卸去刀架回转体后组装起来的刀架结构，图 6-2-19 所示为刀架总装配图，刀架主要零件与两图相互补充表达数控转位刀架的机械结构原理。今结合图 6-2-15、图 6-2-18 和图 6-2-19、图 3-2-18 和表 6-2-3 说明 LD4-6140 立式数控转位刀架换刀控制及霍尔传感器信号测试电路的原理图，并介绍其工作原理。

数控转位刀架的工作原理是：当数

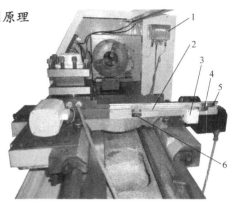

图 6-2-17　数控转位刀架控制器
和 X 坐标行程开关组装
1—刀架控制器　2—行程开关安装槽导轨
3—图 3-2-1f 所示行程开关　4—机械原点接铁
5—正 X 行程开关挡铁　6—负 X 行程开关挡铁

图 6-2-18　卸去刀架回转体后组装起来的刀架结构
1—M12 内六角头螺栓　2—下刀架座　3—反靠盘（有对称的 4 条反靠槽）
4—大螺母用螺钉与止退圈 6 联接在一起　5—霍尔传感器发信盘及其接线　6—止退圈
7—推力球轴承 51105　8—离合盘　9—螺旋　10—精确定位齿面　11—电动机连接法兰
12—三相交流异步电动机　13—电动机保护盖

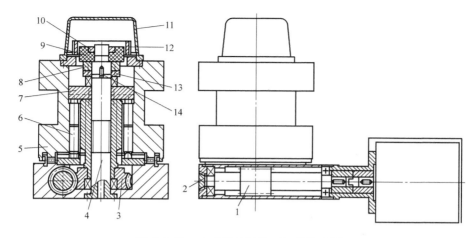

图 6-2-19　立式数控转位刀架总装配图

1—蜗杆　2—蜗钉　3—蜗轮　4—立轴　5—刀架回转体　6—定位销组件　7—离合盘
8—大螺母用螺钉与止退圈 6 联接在一起　9—霍尔传感器发信盘　10—十字花紧固螺母
11—刀架上方铝盖　12—磁钢座　13—止退圈用平键固定在立轴上　14—平键

控系统接到换刀指令（例如执行指令 T0303 换 3 号刀去第 3 组刀补）时，计算机检测图 3-2-18 上 D_4 位是否是低电平，若是低电平说明永久磁钢与霍尔传感器 BM_3 已经靠近，当前刀具就是 3 号刀具，则不换刀继续向下执行程序；若 D_4 位是高电平，则说明当前刀具不是 3 号刀，数控系统向 D_0 位发出高电平同时向 D_2 位发出低电平，直流继电器 J_1 线圈带电，刀架电动机正转，因图 6-2-18 中的精确定位齿面 10 与表 6-2-3 中的刀架回转体 8 的精确定位齿面还没有脱开，定位销组件 5 在反靠盘 3 的槽内有沿斜面运动的趋势，使得刀架回转体不能转动而是向上浮起（即通常说的抬刀），当精确定位齿面脱开，定位销组件 5 运动移出反靠槽而且其上端进入离合盘 7 的槽内时，刀架回转体开始转动，这个过程中计算机一直循环检测 D_4 位是否改为低电平；当 D_4 位是低电平时，则说明刀架回转体已转至 3 号刀，则数控系统向 D_1 位发出低电平同时向 D_0 位发出高电平，电动机反转延时 0.8s（新出厂刀架经过设定 0.8s，可以在数控系统内改变延时时间），在这 0.8s 内，图 6-2-18 上的螺旋 9 逆时针转动，刀架回转体也逆时针转动，当定位销组件 5 运转落入反靠盘 3 的槽内时，因反靠作用刀架回转体不能转动即完成了预定位，开始下落，当刀架回转体上的精确定位齿面和下刀架座 2 上的精确定位齿面 10 啮合紧后即完成精确定位；至此数控系统向 D_2 位发出低电平，刀架电动机停止反转，完成换刀，数控系统继续向下执行程序。

表 6-2-3　LD4-6140 立式数控转位刀架主要组成元件表

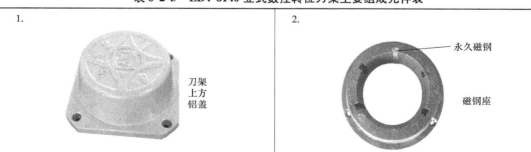

1.	2.
刀架上方铝盖	永久磁钢 磁钢座

（续）

3.  功能相同的两种发信盘,由图 3-2-19 所示的霍尔传感器印制电路盘和塑料座盖组成	4. 大螺母 止退圈 组装时用沉头螺钉把二者联接在一起,止退圈用平键与立轴联接
5.  两组上下粗定位销及弹簧、侧销组成的定位销组件	6. 反靠槽 离合盘下面　离合盘上面 1—两个孔插圆柱销与螺旋上端面联接在一起 2—两个 M5 螺纹孔,拆卸时拧上螺纹提起
7. 螺旋 立轴 蜗轮　蜗杆 刀架底座上立轴、螺旋、蜗轮蜗杆机构	8. 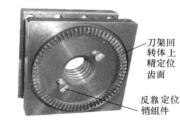刀架回转体上精定位齿面 反靠定位销组件 刀架回转体

（二）主轴旋转脉冲编码器的组装

1. 主轴旋转脉冲编码器的选择

选择图 6-2-20 所示的 ZSC70C8PR1200M05L 型主轴旋转脉冲编码器及其组件,该编码器带有 7 芯航空插头,线数 1200,两个塑料齿轮均是 60 个齿,其作用是在加工螺纹时协调主轴旋转与螺纹车刀轴向进给量的比例,使得主轴旋转一圈,刀具轴向进给一个螺纹导程。

2. 主轴旋转脉冲编码器的组装

拆除图 6-1-1 所示的交换齿轮箱上的交换齿轮,成为图 6-2-21 所示的结构。如图 6-2-22 所示,在主轴箱输出轴 2 上组装塑料齿轮,如图 6-2-23 和图 6-2-24 所示,用十字花螺钉把旋转脉冲编码器组装到支架上,再把另一个塑料齿轮用内六角螺栓组装到旋转脉冲编码器轴上,如图 6-2-25 所示,最后把支架用三个六角螺栓固定到机床箱体上,使两个塑料齿轮啮合好。7 芯航空插头的另一端 1 接在图 6-2-3b 所示数控系统的接口 8 上,两个接头引脚号对应关系数控系统说明书中有详细说明,在此不再介绍。

图 6-2-20　主轴旋转脉冲编码器组件
1—ZSC70C8PR1200M05L 型主
轴旋转脉冲编码器　2—编码器输出轴
塑料齿轮　3—机床输出轴塑料齿轮
4—组装支架　5—内六角螺钉

图 6-2-21　拆除交换齿轮后的结构
1—主轴　2—与主轴同步转速的输出轴

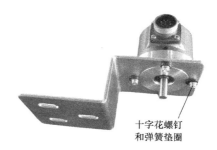

图 6-2-22　把塑料齿轮用内六角螺
钉组装到与主轴同转速的输出轴上

十字花螺钉
和弹簧垫圈

图 6-2-23　把旋转脉冲编码器用
十字花螺钉组装到支架上

图 6-2-24　把塑料齿轮用两个内六角螺
栓组装到旋转脉冲编码器输出轴上

图 6-2-25　把旋转脉冲编码器支架用三个
螺栓组装到金属板上，两个尼龙齿轮啮合好，
15 芯插头 1 与图 6-2-3b 的 8 号接口相连

（三）行程开关、机械原点的机械电气组装

1. 行程开关及其作用

在数控车床上设置 X、Z 两坐标行程开关，对每个坐标的正负坐标方向均用行程开关限位，以防止工作台超过行程损坏机床，所用元件如图 6-2-26 所示。图 6-2-27 所示为 Z 坐标行程开关、机械原点机械电气组装图，以 $+Z$ 坐标为例，当大拖板向 $+Z$ 坐标运动时，图 6-2-26c 所示 1 号触头碰到挡铁时，图 6-2-26d 中的 4、5 号常开触点闭合，数控系统检测到该闭合信号时就停止 $+Z$ 坐标运动，提示正向超程，在此 $+Z$、$+X$ 坐标用的行程开关不同但接入数控系统都接在一起，保护机床不致超程，Z、X 两坐标行程开关与图 6-2-3b 中的 12 号接口的引脚对应关系在说明书中有介绍，不再论述。如图 6-2-28 所示，在数控系统设计上有外接急停、暂停、启动按钮，这些按钮可以接在远离数控系统处，操作方便。

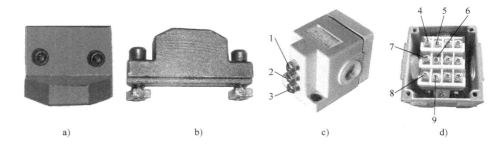

图 6-2-26　行程开关元件

a）L 形挡块　b）直挡块　c）三触头组合行程开关　d）三触头行程开关接线端

1—$+Z$、X 向行程触头　2—机械原点触头　3—负 Z、X 向行程触头　4、5—对应正向行程触头 1 的常开触点

6、7—对应机械原点触点 2 的常开触点　8、9—对应负向行程触头 3 的常开触点

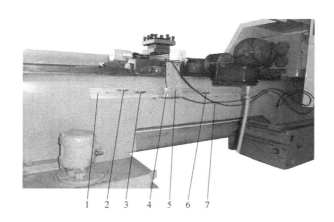

图 6-2-27　车床数控化组装 Z 坐标行程开关、机械原点机械电气照片

1—三槽行程开关导轨　2—正 Z 坐标行程挡铁　3—Z 坐标机械原点挡铁

4—三触头组合行程开关　5—行程开关安装 L 形铁架固定在床鞍上　6—负 Z 坐标行程挡铁

7—行程开关接线进入图 6-2-3b 的 12、13 接口

2. 机械原点的概念及其作用

经济型数控机床机械原点的获得通常用行程开关，而高档型数控机床要用光栅尺实现机

床各坐标位移量的精确测量。数控机床的机械原点是指机床机械坐标系的原点，是机床上由数控系统通过位置传感器检测到的一个固定点。它不仅是在机床上建立工件坐标系的基准点，而且还是机床调试和加工时的基准点，这个位置通常设定在每一个坐标靠近最大位置处，也可以根据机床通常加工工件的尺寸情况改变传感器的位置而改变机械原点的位置。

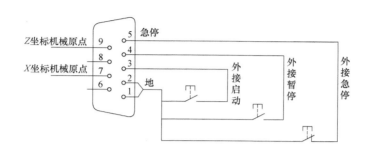

图 6-2-28　数控系统上接口 13 的引脚号可以外接启动、暂停和急停功能

如图 6-1-1 所示，CA6140 普通车床数控化改造后其最大加工工件直径仍为 400mm，当企业通常加工工件最大直径不超过 300mm 时，就可以把图 6-2-17 所示的 X 坐标机械原点挡铁 4 放在使刀具车削直径为 300mm 的位置处，操作人员在调试车床加工零件编程时，可以根据加工工件的具体直径，确定刀具自 X 坐标的机械原点向负 X 方向进给多大作为 X 坐标的编程起始点（也称对刀起始点），这样调试编程比较方便；而挡铁 5 放在直径 400mm 处作为正 X 坐标超程挡铁，Z 坐标的设置也相似，操作者根据实际加工工件的具体尺寸就能方便地调整两坐标编程起始。

行程开关超程时碰到挡铁立即停止，而机械原点功能则是当触头碰到挡铁时以较慢的速度停止，再以十分之一 G00 的速度反向回退，再以更低的速度反向回退至挡铁位置处停止，所以机械原点位置比超程位置准确，运行顺序如图 6-2-29 所示。

3. 行程开关上机械原点的测试与数控系统的接口

Z、X 坐标机械原点都是用图 6-2-26c 中的组合行程开关 2 号触头，其对应常开触点为图 6-2-26d 中的 6、7 号引脚，与图 6-2-3b 的 13 号接口的引脚号对应接线如图 6-2-28 所示，另外还可以外接启动、暂停和急停功能。

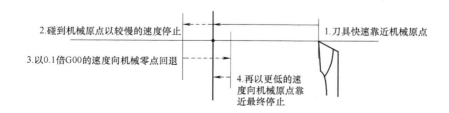

图 6-2-29　Z 坐标机械原点运行顺序过程示意图

全部组装改造完成后的数控车床照片如图 6-2-30 所示，这时就可进入整机机电联合运行调试阶段，运行调试完毕即可投入生产使用。

三、任务要点总结

本任务理实一体化地介绍了数控转位刀架的分类、CA6140 普通车床数控化改造数控转位刀架的选择、安装和接线；主轴旋转脉冲编码器、组合行程开关与数控系统有关接口的组装原理、组装方法和技能，论述了机械原点的概念、设置方法。详细介绍了用到的组装元件、组装顺序、接线步骤、接线对应关系等，数控系统设计上有比较多的功

图 6-2-30　数控化改造完成后的数控车床照片

能，图 6-2-28 所示功能接线使得数控机床应用更加方便灵活，用户根据需要进行外部设备的组装即可，该任务对其他机电设备数控化组装有借鉴意义。

四、思考与训练题

1. 数控机床设置机械原点的意义是什么？采用什么手段设置机械原点？
2. 结合模块三项目二任务 2，论述主轴旋转脉冲编码器测量主轴转过角度的原理。
3. 论述数控机床转位刀架的分类及其应用场合。

项 目 小 结

项目二理实一体化地论述了 CA6140 普通车床数控化组装主轴动力伺服系统、冷却电动机、主轴制动器、步进电动机驱动器、数控转位刀架、主轴旋转脉冲编码器和行程开关的组装方法、步骤和测试方法等，涉及模块三计算机弱电控制强电、行程开关、霍尔传感器这些开关量传感器等知识点；涉及数控机床计算机控制强电的原理、应用与故障维修，也涉及机械原点、行程开关、旋转脉冲编码器等概念，是多方面知识点和能力目标的有机融合。传统的"机械加电气化"设备逐渐向涵盖"技术"和"产品"综合性技术的"机电一体化"设备发展，是机电设备组成和功能上的一个飞跃。普通机床经过数控化组装后成为具有自动检测、自动处理信息、自动显示记录、自动调节与控制、自动诊断与保护等具有智能化特征的机电一体化设备。

通过对本模块的学习和实训可以看出，机电设备行业对传统机电设备升级改造所需要的相关配件已实现规范化、系列化生产，使用这些配件既能节省加工制造成本，又能保证精度，也能发挥原设备的有关基准面的作用和功能。

项目三　普通车床数控化改造后机电联合调试与故障维修

本项目主要介绍 CA6140 普通车床数控化改造后机电联合调试、运行测试、故障诊断与维修，涉及 Z、X 两坐标进给伺服系统驱动器、数控系统、ZD—15 电子制动器和主轴脉冲编码器等设备的参数设置方法；进给伺服系统和动力伺服系统的精度测试、故障诊断、机电联合调试和常见故障维修方法；进给伺服系统和动力伺服系统的维护，数控车床检测性操作测试方法，对其他数控机床的精度测试、故障诊断、机电联合调试和常见故障维修具有借鉴意义。

学习目标：

1. 掌握数控系统、步进电动机驱动器、ZD—15 电子制动器、主轴脉冲编码器等设备参数设置的意义，设置方法。

2. 掌握 Z、X 两坐标进给伺服系统机电联合调试的内容、测试方法、进给伺服系统的调整、故障诊断与维修方法。

3. 掌握主轴电动机、冷却电动机动力伺服系统的故障诊断与维修。

4. 掌握数控车床立式转位刀架机械、电气控制、霍尔传感器检测的原理、故障诊断与维修。

5. 将相关知识点和能力目标进行迁移，通晓相关设备的控制原理、故障诊断与维修。

任务 1　X、Z 两坐标进给伺服系统动态机电联合测试与故障维修

知识点：
- 进给伺服系统参数设置的内容、设置方法。
- 进给伺服系统动态机电联合测试内容、测试和调试方法。

能力目标：
- 掌握进给伺服系统参数设置方法，会根据进给伺服系统的机电参数设置相关参数。
- 掌握数控机床进给伺服系统检测性操作功能及其操作方法。
- 掌握数控机床进给伺服系统机电联合调试精度测试方法和调整维修技能。

一、任务引入

数控车床进给伺服系统、动力伺服系统、转位刀架等设备和数控系统组装完毕后，要根据机械电气相关参数在数控系统上进行参数设置。合理的参数设置可使机电系统协调一致、稳定工作，设置之后再进行机电系统联合调试。工作中部分故障有报警功能，对常出现的故障要正确进行故障诊断和维修。本任务对进给伺服系统参数设置、精度测试、故障报警、进给伺服系统的机电联合调试、故障诊断与维修等作理实一体化论述。

二、任务实施

（一）数控系统参数设置及进给伺服系统检测性操作

1. 驱动器的参数设置

驱动器的参数设置有两项内容，即输出电流的设置和混合式步进电动机步距角的设置。如图 6-2-8 所示，在混合式步进电动机驱动器上用拨码开关设置电流和步距角。

（1）输出电流的设置　D306N 驱动器上共有 8 个拨码开关，分别标有数字 1~8，其中开关 1、2、3 用于设置电动机的相电流。由于 CA6140 普通车床 Z 轴的 110BYG3504 型和 X 轴的 110BYG3502 型步进电动机的峰值电流分别为 4A 和 3A，因此分别设置为 3.7A 和 2.7A。

（2）步距角的设置　4、5、6、7、8 号拨码开关用于设置电动机的步距角，使其与滚珠丝杠螺距、齿轮减速箱传动比协调满足式（6-1-1）和式（6-1-3），使 $\delta_Z = 0.01\text{mm}$ 和 $\delta_X = 0.005\text{mm}$，在此设置 Z、X 坐标步进电动机的步距角均为 0.06°。

2. 数控系统相关参数的设置

如图 6-2-4 所示，按下 QF、QF7 键后数控系统上电，输入密码即进入机床操作主界面，如图 6-3-1 所示，按表 6-3-1 中的 17 号键即进入系统参数选项。

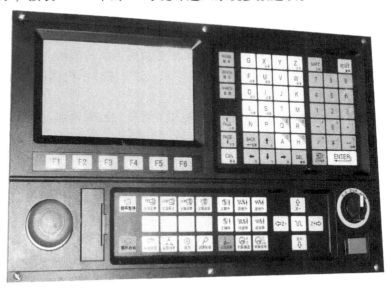

图 6-3-1　DD—200T 数控系统人机会话界面

（1）电子齿轮传动比设置　数控车床调试时，为减小步进电动机振动，尽量使 Z、X 坐标满足式（6-1-1）和式（6-1-3），使数控系统的电子齿轮比设为 1:1 或 −1:1；当满足不了两个公式时，应首先调整驱动器上的拨码开关 4、5、6、7 和 8 达到要求；当实在不能满足要求时，则设置系统的电子齿轮比。设置方法是：设电动机总的机械传动比为 A，电动机每转步数为 N（国产伺服电动机 N = 10000），脉冲当量为 D（单位为 mm），丝杠螺距为 T（单位为 mm），总的电子齿轮比（系统电子齿轮比乘以伺服驱动单元电子齿轮比）为 B，则有等式 AND = BT，计算出 B 再在系统中进行设置。转动脉冲当量 D 的单位为度，T = 360 度，公式仍然成立。

（2）滚珠丝杠反向间隙的设置　将 X 和 Z 坐标轴的滚珠丝杠反向间隙设置到系统内，反向间隙测试方法如图 6-3-2 和图 6-3-3 所示。

图 6-3-2　Z 坐标大滑板反向间隙
和重复定位精度测试

图 6-3-3　X 坐标中滑板反向间隙
和重复定位精度测试

3. 数控系统检测性操作

针对模块六项目一和项目二的组装，对数控机床进行机电联合调试、故障诊断与维修，必须掌握系统常用参数的设置和按键操作的功能。现结合图 6-3-1 所示 DD—200T 数控系统对常用按键的功能与操作进行介绍，各按键的功能及其操作见表 6-3-1。

（1）点动运行　如图 6-2-4 所示，按下 QF、QF7 键后数控系统上电进入机床操作主画面，按 6 号点动功能键即进入点动状态，这时可以按下表 6-3-1 中的 18 号键设置点动定长，在 0.001 ~ 10.000mm 之间，也可再按 19 号键设置点动速度，根据式（6-1-1）和式（6-1-3）相关部分要求的脉冲当量，X 坐标设定 0.005mm、Z 坐标设定 0.01mm，按 1 ~ 4 号手动进给键，则刀架向相应方向移动一个定长。若设置的定长为脉冲当量，则点动运行常用来测试进给伺服系统的反向间隙和进行车床对刀等。

（2）手动运行　操作状态主画面下，按表 6-3-1 中的 7 号键进入手动状态，按下表 6-3-1 的 1 号键，车床刀架以当前的速度 F 乘以进给倍率向 X 轴负方向移动，松开该键时刀架移动停止，其他 2、3、4 号键类似。

表 6-3-1　常用按键的功能及其操作

序号	键　名	功　能	序号	键　名	功　能
1	↑ X-	－X 坐标点动或手动进给键	10	STOP 主轴停止	在手动运行界面下，按该键主轴停转
2	X+ ↓	＋X 坐标点动或手动进给键	11	冷却开/关	在手动运行界面下，连续按该键开、关切削液
3	⇐ Z-	－Z 坐标点动或手动进给键	12	X Z 回机床零	在手动运行界面下，按该键再按 X 或 Z 该坐标回机械零点
4	Z+ ⇒	＋Z 坐标点动或手动进给键	13	换刀	在手动运行界面下，按该键一次刀架转一个刀位
5	〜	手动快速键，与 1、2、3、4 键同时按下运行速度倍率为 100%	14	PAGE ↓ 下页	进入参数设置状态后，按该键一次向后翻一页
6	F1	点动功能键，之后按 1、2、3、4 键进入点动设置状态	15	PAGE ↑ 上页	进入参数设置状态后，按该键一次向前翻一页
7	F2	手动运行键，再按 1、2、3、4 号键进入手动设置状态	16	ENTER	确认键，按该键后输入的数字系统接受
8	CW 主轴正转	在手动运行界面下，按该键主轴正转	17	PARAMETER 参数	按该键即进入参数设置状态，之后可以设置参数
9	CCW 主轴反转	在手动运行界面下，按该键主轴反转	18	设置	按 6 号键进入点动状态后按该键进入点动距离设置

（续）

序号	键　名	功　能	序号	键　名	功　能
19	F 设置	按 6 号键进入点动状态后按该键进入点动速度设置	21	OPERATION 操作	开机后按该键进入操作加工状态
20	（开关图标）	系统功能开关键、转向起动则执行功能	22	F3	进入操作加工状态后按该键进入自动加工状态

（二）数控车床组装后进给伺服系统动态精度的机电联机测试、调整与维修

X、Z 两坐标进给伺服系统的组成是数控系统驱动混合式步进电动机，经图 1-2-15 所示结构的齿轮变速，又经图 1-2-24a 所示的螺纹预紧式滚珠丝杠把步进电动机轴输出的旋转运动变为 Z、X 两坐标大中滑板的运动，机械结构组成相同，反向间隙的测试、调整和维修相同。

1. Z 坐标进给伺服系统机械反向间隙的机电联机测试、调整与维修

Z 坐标进给伺服系统的精度测试如图 6-3-2 所示，将百分表的磁性表座固定在导轨上，表针指在刀架与 Z 坐标方向垂直的平面上，数控系统上电开机，用点动功能测试 Z 坐标机械反向间隙。点动 $+Z$ 方向，百分表指针转动，这时再点动 $-Z$ 方向，若点动 N 步，百分表指针转动了 S 步（$S \leqslant N$），则自步进电动机输出轴，到丝母整个环节反向间隙为 $N-S$ 步。按模块一项目二任务 1 所述各个环节反向间隙的测量分析方法，就可以测试出丝母和丝杠的反向间隙，测试方法如图 1-2-21 所示，控制反向间隙在 0.03～0.05mm（即 3～5 个脉冲当量）之内，并且在至少 5 个位置处测试，若超差，则按模块一项目二任务 1 和任务 2 的相关测试调整方法对齿轮传动、滚珠丝杠传动等环节进行测试、调整和维修。

2. X 坐标进给伺服系统机械反向间隙的机电联机测试、调整与维修

X 坐标进给伺服系统精度测试如图 6-3-3 所示，测试方法与 Z 坐标相似，控制反向间隙在 0.015～0.025mm（即 3～5 个脉冲当量）之内，若超差，也按模块一项目二任务 1 和任务 2 的相关测试调整方法对齿轮传动、滚珠丝杠传动等环节进行测试、调整和维修。

3. Z 坐标进给伺服系统滚珠丝杠组装机电联机精度测试与调整

在两坐标机械反向间隙测试、调整与维修完毕之后，再按图 6-1-16b 所示，分别将百分表指针指到滚珠丝杠外径的上素线和侧素线，数控系统开机，用手动运行功能运行床鞍，两个方向百分表的跳动量均不大于 0.06mm，否则进行相关零部件的测试、调整和维修。

4. X 坐标进给伺服系统滚珠丝杠组装机电联机精度测试与调整

X 坐标滚珠丝杠的装配精度由模块六项目一任务 2 的组装工艺保证，组装后用数控系统的点动和手动运行功能试验，中滑板在床鞍上运行灵活，反向间隙合适，即达到组装精度要求，否则进行相关零部件的测试、调整和维修。

5. Z、X 坐标进给伺服系统重复定位精度的测试、调整与维修

1）Z 坐标进给伺服系统重复定位精度测试如图 6-3-2 所示，百分表指针指向某一刻度，数控系统上电，编制程序使刀架向右运行 500mm 再向左运行 500mm，重复五次并且在测试位置、进给速度都不一样的多种运行工况下进行测试，百分表指针的误差均在 0.02mm 之内，即满足重复定位精度的要求。

若重复定位精度变化较大、不稳定，或测量机械反向间隙时百分表针时转时不转，则说明系统有爬行现象，需要按模块一项目二任务 1 论述的相关内容对相关环节进行测试、调整

和维修。滚珠丝杠预紧过度也会出现爬行、加工精度不稳定现象。

2）X 坐标进给伺服系统重复定位精度测试如图 6-3-3 所示，测试方法同 Z 坐标，编程运行 300mm，重复五次并且在测试位置、进给速度都不一样的多种运行工况下进行测试，百分表指针的误差在 0.01mm 之内，即满足重复定位精度要求。

（三）数控车床进给伺服系统机电联合测试、调整与维修后的锥销固定

车床数控化升级改造前，要按模块二所述内容进行机械部分的测试与故障维修，满足表 2-2-7 中不包括传动链误差的精度要求，在这前提下再进行数控化升级改造、机电联合调试、精度测试和调整，满足表 6-3-2 给出的测试项目精度后，再组装 5 处定位锥销，最终将相关零部件固定在正确的位置。

1）如图 6-1-15 所示，用手电钻在锥销孔 3 位置处钻铰两个 $\phi6mm$ 的锥销孔，初步打入两个内螺纹锥销联接 T 形支承座和丝母座。

2）把联接在一起的方板和 T 形支承座拆下来，如图 6-3-4 所示，用台式钻床在合适的位置钻铰两个 $\phi6mm$ 的锥孔，打入两个内螺纹锥销，将 T 形支承座和方板固定，并再组装到车床上，先把滑板和方板的定位销打入，再把固定 T 形支承座和丝母座的两个内螺纹锥销打入。

3）如图 6-1-13a 所示，用手电钻在减速步进电动机支承座两个孔 1 处钻铰锥孔，打入两个 $\phi6mm$ 的内螺纹锥销，把步进电动机支承座与床身固定。

4）如图 6-1-13b 所示，用手电钻在滚珠丝杠右支承座两个孔 5 处钻铰两个 $\phi6mm$ 的锥孔，打入两个 $\phi6mm$ 的内螺纹锥销，把滚珠丝杠右支承座与床身固定。

5）如图 6-1-28 所示，用手电钻在法兰和大滑板联接处钻铰两个 $\phi6mm$ 的锥孔，打入两个 $\phi6mm$ 的内螺纹锥销定位。

图 6-3-4　对联接在一起的 T 形支承座和方板在台式钻床上钻铰锥孔，打入定位锥销
1—方块　2—T 形支承座

表 6-3-2　CA160 卧式车床数控化组装之后的动态精度测试参考项目

序号	测试项目	公　差	误差测试方法图号
1	进给伺服系统机械反向间隙测试	Z 坐标:0.03～0.05mm	图 6-3-2
		X 坐标:0.015～0.025mm	图 6-3-3
2	进给伺服系统机械重复定位精度测试	Z 坐标 500mm 内重复 5 次测试均不超过 0.02mm	图 6-3-2
		X 坐标 200mm 内重复 5 次测试均不超过 0.01mm	图 6-3-3
3	Z 坐标进给伺服系统滚珠丝杠精度测试	上素线:0.06mm	图 6-1-16a
		侧素线:0.06mm	图 6-1-16b
4	X 坐标进给伺服系统滚珠丝杠精度测试	按图 6-2-21 至图 6-2-28 所述测试、加工和组装工艺进行组装,运行顺畅为原则	

（四）数控车床改造后进给伺服系统其他功能的机电联合测试、调整与维修

1. 机械原点的测试与调整

按数控系统上机械回零键，即表 6-3-1 中的 12 号键，再按 Z 键，大滑板在步进电动机的驱动下向 +Z 坐标方向运动完成 Z 坐标回零，回零过程如图 6-2-29 所示，若运行不是这样，则线路出现错误，重新检查线路故障，若机械原点位置不妥，则调整图 6-2-27 所示的挡铁 3 的位置即可，X 坐标机械原点的测试与 Z 坐标相似。

2. 行程开关的测试与调整

按数控系统上的手动功能键，床鞍在步进电动机的驱动下向 +Z 坐标方向运动，图 6-2-26 所示的行程开关的触头 1 接触到图 6-2-27 所示的挡铁 2 时，大滑板立即停止运行；若运行不是这样，则线路出现错误，重新检查线路故障，若改变 +Z 向的超程位置，则调整图 6-2-24 所示的挡铁 2 的位置即可，其他方方向相同。

三、任务要点总结

本任务理实一体化地介绍了 CA6140 卧式车床数控化组装后 Z、X 两坐标进给伺服系统机电联合调试内容、调试方法和精度要求。机电联合调试精度测试是在数控系统控制下的动态运行测试，而项目一中的进给伺服系统的精度测试是在静态下的测试。静态下的精度测试合格是动态运行测试合格的前提，动态运行测试主要是反向间隙测试和重复定位精度测试，要在至少 5 种运行工况下测试，而图 6-1-16 所示的测试只对滚珠丝杠进行测试，不再对丝杠两头接杆再测试，满足表 6-3-2 中的要求即为合格。

四、思考与训练题

1. 数控车床进给伺服系统有哪些检测性操作功能？
2. 论述并实训表 6-3-2 中的数控车床精度测试项目及其超差的调整维修方法。
3. 如果在多处测试进给伺服的重复定位精度不一样，说明系统存在什么问题？如何调整维修？

任务 2　动力伺服系统机电联合调试、故障诊断与维修

> **知识点：**
> - 主轴电动机、冷却电动机的测试、故障诊断与维修方法。
> - 旋转脉冲编码器的测试、故障诊断与维修方法。
>
> **能力目标：**
> - 掌握主轴电动机、冷却电动机的故障诊断、分析和维修技能。
> - 掌握旋转脉冲编码器的故障诊断、分析和维修技能。

一、任务引入

数控车床主轴的正转、反转和制动，冷却电动机的开关切削液、主轴脉冲编码器的运行等在组装完毕要根据机械电气相关参数进行参数设置，再进行机电联合调试。本任务主要论述主轴电动机控制、电子制动器、冷却电动机控制、主轴脉冲编码器的参数设置、控制效果测试、故障报警等机电联合调试、故障诊断与维修。

二、任务实施

（一）主轴参数设置

对数控系统上电开机，输入密码进入控制界面，按表 6-3-1 中的 17 号键进入参数设置功能，按 15、14 号键上下翻页，即可设置全部参数。

1. 旋转脉冲编码器参数设置

（1）旋转脉冲编码器线数设置 在参数设置项输入实际编码器的线数，若实际用的编码器的线数与设置值不一致，则加工的螺纹导程就不正确，该项若不设置，则数控系统默认 1200 线。

（2）旋转脉冲编码器与主轴转速比设置 通常主轴与编码器是 1:1 连接，当主轴与编码器因安装空间限制无法实现 1:1 连接时，数控系统支持主轴与编码器之间非 1:1 的连接，此时主轴齿数为比例前项，编码器齿数为比例后项。

2. 关于主轴起动、制动时间和制动电流的设置

若数控车床主轴电动机采用变频器控制时，在数控系统有主轴起动时间、主轴制动延时时间等参数设置。现数控车床主轴电动机采用齿轮变速，主轴电动机的正转、反转和停转采用图 6-2-4 和图 6-2-5 所示的计算机控制电路，图 6-2-2 所示的 ZD—15 型电子制动器介绍见模块一项目二任务 4，制动器上有制动时间 T 和制动电流 I 两项参数设置，见表 6-3-3 和表 6-3-4。

表 6-3-3 ZD—15 电子制动器制动时间设置

码位 级	1	2	3	4	制动时间/s
1	OFF	OFF	OFF	OFF	2.4
2	OFF	OFF	OFF	ON	2.5
3	OFF	OFF	ON	OFF	3.0
4	OFF	OFF	ON	ON	3.1
5	OFF	ON	OFF	OFF	3.2
6	OFF	ON	OFF	ON	3.3
7	OFF	ON	ON	OFF	3.4
8	OFF	ON	ON	ON	3.5
9	ON	OFF	OFF	OFF	4.0
10	ON	OFF	OFF	ON	4.1
11	ON	OFF	OFF	OFF	4.2
12	ON	OFF	ON	ON	4.3
13	ON	ON	OFF	OFF	4.4
14	ON	ON	OFF	ON	4.5
15	ON	ON	ON	OFF	5.0
16	ON	ON	ON	ON	5.1

表 6-3-4 ZD—15 电子制动器制动电流设置

码位 级	5	6	7	8	实测电流 /A
1	OFF	OFF	OFF	OFF	3
2	OFF	OFF	OFF	ON	4
3	OFF	OFF	ON	OFF	5
4	OFF	OFF	ON	ON	6
5	OFF	ON	OFF	OFF	7
6	OFF	ON	OFF	ON	8
7	OFF	ON	ON	OFF	9
8	OFF	ON	ON	ON	11
9	ON	OFF	OFF	OFF	12
10	ON	OFF	OFF	ON	13
11	ON	OFF	ON	OFF	14
12	ON	OFF	ON	ON	15
13	ON	ON	OFF	OFF	16
14	ON	ON	OFF	ON	17
15	ON	ON	ON	OFF	18
16	ON	ON	ON	ON	19

（1）制动时间 T 的设置　图 6-2-2 所示的 ZD—15 型电子制动器面板上有 1、2、3、4 拨码开关，其时间长短与拨码开关设置见表 6-3-3。

（2）制动电流 I 的设置　图 6-2-2 所示的 ZD—15 型电子制动器面板上有 5、6、7、8 拨码开关，制动电流大小与拨码开关设置见表 6-3-4。制动电流一般选电动机额定电流的 0.5～1.0 倍，负载大偏大选择，负载小偏小选择。

（二）主轴电动机正转、反转、电子制动器制动的机电联合测试、故障诊断与维修

1. 主轴电动机正转、反转、电子制动器制动的机电联合测试

如图 6-2-4 和图 6-2-5 所示，合上断路器 QF、QF_2、QF_3、QF_4、QF_5、QF_6、QF_7，系统带电，将表 6-3-1 中的 20 号启动键置于开始位置，按控制面上 F2 置于手动操作界面，准备进行机电联合调试。

1）按 8 号键→直流继电器 J_1 线圈带电→直流继电器 J_1 常开触点闭合（同时常闭触点断开，与 ZD-15 制动器互锁）→交流接触器 KM_1 线圈带电→交流接触器 KM_1 主触点闭合（辅助常闭触点断开，与反转互锁）→主轴电动机 M_1 带电正转。

2）按 9 号键→直流继电器 J_2 线圈带电→直流继电器 J_2 常开触点闭合（同时常闭触点断开，与 ZD-15 制动器互锁）→交流接触器 KM_2 线圈带电→交流接触器 KM_2 主触点闭合（辅助常闭触点断开，与正转互锁）→主轴电动机 M_1 带电反转。

3）按 10 号键→直流继电器 J_3 线圈带电→直流继电器 J_3 常闭触点断开，电动机正反转控制电路断开→同时 J_3 直流继电器常开触点闭合→ZD-15 制动器 B_1、B_2 导通→交流接触器 KM_3 线圈带电→KM_3 主触点闭合→主轴电动机 M_1 被制动停转。

机械换挡变速后再重复上述机电联合调试，检查机电正反转控制故障。

4）若主轴由正转变停转至主轴停止运转的时间太长，就按表 6-3-3 调整拨码开关减少

制动时间；若制动不稳，则按表 6-3-4 调整拨码开关增大制动电流，调整制动时间和制动电流达到合适的主轴制动效果。在制动时间合适达到制动效果的前提下，尽力降低制动电流，电子制动器调试故障报警维修如图 1-2-62 及其说明书所示。

2. 主轴电动机不能正转的故障诊断与维修

结合图 6-2-4 和图 6-2-5，该数控系统对强电的控制按模块三项目一任务 1 中持续信号控制方案设计，两种故障测试与维修方法已有论述，现对主轴电动机不正转论述其测试与维修方法。

（1）划分故障区域的测试与维修法　将图 6-2-5 所示直流继电器 J_1 主体拔出，按 8 号键，用数字万用表测试 J_1 底座上直流继电器线圈接线引脚，判断故障所在区域的测试与维修方案。

1）若为 24V，则故障在继电器 J_1 的主体、J_2 的常闭触点、交流接触器 KM_1、交流电动机部分，即故障在 J_1 主体及其之后区域电器元件及其接线。用替换法即可诊断故障：更换 J_1 主体，若电动机正转，则故障是原 J_1 烧坏了；否则更换 KM_1 后若电动机正转，则原 KM_1 烧坏了；若电动机仍不正转检查 J_3 常闭触点是否闭合，检查电动机是否烧坏，检查接线是否脱落。

2）若为 0V，则故障在数控系统，先替换 ULN2803，若电动机正转则该芯片烧坏了；若电动机不正转，则可能是计算机内部控制元件坏了需要维修。

通常测得电压为 24V，故障在直流继电器及其后续部分的故障比较多。

（2）从三相交流电动机向前检查的测试与维修法　按表 6-3-1 中的 8 号键主轴电动机不正转，自终端交流电动机开始逐个元件向前测试故障检查接线故障：将图 6-2-4 所示交流电动机 M_1 另外接在三相交流电源上，若电动机运转正常，则电动机没有故障，故障就在电动机以前的控制设备 KM_1、J_1 常闭触点、J_1、ULN2003 直至计算机内部系统部分；将 KM_1 线圈接在 110V 交流电源上，若主触点吸合正常，则 KM_1 未损坏；再把 J_1 线圈接在 24V 直流电源上，若常开触点吸合正常，则 J_1 未损坏；直至替换系统内部芯片 ULN2803。这就是从后向前逐个电器元件的故障测试与维修方案。

对主轴反转和主轴电动机不停转的机电联合调试、故障测试与维修方法同上相似，不再论述。

（三）冷却电动机正转、停转机电联合测试、故障诊断与维修

1. 冷却电动机正转的机电联合测试

将表 6-3-1 中的 20 号启动键置于开始位置，将控制面板上的 7 号键置于手动操作界面，按 11 号键→直流继电器 J_4 线圈带电→直流继电器 J_4 常开触点闭合→交流接触器 KM_4 线圈带电→交流接触器 KM_4 主触点闭合→冷却电动机 M_2 正转，冷却泵正转抽液冷却。

2. 冷却电动机停转的机电联合测试

按 11 号键→直流继电器 J_4 线圈失电→直流继电器 J_4 常开触点断开→交流接触器 KM_4 线圈失电→交流接触器 KM_4 主触点断开→冷却电动机 M_2 正转，冷却泵停转，停止抽液冷却。

3. 起动冷却电动机但电动机不转的故障诊断与维修

当电动机 M_2 不正转，抽不出切削液时，同样用上述的"划分故障区域的测试与维修法"或"从三相交流电动机向前检查的测试与维修法"进行故障测试、维修。

（四）主轴脉冲编码器机电联合测试、故障诊断与维修

1. 主轴脉冲编码器的机电联合测试

按表 6-3-1 中的 21 号键进入操作加工状态，再按 22 号键进入自动加工状态，这时数控系统显示器 S、L 状态栏显示主轴转速和主轴脉冲编码器线数。当人工或机动转动主轴时，S 右显示主轴转速，L 右显示旋转编码器的线数是 1200。如果显示值与旋转脉冲编码器线数一致，则没有故障；如果不一致，则有故障。

2. 主轴脉冲编码器故障诊断与维修

编制螺纹加工程序加工螺纹时，若螺纹精度很好则没有故障；若有乱扣等精度问题，则主轴脉冲编码器组装有松动，或系统编码器参数设置有误，或线路连接有误，应逐一检查解决。

三、任务要点总结

本任务理实一体化地介绍了 CA6140 普通车床数控化改造后与主轴电动机、冷却电动机和主轴脉冲编码器相关的参数设置、机电联合调试内容、调试方法和相关的参数调整，故障诊断和维修，是模块三项目一内容的具体应用。故障诊断和维修采用"划分故障区域的测试与维修法"和"从三相交流电动机向前检查的测试与维修法"进行故障测试、维修，具有通俗易懂、明了直观的特点，可以把这些知识点和能力目标迁移到计算机控制液压气动电磁阀、电磁铁等方面的故障测试与维修。

事实上，这两种方法来自于模块三项目一所述计算机控制强电 5 种方案的故障诊断与维修方法。图 2-3-13 所示的 7 种故障诊断与维修方法也在很大程度上适用于这 5 种方案 ULN2003 或 ULN2803 达林顿管驱动器之后区域电路的故障诊断与维修，只是把图 2-3-10 中人工按下的 SB$_1$ 换为图 6-2-5 中的计算机执行 M03 指令直流继电器 J$_1$ 常开触点闭合，其他部分故障分析与测试结果相同，现以图 6-2-5a 所示的控制电路执行 M03 主轴电动机不转的故障，以图 6-3-5 所示的电压分段测量法、图 6-3-6 所示的电压分阶测量法为例论述数控系统控制强电故障测试与维修方法，其对应的维修案例与测试结果分别见表 6-3-5 和表 6-3-6。模块二项目三论述的电阻测量法、万用电表短路档测量法和短接测量法也适于数控系统控制强电的场合。这些知识点和能力目标可以迁移到计算机控制液压气动电磁阀、数控火焰切割机开气阀、电磁铁等领域，至此总结数控系统控制强电故障诊断与维修方法如图 6-3-7 所示，电路参数测试方法与图 2-3-13 所述在电气控制柜中查找元件接线编号进行测试完全相同，这就与图 2-3-13 所示常规低压电气控制故障诊断维修、达林顿管驱动器的故障测试方法融会贯通，非常直观，非常便于操作实施。

表 6-3-5 数控系统控制强电电压分段测量法故障诊断与维修结果分析案例

故障现象测量状态		V$_1$	V$_2$	V$_3$	V$_4$	V$_5$	故障点	维修方法
电源电压正常，执行 M03 时 KM$_1$ 不吸合	数控系统执行 M03 指令	110V	0V	0V	0V	0V	KM$_1$ 坏，或线圈接触不良或接线脱落	更换交流接触器 KM$_1$ 或将接线修好
		0V	110V	0V	0V	0V	KM$_2$ 坏，或其常闭触点接触不良或接线脱落	更换交流接触器 KM$_2$ 或将接线修好
		0V	0V	110V	0V	0V	直流继电器 J$_1$ 接触不良或接线脱落	更换 J$_1$ 直流继电器或将接线修好
		0V	0V	0V	110V	110V	直流继电器 J$_3$ 接触不良或接线脱落	更换 J$_3$ 直流继电器或将接线修好
		0V	0V	0V	0V	110V	热继电器 FR$_1$ 没复位或接触不良或线脱落	更换 FR$_1$ 热继电器或将接线修好

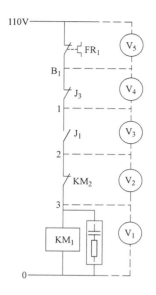

图 6-3-5 数控系统控制强电电压
分段测量法故障测试

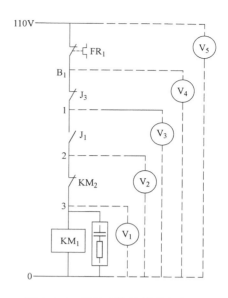

图 6-3-6 数控系统控制强电电压
分阶测量法故障测试

表 6-3-6 数控系统控制强电电压分阶测量法故障诊断与维修结果分析案例

故障现象	测量状态	V_1	V_2	V_3	V_4	V_5	故障点	维修方法
电源电压正常，执行 M03 时 KM_1 不吸合	数控系统执行 M03 指令	110V	0V	0V	0V	0V	KM_1 坏，或线圈接触不良或接线脱落	更换交流接触器 KM_1 或将接线修好
		0V	110V	0V	0V	0V	KM_2 坏，或其常闭触点接触不良或接线脱落	更换交流接触器 KM_2 或将接线修好
		0V	0V	110V	0V	0V	直流继电器 J_1 接触不良或接线脱落	更换 J_1 直流继电器或将接线修好
		0V	0V	0V	110V	0V	直流继电器 J_3 接触不良或接线脱落	更换 J_3 直流继电器或将接线修好
		0V	0V	0V	0V	110V	热继电器 FR_1 没复位或接触不良或线脱落	更换 FR_1 热继电器或复位维修接线

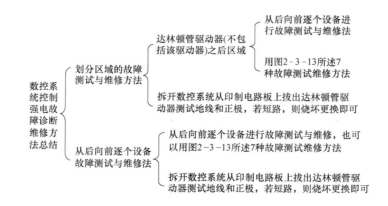

图 6-3-7 数控系统控制强电故障诊断与维修方法总结

四、思考与训练题

1. 数控车床动力伺服系统有哪些检测性操作功能？并实际操作

2. 改变 ZD—15 电子制动器的制动时间和制动电流，手动运行电动机正转、反转和停转，观察主轴运行情况，理解制动时间和制动电流设置的意义。

3. 分别用"划分故障区域的测试与维修法"和"从三相交流电动机向前检查的测试与维修法"进行动力伺服系统的测试，理解并掌握测试、维修方法。

4. 理解并实训冷却电动机的控制方法，并实训测试与维修方法。

任务 3 数控车床转位刀架机电联合调试、故障诊断与维修

> **知识点：**
> ● 数控车床转位刀架常用参数的设置。
> ● 数控车床转位刀架涉及的机械传动、弱电控制强电、霍尔传感器及其检测技术、计算机开关量输入输出知识点和常见故障的测试、诊断与维修方法。
>
> **能力目标：**
> ● 掌握数控车床转位刀架的参数设置方法、意义，根据故障判断参数设置问题。
> ● 掌握数控车床转位刀架涉及的机械传动、弱电控制强电、霍尔传感器及其检测技术、计算机开关量输入输出知识点和测试技能，对常见故障能够进行分析诊断和维修。

一、任务引入

数控车床转位刀架作为最终加工的执行者，是典型的集机械传动、电气控制、传感器检测和计算机控制于一体的机电一体化产品，组装完毕要进行相关参数设置和机电联合运行调试，加工过程中出现故障要实施机电联合测试、故障诊断与维修，今做理实一体化论述。

二、任务实施

（一）数控车床转位刀架电动机的参数设置、机电联合调试

1. 参数设置

（1）总刀位数 该数控系统可以控制 1~8 个刀具工位，默认 4 个工位，现设置 4 个工位。

（2）刀架正转停止反转开始的延时 该数控系统控制延时 50~5000ms，默认 100ms。

（3）刀架锁紧时间 刀架锁紧时间是该数控系统控制刀架反转信号的时间宽度，系统默认 800ms，当使用时间长，刀架机械部分可能有轻度磨损，刀架可能锁不紧，影响加工时，要适当延长这个时间。

（4）换刀时间 换刀时间是换刀全部过程的时间限制，换刀超出此时间产生"换刀超时"报警提示，并停止换刀。

2. 手动换刀机电联合调试

把表 6-3-1 中的 20 号启动键置于开始位置，按控制面板上的 7 号键进入手动操作界面，输入 T0202 再按 16 号确认键，则换 2 号刀，输入 T0404 为换 4 号刀。

按表 6-3-1 中的 13 号键，每按一次刀架换一把刀，也可以进行手动换刀调试。

（二）数控车床转位刀架的故障测试、调整与维修

1. 数控车床转位刀架换刀工作过程

前述介绍了数控转位刀架机械、电气控制和霍尔传感器检测原理、组装，整个数控转位刀架换刀过程如图 6-3-5 所示，数控转位刀架设计上经过实践验证与前述设置参数相协调。

2. 数控车床转位刀架工作原理知识点总结

数控车床转位刀架是综合性的机电一体化产品，把综合性的知识分门别类，各个知识点理实一体化理解透彻，再综合起来运用，其故障测试与维修就容易水到渠成，综合性知识点包括以下四个方面：

（1）机械传动方面的知识点　机械传动方面的知识点集中体现在图 6-2-18、图 6-2-19 和表 6-2-3 数控车床转位刀架主要组成元件，理解图 6-3-5 中的电动机正转、蜗杆蜗轮正转、刀架回转体向上升起、回转、电动机反转、蜗杆蜗轮反转、定位销反靠、粗定位、下降、齿面精确定位等动作产生原理。

（2）弱电控制强电方面的知识点　弱电控制强电方面的知识点集中体现在图 3-1-14、图 3-2-18 所述的控制原理，理解图 6-3-5 中的刀架电动机正转、反转、停转等电气控制及

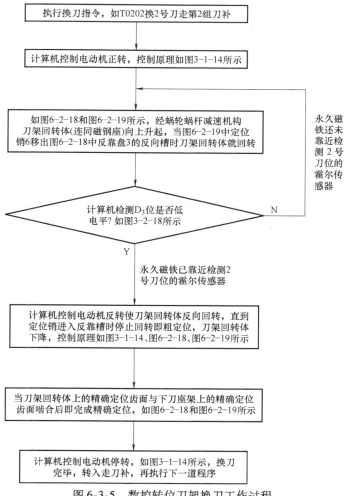

图 6-3-5　数控转位刀架换刀工作过程

其动作产生原理。

（3）霍尔传感器及其检测技术方面的知识点　霍尔传感器及其检测技术方面的知识点集中体现在图 3-2-17、图 3-2-18 所述的霍尔传感器信号产生结果，理解图 6-3-8 中的高低电平、磁铁靠近霍尔传感器等霍尔传感器信号产生结果。

（4）计算机开关量输入输出知识点　计算机开关量输入输出知识点集中体现在模块三项目一任务 1 相关内容和图 3-2-17、图 3-2-18 所述的 TTL 电平等概念上，计算机程序能控制换刀时间和刀架锁紧时间等，理解图 6-3-5 中的完成精确定位、计算机控制电动机停转等结果，对初学者而言，该知识点可以只知晓结果，而暂时可不必深刻探究计算机硬件、软件等知识。

3. 数控车床转位刀架的故障测试、调整与维修

在数控车床转位刀架使用过程中，因机械磨损、机械组装误差、生锈、电气控制元件失效、霍尔传感器烧坏、计算机开关量输入输出检测与控制等方面原因会出现故障，其故障现象、原因、测试与维修方法见表 6-3-7。

表 6-3-7　数控转位刀架故障现象、原因、测试与维修方法

故障现象	故障原因	测试与维修方法	备注
电动机不转	1）熔断器 FU 烧断 2）直流继电器 J₁、J₂ 坏了 3）热继电器 FR 受热动作没复位 4）线路故障	逐项测试，维修或更换	如图 3-1-14 所示，电动机没通电
电动机堵转	1）电动机三相接错，正转实为反转 2）反靠销生锈轴向不移动 3）反靠槽斜面和反靠销头部磨损，没有相对滑动	1）任意两相对换 2）擦洗锈迹并用润滑油润滑 3）用油石磨削斜面和销头部，容易产生相对滑动	如图 3-1-14、表 6-2-3 中的 5 和 8，图 6-2-18 所示的反靠盘 3，堵转是电动机通电了但转不动
电动机连续运转不停	1）磁钢与霍尔传感器相撞，传感器没有低电平信号输出 2）霍尔传感器线路故障 3）霍尔传感器烧坏 4）信号不符 5）磁钢安反了，传感器无输出信号 6）止退圈漏组装，磁钢与传感器距离较大，传感器无输出信号	1）检查磁钢与传感器相对位置 2）检查霍尔传感器线路 3）不管有无磁钢靠近霍尔传感器，测试引脚 3 相对引脚 1 都是 0V 4）检查系统和刀架信号是否一致 5）对调磁钢安装面，检查传感器无输出信号 6）检查止退圈是否漏组装	表 6-2-3 中的 2 图 3-2-18 图 3-2-17 图 6-2-19
刀架换刀不到位或过冲太大	磁钢位置在圆周方向上相对于霍尔传感器太前或太后	转动霍尔传感器发信盘，转过的角度为刀架偏离正确位置的角度	图 6-2-18
换刀后刀架反转但锁不紧	电动机反转时间短，刀架锁不紧	在数控系统上把刀架锁紧设置时间延长	数控系统参数设置

三、任务要点总结

本任务理实一体化地介绍了 CA6140 卧式车床数控化组装后转位刀架的参数设置、机电联合调试内容、调试方法和相关的参数调整，故障诊断和维修，是模块三项目一、项目二内容的具体应用。要熟练掌握对数控转位刀架的故障诊断和维修，必须理实一体化地理清楚机械传动、弱电控制强电、霍尔传感器及其检测技术、计算机开关量输入输出四个方面的知识并具备测试和维修技能，在此基础上按表 6-3-7 正确进行数控车床转位刀架的故障诊断、调整与维修。

四、思考与训练题

1. 正确理解数控车床转位刀架涉及的机械传动、弱电控制强电、霍尔传感器及其检测技术、计算机开关量输入输出知识，并结合模块三项目一、二相关内容进行实训，培养电气控制、霍尔传感器测试、故障诊断和维修能力。

2. 对数控车床转位刀架进行拆装实训，理解图 6-2-15 ~ 图 6-2-19 和表 6-2-3 介绍的机械传动及其相关电器、霍尔传感器知识点和转位刀架主要组成零件的原理，培养组装能力。

3. 对数控车床转位刀架进行机电联合调试，培养机械传动、弱电控制强电、霍尔传感器及其检测技术、计算机开关量输入输出知识点和机电联合调试能力。

项 目 小 结

本项目介绍了 CA6140 卧式车床数控化改造后的机电联合调试、故障诊断与维修测试等内容。可以看出，数控机床的各项功能既与硬件有关，又与数控系统软件设置有关，这样各项功能更具有柔性。本模块项目一进给伺服系统的改造虽然也有精度测试，但属于静态精度测试，而本项目任务 1 是对进给伺服系统进行动态测试，任务 2 和任务 3 是动力伺服系统的机电联合调试，也是动态测试。静态测试合格是动态测试合格的前提，动态测试合格后才能组装机械联接部件的定位销。

要正确进行数控机床的测试、故障诊断与维修，需要有多方面综合性的知识和技能，如数控转位刀架的测试、故障诊断与维修涉及机械传动、弱电控制强电、霍尔传感器及其检测技术、计算机开关量输入输出四个方面的知识和技能，所以学员在学习机电设备的测试、故障诊断与维修时，先要理清楚相关知识点的组成，并各个熟悉后再综合起来进行测试、故障诊断与维修。

模块归纳总结

模块六理实一体化地论述了 CA6140 普通车床数控化组装主轴动力伺服系统、冷却电动机、主轴制动器、步进电动机驱动器、数控车床转位刀架、主轴脉冲编码器和行程开关的组装方法、步骤、测试方法、测试验收检测项目等，内容涉及模块一、模块二、模块三的相关知识。涉及模块一的机械零部件组装、测试与故障维修，如齿轮消除反向间隙机构、滚珠丝杠传动机构、轴承、联轴器和制动器等；涉及模块三的计算机弱电控制强电、行程开关、霍尔传感器这些开关量传感器等；涉及模块二的传统机电设备机械部分故障诊断与测试维修等，是多方面知识点和能力目标的有机融合普通机床经过数控化改造后成为具有自动检测、自动处理信息、自动显示记录、自动调节与控制、自动诊断与保护等智能化特征的机电一体化设备，在此归纳要点如下：

（一）滚珠丝杠组装轴承支承形式及其特点

滚珠丝杠有图 6-3-6 所示的四种支承结构形式，显然 Z 坐标原 T 形丝杠改为滚珠丝杠后支承形式如图 6-3-6c 所示，而 X 坐标原 T 形丝杠改为滚珠丝杠后支承形式也为图 6-3-6c 所示的形式，从图 6-1-4、图 6-1-6、图 6-1-28 来看，推力轴承的位置都远离易产生热量的步进电动机，以减少轴承热变形，热变形向深沟球轴承方向变形，保证机电设备性能处于完好的工作状态。

图 6-3-6a 所示的支承形式承载力小、轴向刚度低，仅适用于短丝杠、机床精度要求不太高的情况下使用；图 6-3-6b 所示的支承形式滚珠丝杠较长，一端装推力轴承固定，另一端由深沟球轴承支承，为减小丝杠热变形，推力轴承的安装位置要远离热源，图 6-1-2、图 6-1-4、图 6-1-6 和图 6-1-28 中步进电动机为热源，远离另一端的推力轴承，用于精度要求较高的数控机床；图 6-3-6c 所示的支承形式对丝杠进行预拉伸安装，以减小丝杠重力引起的弯曲变形，在推力轴承预紧大于丝杠最大轴向载荷三分之一的条件下，丝杠拉压刚度能够得到得大提高，丝杠不会因温升而伸长，丝杠精度得到保证，用于精密数控机床；为了进一步提高丝杠传动的刚度和精度丝杠两端采用双重支承，如图 6-3-6 所示如推力轴承和深沟球轴承，并施加预紧力，使得丝杠热变形转化为推力轴承的预紧力，用于高精度数控机床。图 6-3-6c 和图 6-3-6d 所示的精密和高精度数控机床需要在恒温室内工作。

（二）由"机械加电气化"向"机电一体化"设备的测试、维修和组装跨越

普通车床在改装为数控车床前，要对机械部分进行测试、维修和组装，方法与模块二完全一样，所以模块二介绍的是"机械加电气化"设备的测试、维修和组装；而模块六则介绍的是机械技术、电气控制技术、传感器检测技术和微电子技术、计算机控制技术等先进技术融合为一体的"机电一体化"设备的测试、维修和组装。模块二关于主轴箱、尾架、床身导轨、床鞍和小滑板等零部件的维修工艺完全适合于模块六，所以模块六只介绍多项技术融合为一体的"机电一体化"设备的测试、维修和组装，两模块内容既有独立性，又有关联性。

本模块从学科组成上看，综合了机械工程、电气工程、电子科学与技术、控制科学与工程、计算机科学与技术五个一级学科涉及的相关内容；从职业岗位组成上看，综合了机修钳工、维修电工、电气设备安装工、数控机床装调维修工、电工仪器仪表装配工等五个技能型工种岗位的相关内容。在"模块"、"项目"和"任务"中凸现了多门学科、多项技术和多种实践技能的有机融合，以培养专业理论水平高、实践教学能力强，在教育教学工作中起骨干示范作用的"双师型"优秀教师这一目标组织教材内容。

（三）模块六与模块二有承上启下，不断延伸知识点和能力目标的递进关系

模块二主要论述普通车床机械零部件的拆装、测试、故障维修，而模块六在这个基础上又论述了机电一体化升级、组装改造，所以具体实施这项工作时，涉及模块二的内容参考表 2-2-7 测试验收，而涉及模块六的内容参考表 6-3-2 测试验收。

模块二中的图 2-3-1 是具有功能单元区和图区的纯强电控制原理图的画法，而图 6-2-4 和图 6-2-5 是具有功能单元区和图区的带有弱电控制强电的电气控制原理图的画法，二者互为补充，基本囊括了机电设备全部电气控制控制原理图的画法。

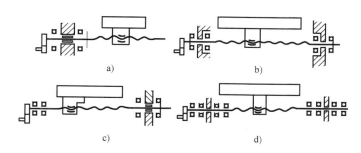

图 6-3-6　滚珠丝杠的四种轴承支承形式

a）一端组装推力轴承的固定自由式　b）一端组装推力轴承，另一端组装深沟球轴承的固定支承式　c）两端组装推力轴承的单推-单推式或双推-单推式
d）两端组装双重推力轴承及深沟球轴承的固定-固定式

（四）机电设备静态测试合格是动态测试合格的基础，动态测试合格后才能组装零部件定位锥销

机电设备组装过程中的测试一般是静态测试，组装完成后进行机电联合调试中的测试通常是动态测试。静态测试合格是动态测试合格的基础，动态测试合格后才能组装零部件定位锥销，以确定机械零部件的正确位置，而且动态测试要尽量在多种工况下进行，以便充分测试机电设备的动态性能。

（五）培养数控机床电气控制系统故障诊断与维修知识点和能力目标的思路

很多中等职业学校机电设备安装与维修、机电技术与应用、电气自动化技术和数控加工技术等专业的老师反映，数控系统电气控制故障诊断与维修非常抽象难学，打开电气控制柜满满一柜子电器设备，就无从下手，没有故障测试与维修的思路。笔者经过大量调研、理论与实践方面的探索，今以案例的形式给予分析，指出其原因和学习实践思路。

1. 不少教材在介绍传统的继电器接触器电气控制时，只讲理论性内容，而不注重实践性能力的培养，更没有学习电气控制故障测试与维修，致使学员实践能力比较弱。所以学员一定要理论联系实际地学习电气控制设备及其原理，学以致用。

2. 不少教材没有按照图 3-3-1、图 6-2-4 和图 6-2-5 那样的要求画电气控制原理图，使得读者对数控设备电气控制实现的功能缺乏深入理解，无法正确认识电气控制原理图。所以必须按照图 3-3-1、图 6-2-4 和图 6-2-5 的要求画电气控制原理图，这样学员就容易掌握设备的功能。

3. 学员不了解模块三的内容，尤其是模块三项目一、项目二的内容，这是由传统的继电器接触器控制过渡到计算机控制的关键知识点，必须理论联系实际掌握这部分内容。

4. 对一台数控电气控制柜，首先按图 3-3-1、图 6-2-4 和图 6-2-5 所示的画法绘制电气控制原理图，了解设备有哪些功能，确定这些功能是采用模块三项目一、项目二的哪种控制方案，把电气控制柜复杂的电气设备梳理清楚，了解哪些线路控制主轴电动机正反转，哪些控制冷却电动机等，这样整个控制柜的电气控制原理就清晰了。

5. 对纯粹强电部分的故障测试套用模块二中的电压测量法、电阻测量法、短接法等测试方法；而对强弱电结合的部分套用模块三项目一、项目二中介绍的故障测试与维修方法，维修工作就水到渠成了。

例如，图 6-2-13 所示数控车床电气控制柜，看起来很复杂，但看图 6-2-4 和图 6-2-5 电气控制原理图，功能及其控制方案一目了然，主轴电动机 M_1 采用图 3-1-5 所示的持续信号控制方案外加一个制动器；而冷却泵电动机 M_2 也采用图 3-1-5 所示的持续信号控制方案的一路（只有正转，没有反转），套用相关的故障测试与维修方法即可。

（六）本模块内容符合国家机电设备行业关于推广再制造技术的政策

通过对本模块的学习和实训可以看出，再制造技术使机电设备得以改造、维修和技术升级，使企业的产业链得到延伸，发挥了设备生产企业的技术和管理优势，把机电设备进行专业化修复升级组装达到与原有新产品相同的质量和性能，是循环经济"再利用"的高级形式，具有非常重要的经济和社会效益。

模块六与模块二知识点和能力目标的衔接与提升总结

模块二主要介绍对普通车床进行机械、电气测试、拆装、调整与维修，而模块六介绍在模块二机械部分测试、拆装、调整与维修之后再进行数控化升级改造。再制造技术包括对普通机电设备进行测试、拆装、调整与维修提高精度得以继续使用，也包括测试、拆装、调整与维修后进行技术升级改造。升级改造的内容根据设备功能需要而定，以满足生产需要为原则。如模块四是对机电设备进行数显改造性质的升级改造，提高了设备精度。机电设备再制造技术具有重要意义，是装备制造业发展的趋势。

模块七 数控雕刻机的组装、运行测试、故障诊断与维修

本模块以图 7-1-1 所示的 BXG-1325 Ⅱ 型数控雕刻机为案例，介绍数控雕刻机的结构组成、组装原理和过程、电气控制组成、数控编程、精度测试、调试调整和维修方法、加工运行调试等方法和技能。该雕刻机长 3.6m，宽 2.6m，高 1.3m，采用专业化厂家生产的变频控制高速电主轴、精密滚珠丝杠、滚动导轨、精密电主轴、精密混合式步进电动机、高性能控制卡、变频器、电器控制、液压冷却系统等高新技术研制成功，广泛用于不锈钢、铝板、钢板切割；亚克力、PVC 切割雕刻，不锈钢字、铁皮字切割，木门浮雕、镂空屏风和金属非金属模具加工的机电设备。它采用手持控制器操作，操作方便，加工性能优良，加工精度高，为相关机电设备的组装、测试和故障维修打下基础。

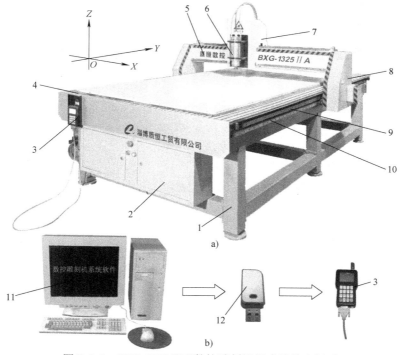

图 7-1-1 BXG-1325 Ⅱ 型数控雕刻机组成及其坐标系

a）数控雕刻机的机械结构组成 b）自动编程系统加工程序拷到 U 盘再插到手持控制器上操作
1—雕刻机支架 2—电气控制柜 3—手持控制器 4—工作台 5—方梁 6—电主轴
7—头架 8—龙门方梁支架 9—Y 向齿条 10—Y 向滚动导轨 11—数控编程系统 12—U 盘

项目一 BXG-1325 Ⅱ 型数控雕刻机机械部分的组装、运行测试与故障维修

本项目介绍了 BXG-1325 Ⅱ 型三坐标数控雕刻机机械部分组装、运行测试与故障维修，

包括雕铣机支架上两侧水平滚动导轨、齿条的组装与调整，即雕刻机的 Y 轴；雕铣机方梁上滚动导轨副、齿条的组装和精度测试，即雕刻机的 X 轴；雕刻机头架上滚动导轨、滚珠丝杠、步进电动机的组装和调试，即雕刻机的 Z 轴；电主轴的组装和调试，即雕刻机的主轴。通过机械部分的组装、运行测试与故障维修的训练，要求学员掌握滚动导轨副、多段齿条、滚珠丝杠、步进电动机传动系统、电主轴等常用机电设备部件的组装方法；并掌握常用机电设备安装中的平行度、水平度、垂直度的测量及调整方法；为培养学员正确使用组装工具、量具，保证组装精度和测试维修精度打下良好的基础。

学习目标：

1. 掌握滚动导轨副的组装与调整方法。

2. 掌握多段齿条的组装与调整方法。

3. 掌握滚珠丝杠的组装与调整方法。

4. 掌握电主轴的组装与调整方法。

5. 掌握机电设备安装中的平行度、水平度、垂直度的测量及调整方法。

6. 通过思考题和实训题，锻炼学员在机电设备安装与维修中常用机电设备部件的安装与维修操作技能。

任务1 数控雕铣机支架上两侧水平滚动导轨、齿条的组装与调整

知识点：

- 雕刻机支架上平面水平的调节方法。
- 雕刻机铸铁柱上滚动导轨的组装方法。
- 雕刻机铸铁柱上 Y 向齿条的组装方法。
- Y 向两导轨平行度的测量及调整方法。
- 支架两侧铸铁柱水平度的测量及调整方法。

能力目标：

- 掌握滚动导轨副的组装方法。
- 掌握雕刻机铸铁柱上多段齿条的组装方法。
- 掌握机械设备安装时的部件平行度、水平度的测量及调整方法。

一、任务引入

图 7-1-2 所示为 BXG-1325II 型数控雕刻机的 Y 坐标结构组成示意图，其传动为步进电动机输出轴上的同步带轮，再经齿轮齿条传动，齿条固定于支架两侧的铸铁柱上，从而带动整个方梁部件的纵向运动。由于齿条很长，所以采用了多段齿条连接。Y 坐标导向采用精密滚动导轨。组装时，重点要保证两侧铸铁柱的水平度、平行度，两侧滚动导轨及齿条的平行度。

二、任务实施

（一）雕刻机支架上平面水平的调节

1. 水平仪的使用

如图 7-1-3 所示，将水平仪放置于雕刻机支架的上平面上，在各个方向上观察水银球是

图 7-1-2 雕刻机 Y 坐标进给传动系统组成

a）Y 坐标结构组成 b）Y 坐标步进电动机传动机构照片

1—雕刻机支架 2—Y 坐标步进电动机传动机构总成 3—X 坐标方梁支架 4—X 坐标方梁 5—与齿条啮合的齿轮
6—带轮与同步带 7—步进电动机 8—Y 坐标齿条 9—Y 坐标滚动导轨 10—带轮中心距调整板

否在中间位置。如果水银在中间偏左位置，说明支架左端高，应调节高度螺母 1 使左端放低，反之调节相反，其他方向和调节方法相同。

2. 支架上平面水平度的测试

把水平仪放在支架上平面，通过调节雕刻机支架 6 条腿上的调节高度螺母 1，直至水平仪的水银球在中间位置为止，使支架上平面水平。

（二）滚动导轨的组装

为了提高控制精度，采用了图 7-1-4a 所示的滚动导轨副，滚动导轨组装到特制的铸铁柱上，如图 7-1-4b 所示。在铸铁柱上有两个台阶，

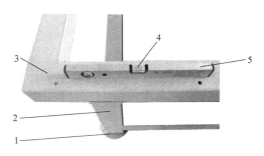

图 7-1-3 滚动导轨

1—高度螺母 2—支架腿 3—支架上平面
4—水平尺水银球 5—水平仪

都经过刨削加工，台阶 4 用于导轨的组装定位，台阶 5 用于齿条的安装定位。由于两个台阶的加工精度很高，且平行，安装时只需将导轨及齿条靠紧台阶即可。

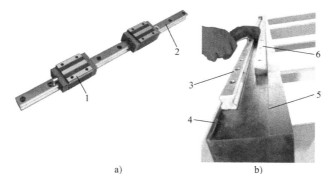

图 7-1-4 Y 坐标滚动导轨及其组装

a）滚动导轨副 b）把滚动导轨组装到铸铁柱上

1—滚动导轨座 2—滚动导轨 3—滚动导轨组装 4—铸铁柱滚动导轨定位台阶
5—齿条定位台阶 6—齿条

（1）导轨的定位　用安装卡（见图7-1-5）将导轨固定于铸铁柱上，注意安装时将导轨紧靠铸铁柱上的台阶，并在安装卡和导轨之间垫上软木片材料，以防伤及导轨，如图7-1-6所示。为了固定牢固，应每隔50cm安装一个安装卡，如图7-1-7所示。

图7-1-5　安装卡

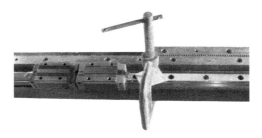
图7-1-6　安装卡的安装

（2）导轨的组装　用内六角扳手将导轨固定于铸铁柱上，由于螺栓较多，安装时螺栓先不要紧固，全部安装完成后，再依次紧固，如图7-1-8所示。

图7-1-7　安装卡的布局

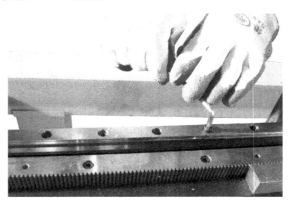
图7-1-8　滚动导轨的安装

（三）多段齿条的组装

1. 多段齿条的定位

铸铁柱的上台阶用于齿条的安装定位，由于齿条为多段组成，所以齿条连接处的安装尤为重要。安装时首先在两段齿条的连接处，用一根齿条与相连接的两段齿条相啮合，对齿条连接处加以定位，如图7-1-9所示。

图7-1-9　齿条连接处的定位

2. 多段齿条的固定

用安装卡将图7-1-10所示的齿条固定。如图7-1-11所示，使用安装卡时要在齿条的固

图 7-1-10　齿条

图 7-1-11　多段齿条的固定

定处垫上软木板垫，以免伤及齿条。

3. 多段齿条的安装

齿条固定好后，用内六角扳手将齿条固定于铸铁柱上，如图 7-1-12 所示。

4. 铸铁柱的组装

用螺栓将铸铁柱固定于雕刻机支架上，固定螺栓位于雕刻机支架的下面，如图 7-1-13 所示。

图 7-1-12　多段齿条的安装

图 7-1-13　铸铁柱的安装

（四）两条导轨平行度的测量及调整方法

1. 专用测量工具的安装

将自行设计的导轨平行度专用测量工具安装于一侧导轨的滑块上，用螺栓紧固，如图 7-1-14 所示。再将千分表座固定于测量工具上，测量杆顶在另一侧导轨的滑块上，并调整千分表的读数归零，如图 7-1-15 所示。

图 7-1-14　导轨平行度专用测量工具的安装
1—导轨平行度专用测量工具　2—导轨滑块

图 7-1-15　千分表的安装

2. 两侧导轨平行度的测量

同时推动两侧导轨滑块，观察千分表的读数的变化，即可测量出两侧导轨的平行度误差。

3. 两侧导轨平行度的调整

测量后，如果两侧导轨的平行度有误差，可将固定铸铁柱的螺栓稍微松开，然后用锤子、铜棒（见图7-1-16）打击铸铁柱，如图7-1-17所示，使之产生轻微移动，紧固螺栓后再进行测量，直至误差小于0.03mm为止。

图7-1-16　铜棒

图7-1-17　导轨平行度的调整

（五）支架两侧铸铁柱水平度的测量及调整方法

1. 铸铁柱水平度的测量

将水平仪置于铸铁柱上，如图7-1-18所示，观察其水平度。

2. 铸铁柱水平度的调整

经过测量，如果铸铁柱不平，可将铸铁柱一端的固定螺栓稍微松开，然后在铸铁柱与支架之间垫入一块很薄的金属片，如图7-1-19所示，然后重新紧固铸铁柱，并再次测量铸铁柱的水平度。如果不符合要求，则再次调整金属片的厚度，直至水平度达到要求为止。

图7-1-18　铸铁柱水平度的测量

1—雕刻机支架　2—铸铁柱　3—水平仪

图7-1-19　在铸铁柱和支架之间塞入薄铜皮调整铸铁柱上平面的水平度

三、任务要点总结

本任务主要介绍雕刻机支架上 Y 坐标滚动导轨的组装、雕刻机铸铁柱上多段齿条的组装和铸铁柱组装到支架上的方法，两导轨平行度的测量及调整方法，支架两侧铸铁柱水平度的测量及调整方法。通过本任务的学习，重点掌握机电设备滚动导轨及多段齿条的组装方法及平行度、水平度的测量及调整方法。

四、思考与训练题

1. 如何调节雕刻机支架上平面的水平，并实训。

2. 简述多段齿条的组装步骤。

3. 组装时，如何定位 Y 坐标滚动导轨？

4. 导轨平行度的测量方法是什么？如何调整误差？

5. 铸铁柱水平度的测量及调整方法是什么？

任务2　数控雕刻机方梁上滚动导轨、齿条支架的组装测试与调整

知识点：

- 方梁上 X 向滚动导轨的组装。
- 方梁上 X 向齿条的组装。
- Y 向步进电动机传动系统的组装。
- 齿条与滚动导轨平行度的测量与调整。
- 机械传动间隙的调整。

能力目标：

- 掌握雕刻机方梁上滚动导轨副及齿条的组装技能。
- 掌握步进电动机传动系统的组装技能。
- 掌握机械部件平行度和机械反向间隙的测量与调整方法。

一、任务引入

图 7-1-20 所示为 BXG-1325 II 型数控雕刻机的方梁部件，其上面固定有 X 坐标向的滚动导轨及齿条，两端为支架，固定于纵向导轨的滑块上，Y 向的步进电动机传动系统部件安装于支架上，当有 Y 向进给时，整个方梁沿纵向移动。安装时，重点要保证 X 向齿条与滚动导轨的平行度，方梁运行要平稳，阻力小。

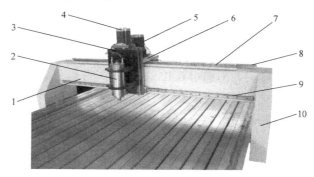

图 7-1-20　方梁部件

1—雕刻机方梁　2—电主轴　3—电主轴滑板　4—Z 轴步进电动机　5—X 轴步进电动机
6—头架　7—X 轴齿条　8—X 轴上滚动导轨　9—X 轴下滚动导轨　10—方梁支架

二、任务实施

（一）方梁上 X 向滚动导轨的组装

1. X 坐标滚动导轨的定位

方梁上面的 X 坐标滚动导轨依靠方梁上已加工出的台阶定位，如图 7-1-21 中圆圈所示。定位后，用安装卡将导轨固定于方梁上，如图 7-1-22 所示。

2. 滚动导轨的组装

方梁固定好后，用内六角头螺栓将导轨固定于方梁上。如图 7-1-22 所示，同样的方法

图 7-1-21　滚动导轨的定位

图 7-1-22　滚动导轨的卡紧和组装

固定另一条导轨。

（二）方梁上 X 坐标齿条的组装

1. 齿条的定位安装

X 坐标齿条固定于方梁上的一个凸台上面，是一根整体齿条，如图 7-1-23 所示。用螺栓将横向齿条固定于方梁上，如图 7-1-24 所示。

图 7-1-23　齿条的定位

图 7-1-24　齿条的安装

2. 齿条与滚动导轨平行度的测量与调整

用图 7-1-25 所示的游标卡尺测量多处齿条与导轨之间的距离，如图 7-1-26 所示，以此确定齿条与导轨之间的平行度误差不超过 0.05mm，否则可将齿条紧固螺栓稍微松开，用铜棒轻轻敲击一端产生移动，然后再次测量，直至平行度误差不大于 0.05mm，再将齿条紧固。

图 7-1-25　游标卡尺

图 7-1-26　齿条与滚动导轨平行度的测量

（三）方梁的组装

1. 方梁的固定

将方梁吊装到雕刻机支架上，如图 7-1-27 所示，定位后，用螺栓将两端支架固定于纵向导轨滑块上，如图 7-1-28 所示。

图 7-1-27　方梁的吊装

图 7-1-28　方梁的组装

2. Y 坐标步进电动机及其传动系统及机械反向间隙调整

图 7-1-2b 所示为雕刻机 Y 坐标运动的步进电动机及传动系统组成，由步进电动机、小带轮、同步带、大带轮、齿轮轴、箱体等零件组成。步进电动机经同步带传动，将动力传至齿轮轴，齿轮再与 Y 坐标的齿条啮合，驱动雕刻机产生 Y 坐标运动，该部件单独组装好后，再装到方梁两端的支架上。

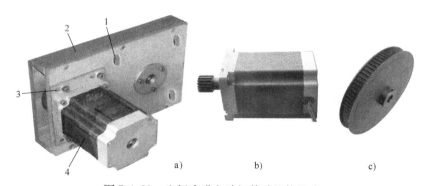

图 7-1-29　坐标步进电动机传动机构组成

a）步进电动机带轮组装到箱体上　b）安装有带轮的步进电动机　c）大带轮带侧板

1—箱体上垂直长孔，下移箱体即可调整齿轮和齿条之间的啮合间隙　2—箱体

3—步进电动机组装到方板上的长条孔，方板与步进电动机一起在孔中移动调整同步带松紧　4—步进电动机

3. Y 向步进电动机及其传动系统组装到方梁两头支架上

如图 7-1-30 所示，方梁两端的支架上各有一孔，能看到纵向的齿条，将图 7-1-29 所示的电动机传动系统的齿轮轴从该孔插入，使齿轮齿条相啮合。然后将电动机传动系统部件固定于方梁两端的支架上，如图 7-1-31 所示。Y 坐标的步进电动机驱动系统有两套，在雕刻机的左右两边各一套。

图 7-1-30　齿轮安装孔

图 7-1-31　步进电动机传动系统的安装

电磁
接近
开关

4. 方梁架运行情况测试与调整

如图 7-1-32 所示，用手推动整个方梁在导轨上平稳运行，观察其运行情况，并感觉其运行时阻力的大小。如果阻力太大，说明齿轮齿条的啮合间隙过小，导致阻力太大，可松开步进电动机传动系统的固定螺栓，调整其啮合间隙后重新紧固，直至运行平稳，阻力小。

图 7-1-32 方梁架运行情况测试

三、任务要点总结

该任务主要完成方梁上 X 坐标滚动导轨的组装、X 向齿条的组装、方梁的组装、Y 向传动系统的组装及其精度测试与调整，这些精度是切割过程中保证步进电动机运行精度的前提。通过该任务，重点掌握机电设备滚动导轨及齿条的组装方法，导轨与齿条平行度的测量及调整方法。

四、思考与训练题

1. 滚动导轨如何定位？
2. 简述齿条与滚动导轨平行度的测量与调整方法。
3. 简述方梁架运行情况检查与调整过程。

任务 3 数控雕刻机头架上滚动导轨、滚珠丝杠、步进电动机、电主轴的组装和调试

> **知识点:**
> - 头架上 Z 向两条垂直滚动导轨副的组装。
> - Z 轴滚珠丝杠副的安装。
> - 电主轴的组装。
> - 滚珠丝杠与导轨的平行度误差测试与调整。
> - 电主轴的垂直度误差测试与调整。
>
> **能力目标:**
> - 掌握滚珠丝杠副的组装技能。
> - 掌握部件平行度的测量及调整方法。
> - 掌握电主轴的安装技能及电主轴垂直度的测量及调整方法。

一、任务引入

图 7-1-33 所示为 BXG-1325 Ⅱ 型数控雕刻机的头架部件结构图，其上面固定有 Z 轴的导轨及滚珠丝杠。电主轴滑板与滚动导轨滑块相连接，如图 7-1-34 所示，滚珠丝杠的螺母固定于滑板上，滚珠丝杠在 Z 轴电动机的带动下转动，丝杠螺母产生直线上下移动，带动滑板沿滚动导轨实现上下直线移动。电主轴安装于电主轴滑板上，由滚珠丝杠副带动滑板及电主轴实现垂直方向（Z 向）的运动，安装时要重点要保证导轨与滚珠丝杠的平行度和电主轴的垂直度。

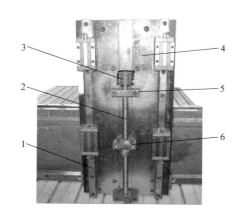

图 7-1-33　头架部件结构图

1—Z 轴滚动导轨　2—Z 轴滚珠丝杠　3—带轮
4—头架　5—Z 轴丝杠轴承座　6—滚珠丝杠螺母座

图 7-1-34　电主轴及拖板

1—电主轴滑板　2—电主轴支座
3—电主轴

二、任务实施

（一）头架上两条垂直滚动导轨副的组装

1. 头架的固定

将头架固定于方梁上两条 X 轴导轨的滑块上，如图 7-1-35 所示。

2. 滚动导轨的安装

头架固定好后，用螺栓将导轨固定于头架上，导轨的固定仍然依靠头架上的台阶来定位，如图 7-1-36 所示。

图 7-1-35　头架的安装

1—X 轴导轨滑块　2—头架　3—X 轴齿轮轴孔

图 7-1-36　垂直方向滚动导轨的安装

（二）垂直方向传动系统的组装

1. 滚珠丝杠副、轴承、轴承座的组装

滚珠丝杠副由丝杠、轴承、轴承座、丝杠螺母座等零件组成，如图 7-1-37 所示。将滚动轴承安装于丝杠的两端，如图 7-1-38 所示。然后将轴承座套到轴承上，固定好，如图 7-1-39 所示，并将小带轮用螺栓固定于丝杠上。

a)   b)   c)

图 7-1-37   滚珠丝杠组件

a）滚珠丝杠轴承   b）滚珠丝杠丝母座   c）滚珠丝杠副

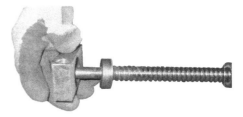

图 7-1-38   滚珠丝杠副两端轴承的安装   图 7-1-39   滚珠丝杠副轴承座的安装

2. 滚珠丝杠副的安装

滚珠丝杠副安装好后，用扳手将轴承座固定于头架上，如图 7-1-40 所示。

3. 滚珠丝杠与导轨之间平行度的测试及调整

分别用游标卡尺测量滚珠丝杠上下两端与导轨之间的距离，如图 7-1-41 所示。如果距离不一样，则滚珠丝杠与导轨不平行，可将固定轴承座的螺栓稍微松动，然后用锤子敲击铜棒，如图 7-1-42 所示。使轴承座产生微小移动，然后再次测量滚珠丝杠上下两端与导轨之间的距离，直至上下距离相等为止，并紧固固定轴承座的螺栓。

图 7-1-40   滚珠丝杠副的固定   图 7-1-41   滚珠丝杠与导轨之间平行度的测试

4. 垂直方向步进电动机系统的组装

首先，图 7-1-40、图 7-1-41 和图 7-1-42 所示，将垂直方向（Z 坐标）滚珠丝杠固定于安装板上，并把大带轮用螺栓固定于电动机轴上，组装后的电动机固定于雕刻机头架上。如图 7-1-43 所示，电动机固定好后，把同步带安装于大小带轮上。

（三）电主轴的组装

1. 电主轴滑板的组装

首先将电主轴滑板固定于滚珠丝杠螺母座上，如图 7-1-44 所示；然后将滑板与导轨滑块用螺栓固定，如图 7-1-45 所示。

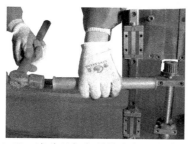

图 7-1-42　滚珠丝杠与导轨之间平行度的调整

图 7-1-43　垂直方向步进电动机系统的组装

图 7-1-44　电主轴滑板与滚珠丝杠螺母座的联接

图 7-1-45　电主轴滑板与滚动导轨滑块的联接

2. 电主轴的组装

主电动机采用 GWDZ 95 型电主轴，如图 7-1-46 所示。专门设计的电主轴滑板如图 7-1-47 所示。将电主轴用螺栓固定于滑板上，如图 7-1-48 所示。电主轴具有结构紧凑、质量轻、惯性小、振动小、噪声低、响应快等优点，转速可超过 $1 \times 10^6 \mathrm{r/min}$，功率大，切削力小，简化机床设计，易于实现主轴定位，是高速主轴单元中的一种理想的高新技术产品，电主轴轴承采用高速轴承技术，耐磨耐热，寿命是传统轴承的几倍，由变频器控制。

图 7-1-46　GWDZ 95 型电主轴

图 7-1-47　电主轴滑板

图 7-1-48　电主轴的组装

（四）数控雕刻机机械组装精度的测试与调整

1. 电主轴垂直度的测试与调整

电主轴的垂直度用千分表及磁性表座测量，如图 7-1-49、图 7-1-50 所示。

将千分表座固定于工作台上，测量杆顶在电主轴的侧面上，并调整千分表的读数归零，如图 7-1-51 所示。这个测试需要在电气控制系统安装调试完成结束后进行。用手柄控制垂直方向步进电动机上下运动，观察千分表的读数。如果表针读数有变化，说明电主轴在左右方向不垂直。再将千分表测量杆顶在电主轴的正前面上，并调整表的读数，如图 7-1-52 所示。用手柄控制垂直方向步进电动机上下运动，观察千分表的读数。如果表针读数有变化，说明电主轴在前后方向不垂直。

图 7-1-49　千分表

图 7-1-50　磁性表座

图 7-1-51　电主轴垂直度的测量图

图 7-1-52　电主轴垂直度的测量

　　如果电主轴在某个方向不垂直于工作台，可在电主轴安装座与电主轴之间放入极薄的铜皮加以调整。然后重新测量，直至垂直度误差小于 0.05mm，如图 7-1-53 所示。

　　2. 数控雕刻机 Z 坐标机械反向间隙的测试与调整

　　Z 坐标产生机械反向间隙的原因、测试方法、机械反向间隙的产生部位诊断与模块一项目一中的任务 1 和任务 2 测试分析方法相同，测试如图 7-1-54 所示。将磁性百分表座固定在 Z 坐标拖板上，百分表指针接触电主轴上平面，用点动功能测试机械反向间隙，反向间隙控制在 0.03～0.05mm 之内。

图 7-1-53　电主轴垂直度的调整

图 7-1-54　Z 坐标机械反向间隙的测试

3. 数控雕刻机 X、Z 坐标反向间隙的测试与调整

X 坐标产生机械机械反向间隙的原因、测试方法、机械反向间隙的产生部位诊断与模块一项目一中的任务 1 和任务 2 测试分析方法一样，测试如图 7-1-55 所示。将磁性表座固定在 X 坐标拖板上，百分表指针接触头架侧面，用点动功能测试机械反向间隙，反向间隙控制在 $0.03 \sim 0.05$ mm 之内。

Z 坐标机械反向间隙的测试同 X 坐标，只是将百分表安装在 Z 坐标上。

图 7-1-55　X 坐标机械反向间隙的测试

4. 数控雕刻机机械反向间隙的消除措施

数控雕刻机机械反向间歇的产生部位及其消除措施分析如下：

1）滚珠丝杠反向间隙的消除与模块一项目二任务 2 完全一样，在此不再论述。

2）同步带传动反向间隙的消除如图 7-1-29 所示，步进电动机用 4 个内六角头螺栓组装到平板上 3 上，平板上有四个与 Y 坐标方向平行的长条孔，四个内六角螺栓透过长条孔把平板组装到箱体上，移动平板即可调整同步带松紧，消除反向间隙。

3）齿轮与齿条啮合反向间隙的消除如图 7-1-29 所示，箱体上有四个长条孔 1，通过该孔用螺栓把箱体固定到方梁支架上，松开螺栓上下移动箱体就可以调整齿轮与齿条啮合反向间隙。

（五）数控雕刻机润滑简介

数控雕刻机的机械传动精度比较高，常用滚动导轨、滚珠丝杠、齿轮齿条等传动机构，这些机构的润滑点多而且难以暴露在外部，并且不少工件自动加工时间比较长，均需要得到良好的润滑，不再采用图 1-3-2 和图 1-3-5 所示的手工润滑，中小型数控雕刻机往往需要图 1-3-10 至图 1-3-14 所示的用手动泵集中润滑，较大型数控雕刻机往往需要图 1-3-18、图 1-3-26 和图 1-3-31 所示的集中自动润滑系统，在此不再详述。

三、任务要点总结

该任务主要完成头架上滚动导轨的组装、滚珠丝杠副的组装、垂直方向传动系统的组装、电主轴滑板的组装、电主轴的组装。为保证组装后的精度要求，在零部件设计加工制造上采取得力措施，如图 7-1-4 所示，上有定位台阶 4 和 5，是保证组装精度的前提条件。通过该任务学习，重点掌握机电设备滚珠丝杠副及电主轴的组装方法、导轨与滚珠丝杠平行度的测量及调整方法、电主轴垂直度的测量及调整方法和数控雕刻机润滑。

四、思考与训练题

1. 叙述滚珠丝杠副的组装过程。

2. 叙述电主轴的组装过程。

3. 叙述导轨与滚珠丝杠平行度的测量及调整方法。

3. 叙述电主轴垂直度的测量及调整方法。

项 目 小 结

项目一论述了数控雕刻机 X、Y、Z 三个坐标运动部件的组装、精度测试、机械传动反向间隙的测试和调整。为了保证数控雕刻机的装配精度，导轨和齿条要在铸铁柱和方梁上都要有台阶定位，这样能够保证导轨的平行度，并且组装效率高。铸铁柱、方梁和头架的加工精度是保证组装精度的决定性因素，在组装过程中用专用工具也是保证组装精度的必要因素，雕刻机机身比较长，专用工具要多套同时使用，其他测试和调整是保证组装精度的辅助要素。

本模块介绍的组装涉及的精度是切割过程中保证步进电动机运行精度的前提，否则即使齿轮和齿条啮合反向间隙为 0，步进电动机运行过程中也会因这些误差致使负载产生较大的变化，产生丢步和超步，从而影响加工精度。

数控雕刻机使用过程中因磨损等原因，机械传动会出现反向间隙，影响加工精度，所以齿轮齿条传动副、同步带传动副都有反向间隙调整机构，其反向间隙的测试模块一已经介绍，为便于齿轮齿条机械反向间隙调整，图 7-1-30 所示齿条上齿面向上，而图 7-1-2b 所示齿轮 5 在齿条上方与齿条啮合，便于调整反向间隙。

项目二　数控雕刻机电气控制部分的组装、机电联合调试与故障维修

本项目介绍 BXG-1325 Ⅱ 型三坐标数控雕刻机电气部分的组装、运行测试与故障维修，包括变频器、开关电源、驱动器、控制卡、电磁式接近开关等电气元件的组装，电气控制线路的设计与连接，变频器的调试，雕刻机加工精度指标测试与调整，雕刻机的操作与加工，雕刻机整机的故障诊断与维修，为学员从事机电安装与维修工作打下良好的基础。

学习目标：

1. 掌握变频器、开关电源、驱动器、控制卡、限位开关等电气元件的安装方法。

2. 掌握电气控制线路的设计及连接方法。

3. 掌握变频器的调试方法。

4. 掌握雕刻机加工精度指标测试与调整方法。

5. 掌握雕刻机的操作与加工方法。

6. 掌握雕刻机的机械电气常见故障的诊断与维修方法。

任务 1　数控雕刻机电气控制系统的组装和测试

> **知识点：**
> - 变频器、开关电源、驱动器、控制卡、限位开关的安装。
> - 电气控制线路的设计及连接。
> - 变频器的调试。
>
> **能力目标：**
> - 掌握变频器、开关电源、步进驱动器、控制卡、限位开关的安装规范。
> - 掌握控制线路的设计连接规范。

一、任务引入

图 7-2-1 所示为 BXG-1325 II 型数控雕刻机的电气控制系统的元件布置图，控制电动机主轴的变频器一个，控制雕刻机 Y 轴的步进驱动器两个（一边一个），控制雕刻机 X 轴及 Z 轴的步进驱动器各一个，两个 70V 开关电源，给步进驱动器供电。24V 开关电源一个，给控制卡及限位开关供电，另外，还要用到按钮，如图 7-2-2 所示的断路器、继电器、接触器等，现介绍电气系统的组装与测试。

二、任务实施

（一）变频器、开关电源、步进驱动器、控制卡、限位开关的安装规范

1. 变频器的安装

雕刻机可选配各种型号的通用变频器，如图 7-2-2f 所示，为西门子 MM420 变频器。组装时，变频器和弱电部件（如控制卡、步进驱动器等）应分开安装；在安装位置上应保证大于 200mm 的间距。

图 7-2-1　雕刻机电气控制箱布局

2. 开关电源的组装

所用的开关电源有两种，分别为 DC70V 和 DC24V，图 7-2-2e 所示为 DC24V 开关电源。开关电源组装时可水平安装，也可垂直放置，组装时安装牢固即可。

3. 步进驱动器的组装

步进驱动器在安装位置上应保证大于 200mm 的间距，以利于散热。

4. 控制卡的组装

控制卡组装时应远离变频器及其他强电部件，以防止造成干扰。

5. 限位开关的组装

限位开关选用图 3-2-3 所示的 LJ18A3-8-Z/BY 型电磁式接近开关，组装位置如图7-1-31所示，装在 X 坐标方梁支架上居于齿条和滚动导轨之间，组装方法如图 3-2-6 所示，Y 坐标两端都用一个接近开关，其信号按图 3-2-8 所示原理读入计算机，组装时应采用屏蔽电缆，并使电缆的长度尽可能短，以防止其他强电部件的干扰。

（二）控制线路的设计连接

1. 控制线路的连接规范

安装时应保证每个连接点安装牢固，电气柜内的导线应尽量避免交叉，电源电缆（主

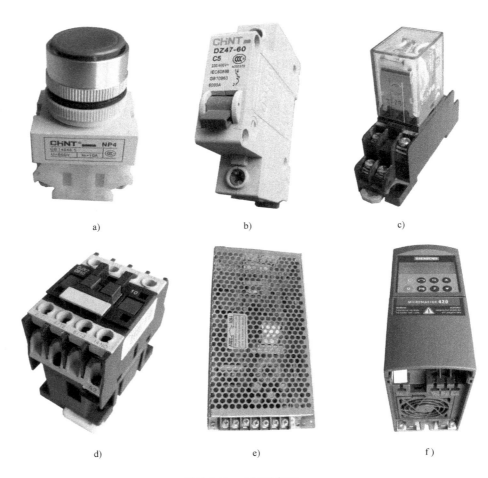

图 7-2-2　电气设备图

a）按钮　b）断路器　c）直流继电器　d）交流接触器　e）开关电源　f）西门子变频器

电源和主电源到开关电源或变频器的电缆）、电动机电缆，特别是变频器到主轴电动机的电缆应与信号电缆分开走线，且在电气柜中的长度尽可能短；变频器到主轴电动机的电缆最好采用屏蔽电缆，且需两端接地；所有的外部信号线、电源线安装到拖链中，如图 7-2-3 所示。

　　2. 控制线路的接地规范

　　良好的接地是设备可靠运行的保证，一般设备采用共地的接地方式，即所有部件的地线都连接在一起，然后共同接地。要求接地线的截面积要符合标准。

　　3. 控制卡接口的功能

　　控制卡是脱离计算独立控制数控机床工作的，

图 7-2-3　拖链

通过 USB 接口把要加工的文件传输给控制卡。控制卡的连接示意图如图 7-2-4 所示，以下是控制卡各接口的功能说明：

　　J_2 用于连接 X 轴步进驱动器，以控制 X 轴步进电动机。

J_3　用于连接 Y 轴步进驱动器，以控制 Y 轴步进电动机。Y 轴采用两个步进电动机同时驱动。

J_4　用于连接 Z 轴步进驱动器，以控制 Z 轴步进电动机。

J_7　用于连接主轴变频器，以驱动主轴电动机。

J_8　用于连接 X、Y、Z 轴的限位开关，以实现各轴限位。

J_9 和 J_{10}　用于连接 DC24V 开关电源，控制卡的供电。

4. 电缆线径的确定

（1）主电路线径的确定　主轴电动机的功率为 2.2kW，额定电流为 4.4A，步进电动机的转矩为 3.5N·m，相电流为 1.35A，步进电动机共四个，合计相电流为 5.4A，如果只考虑电动机的电流，总电流为 10A 左右，所以主电路可采用 1.5mm² 的导线，其最大承载电流为 $1.5 \times 9A = 13.5A$。

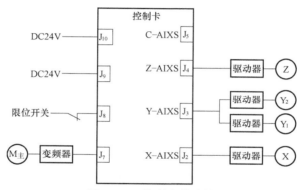

图 7-2-4　控制卡的连接

（2）控制电路电路线径的确定　控制电路主要是继电器、接触器的线圈消耗电流，其电流很小，采用 1mm² 的导线即可，其承载电流为 9A 左右。

（三）变频器的调试

下面以西门子 MM420 变频器为例，其调试的步骤为：

（1）BOP 基本操作面板上的按键功能

BOP 基本操作面板上的按键功能见表 7-2-1。

表 7-2-1　BOP 操作面板上的按键操作

显示板/按键	功能	功能的说明
r0000	状态显示	LED 显示变频器当前使用的设定值
(I)	启动变频器	按此键启动变频器；按照默认值运行时，此键是被封锁的。为了使此键的操作有效，应设定 P0700 = 1
(0)	停止变频器	OFF1：按此键，变频器将按照选定的斜坡下降速率减速停车。默认值运行时，此键是被封锁的；为了允许此键操作应设定 P0700 = 1 OFF2：按此键两次（或一次，但时间较长），电动机将在惯性作用下自由停车。
(逆时针箭头)	改变方向	按此键可改变电动机的旋转方向。反向用负号（−）表示，或用闪烁的小数点表示。默认值运行时，此键是被封锁的，为了使此键的操作有效，应设定 P0700 = 1
(jog)	电动机点动	变频器无输出的情况下按下此键，将使电动机起动，并按预先设定的点动频率运行。释放此键变频器停止。如果变频器/电动机正在运行，按此键将不起作用

（续）

显示板/按键	功能	功能的说明
Fn	功能	此键用于浏览辅助信息。按下此键并保持不动，将从运行时的任何一个参数开始显示以下数据： 1）直流回路电压（用 d 表示） 2）输出电流（A） 3）输出频率（Hz） 4）输出电压（O） 5）P0005 选定的数值
P	访问参数	按此键可以访问变频器参数
▲	增加数值	按此键即可增加面板上显示的数值。如果要用 BOP 修改频率设定值，请设定 P1000 = 1
▼	减少数值	按此键即可减少面板上显示的数值。如果要用 BOP 修改频率设定值，请设定 P1000 = 1。

（2）MM420 变频器参数介绍　变频器快速调试参数见表 7-2-2。为了进行快速调试（P0010 = 1），必须选择以下参数：

P0100：选择地区

0—欧洲地区，频率默认值 50Hz。

1—北美地区（hp），频率默认值 60Hz。

2—北美地区（kW），频率默认值 60Hz。

P0300：选择电动机的类型。

1—异步电动机。

2—同步电动机。

P0304、P0305、P0307、P0308、P0309、P0310、P0311 均根据电动机的铭牌进行设定，如图 7-2-5 所示。

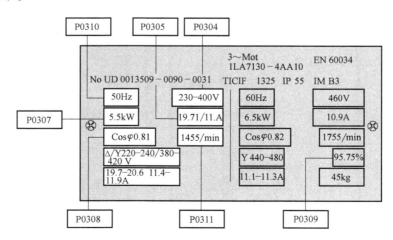

图 7-2-5　电动机的铭牌数据

P0335：电动机的冷却。

1—自冷，即采用安装在电动机轴上的风机进行冷却。

2—强制冷却，即采用单独供电的冷却风机进行冷却。

P0640：以电动机的额定电流（P0305）的［%］值表示的电动机过载电流限值。

P0700：选择命令源。其值为 0~6，其中：

1—由 BOP（键盘）输入。

2—由端子输入。

P1000：选择频率设定值的信号源。其值为 0~66，其中：

1—由 BOP（键盘）输入。

2—由端子输入。

P1080：最低频率。该频率对应电动机的最低转速，它既适用于顺时针旋转，又适用于逆时针旋转。

P1082：最高频率。该频率对应电动机的最高转速，它既适用于顺时针旋转，又适用于逆时针旋转。

P1120：电动机从最高频率减速到静止停车所用的时间。

P1121：电动机从静止状态加速到最高频率所用的时间。

P1300：变频器的控制方式。

0—线性特性的 V/F 控制。

1—带磁通电流控制（FCC）的 V/F 控制。

表 7-2-2 变频器快速调试参数

参数号	参数名称	单位	最小值	最大值	默认值	访问级
P0100	欧洲/北美地区	—	0	2	0	1
P0300	选择电动机的类型	—	1	2	1	2
P0304	电动机的额定电压	V	10	2000	380	1
P0305	电动机的额定电流	A	0.01	10000	3.25	1
P0307	电动机的额定功率	kW	0.01	2000	0.75	1
P0308	电动机的额定功率因数	—	00	1.000	0.000	2
P0309	电动机的额定效率	—	0.0	99.9	0.0	2
P0310	电动机的额定频率	Hz	12	650	50	1
P0311	电动机的额定速度	r/min	0	40000	0	1
P0320	电动机的磁化电流	A	—	—	—	3
P0335	电动机的冷却	—	0	1	0	2
P0640	电动机的过载倍数[%]	%	10.0	400.0	150.0	2
P0700	选择命令源	—	0	6	2	1
P1000	选择频率设定源	—	0	66	2	1
P1080	最低频率	Hz	0.00	650.00	0.00	1
P1082	最高频率	Hz	0.00	650.00	50.00	1
P1120	斜坡上升时间	s	0.00	650.00	10.00	1
P1121	斜坡下降时间	s	0.00	650.00	10.00	1

（续）

参数号	参数名称	单位	最小值	最大值	默认值	访问级
P1135	OFF3 停车时的斜坡下降时间	s	0.00	650.00	5.00	2
P1300	变频器的控制方式	—	0	3	0	2
P1910	选择电动机数据是否自动检测	—	0	2	0	2
P3900	快速调试结束	—	0	3	0	1

2—带抛物线特性（平方特性）的 V/F 控制。

3—特性曲线可编程的 V/F 控制。

P1910：选择电动机数据是否自动检测。

0—禁止自动检测功能。

1—自动检测 Rs（定子电阻），并改写参数值。

2—自动检测 Rs，但不改写参数值。

P3900：快速调试结束。

0—不用快速调试。

1—结束快速调试，并按工厂设置使参数复位。

2—结束快速调试。

3—结束快速调试，只进行电动机数据的计算。

在快速调试结束后，应设定 P3900 = 1，以便进行必要的电动机数据的计算，并将其他的参数（不包括 P0010 = 1）恢复到它们的默认设置值。

在快速调试结束后，电动机运行之前，还应恢复 P0010 = 0。但是，如果调试结束后选定 P3900 = 1，那么，P0010 的回 "0" 操作是自动进行的。

P701、P702：1—正转，2—反转。

（3）MM420 变频器复位为工厂的默认设置值　为了把所有的参数都复位为工厂的默认设置值，应设定 P0010 = 30，P0970 = 1。

说明：大约需要 10s 才能完成复位的全部过程，将变频器的参数复位为工厂的默认设置值。

（4）MM420 变频器参数快速调试　为了进行快速调试（P0010 = 1），应设定参数 P0003 = 3。

根据表 7-2-2 设定变频器相关参数。最后设定参数 P3900 = 1，变频器将执行必要的电动机计算，并使其他的参数（P0010 = 1 不包括在内）恢复为默认设置值。

三、任务要点总结

该任务主要完成变频器的安装、直流开关电源的安装、驱动器的安装、控制卡的安装、限位开关的安装和控制线路的连接。通过该任务，重点掌握变频器、直流开关电源、步进驱动器、控制卡、限位开关的安装规范及控制线路的设计连接规范。

四、思考与训练题

1. 叙述变频器、直流开关电源、驱动器、控制卡及限位开关的安装规范。

2. 叙述控制线路的连接规范。

3. 变频器调试需要调试哪些参数？并实训。

任务2　数控雕刻机加工精度指标测试与调整

知识点：
- 床身长度方向运行误差测试与调整。
- 床身宽度方向运行误差测试与调整。
- 加工圆，测量误差等。

能力目标：
- 掌握雕刻机加工精度指标测试的方法。
- 掌握雕刻机加工精度的调整方法。

一、任务引入

雕刻机组装结束后，应该进行严格的精度测试，以保证其加工的精度，为此数控雕刻机生产企业制定了企业标准，需要按照标准进行加工精度测试，达到标准即为合格，准予出厂，现介绍三坐标运行误差测试与调整。

二、任务实施

（一）雕刻机运行误差测试

1. X、Y、Z 三坐标运行误差测试

在工作台上安装一块厚度为 10mm 的钢板，并沿 X、Y 坐标方向各加工一个长度为 100mm 的槽，如图 7-2-6 所示，槽的深度为 3mm，然后用深度游标卡尺测量其实际深度与理论值 3mm 的误差不超过 ±0.04mm 即为合格，长度方向实际加工尺寸与理论要求尺寸 100mm 的误差为 ±0.05mm 即为合格。

2. 加工圆时的运行误差测试与调整

在工作台上安装一块厚度为 3mm 的钢板，切割直径为 100mm 的圆，如图 7-2-6 所示，直径实际值与理论值的误差不超过 ±0.05mm 即为合格。

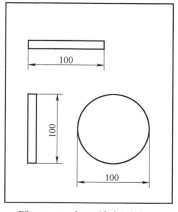

图 7-2-6　加工精度测试

（二）X、Y、Z 三坐标运行误差的原因分析及调整

造成三坐标方向运行误差的原因可能是齿轮齿条的啮合反向间隙过大，或者在运行过程中产生了丢步或超步造成的。如果是齿轮齿条的啮合间隙过大，按本模块项目一任务2所介绍的相关内容进行测试与调整，如果是丢步或超步，一般为过载造成，应注意调整切削三要素的参数，选择合适的刀具参数等。

三、任务要点总结

该任务主要完成床身长度方向运行误差测试与调整、床身宽度方向运行误差测试与调整、加工圆时的运行误差测试与调整。通过该任务，重点掌握机电设备组装完成后出厂前的精度测试与调整方法。

四、思考与训练题

1. 如何实现床身长度方向的运行误差测试与调整？

2. 如何实现床身宽度方向的运行误差测试与调整？

3. 如何实现加工圆时的运行误差测试与调整？

任务3　数控雕刻机的机电联合调试、操作加工、故障诊断与维修

> **知识点：**
> - 数控雕刻机手持控制器的使用。
> - 数控雕刻机文泰刻绘软件的使用。
> - 数控雕刻机加工实例。
> - 熟悉数控雕刻机的机械、电气控制故障诊断与维修方法。
>
> **能力目标：**
> - 掌握雕刻机手持控制器的操作使用方法。
> - 掌握文泰刻绘软件的使用方法。
> - 掌握雕刻机的操作方法。
> - 掌握雕刻机常见的机械、电气故障的诊断与维修技能。

一、任务引入

在数控雕刻机上进行雕刻或切割，需要在计算机上用专用刻绘软件进行编程，把加工程序存入U盘，再把U盘插入手持控制器运行操作，熟练使用刻绘软件和操作雕刻机，并能进行故障测试、诊断与维修。

二、任务实施

（一）手持控制器的使用

1. 按键的功能

雕刻机采用手持控制进行器操作，如图7-2-7所示，其面膜按键如图7-2-8所示。

图7-2-7　手持控制器

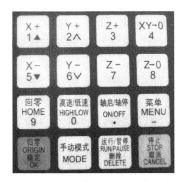

图7-2-8　手持控制器面膜按键

（1）手持控制器面膜上各按键的功能描述见表7-2-3。

（2）组合键的功能

1）"菜单 MENU" ＋ "数字（0—9）"键，切换工作坐标系。

2）"菜单 MENU" ＋ "轴启/轴停 ON/OFF"键，对刀。

表 7-2-3 手持控制器面膜上各按键的功能描述

键 名	功 能
X+ 1 ▲	X轴的正向移动、菜单的上移选择、数字1的输入
Y+ 2 ∧	Y轴的正向移动、加工倍率的调整、数字2的输入,菜单中不同选项属性的选择
Z+ 3	Z轴的正向移动、数字3的输入、加工过程中增加主轴转速
XY- 0 4	设定X轴和Y轴的工作零点、数字4的输入
X- 5 ▼	X轴的负向移动、菜单的下移选择、数字5的输入
Y- 6 ∨	Y轴的负向移动、雕刻速度减速调节、数字6的输入,菜单中不同选项属性的选择
Z- 7	Z轴的负向移动、数字7的输入,加工过程中降低主轴转速
Z- 0 8	设定Z轴的工作零点、数字8的输入
回零 HOME 9	手动状态时各轴机床回零、数字9的输入
高速/低速 HIGH/LOW 0	手动状态高速/低速移动的选择、数字0的输入
轴启/轴停 ON/OFF	手动状态时主轴的起动或停止、小数点的输入
菜单 MENU −	进入菜单设置、负号的输入、加工文件的分页选择、选择上位机控制和调用二次程序的调用
归零 ORIGIN 确定 OK	各轴回工作零点位置和各种选择、输入、操作的确定
手动模式 MODE	手动移动,连续、步进、距离三种方式选择
运行/暂停 RUN/PAUSE 删除 DELETE	运行雕刻加工和暂停加工,对输入的数字进行删除
停止 STOP 取消 CANCEL	进入手动高低速度的调整,加工过程中终止加工和各种选择、输入、操作的取消

3)" RUN/PAUSE DELETE "+"数字(1—6)"键,断点加工。

4)" RUN/PAUSE DELETE "+" HIGH/LOW 0 "键,高级加工。

5)" ORIGIN OK "+" STOP CANCEL "键,帮助信息。

6）"^{主轴/挡位}ON·OFF" + "Z+/7" 或 "Z-/7" 键，切换主轴挡位

2. 手持控制器的操作方法

（1）回原点（回零）的设置 原点是指机床的机械零点，所以回原点也称为回零操作。原点位置主要由各种回零检测开关的装载位置确定。回原点的意义在于确定工作坐标系同机械坐标系的对应关系。控制系统很多功能的实现依赖于回原点的操作，如断点加工、掉电恢复等功能。如果没有回原点操作，上述功能均不能工作。

回原点参数包括回零运动速度和回零运动方向，修改参数须在菜单中进行。

回零运动速度的修改必须依据机床的整体结构而进行。速度如果过高就有可能导致丢步、撞轴从而使机床或原点检测开关损坏。

回零运动方向由电动机方向和回零开关安装位置确定，同时它还与输入电平定义属性和回零检测开关属性相关联。

进入菜单中，光标自动处于"机床参数配置"项，按 键进入设置项，按 键向下移动光标至"回零设置"，再按 键进入，光标处于"回零运动速度"项，按 键进入速度设置界面，如图7-2-9所示。

在光标处直接输入数值。如果输入有误，按 键删除前一字符，输入完毕后，按 键确认新的数值光标自动移到Y轴数值设置项。如果此参数不需要更改，按 键光标自动下移一行。当设置完Z轴参数后，系统自动返回上一级菜单。

按光标向下移动键 键移动光标至"回零运动方向"项，按归零/确认键 键进入设置，如图7-2-10所示。

回零速度毫米/分	
X轴:	**3000.00**
Y轴:	3000.00
Z轴:	3000.00

图7-2-9 回零速度设置画面

设置回零方向	
X轴:	**负方向**
Y轴:	负方向
Z轴:	正方向

图7-2-10 回零方向设置画

光标自动处于X轴的方向设置项，按 键和 键更改当前属性，按 键移动光标至下一行。按 键确认更改并退回上级菜单，按 键放弃更改并退回上级菜单。

（2）回原点（回零）的操作 回零操作有下列几种方式：

1）开机上电时，屏幕提示"是否回原点?"，按 键，Z轴回零，当Z轴回到原点后，X、Y轴开始回原点。按 键，三轴都不回零，按其他任意键，只有Z轴执行回零操作。

2）在手动状态时，按 键，执行三轴回零操作。

3）可在菜单中，移动光标到"系统参数配置"—"设置功能配置"中设定开机回零的类别：开机提示回零、开机自动回零、开机不回零。一旦设置被确定后，回零的操作就会依据设置执行。

（二）刻绘软件的使用

1. 刻绘软件的安装环境

下面以文泰刻绘 2002 为例，说明该软件的安装要求：

CPU：PIV2.0 以上；内存：512M 以上；硬盘：40G；操作系统：Windows XP。

2. 刻绘软件的使用

1）双击图标打开软件，其操作界面如图 7-2-11 所示。

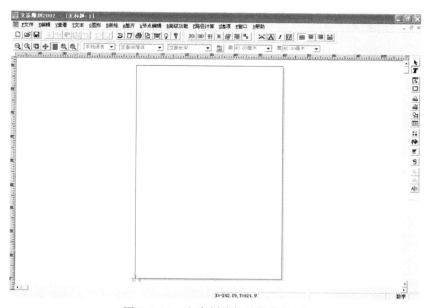

图 7-2-11　文泰刻绘软件操作界面

2）在工作区域内绘制图 7-2-12 所示的图形。

3）单击菜单中的割字 割 按钮，出现图 7-2-13 所示的画面。

图 7-2-12　绘制图形

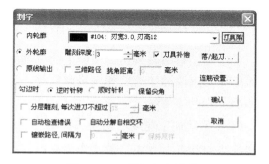

图 7-2-13　设置切割参数

4）单击刀具库按钮，出现图 7-2-14 所示的画面。选择加工刀具后，单击"确认"。

5）单击"选择保存路径"按钮，出现图 7-2-15 所示的画面。单击"查找"，出现图 7-2-16所示的画面。选择好保存路径，给文件起名，后缀必须是 .nc。选择保存类型为 G-Code Files（∗.nc）。

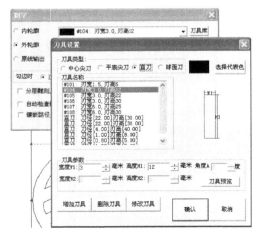

图 7-2-14　选择切割刀具

图 7-2-15　文件保存界面

6）找到所需要的文件，右键单击，选择发送到 U 盘，如图 7-2-17 所示。

图 7-2-16　选择保存路径、确定文件名

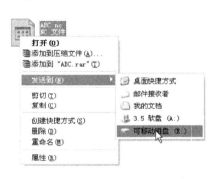

图 7-2-17　发送到 U 盘的界面

（三）加工操作

加工操作包括手动加工、自动加工和高级加工三类。此三类加工方式都可以方便地调整加工参数和加工过程。下面介绍手动加工和自动加工两种方式的操作方法。

1. 手动加工

手动加工是指直接通过面膜上的三轴方向按键实现对机床的控制。同时在操作时可以依据操作需要更改操作速度和网格设置等。在回原点操作完成后，系统进入手动状态，屏幕显示如图 7-2-18 所示。

（1）手动加工速度的切换和调整　手动加工可以在高速加工和低速加工中切换，按键转换当前状态。如果当前状态为高速，按 键，屏幕上高速转换为低速。如果当前状态为低速，按 键，屏幕上低速转换为高速。屏幕上的速度状态决定加工的速度。

在手动状态下，按 键进入当前速度模式下的设置，对速度进行调整。如当前手动加工状态为低速，屏幕显示如图 7-2-19 所示。

光标处于 X 轴的低速运动设置上，按 键和 键移动光标选择需要修改的项，再按 键进入数值设置状态，数值输入完毕后，按 键确认更改，按 键退出更改，如果输

```
1X  100.00    手动
1Y  100.00    轴停
1Z  100.00    高速
连续
```

图 7-2-18　回原点操作界面

```
低速，毫米/分
X轴：    1200.00
Y轴：    1200.00
Z轴：    600.00
低速网格   0.100
```

图 7-2-19　手动速度调整界面

入数值有错误，按 [运行/暂停 RUN/PAUSE 删除 DELETE] 键删除。

为确保加工和调试的精度，系统引入了网格的概念。有些系统也称为最小进给量，它的范围为：0.05～1.0mm。当用户将手动运动模式切换到步进时，按三轴的方向键，机床将以设定的网格距离运动。

对于手动加工状态为高速的设置方法同低速完全一致。

（2）手动加工模式　为了满足在不同情况下手动运动的要求，本系统提供了三种手动运动模式：连续运动模式、步进运动模式和距离运动模式。用户在手动状态下可以通过按下 [手动模式 MODE] 键随时切换运动模式。用户可以通过屏幕最底部的显示查看当前所处的运动模式。

1）连续运动模式。此种模式没有具体数据控制，在这种运动模式下，用户按运动方向键（[X+ 1▲]、[Y+ 2∧]、[Z+ 3]、[X- 5▼]、[Y- 6∨]、[Z- 7]）后机床将随之运动，直到按键终止，运动速度的快慢是由当前速度模式决定的。注意：如果用户的按键时间很短（小于 0.5s），立刻将按键抬起，那么机床将自动移动到最近的网格点，而且该运动模式结束的时候总是停在网格点上。这种运动模式适合用于粗调机械坐标的位置。

2）步进运动模式。这种模式总是以一种很低的速度运行，按照 0.5s 一个网格间距的方式步进运动，它的网格间距是由当前速度模式决定的。这种运动模式适合用于调刀或者精确调整机械坐标的位置。

3）距离运动模式。这种模式是根据所设置的距离而运行的。当用户按下运动方向键（[X+ 1▲]、[Y+ 2∧]、[Z+ 3]、[X- 5▼]、[Y- 6∨]、[Z- 7]）后，机床将按照所设定的距离进行运动。注意：在运动的时候将根据当前速度模式和设定的距离进行运动。这种运动不受网格的影响，将精确地运动设定的距离，不会自动运动到网格点。

如果想更改运动距离，连续按三下 [手动模式 MODE] 键，重新进入距离运动模式，重新输入运动距离就可以了。

2. 自动加工

自动加工是指系统按指令对 U 盘文件和内部文件进行处理，亦称文件加工。在进行自动加工之前，必须正确设置机床和系统的所有参数。

自动加工的操作步骤如下：

（1）确定工作原点　当系统处于手动运动状态时，移动三轴到要开始加工的位置。按 [XY- 0 4] 键清零，确定 X、Y 轴的工作零点。按 [Z- 0 8] 键清零，确定 Z 轴的工作零点。如果用户采用了对刀功能，则不需要按 [Z- 0 8] 键清零。

（2）选择文件　确定了工作零点后，按 [运行/暂停 RUN/PAUSE DELETE] 键，出现图 7-2-20 所示对话框。按 [X+ 1▲] 键和键移动光标选择文件列表，按 键进入所选列表类型，屏幕上列出最前面的三个文件名，按 键和 键逐个移动光标，按 键和 键跳两行移动光标，按 键退出。

（3）文件加工参数设置　找到目标文件后按 键，用户需要输入文件加工参数，包括加工速度、空运行速度、落刀倍率、速度倍率、主轴挡位、脉冲当量的显示、抬刀距离以及坐标缩放倍率，如图 7-2-21 所示。

请选择文件

U盘文件列表

内部文件列表

图 7-2-20　速度调整界面

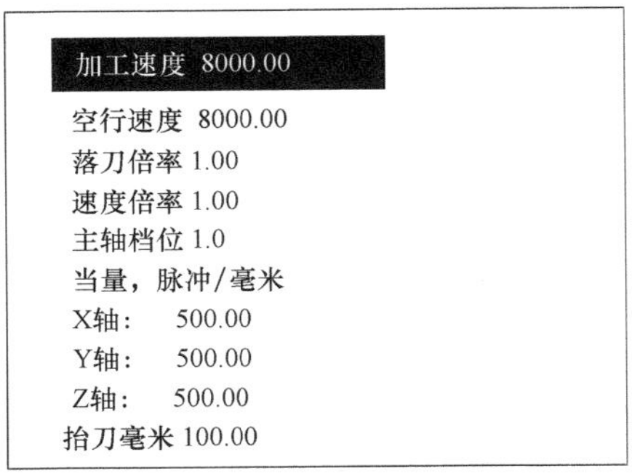

```
加工速度 8000.00

空行速度 8000.00
落刀倍率 1.00
速度倍率 1.00
主轴档位 1.0
当量，脉冲/毫米
X轴：    500.00
Y轴：    500.00
Z轴：    500.00
抬刀毫米 100.00
```

图 7-2-21　速度调整界面

按 键和 键移动光标选择不同设置项，按 键进入数值设置，数值输入完毕后，按 键确认更改，再按 键和 键移动光标选择下一项。修改完毕后，按 键确认，系统开始检查 G 代码，检查完毕后开始加工。脉冲当量在此只是显示而不能更改，如果需要更改，应退回到菜单中修改。

选择内部文件的操作步骤同上。

文件加工过程中，在屏幕上会滚动显示当前文件行号、加工实时速度、速度倍率等内容。如果想只显示其中一项，按 键，显示停留在当前内容上，按一次 键切换一下显示内容。

（4）加工过程调整　在文件加工过程中，按 键和 键调整加工的倍率。当前加工速度＝加工速度×加工倍率，每按一下 键，倍率下降 0.1。加工倍率最大为 1.0，最小为 0.1，速度数值显示也相应改变，但时间数值无法改变。按 键和 键调整主轴转速，每按一下 键，向上调高一挡，直到最高挡；每按一下 键，向下调低一挡，直到 S1。

暂停加工和位置调整时按 键即可，屏幕右上角的运行转变为暂停，机器停止运行，但主轴还在工作。此时可以调整三轴的位置，系统默认的运动模式为步进，运动速度为低速，用户可以微调三轴距离，即每按一下，移动一个低速网格的距离。如果需要快速的大范围调整，可按 键，模式由步近变为高速，运动将以连续模式进行。调整完毕后，再按键，屏幕提示："原始位置？"，系统要求操作者确认是否要保留刚才对三轴位置的改变。按键，系统将回到修改前的原始位置开始加工；按 键，系统将在新的位置开始加工。如果修改了 Z 轴的雕刻深度并且在功能配置中选择了保留 Z 轴修改的数值，系统下次加工此文件时将以最近更改的 Z 轴位置为加工位置。

（5）加工退出和断点保存及加工　如果用户要中途停止加工，按 键，屏幕显示如图

7-2-22a 所示。停止以后系统提示是否保存断点，如果想将当前加工位置保存，就按 $\boxed{\substack{X+\\1\blacktriangle}}$ 键，表示当前位置保留为 1 号断点（本控制系统可保存断点个数为 1、2、3、4、5、6 共六个），当输入 1 后，LCD 屏显示如图 7-2-22b 所示。

断点 1 输入以后按 $\boxed{\text{归零}}$ 键确定，在屏幕左下角显示"是否归零?"，LCD 屏显示如图 7-2-22c 所示。

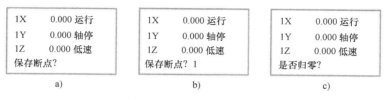

图 7-2-22　速度调整界面

如要从断点处继续加工，可按 $\boxed{\text{RUN/PAUSE}}$ + $\boxed{\substack{X+\\1\blacktriangle}}$ 键，按时要先按住 $\boxed{\text{RUN/PAUSE}}$ 键不放同时按 $\boxed{\substack{X+\\1\blacktriangle}}$ 键，再一起放开，系统就会从断点 1 处恢复加工，同样，若是断点 2，则按 $\boxed{\text{RUN/PAUSE}}$ + $\boxed{\substack{Y+\\2\wedge}}$ 键。断点保存和加工前必须有一次回原点动作。

（6）掉电保护　当加工过程中突然停电，系统将保存当前加工参数并在下次来电时继续加工。系统重新上电后，先执行回零操作，屏幕提示：是否恢复掉电保护？按 $\boxed{\text{确定}}$ 键确定继续未完成的加工，按 $\boxed{\text{STOP}}$ 键取消掉电保护不进行加工。

三、数控雕刻机故障诊断与维修

（一）数控雕刻机的机械故障诊断与维修

1. 加工尺寸误差的故障诊断与维修

故障诊断：一般是由于机械传动间隙太大或步进电动机丢步造成的。

维修方法：如果是机械传动间隙太大造成的，则可重新调整机械传动的间隙，如传动带的松紧度、齿轮齿条的啮合间隙等，将其调整到最佳状态，就可减小误差；如果是步进电机丢步所造成，应重新选择切削速度、背吃刀量等切削要素。

2. 床身长度方向运行误差的原因分析及调整

造成长度方向运行误差的原因可能是齿轮齿条的啮合间隙过大，或者在运行过程中产生了丢步。如果是齿轮齿条的啮合间隙过大，可进一步调整其间隙；如果是丢步，一般为过载造成，应注意调整切削三要素。

（二）数控雕刻机电气故障诊断与维修

1. 步进电动机丢步的故障诊断与维修

故障诊断：一般是由于切削要素选择不当或机械故障所造成。

维修方法：首先检查机械传动部件，看有无损坏或卡死，如果有，则为机械故障；如果没有，则判断是步进电动机丢步所造成，应重新选择切削速度、背吃刀量等切削要素。

2. DC70V 电源烧毁的故障诊断与维修

故障诊断：电气线路短路或电动机过载。

维修方法：首先检查电气控制线路有无短路，如果有短路，进行排除；如果没有短路，则可考虑是否是步进电动机过载造成的。

3. 电主轴运转异常的故障诊断与维修

故障诊断：供电电源故障或主轴电动机内部故障。

维修方法：首先检查供电电源有无异常，如果没有，则可能是主轴电动机内部损坏，可联系生产厂家维修。

四、任务要点总结

该任务主要完成数控雕刻机机械故障及电气故障的诊断与维修。通过该任务，重点掌握机电设备机械及电气故障诊断及维修的方法。

五、思考与训练题

1. 用手持控制器控制雕刻机，进行雕刻机的手动运行练习。

2. 在刻绘软件上绘制图 7-2-23 所示的三个图形，保存至 U 盘，然后上雕刻机进行加工练习。加工结束后，测量加工误差并分析原因。

 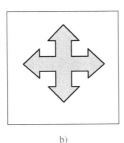 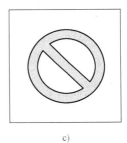

a)   b)   c)

图 7-2-23　雕刻图形

3. 数控雕刻机常见的机械故障有哪些？如何维修？

4. 数控雕刻机常见的电气故障有哪些？如何维修？

任务 4　教学型透明数控雕刻机及其结构简介

知识点：
- 教学型透明数控雕刻机的机械、电气及数控技术的组成。
- 教学型透明数控雕刻机的结构组成、特点，对教学的促进作用。
- 教学仪器有关标准。

能力目标：
- 熟悉与教学仪器相关的国家标准。
- 掌握教学型透明数控雕刻机的结构，包括机械、电气和数控系统组成。
- 通过操作、运行教学型数控雕刻机，学习掌握机械、电气、数控知识点，培养学员综合性学习机电一体化知识、操作维修的能力。

一、任务引入

职业教育是以职业岗位体系为核心采用"教、学、做"三合一教学模式的教育，不管是德国的"双元制"教学模式，还是中国的"校企合作、工学结合"教学模式都体现了以职业岗位体系为核心，把"教、学、做"贯穿于教学过程中。高职院校和中等职业学校加工制造类专业强调把机电设备的机械零件组成、机械装配结构、机械传动原理、电气元器件组成、电气控制及其动作、伺服系统控制和加工过程等全部展现给学生，这样才有利于培养学生的综合职业能力。图 7-2-24 所示的透明数控雕刻机就是基于这一原理研制的透明教学设备，其外壳是用透明玻璃制成，将设备内部结构元件清晰地展现给学生；同时，雕刻机的运行过程以及每个动作都十分清晰，且可以反复实际动手操作，使学生能够直观、透彻地了解和掌握数控雕刻机的结构及其动作原理，达到事半功倍的学习效果。

二、任务实施

（一）教学型透明数控雕刻机设计总体要求

1. 教学型透明数控雕刻机要符合教学仪器设备的 4 个国家标准

1）符合国家标准 GB 21746—2008《教学仪器设备安全要求总则》。

2）符合国家标准 GB 21749—2008《教学仪器设备安全要求玻璃仪器及连接部件》。

3）符合国家标准 GB 21748—2008《教学仪器设备安全要求 仪器和零部件的基本要求》。

4）符合国家标准 GB/T 21747—2008《教学实验室设备实验台（桌）的安全要求及试验方法》。

2. 具有贯彻行为导向教学理念的助学要求

1）充分考虑方便教学、便于观察结构组成、便于观看雕刻机组成元器件的工作原理，采用透明有机玻璃为雕刻机主体结构。

2）为了便于学习、操作，将有关按钮、操作按键等置于雕刻机外表。

3）机械部分组成充分考虑扩大学生的知识面，采用直线圆柱轴承导轨、滚珠丝杠、挠性联轴器、轴承、手动集中润滑设备、各种类型的雕刻刀具等，学习者通过透明有机玻璃能够清晰、直观地观察内部运行情况、润滑原理等。

4）电器部分组成充分考虑了学习者掌握机械电气化设备和集"技术"和"产品"融为一体的机电一体化设备的要求，采用潜水电泵、冷却电风扇、电主轴、混合式步进电动机及其驱动器、变频器、开关电源等，学生通过透明有机玻璃能清晰、直观地看到加工过程，具有明显的认知教学效果。

（二）总体机械框架

1. 总体机械框架的结构特点

如图 7-2-24a 所示，教学型透明数控雕刻机主体机械结构由底座 2、龙门式框架 6 和电主轴滑板 4 组成，龙门式框架 6 固定在底座 2 上，电主轴滑板 4 沿 X 坐标在龙门式框架 6 的横梁上运动，电主轴滑板 4 带动电主轴沿 Z 坐标在圆柱导轨上运动，移动工作台 3 沿 Y 坐标在底座上底面固定式直线轴承圆柱导轨上运动，即形成 X、Y、Z 三维

图 7-2-24　教学型透明三维数控雕刻机主机组成

a）教学型透明三维数控雕刻机及其雕刻的三维红木家具用品　b）电气控制柜后面照片　c）电气控制柜侧面照片

1—透明电气柜　2—底座　3—移动工作台　4—电主轴滑板　5—电主轴　6—龙门式框架　7—红木家具用品

8—三坐标步进电动机驱动器　9—直流电源　10—单相变频器　11—数控系统并行输入输出卡接线插头

12—步进电动机、电主轴、外接电源等插头　13—冷却风扇　14—手动控制按钮板　15—变频器操作设置面板

数控雕刻机。

比较图 7-2-24a 所示的教学型透明数控雕刻机和图 7-1-1 所示的加工生产型数控雕刻机，前者移动工作台 3 比龙门框架重量轻得多，而后者龙门方梁支架 8 比工作台 4 重量轻，所以前者把移动工作台 3 做成是由 Y 坐标步进电动机驱动的，而后者是把龙门方梁支架 8 做成是由工作台驱动的移动坐标；前者为满足教学实训用，要做得体积小些，而后者是为了满足生产加工，要满足大尺寸零件，要做得大些。

2. 移动工作台的驱动特点

如图 7-2-24a 所示，因工作台 3 在 X 坐标方向比较窄，工件切削力靠近中间部位；而图 7-1-1 所示的工作台 4 在 X 坐标方向比较宽，工件切削力离中间部位往往较远。所以图 7-2-24 中的工作台 3 由单一步进电动机驱动，而图 7-1-1 生产加工型雕刻机上的龙门方梁框架 3 两边用步进电动机通过齿轮齿条机构驱动。

3. 电气控制柜与雕刻机主体的关系特点

图 7-1-1 所示的生产加工型数控雕刻机用金属做成，结构强度高，电气控制柜 2 和雕刻机主体做成一体的，使整体结构紧凑；而图 7-2-24a 所示的教学型透明数控雕刻机因用有机玻璃做成，其强度要远低于前者的强度，所以电气控制柜 1 与主机分离，这样透明电气控制柜 1 的内部组成更容易展现给学生。

（三）机械零部件的特点

1. X 坐标两端采用径向安装光杆固定座的直线导轨支承主轴箱

图 7-2-24a 所示的教学型透明数控雕刻机 X 坐标采用两条图 7-2-25 所示的两端固定式直线圆柱导轨作为主轴滑板的支承结构，两头采用轴向安装光杆固定座。这种直线圆柱导轨摩擦因数很低，传动灵敏，精度高，无爬行，发热少，便于安装维护。

图 7-2-24a 所示的教学型透明数控雕刻机沿 Y 坐标运动的工作台面积较大时，则用的图 7-2-25 所示的两端固定式直线圆柱导轨，有两个直线轴承安装支座 2；当工作台面积较小时，用图 7-2-26 所示的只有一个直线轴承安装支座的双头固定式直线圆柱导轨。

2. Y 坐标采用底面固定式直线导轨支承工作台

图 7-2-24a 所示的教学型透明数控雕刻机沿 Y 坐标方向运动的移动工作台 3 要承受垂直向下的切削力，工作台也比较大，所以选择图 7-2-27 所示的有两个直线轴承座的底面固定式圆柱直线导轨。这种导轨全长上有支承，能承受比较大的垂直向下的力。

3. Z 坐标两端采用轴向安装光杆固定座的直线导轨支承电主轴托板

图 7-2-24a 所示教学型透明数控雕刻机 Z 坐标采用两条图 7-2-25 所示两端有轴向安装光杆固定座 4 的直线圆柱导轨支承电主轴托板，结构紧凑，运行平稳可靠。

4. 三坐标驱动用滚珠丝杠

图 7-2-24a 所示的教学型透明数控雕刻机 X、Y、Z 三坐标均采用了图 1-2-24a 所示内循环双丝母滚珠丝杠，螺距均为 5mm，具有非常优越的机械传动性能，能够调整消除反向间隙，提高加工精度。

图 7-2-25　双头固定式圆柱直线导轨及其组件
1—双头固定式圆柱直线导轨　2—直线轴承安装在支座内　3—光杆
4—轴向安装光杆固定座　5—直线轴承　6—径向安装光杆固定座

图 7-2-26　只有一个直线轴承安装支座的双头固定式圆柱直线导轨

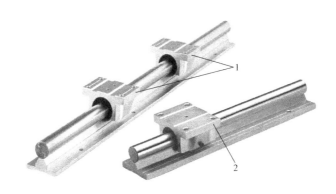

图 7-2-27　有两个直线轴承座的底面固定式圆柱直线导轨

1—双轴承座　2—单轴承座

5. 三坐标步进电动机轴与滚珠丝杠用联轴器

由于教学型透明数控雕刻机切削力往往小于加工生产型数控雕刻机，三坐标均用图 1-2-43b 所示铝制的夹壳联轴器，其特点在相关任务中已经介绍，满足教学型透明数控雕刻机的需要。

（四）采用电气元件及其特点

1. 三个混合式步进电动机

X、Y、Z 三个坐标轴均采用 KJ450A-14G 型混合式步进电动机及其配套驱动器，图 7-2-24c 所示的驱动器 8，通过设置驱动器上的拨码开关，与螺距为 5mm 的滚珠丝杠使工作台获得 0.01mm 的直线脉冲当量。

2. 电主轴及其冷却潜水电泵

采用形状类似于图 7-1-46 所示的 GWDZ95 型电主轴、图 7-2-28 所示的 HQB-2000 型潜水电泵，通电即抽水，贯穿于电主轴循环冷却。

3. 变频器

图 7-2-24 所示的透明教学型三维数控雕刻机采用图 7-2-29 所示的 FM600-2S0015 型单相变频器，输入 220V 交流电，如图 7-2-24a 所示，将操作面板 15 置于控制箱表面，这样可以用手转动变频器的模拟量调频率旋钮控制电主轴的转速，也可以用变频器与数控系统的通信控制功能，使学员充分学习变频器的功能及其控制。

图 7-2-28 HQB-2000 型潜水电泵
1—单相电源插头 2—出水管接口
3—出水管接头紧固螺母帽

模拟量调频率旋钮

图 7-2-29 FM600-2S0015 型
单相变频器

4. 电气控制操作面板

图 7-2-24a 所示的控制面板 14 为透明数控雕刻机电气控制按钮，操作者按相应按钮就能观察控制箱内的电气动作，便于学习。

5. 数控系统

透明教学型数控雕刻机的数控系统可以采用图 7-1-1b 所示的控制操作方式，也可以将插在控制计算机主板上的控制卡接线接在图 7-2-24b 所示的数控系统并行输入输出卡接线插头 11 上，其他接线端子如图 7-2-24 所示，在此不再详细论述。

三、任务要点总结

图 7-2-24 所示的教学型透明数控雕刻机配备了高可靠性的数控系统，具有图 7-1-1 所示的生产加工型数控雕刻机的功能，特别适合于高等院校、中等专业学校及各级职业技术学校教学，可用于机电一体化技术、精密机械零部件及其传动技术、数控编程加工技术，机械 CAD/CAM 技术、电气控制技术等加工制造类专业课程的实训与培训。扩展学习了图 7-2-25 所示的精密机械结构，与前述模块的精密机械传动零部件融合在一起，扩大了学员的知识面。

我国高校数控技术教学普遍存在的问题是：教学设备造价高、使用维护成本高且不适合教学；教学内容陈旧、理论与实践脱节。由此造成了教学设备不足、学生动手实践机会少、教学效率低、教学质量差，存在三大难题，即"课堂教学难、实验教学难、实训教学难"。山东理工大学在深入研究教学规律的基础上，提出并实施了"数控技术课堂教学、实验教学和实训教学并行进行"的教学模式；自主研制了图 7-2-30 和图 7-2-31 所示的能够搬上讲台和课桌使用的低成本开放式网络化数控系统和微型数控机床，形成了比较完善的微型数控机床 CAD/CAM 一体化实训设备。

图 7-2-32 所示的在计算机屏幕上编程加工轨迹模拟实训设备，经济性好，但实训不太直观，图 7-2-30 和图 7-2-31 所示的设备包含了图 7-2-32 所示设备的模拟显示功能，模拟结果理想后再进行实际加工，实训效果较好。

图 7-2-30　集课堂教学、实验教学、实训教学于一体的微型
数控机床及其 CAD/CAM 网络化多媒体综合实验室

图 7-2-31　职业学校学生在进行微型数控铣床及其 CAD/CAM 一体化实训

图 7-2-32　职业学校学生在计算机屏幕上编程加工轨迹现实模拟实训

四、思考与训练题

1. 为什么透明数控雕刻机有利于加工制造类专业教学？

2. 图 7-1-1 所示生产加工型数控雕刻机电气控制柜中的变频器只采用了与数控系统通信控制功能，而图 7-2-24 所示透明教学型数控雕刻机把变频器操作面板置于控制柜面板上，增加了手动模拟量控制功能，操作说明这两种功能的意义。

3. 为什么透明数控雕刻机要符合国家教学仪器设备有关的 4 个标准？

4. 现有哪几类实训教学设备？各有何特点？

项 目 小 结

项目二介绍了数控雕刻机软件和电气部分的组装、机械加工精度的测试方法、文泰刻绘软件的功能，对二维、三维零件图案进行自动编程，存到 U 盘再插到手持控制器上控制雕刻机进行二维切割和三维雕刻加工。熟悉二维和三维自动编程的概念、自动编程的操作方法，雕刻机运行模式、雕刻加工运行操作等技能。该项目还介绍了透明教学型数控雕刻机的结构特点、精密机械零部件及其传动技术、数控编程加工技术、机械 CAD/CAM 技术、电气控制技术等加工操作，将加工制造类专业多门学科、多项技术和多种技能有机地融合在一起。

模块归纳总结

模块七理实一体化地论述了数控雕刻机机械传动结构的设计要点、高精度机械传动副的特点、数控雕刻机的结构组成、组装技能、电气控制组成、数控编程、精度测试、调试调整和维修方法、加工运行调试等方法和技能。采用专业化厂家生产的变频器控制高速电主轴、精密滚珠丝杠、滚动导轨、直线圆柱轴承导轨、精密电主轴、精密混合式步进电动机、高性能控制卡、变频器、电器控制、液压冷却系统等新技术，进行机电联合调试。本雕刻机采用手持控制器操作，操作方便，加工性能优良，加工精度高，为通晓相关机电一体化零部件的组装、测试和故障维修打下基础。现总结知识点和能力目标如下：

1. 数控雕刻机机械支承部件的设计上要有零部件定位台阶，以保证组装精度；在组装多段齿条相接时，采用另一齿条跨接在两端齿条连接处加以定位的组装方法。

2. 熟悉文泰刻绘软件，对二维、三维零件图案进行自动编程，存到 U 盘再插到手持控制控器上控制数控雕刻机进行二维切割和三维雕刻加工，掌握二维和三维自动编程的概念、自动编程操作方法，雕刻机运行模式、机电联合调试、加工运行操作等技能。

3. 通晓精密机械传动部件滚珠丝杠、滚动导轨及同步带传动系统的组装方法、精度测试项目及其调整。

4. 通晓机电一体化综合电气设备，如高速电主轴的变频控制、变频器设置、手持控制器、电磁式接近开关、混合式步进电动机及其驱动电源等的工作原理、组装接线、性能设置、运行调试方法。

5. 熟悉数控雕刻机的精度项目、精度测试方法、故障测试与维修方法。

6. 图 7-1-1 所示的生产加工型数控雕刻机和图 7-2-24 所示的透明教学型数控雕刻机知

识点互相弥补。图 7-1-4a 所示的滚动导轨主要用于生产加工设备上受力比较大的场合，图 7-2-25 和图 7-2-26 所示的直线轴承导轨主要用于非生产加工设备受力比较小的场合，而图 7-2-27 所示的底面固定式直线轴承圆柱导轨可用于非生产加工设备受力比较大的场合，有的生产加工设备某些坐标受力比较小，也可以用图 7-2-26 和图 7-2-27 所示的直线轴承圆柱导轨。

参 考 文 献

[1] 张忠旭. 机械设备安装工艺 [M]. 北京：机械工业出版社，2007.

[2] 张梦欣. 机械零件与传动 [M]. 北京：中国劳动社会保障出版社，2007.

[3] 李世维. 机械基础 [M]. 北京：高等教育出版社，2001.

[4] 胡家富. 维修钳工操作技术 [M]. 上海：上海科学技术出版社，2009.

[5] 黄志远，黄勇，杨存吉. 检修钳工 [M]. 2版. 北京：化学工业出版社，2008.

[6] 张安全. 机电设备安装修理与实训 [M]. 北京：中国轻工业出版社，2009.

[7] 黄锡铠. 机械原理 [M]. 北京：高等教育出版社，1997.

[8] 徐灏. 机械设计手册 第4卷 [M]. 北京：机械工业出版社，1991.

[9] 成大先. 机械设计手册润滑与密封分册 [M]. 5版. 北京：化学工业出版社，2010.

[10] 沈利亚. 集中自动润滑系统介绍 [J]. 地质装备，2006 (2)：19-22.

[11] 姜秀华. 机械设备修理工艺 [M]. 北京：机械工业出版社，2009.

[12] 张文梁. 维修钳工 [M]. 北京：中国劳动社会保障出版社，1990：69-76.

[13] 严盈富. 西门子S7-200 PLC入门 [M]. 北京：人民邮电出版社，2007.

[14] 陈彩蓉，胡飞，东蔚. PLC在车床数控化改造中的应用 [J]. 微计算机信息，2005 (5)：48.

[15] 陆望龙. 实用液压机械故障排除与修理大全 [M]. 长沙：湖南科学技术出版社，2001.

[16] 章宏甲，周邦俊. 金属切削机床液压传动 [M]. 南京：江苏科学技术出版社，1981.

[17] 曹玉平，阎祥安. 液压传动与控制 [M]. 天津：天津大学出版社，2003.

[18] 机床故障诊断与检修丛书编委会. 机床液压系统常见故障诊断与检修 [M]. 北京：机械工业出版社，2007.

[19] 武开军. 液压与气动技术 [M]. 北京：中国劳动社会保障出版社，2008.

[20] 中国机械工程学会设备与维修工程分会. 液压与气动设备维修问答 [M]. 北京：机械工业出版社，2008.

[21] 赵庆志，石志华，陶文斌. 数控车床转位刀架改为直排刀架的研究与应用 [J]. 哈尔滨：机械工程师，1999 (1)：25-26.

[22] 赵庆志，苑章义. 机电设备安装与调试技术 [M]. 北京：机械工业出版社，2013.

[23] 曾励. 机电一体化系统设计 [M]. 北京：高等教育出版社，2004.

[24] 董原. 数控机床维修实用技术 [M]. 呼和浩特：内蒙古人民出版社，2008.

[25] 赵玉刚，宋现春. 数控技术 [M]. 北京：机械工业出版社，2010.